犬猫心脏彩超诊断图谱

程宇 著

DIAGNOSTIC ATLAS OF CANINE AND FELINE ECHOCARDIOGRAPHY

四川科学技术出版社

图书在版编目（CIP）数据

犬猫心脏彩超诊断图谱 / 程宇著. -- 成都：四川科学技术出版社, 2021.5

ISBN 978-7-5727-0130-6

Ⅰ. ①犬… Ⅱ. ①程… Ⅲ. ①犬病—心脏病—超声波诊断—图谱②猫病—心脏病—超声波诊断—图谱 Ⅳ. ①S858.292-64②S858.293-64

中国版本图书馆CIP数据核字（2021）第092346号

犬猫心脏彩超诊断图谱
QUAN MAO XINZANG CAICHAO ZHENDUAN TUPU　　程宇　著

出 品 人　程佳月
责任编辑　程蓉伟
封面设计　程蓉伟
装帧设计　程蓉伟
责任印制　欧晓春
出版发行　四川科学技术出版社
地　　址　成都市槐树街2号
邮　　编　610031
成品尺寸　210mm × 285mm
印　　张　15
字　　数　200千字
制　　作　四川最近文化传播有限公司
印　　刷　四川华龙印务有限公司
版　　次　2021年6月第1版
印　　次　2021年6月第1次印刷
书　　号　ISBN 978-7-5727-0130-6
定　　价　468.00元

地址：四川・成都市槐树街2号
咨询电话：028-87734082　邮编：610031
如需购本书请与本社发行部联系

作者简介……程宇

作者程宇，毕业于中国农业大学动物医学专业。现为欧洲兽医学院指定中国区小动物超声指导老师、中国兽医协会影像学高级会员、国际认证针灸师、中国兽医协会小动物分会理事、重庆和美宠物医院技术院长、欧洲兽医学院亚洲区会议翻译(中文－英文)、小动物临床主任医师、西部兽医师大会“联宠杯”兽医师技能大赛专家评委。

作者在中国农业大学就读于动物医学专业临床兽医学外科&影像学研究生期间，曾赴欧洲兽医高级学院德国教学医院学习小动物的超声诊断技术，之后受欧洲兽医高级学院邀请，以讲师身份到德国传授小动物的心脏和腹部超声诊断技术，并在国内各地举办过多期小动物超声培训课程，以及中英文小动物超声（心脏和腹部）系列讲座。

作者先后在《中国兽医杂志》等专业核心刊物发表《彩色多普勒超声对红耳龟正常肝脏大小和肝内血流测量》《超声引导下为红耳龟颈静脉安置留置针》《用超声定位28只犬隐睾》《超声对犬猫线性异物的诊断》等学术文章多篇，还在德国《小动物临床》杂志发表了题为《用超声探查红耳龟睾丸》的学术论文，并著有《犬猫腹部超声诊断图谱》《犬猫心脏彩超诊断图谱》，以及英文版 *Small Animal Ultrasound Made Simple* 等学术专著。

作者曾先后荣获“中国优秀兽医奖”、全国“最美兽医师”第一名、中国兽医师大会“优秀兽医师”奖、东西部兽医师大会优秀讲师奖、西部兽医师大会优秀讲师奖等奖项，并被媒体授予“宠物界的南丁格尔”和“中国优秀兽医师”的荣誉称号，由作者担任技术院长的重庆和美宠物医院，还获得“中国百佳动物医院”的荣誉称号。

肖万容医生从事小动物临床诊疗工作二十余年，她与丈夫彭成先生，长期致力于小动物医疗技术的发展，并为此做出了很多默默无闻的奉献。他俩还多次邀请中外专家举办讲座，以多种切实可行的方式，为广大临床宠物医生传授最前沿的小动物诊疗技术。

本书策划……彭成　肖万容

本书作者程宇女士从德国归来后，便受到彭成、肖万容夫妇的热情邀请，从 2012 年开始为中国的小动物临床医生传授小动物腹部及心脏彩超的有关知识。鉴于当时国内尚无由中国人自己编写的犬猫腹部超声图谱，在肖万容女士和彭成先生的鼓励下，程宇女士结合中国小动物诊疗行业的实际情况，经过长达七年时间的不懈努力，一部极具专业学术价值与实用功能的《犬猫腹部超声诊断图谱》，最终于 2018 年在四川科学技术出版社出版。由于该书全面讲述了犬猫腹部超声的临床诊疗技术及图像识别方法，弥补了相关书籍在这一领域长期存在的空白，所以，该书一经出版，便在国内外宠物医生行业引起了广泛关注。可以说，《犬猫腹部超声诊断图谱》一书的成功出版与广泛推广，都与肖万容女士和彭成先生的潜心付出息息相关。

从 2009 年开始，本书作者程宇女士便在德国致力于犬猫心脏病的超声诊断，经过十多年来的积累和总结，《犬猫腹部超声诊断图谱》一书的姊妹篇——《犬猫心脏彩超诊断图谱》终于在 2020 年初完成初稿。事实上，这部《犬猫心脏彩超诊断图谱》，也是在肖万容女士、彭成先生的大力支持与精心策划下得以成稿，而且在本书后期的出版、编排及印制过程中，他们也为此耗费了大量心血。

为何要写这本书

作者自序

我为何要写这本书呢？

首先，心脏彩超在犬猫心脏病的临床诊断中所发挥的作用越来越大；其次，作为诊断犬猫心脏疾病不可或缺的金标准，心脏彩超在临床诊断上的运用越来越普遍。

2009年，当我还在中国农业大学攻读研究生的时候，我的导师就极力推荐我到德国去学习犬猫心脏病的相关知识。在德国学习期间，由于那个年代涉及心脏彩超方面的英文书籍很少，就算有，书中对心脏彩超的打图技巧也基本没有具体描述。作者在这一阶段的学习过程中，对如何获取心脏彩超的标准切面图感到很无助，有时候为了得到一个标准切面图，要为此研究好几个小时，甚至更长，真可谓困难重重。后来，我有幸到“欧洲宠物医生高级学院”跟随Gerhard Wess教授学习心脏病系列课程，在他的悉心指教下，作者秉承导师传授的打图技巧，并结合自己的亲身实践，才逐步摸索出心脏彩超标准切面的打图方法。

2010年，作者被“欧洲宠物医生高级学院”任命为中国区超声指导老师，于是，我决定将国外学到的诊疗技术分享给国内外的临床医生和朋友。但在授课过程中，我发现很多临床医生都或多或少存在着一些问题。有鉴于此，作者经过反复思考、摸索和提炼，并借助自己十多年来在国内外临床实践中所积累的典型病例，精心编撰了本书。

与目前其他同类书籍相比，本书所述内容，着重突出了以下特点：

1. 国外很多心脏彩超书籍只呈现病变图像，却没有具体描述如何打图。针对这一缺陷，作者在本书中就如何打图做了详细讲述，即便是没有参加过任何专业培训的临床医生，也可按照本书中所述技巧一步一步练习，并借此达到熟能生巧的地步。

2. 据作者了解，目前市面上的很多同类书籍，都没有明确解析如何根据心脏彩超的标准切面进行评估，以及该做哪些相关评估。作者在国外授课时就发现，有些年轻医生在得到心脏超声的标准切面后不知道该怎么评判，即便对某一个切面进行反复查看，也不知道该如何着手评估，用那些年轻医生的话说，“就看到心脏在蹦蹦跳，却不知道是什么病变”。为了解决这个问题，以提高临床医生在犬猫心脏超声诊断过程中的工作效率和成功率，作者专门在书中详尽描述了在每一个不同标准切面上所要做的评估判断。

3. 目前很多同类书籍都没有确切说明有哪些临床症状提示犬猫可能患有心脏病，事实上，临床医生和犬猫主人都经常提及这个问题。为此，作者在书中用了一个章节的篇幅，专门讲述了哪些临床表现可能提示犬猫患上了心脏病，临床医生应该据此进行哪些相关检查。

4. 对X光片进行深入研读，是通过影像学检查犬猫心脏病的另一种有效手段，其重要性自不待言，虽然更多情况需要借助心脏彩超予以确诊，但X光片是排除胸腔其他疾病的重要依据之一。因为同时患有心脏病的犬猫，在X光片的表现上具有自身的特点，要凭借影像学对犬猫的心脏进行更为全面的评估，掌握X光片的研判技巧，也是必不可少的技术手段。为了有助于临床医生对犬猫心脏病做出更为精准的判断，作者在本书第九章中详细介绍了如何通过X光片识别犬猫的心脏疾病。

5. 在通过心脏彩超确诊犬猫患上心脏病后，很多犬猫主人或医生同行往往都会提出“怎么治疗？预后怎样？”的疑问，作者在本书中专门针对犬猫心脏病的治疗手段和预后情况进行了梳理和归纳。

6. 对于急性发作的心脏病和腹部FAST超声诊断，也是临床医生必须掌握的技能之一，作者针对这些问题均做了详细讲解。

本书针对心脏彩超在犬猫临床诊治中可能遇到的问题，进行了全面、深入、详尽的剖析，作者希望本书能起到抛砖引玉的作用，成为诊断犬猫心脏病的有用工具。由于医学是一门需要不断探索、丰富和完善的学科，书中难免存在所述不周之处，还望广大读者不吝指正。

2020年8月

序一

随着中国小动物诊疗技术的发展，有关小动物心脏病的临床诊断，也随之受到越来越多的重视。早在十多年前，我就极力推荐我的学生，也是本书作者程宇到德国去学习小动物心脏病及心脏/腹部彩超诊断技术。

1998年，程宇以优异的成绩考入中国农业大学动物医学院，从1999年开始，程宇一直跟随我在中国农业大学的教学医院学习，2009年又攻读了中国农业大学的研究生。程宇在我所教的众多研究生中，虽然不算是最聪明的，但却是最刻苦的。程宇在德国学习期间，就因为她的踏实、刻苦和努力，而得到了国外老师的多次奖励，国外老师还专门就此发邮件告之我的学生在国外刻苦努力的情况。我的学生程宇经过七年的刻苦努力和临床积累，编写了《犬猫腹部超声诊断图谱》一书，并于2018年出版，该书出版面世后，在国内非常畅销，很多人都在我的面前夸奖我的这个学生。经过十多年的努力和积累，程宇又成功编写了这部《犬猫心脏彩超诊断图谱》。作为她的研究生导师，我为我的这名学生能踏实、努力，通过不断探索、归纳、总结而著书立说感到开心。

《犬猫心脏彩超诊断图谱》一书图文并茂，全书以数十万言的文字和数百幅彩超图谱，从犬猫心脏病的临床表现，X光片诊断技巧，彩超诊断技巧及临床治疗用药等角度，全面讲述了犬猫心脏病的临床诊断技巧等。无论对临床工作者来讲，还是对在校学生而言，这都是一本非常好的参考书。

作为长期从事宠物医生临床教学和研究的专家，每当我看到年轻的一代在不断探索、不断总结，内心都备感骄傲和开心。我相信，本书的出版，定会给广大小动物临床医生及在校学生提供有效的帮助。

中国农业大学动物医学院教授　潘庆山

2020年10月20日于北京

序二

在人类医学和动物医学中，影像学都是非常重要的检查及诊断手段之一，通过影像学检查，可对很多疾病包括疑难杂症进行辅助诊断。超声作为非侵入性检查方法，在临床上因为具有快速、便捷、无伤害等优点，而成为影像学诊断中非常重要的一门学科。本人在中国农业大学动物医学院从事宠物医生影像教学和科研已经30多年，指导了近40名研究生，这些学生多已成为中国小动物临床影像领域的骨干。

本书作者程宇医生就是本人众多研究生中的一员，她学习踏实、刻苦，对小动物临床影像学保持着极高的兴趣。2009年，经本人推荐，程宇医生前往德国学习小动物影像学。程宇医生不负老师所望，在德国学习期间非常努力，踏实、刻苦专研超声技术。在学习期间就用英文撰写并发表了《犬扩张型心肌病彩超诊断技巧及临床发病调查》和《猫肥厚型心肌病彩超诊断技巧及临床发病调查》两篇文章，得到了法国影像学专家的高度评价。

《犬猫心脏彩超诊断图谱》一书，是程宇医生十多年来从事临床诊疗的经验总结，书中关于犬猫心脏疾病彩超诊断技术的提炼、归纳和汇总，均显示了很高的实用价值和指导作用，从这个意义上讲，这无疑是一部非常具有临床应用价值的好书。本书从心脏彩超仪器的使用调节，心脏彩超伪影的识别，犬猫右侧胸壁肋骨旁标准声窗的打图技巧，犬猫左侧胸壁标准声窗的打图技巧，犬猫常见心脏病的临床表现及彩超诊断技巧等方面入手，全面讲述了犬猫心脏病的临床超声诊断要点和技巧。

本书图文并茂、逻辑严密、论述清晰，是一本非常实用的临床参考书，我相信，本书一定能对广大临床工作者提供有价值的帮助。

2020年10月20日北京

中国农业大学动物医学院教授　谢富强

序三

Ultrasound examinations of the heart have been playing an increasingly important role in the diagnosis of heart disease in dogs and cats, as well as in humans, for several years now. Thanks to the development of high performance ultrasound equipment with a grandiose image resolution, it is now possible to detect heart disease much better and earlier, to treat the disease more successfully and, in many cases, to improve and prolong the life of the patient.

Of course, the much better technology of the new generation of ultrasound devices alone is not sufficient for a reliable diagnosis. It also requires the knowledge and skills of a trained ultrasound examiner who knows which diseases occur in these animal species and how they appear in the ultrasound image.

This atlas with numerous illustrations of cardiac ultrasound findings is a great help when learning how to perform cardiac ultrasound examinations yourself, shows concrete examples of how they occur in small animal practice and provides additional certainty in diagnosis by allowing you to compare the illustrations with your own ultrasound images.

The author of this atlas is Dr. Cheng Yu. She is an experienced ultrasound diagnostician who has seen hundreds and hundreds of cases of heart problems and fortunately shares her knowledge and

Hans Koch

experience with other vets.

I have known Dr. Cheng Yu for over 12 years when she worked for 6 months in my referring small animal clinic in Germany. She surprised me when she wrote a scientific paper in my clinic based on the ultrasound examinations of 24 cats with cardiomyopathy presented to us.

Since then she has gained more and more experience in diagnosing heart problems in dogs and cats over many years. I am deeply convinced that her new book in Chinese, which is the atlas you hold in your hands, will help to significantly improve veterinary cardiology in China. It will help individuals to learn and study, and it will help our canine and feline friends to seek veterinary help when they have a heart problem, and it will help their owners equally.

This book is a big step forward. It makes me proud and very happy about the author and also about the window it opens for improved diagnosis of heart disease in dogs and cats in China.

Dr. med. vet. Dr. h.c. Hans Koch

Dip. ECVD

Birkenfeld Veterinary Hospital

55765 Birkenfeld

Germany

目 录

第一章

犬猫心脏彩超的运用

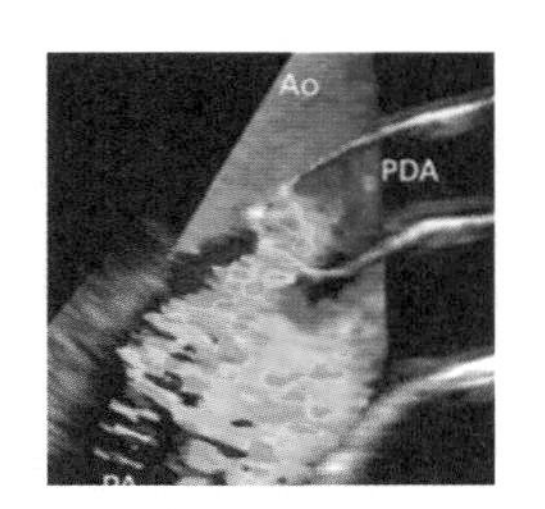

心脏彩超的运用，是过去60多年来心脏疾病诊断领域所取得的重要进展之一。心脏彩超是利用超声波回声对心脏和血管进行检查，并以获取的相关信息来帮助诊断心脏疾病的无创检查方法。其中包括M超（一维）、二维灰阶超声、脉冲多普勒、连续多普勒、彩色多普勒等。

从盖伦和阿维森纳到伊本·阿尔·纳菲斯和达·芬奇，他们都怀有一个梦想——“看心脏跳动”。瑞典医生英格·埃德勒（Inge Edler）与德国研究员卡尔·赫尔姆斯·赫兹（Carl Hellmuth Hertz）于1953年在瑞典的隆德开始合作开发医用超声波，并使用超声波探伤仪从心脏获得实时回波，M超由此诞生。

M超的第一个临床应用就是评估二尖瓣。二维心脏超声在20世纪50年代末开始首次应用，到20世纪60年代末，随着超声仪的进一步发展，再次推动了心脏超声的应用领域。在此之后，采用阵列探头的实时二维心脏彩超，使心脏彩超的临床运用发生了革命性的变化，并得到广泛普及。伴随着脉冲多普勒方法的推进，又为血流状况的临床检查开辟了新的途径。尤其是最近几年来，伴随着三维和四维心脏超声波技术的逐步推广，更是让心脏超声检查手段发生了巨大的飞跃。

第一节 | 犬猫心脏彩超诊断中的注意事项

犬猫心脏超声诊断既是对听诊、心电图和胸部X光片的重要补充，也是临床上对犬猫大多数先天性心脏病、获得性心脏病进行诊断及分期的金标准。在临床实践中运用该项技术时，必须密切关注以下几点注意事项。

1．犬猫心脏彩超与腹部彩超的区别

用于检查心脏的超声探头与腹部超声探头不同；用于心脏成像的声学窗口不同；心脏彩超与腹部彩超的信号处理不同；两者图像分析的应用范围不同。

2．结合其他检查手段进行综合判断

在犬猫心脏疾病的临床诊断中，心脏彩超不能完全取代病史和体检的作用，也就是说，在做心脏超声前，还需进行详细的病史调查和常规体检。心脏听诊仍然是一种经济、有效的检查方法，能够识别许多严重的心脏病。例如，在完全没有心脏杂音的情况下，通过心脏彩超发现瓣膜病变是不太合理的。同样，针对咳嗽、异常通气和低氧血症的广泛鉴别，诊断时需要做胸部 X 光片来帮助排查心脏以外的其他致病因素，其他检查包括心电图、血清生物化学、心丝虫检测和循环心脏生物标志物等，这些都需要加以考虑。

3．从事犬猫心脏彩超诊断须经过专业培训

从事犬猫心脏彩超诊断，应由受过专业技术培训的宠物医生来执行，并由他们对心脏疾病的情况进行综合判断。

第二节丨经胸壁心脏彩超

经胸壁彩超是犬猫心脏超声检查中最为常用的技术，它是通过胸腔部位的声窗对犬猫心脏进行成像的一种检查手段。在临床上，犬猫经胸壁心脏彩超的常用检查位置（“声窗”）主要有三个：即右侧胸骨旁声窗、左侧（心尖）胸骨旁声窗和左侧颅侧胸骨旁声窗。

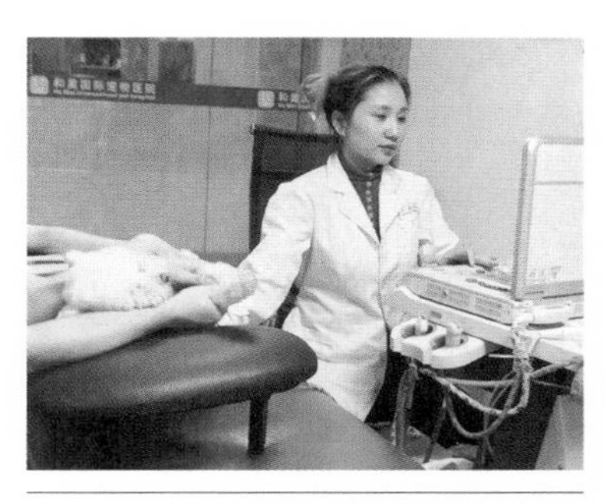

图 1–1　作者在为一只病犬做经胸壁心脏彩超

经胸壁心脏彩超具有成本低、使用方便、无电离辐射，以及对机体无创伤等优点，因此，该技术已成为全世界宠物医生用于评估犬猫心脏疾病的重要成像模式。另外，经胸壁心脏彩超可在没有任何麻醉的情况下完成，而 CT、MRI 或其他类型的心脏彩超则需要进行麻醉。

经胸壁心脏彩超可以为犬猫的临床诊断提供以下信息：

1．心脏大小

可观测犬猫的心室大小、心房大小和心肌厚度（如图 1–2、图 1–3）。

2．泵血能力

运用经胸壁心脏彩超，可评估犬猫的心脏收缩功能及泵血能力，常用指标有射血分数及缩短分数等。

3．瓣膜情况

可运用经胸壁心脏彩超检查犬猫的心脏瓣膜形状和运动情况，并能帮助判断是否出现瓣膜狭窄或反流。图 1–4 中的犬只咳嗽时间长达半年，一直以为是肺部感染，曾在几家不同的宠物医院接受过治疗，但效果欠佳。该犬转

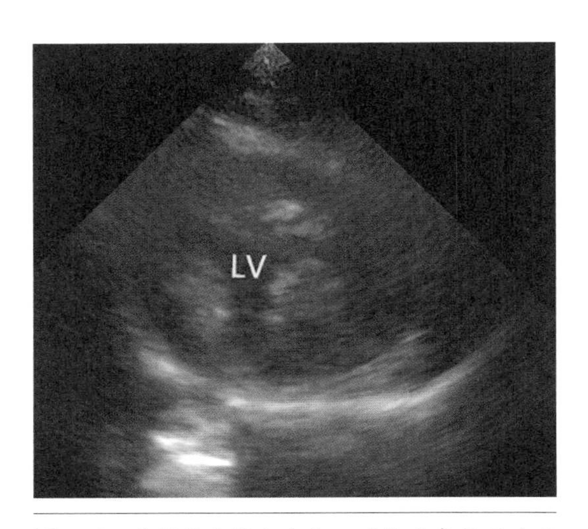

图 1–2　某猫虽然经血液和 X 光检查都显示为正常，但通过经胸壁心脏彩超诊断，却发现该猫存在左心室室间隔增厚、左心室腔向心性变小的情况，由此说明该猫患有肥厚型心肌病。图中：LV 为左心室

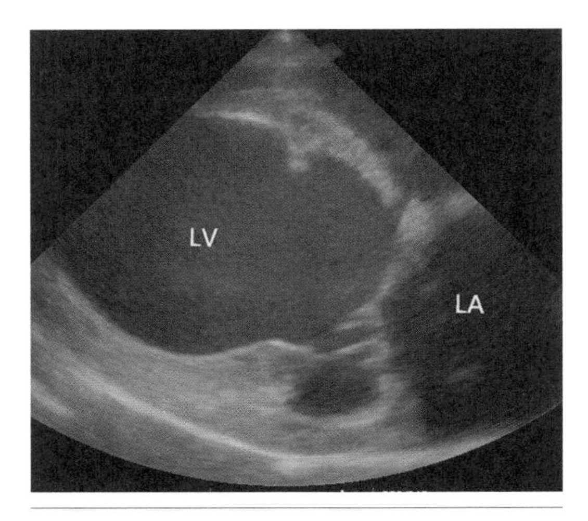

图 1–3　某犬在通过经胸壁心脏彩超诊断后确认，该犬存在左心室增大，容量过载的情况，可看出左心房和左心室扩张，左心室犹如球状。图中：LV 为左心室，LA 为左心房

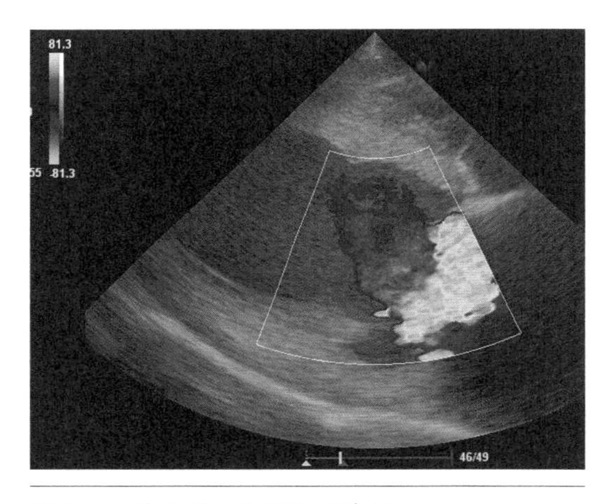

图 1–4　某犬的二尖瓣反流情况

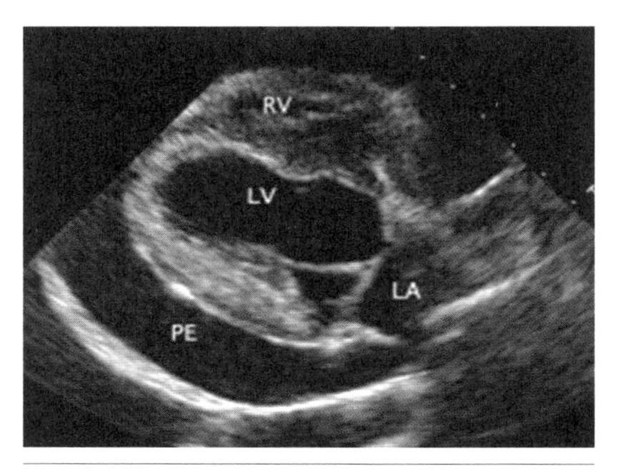

图 1–5　某犬的心包积液。图中：RV 为右心室，LV 为左心室，LA 为左心房，PE 为心包积液

诊至作者所在医院后，经心脏彩超检查，发现该犬存在二尖瓣反流，还患有严重的左心室扩张和左心房扩张，后经针灸及中医治疗，咳嗽得到明显控制。

4. 其他用途

运用经胸壁心脏彩超，可用于查看心脏周围是否存在液体、血凝块，以及心脏内部的其他问题，如房间隔缺损、室间隔缺损等。例如图 1–5 中的某犬是一只 6 岁大的雄性金毛，有呼吸急促、气喘等症状，胸部 X 光片显示心脏很大，其鉴别诊断初步考虑有心包积液、扩张型心肌病、膈心包疝等病症，后经心脏彩超检查，进一步确诊为心包积液。

第三节 | 经食管心脏彩超

经食管心脏彩超（TEE）技术，是在将犬猫全身麻醉的情况下，将安装在柔性内镜尖端附近的探头，沿食管推进至心脏底部上方（如图 1–7）进行诊断的一项检查手段。该技术可用于犬猫心脏和血管成像，也可据此获得诸多纵向和横向图像，包括心脏瓣膜、心房和心室间隔、肺静脉和大动脉的良好视图。

虽然经食管心脏彩超技术已经应用于人类心脏疾病的诊断，但在宠物领域，目前仅仅用于科研，如研究房间隔缺损（ASD）、室间隔缺损（VSD）和动脉导管未闭（PDA）（如图 1–8）。当然，无须采用经食管心脏彩超及经胸壁心脏彩超技术，也可检查犬猫动脉导管未闭（如图 1–9）。

经食管心脏彩超技术的其他用途，还包括识别犬猫心脏底部的小肿瘤、心房血栓和血管缺陷（如图 1–10）。目前，经食管心脏彩超技术已用于指导犬猫心丝虫手术和心内手术。由于犬猫的体型不同、大小不同，内镜的选用尺寸也就有所不同，因此，在宠物疾病的临床诊断中，就需要配备多种大小不同的探头，从而导致仪器购置成本增高。另外，运用该项技术，还需对犬猫进行全身麻醉，这个流程也是其在宠物临床诊断中难以推广的一个重要因素。

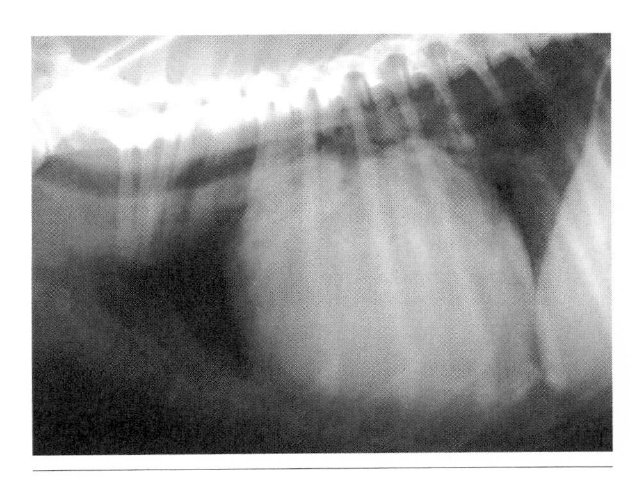

图 1–6 某犬的胸部 X 光片显示其心影很大

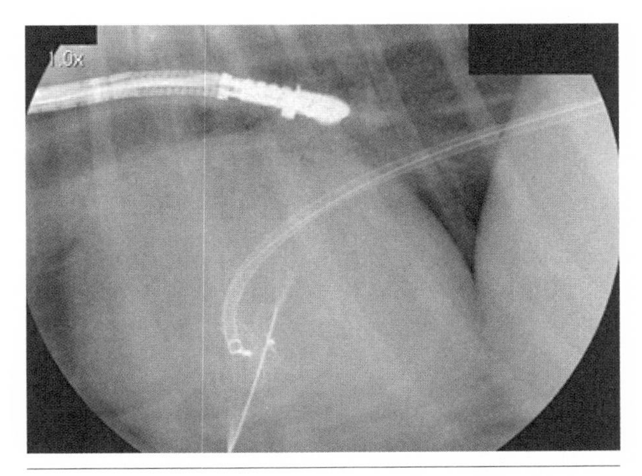

图 1–7 是将犬只麻醉后，从食管伸入超声探头至心脏基部进行检查。该 X 光片显示了超声探头的所在位置

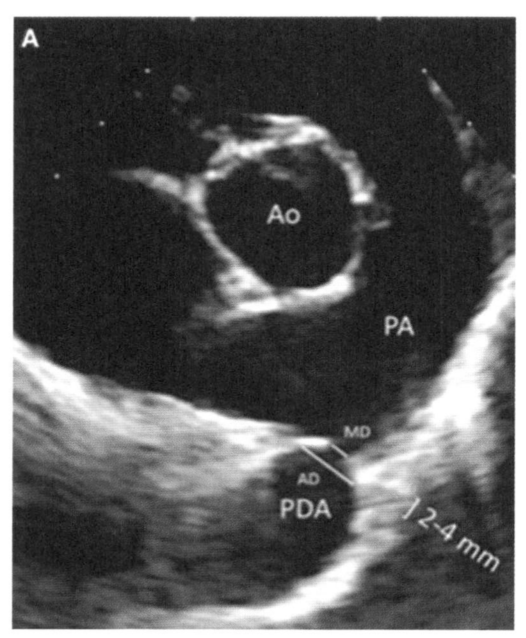

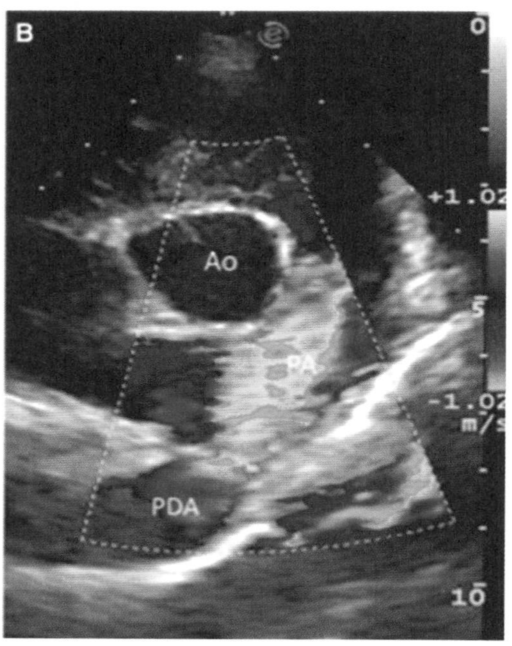

图 1-8　某犬经食管心脏彩超技术检查动脉导管未闭的超声图像。图中可清晰看到未闭导管最狭窄的位置，并可进行测量。该图像还显示了从导管到肺动脉的湍流血流情况。图中：Ao 为主动脉，PA 为肺动脉，PDA 为动脉导管未闭

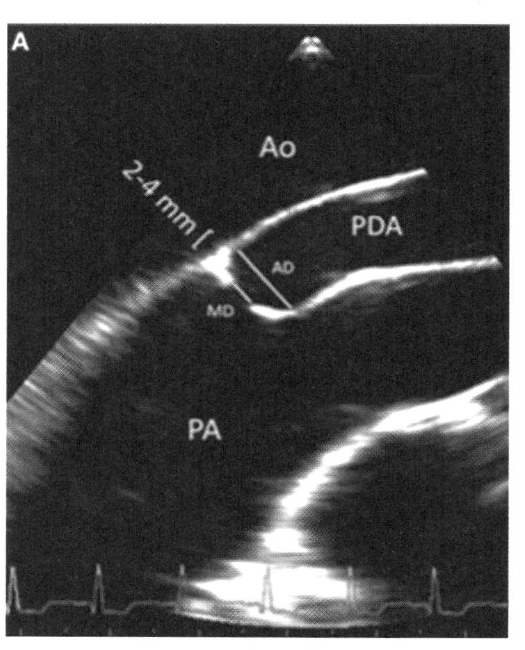

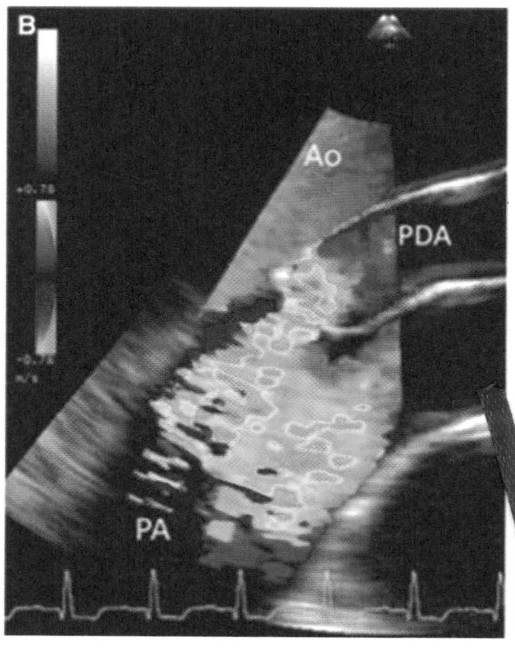

图 1-9　某犬右侧胸骨旁短轴视图，通过经胸壁心脏彩超检查，可见该犬动脉导管未闭。A 为二维图；B 为彩色多普勒显示的肺动脉从左至右的血液湍流情况。Ao 为主动脉；PA 为肺动脉；PDA 为动脉导管未闭

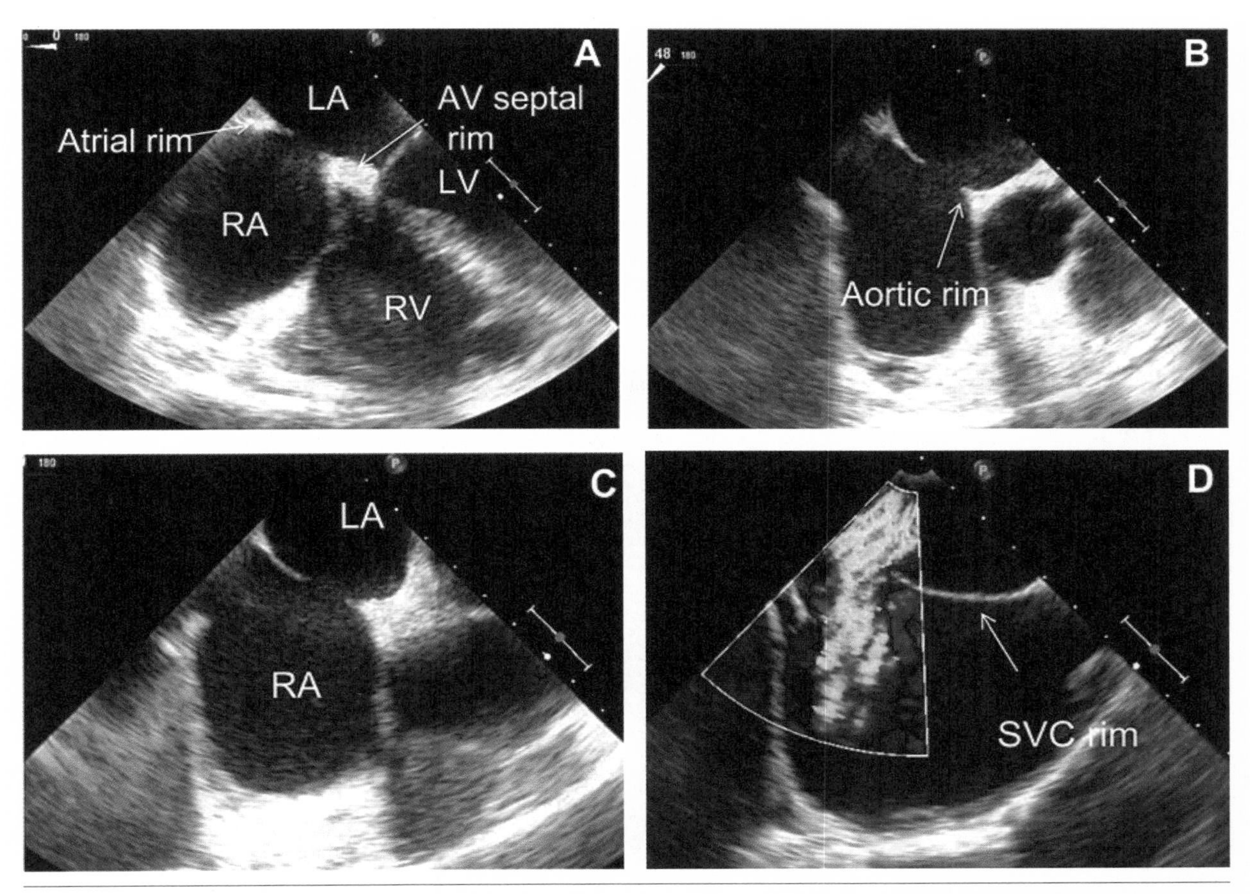

图 1-10　经食管心脏彩超所获房间隔缺损（ASD）图像。该 4 腔视图是将内镜保持在食管中间并加以旋转所得，确切显示了在不同平面下的房间隔缺损尺寸。A 图为心房和房室瓣缘的短轴视图。B 图为心房和主动脉缘的基础长轴视图。C 图为前腔静脉和后腔静脉缘视图。为了取得最佳的设备放置位置，轮缘应该足够大（至少不低于 5 毫米），并具有支撑性。此外，必须保证在所有平面上都能看到房间隔缺损情况，并据此选择所用检查设备的大小。D 图是在彩色多普勒上观察到的血液分流视图

第四节｜心内心脏彩超与三维心脏彩超

心内心脏彩超提供了比经胸壁心脏彩超或经食管心脏彩超更好的分辨率（如图 1-11）。将探头（如图 1-12）放入静脉，先通过前腔静脉进入右心房，可以使用更高频率的声波，从而产生非常高的分辨率。这项技术虽已用于人类医学，但尚未在宠物领域使用。

随着三维心脏彩超（3DE）的出现，超声成像技术得到了进一步的腾飞。伴随着三维心脏彩超的推广，该项技术既可为宠物医生的临床诊治提供更加准确的判断，也可用于指导心内直视治疗。具体而言，三维心脏彩超技术在宠物医学中的用途，主要包括以下几方面：定量心室容积、检测心脏扩张、评估心室和心房功能、指导先天性分流和介入治疗、评估瓣膜病变和反流。

目前，有碍三维心脏彩超技术广泛应用于宠物医学领域的主要问题包括：由于动物心率太快，需要匹配与动物心率相吻合的相关处理系统；由于只有屏气才能获得更好的三维心脏彩超图像，这一要求在动物身上很难实现；另外，还有一个因素是经胸接触的三维探头太大。未来，随着科学技术的进步，我们期望三维心脏彩超技术能在宠物医学中得到更加广泛的应用。

在当下的犬猫心脏疾病诊断中，经胸壁心脏彩超仍然是宠物医生临床工作中使用频率最高的检查方法。有鉴于此，本书将重点介绍犬猫经胸壁心脏彩超（简称“心脏彩超”或“心超”）。

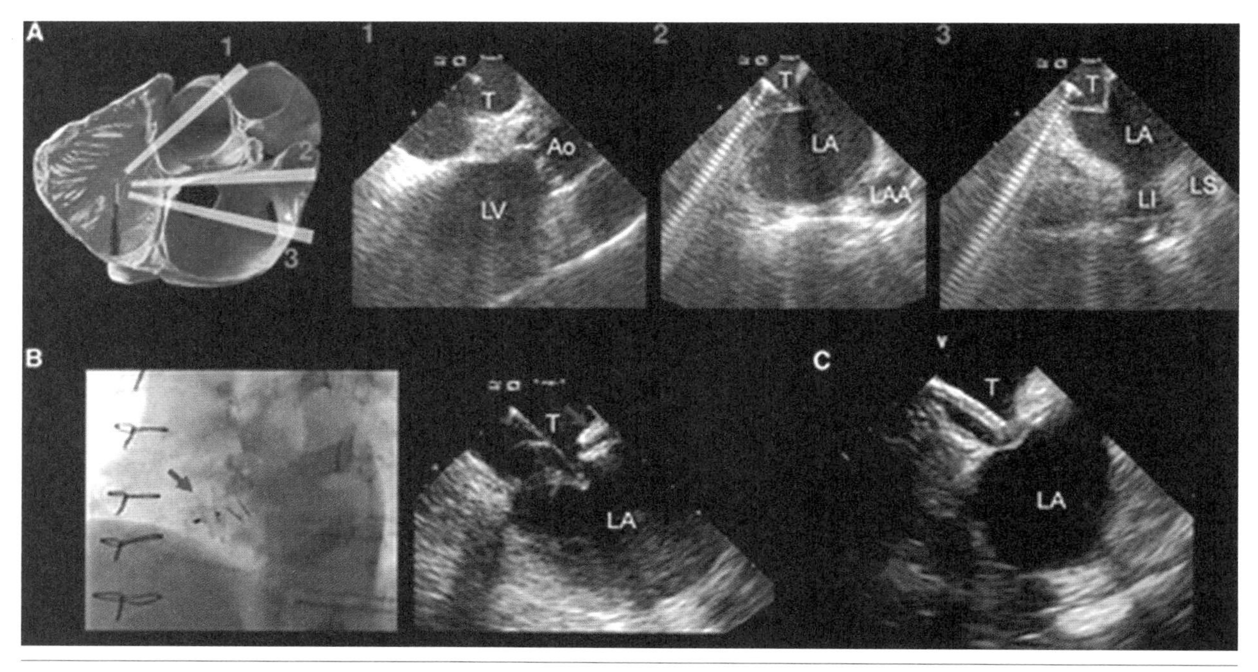

图 1-11　心内超声在 ICE 引导下经中隔导管插入的情况。图中：Ao 为主动脉，LA 为左心房，LAA 为左心耳，LI 为左肺下静脉，LS 为左肺上静脉，LV 为左心室

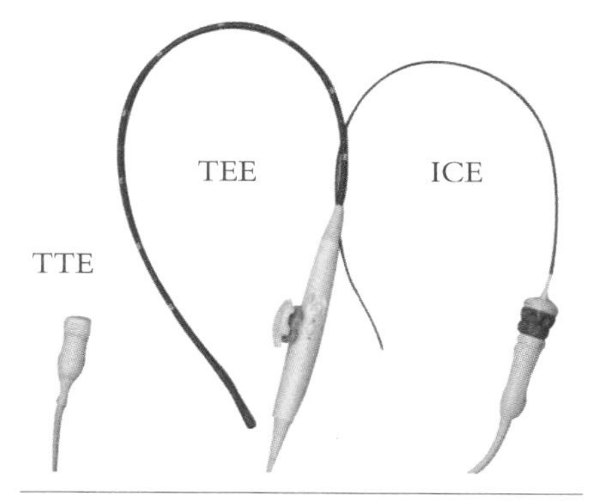

图 1-12　三种不同的心脏超声探头。TTE 是经胸壁超声探头；TEE 是经食管超声探头；ICE 是心内超声探头

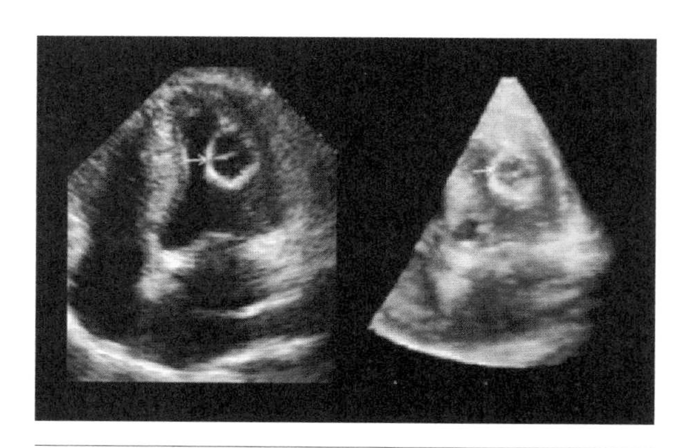

图 1-13　左心室囊肿二维图和三维图在心尖 4 腔视图中可见左心室腔囊肿（箭头所示）与侧壁不可分离

第二章 心脏彩超仪的常用功能键

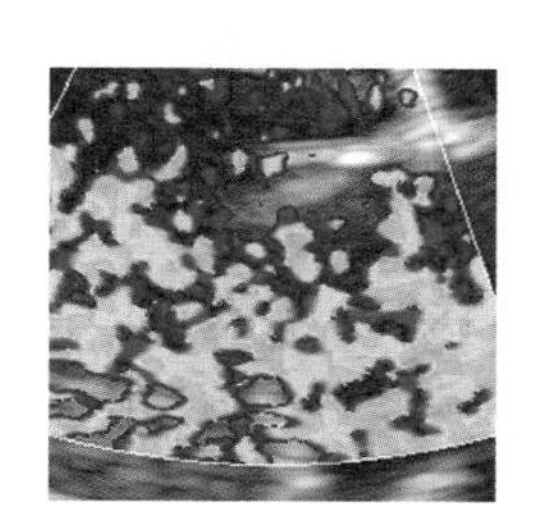

跟腹部彩超一样，要想获得有利于疾病诊断的优质图像，首先要知道如何使用彩超仪，以及如何使用彩超仪器上的功能按键，从而达到让图像质量更清晰，让诊断结果更准确的目的。虽然不同厂家生产的心脏彩超仪，其常用功能按键在超声仪上的排列布局会有所不同，但只要是一台合格的心脏彩超仪，都会配置临床检测所需的常用功能按键。当然，有些仪器上的个别功能按键在本书中没有介绍，需要联系生产厂家深入了解这些特殊按键的使用方法，这样才有助于更加有效、合理地使用。

图 2–1　开关键

（1）开关键

长按开关键（如图 2–1），就可以启动关闭状态下的彩超仪。如果彩超仪处于开启状态，长按该按键会关机，有些彩超仪在关机前会出现一个对话框，以便让使用者进一步确认是否决定关机。

图 2–2　冻结键

（2）冻结键

开机后，如果没有进行实际操作，最好按下冻结键（如图 2–2），以防止探头不断发射声波，从而造成不必要的损耗。同理，在临床检查过程中，如果需暂时中断或终止，都应按下冻结键。若需对已经获取的图像进行测量，一般也应先按下冻结键，然后再进行相关测量。在给犬猫做心脏彩超的时候，如果发现异常情况，可选择先按下冻结键，然后再通过视频回放，进一步仔细观察所出现的异常情况。

（3）增益补偿（TGC）键

超声波在传播过程中，其声波强度将会随着时间的推移和距离的增加而形成衰减，从而出现接收到的回波信号在远场逐渐减弱的现象。

为了让近场、远场的回波强度尽量保持一致，就需要采取人为调节的方式增益补偿。在做腹部彩超的时候（如图 2–3），增益补偿设置是从上到下逐渐加大，以弥补由于组织吸收所造成的声波衰减。与腹部彩超的增益补偿设置不同，心脏彩超的增益补偿需要设置为反“C”字形（如图 2–4），这是因为心脏彩超所要观察的重点部位是心脏区域。

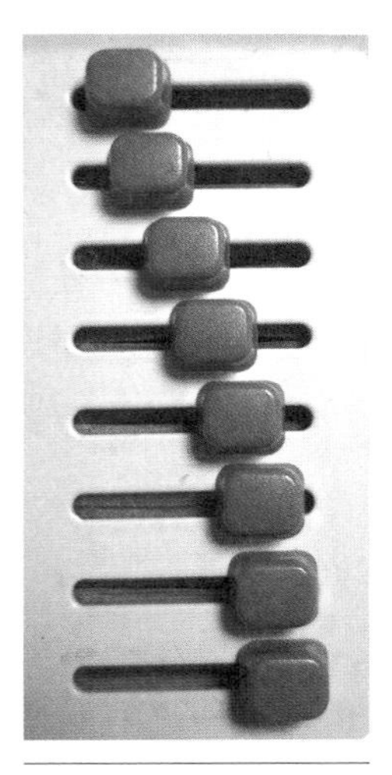

图 2–3　腹部彩超增益补偿的设置方式

如果出现增益补偿设置错误，将会影响到成像质量。下面列举几种初学者在临床上的常见错误及错误设置产生的图像案例。

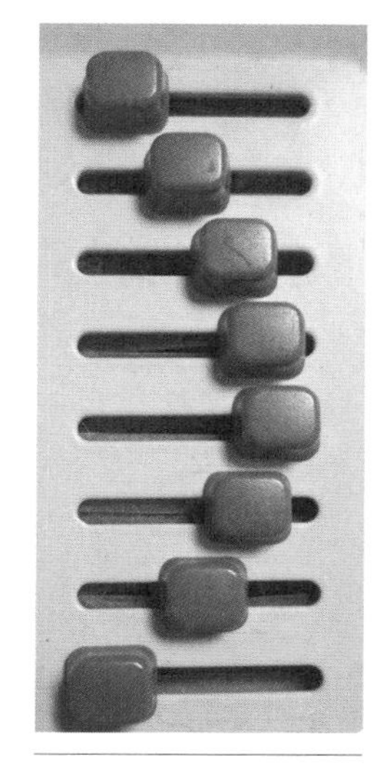

图 2–4　心脏彩超增益补偿的设置方式

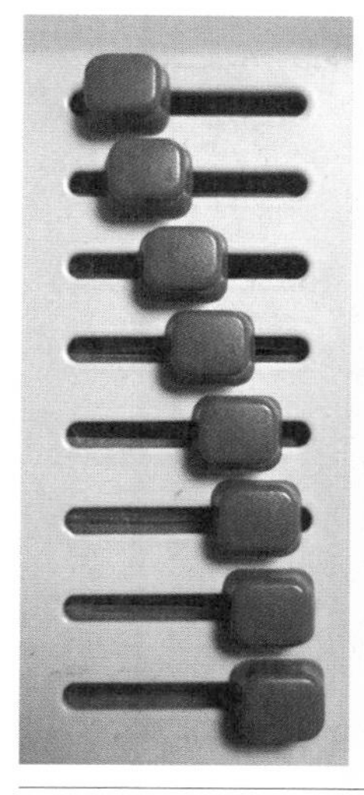

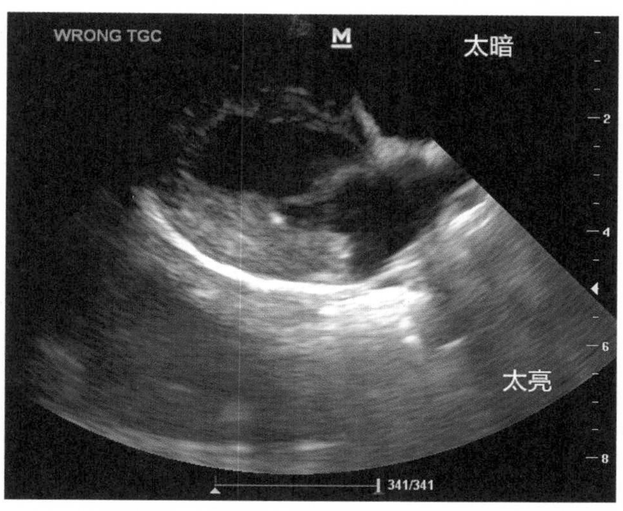

图 2–5　心脏彩超增益补偿的常见设置错误。左图是腹部彩超增益补偿的常规设置方式；右图是按腹部彩超增益补偿设置方式所得到的心脏超声二维图

第一种常见错误，是在做心脏彩超的时候，仍然采取腹部彩超增益补偿的设置方式（如图 2–5），从而导致远场也就是心包后方的组织回声太高，但这部分组织并不是心脏彩超的重点查看部位。

第二种常见错误，是将增益补偿按键全部放置在中间。作者在德国授课的时候，曾经遇到一位年轻的德国医生就是这样设置的。作者问这个年轻医生为什么这样做，他说，“我以为增益补偿的设置没有特别的要求，所以就这样随意放置了”。作者为那位德国医生专门演示了在正确和错误两种情况下所获得的增益补偿图像，通过对比可明显看出，在增益补偿设置正确的情况下，所得图像更为清晰（如图 2–6）。

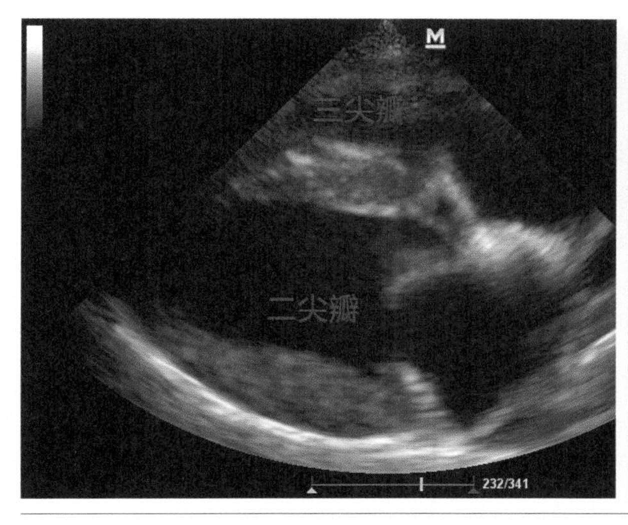

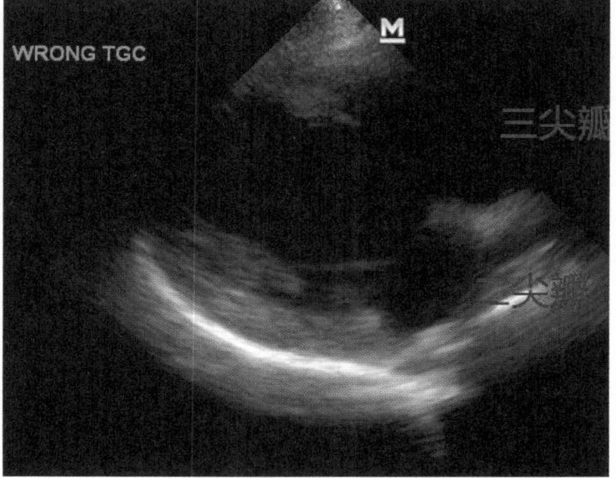

图 2–6　左图中的增益补偿设置正确，可清楚看到二尖瓣、三尖瓣、房间隔等结构；由于右图中的增益补偿设置错误，导致图像中的二尖瓣、三尖瓣结构不够清晰

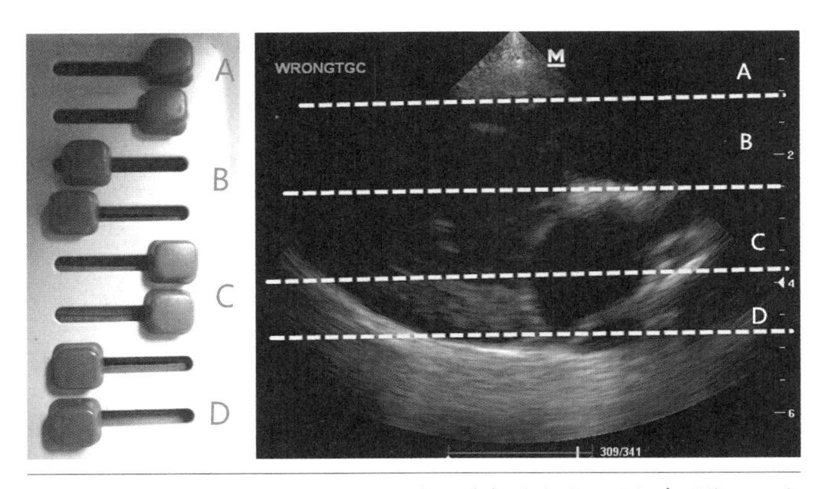

图 2-7　增益补偿按键的错误设置方式及其相对应的心脏超声图像。从左图中可以看出，A 区加大了增益，其所对应的图像要亮些；B 区减小了增益，对应的图像是黑的，事实上，在本区应该能看到右心房、三尖瓣、右心室，但图像上的 B 区为黑色，根本无法判读右心房、右心室、三尖瓣等结构；C 区加大了增益，对应的超声图像就要亮些；D 区虽然减小了增益，但由于 D 区多为液体，使后方回声增强，图像就不像 B 区本身为液体那样发黑

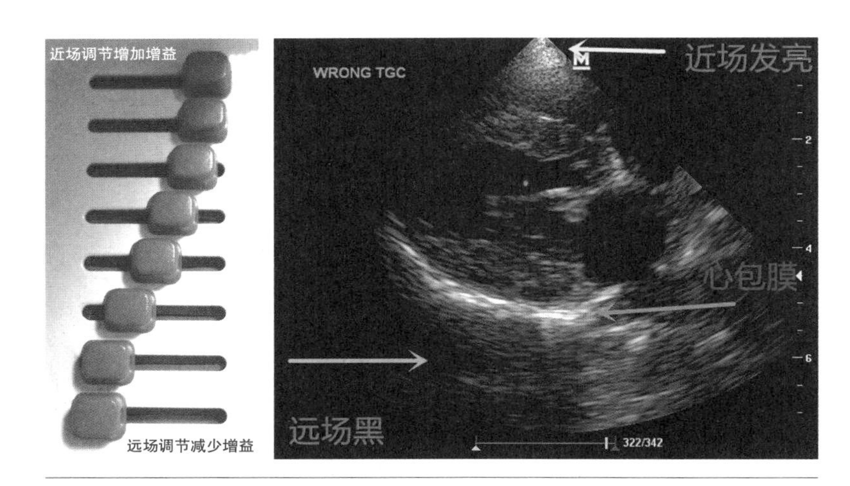

图 2-8　增益补偿按键的错误设置方式及其相对应的心脏超声图像。从左图可看出，由于近场加大了增益，所以，在对应的右侧图像中，黄色箭头区域特别明亮；由于在左图中的远场位置降低了增益补偿，所以，在对应的右侧图像中，橘色箭头区域为黑色。右图中的紫色箭头位置为心包膜，心包膜本身回声会比较强心脏彩超增益补偿的常见设置错误。左图是腹部彩超增益补偿的常规设置方式；右图是按腹部彩超增益补偿设置方式所得到的心脏超声二维图

第三种常见错误，是把增益补偿的按键随意设置（如图 2-7）。

第四种常见错误，是将增益补偿按键设置为从近场至远场逐渐由强减弱（如图 2-8）。这种错误的增益补偿设置方式，作者在做心脏超声培训的过程中，曾看见不少医生都犯过类似的错误。

（4）二维模式选择键

在给犬猫做心脏彩超的时候，通常都是把二维模式作为心脏检查的第一个流程（如图 2-9），例如，我们常常是选择右侧声窗的 4 腔心来观察二尖瓣、三尖瓣、房间隔及室间隔等（如图 2-10）。

（5）总增益功能键

总增益功能键可用以调整图像的整体明暗度。总增益的调节应控制在适当的明暗度上，既不能太亮，也不能太暗，太亮或太暗都会损失一些细节（如图 2-11、图 2-12）。

图 2-9　某超声仪器的二维模式选择键“B”

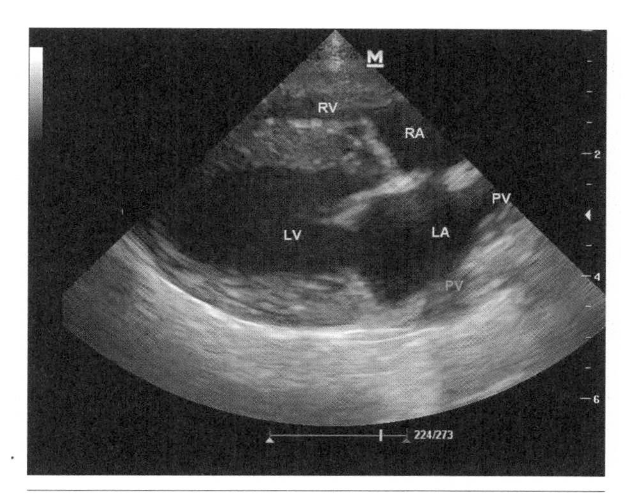

图 2–10 在右侧声窗 4 腔心位置所获的二维心脏图像

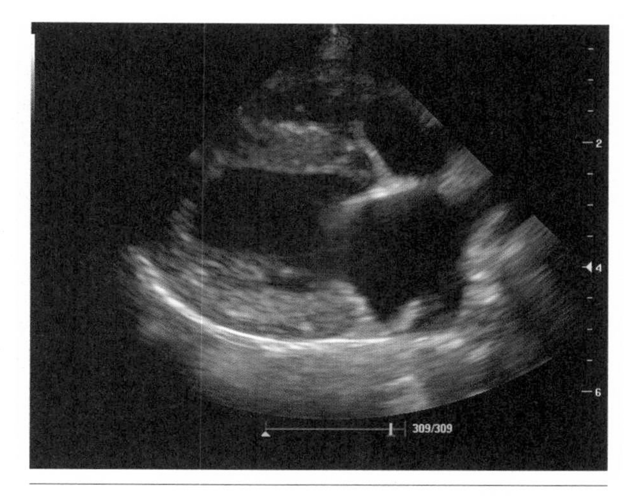

图 2–11 总增益正常设置的超声图像

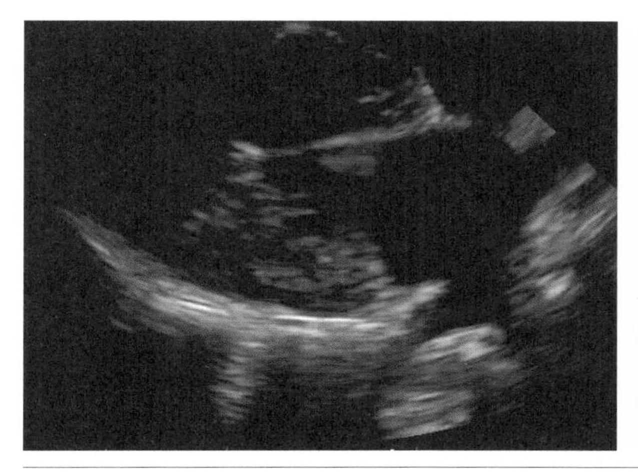

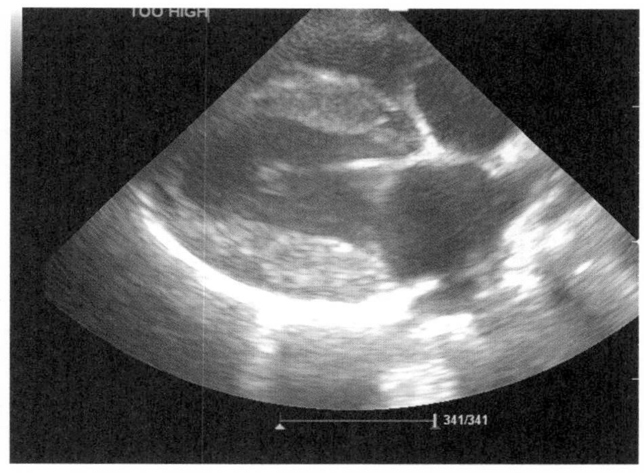

图 2–12 总增益过高或者过低的图像。右图中的总增益设置过高，图像太亮，导致某些病变情况不易判别；左图中的总增益设置过低，图像发黑，同样会影响到图像的判读

（6）深度设置功能键

在犬猫彩超诊断中，深度调整的总体原则，通常是把目标器官放在屏幕 2/3 的范围内（如图 2–13）。如果将深度设置按键调节得过深或太浅，这两种设置方式都会影响到心脏彩超的检查效果和结论判读（图 2–14）。

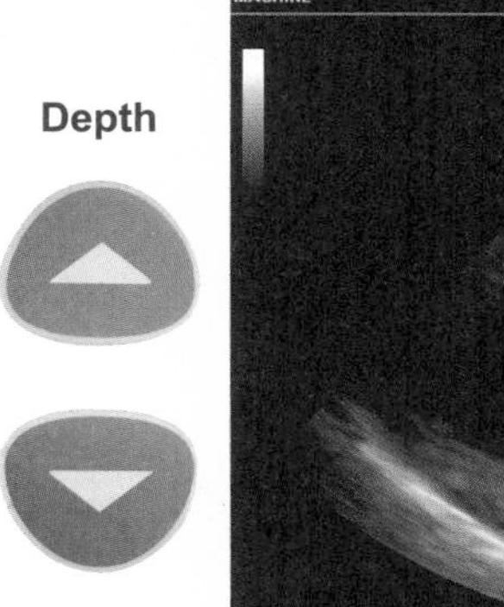

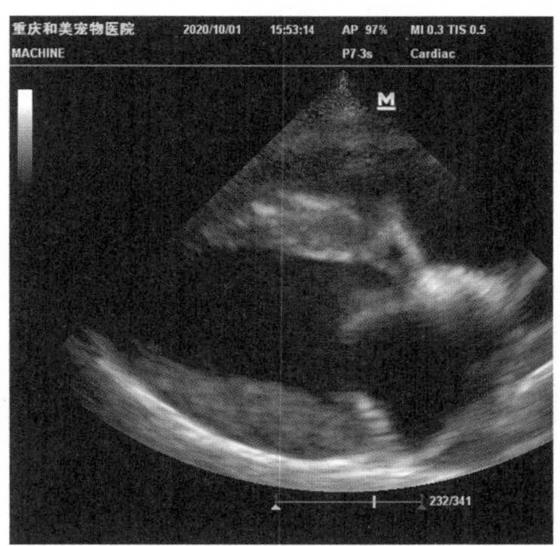

图 2–13 左图为某彩超仪的深度设置按键，在深度调节按键设置正确的情况下，右图中的心脏大小约占屏幕 2/3 的位置，心包膜完全可见

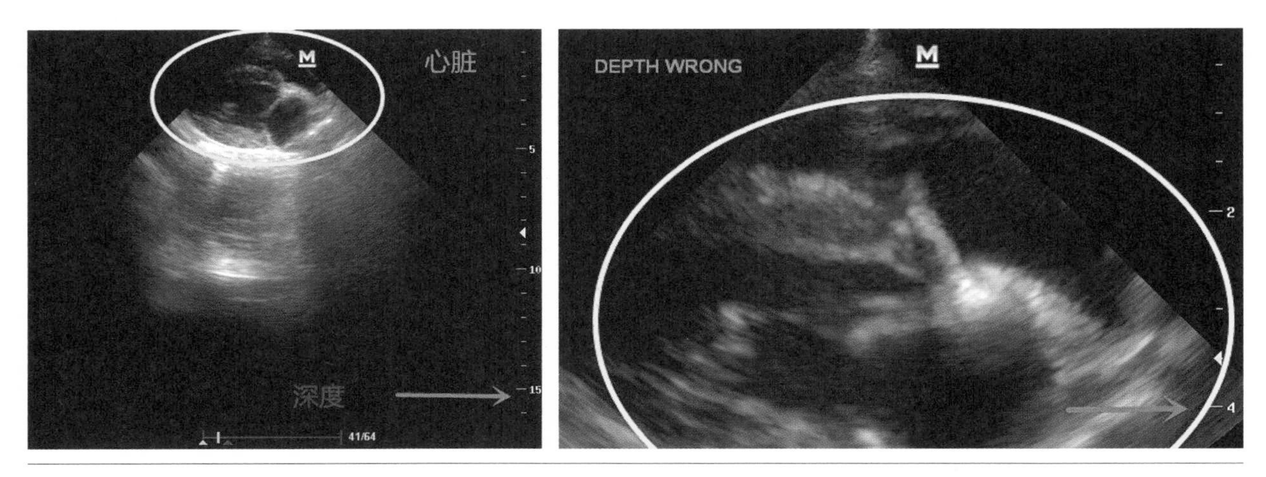

图 2–14　由于左图中的深度设置按键调节得太深，导致黄色圈内的心脏图像太小，远远小于屏幕的 2/3，而右图中的深度设置按键又调节得太浅，导致心脏图像不全，甚至没有将心脏包膜显示出来

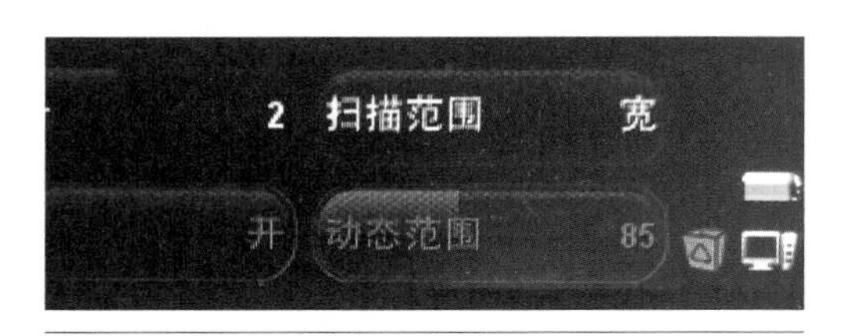

图 2–15　为某彩超仪器图像宽度调节钮

（7）图像宽度调节键

心脏彩超图像宽度的调节功能（图 2–15）比腹部彩超更重要，因为图像宽度是影响帧频的重要因素之一。宽度越大局部采样线的密度越稀疏，帧频就越低，因此，有些时候会特意减少图像宽度来增加帧频。

图 2–16（左）所示为一宽度很大的心脏彩超图像，检查二尖瓣的帧频达不到理想效果，所以调整为图 2–16（右）所示的效果，通过减少宽度，增加帧频，可以更好地观察二尖瓣的情况。

（8）彩色血流（Color）及增益调节键

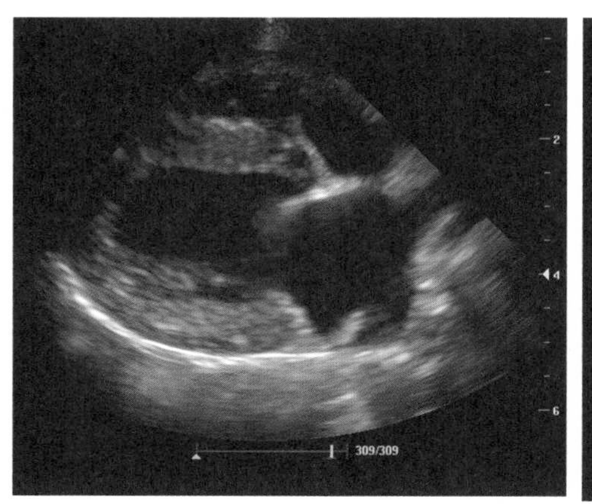

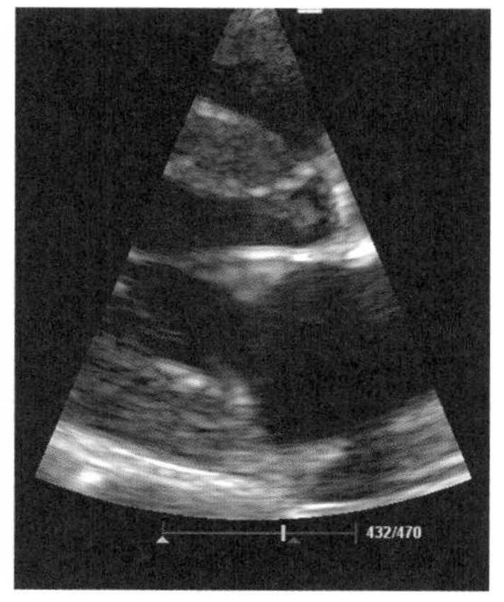

图 2–16　不同宽度调节后的二尖瓣图像对比。从右图可见，在减少图像宽度后会增加帧频，让二尖瓣的图像更清晰

在检查犬猫心脏状况的时候，需要评估二尖瓣、三尖瓣、主动脉瓣、肺动脉瓣等瓣膜的功能是否出现闭合不全或狭窄等问题，除了参考二维图像，还需借助彩色血流的图像画面进行评估。按下此按键后，将会在屏幕上出现血流的彩色显像（如图 2–17），操作者可根据需要选择彩色血流的颜色，仪器预设通常为红色 / 蓝色，

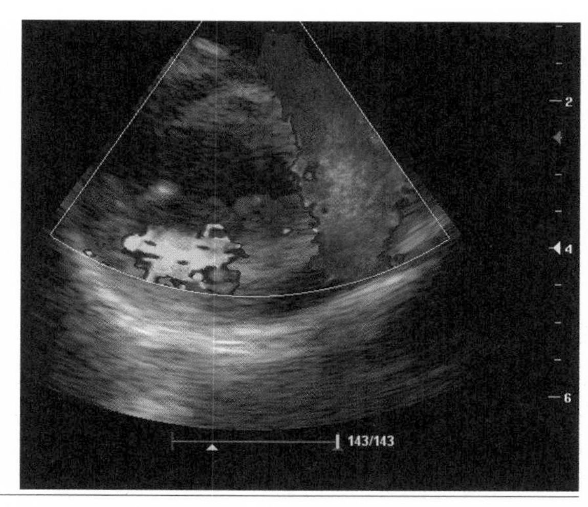

图 2–17　左图为某心脏彩超仪的彩色血流按键；右图为彩色血流情况

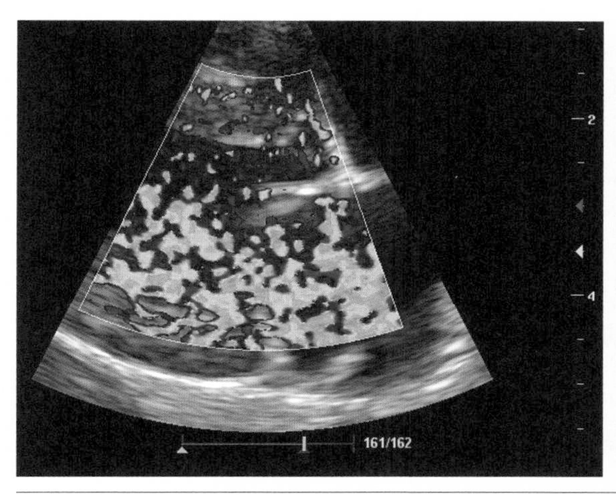

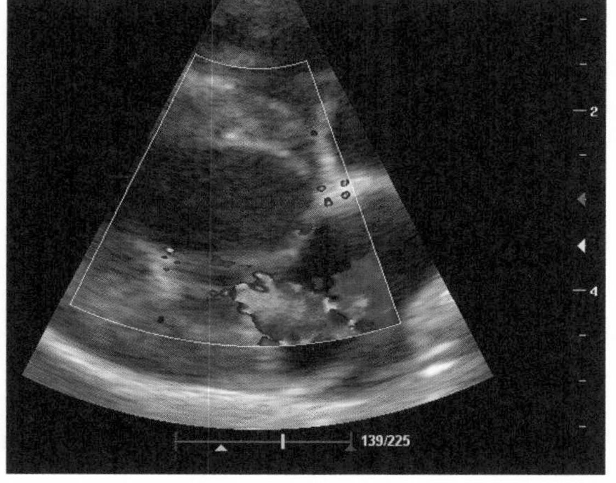

图 2–18　彩色血流的不同增益调节情况。左图增益值太大，出现了异常马赛克现象；右图为增益值调节正确的图像，可见二尖瓣反流。蓝色图像所示为二尖瓣闭合时从左心室流入左心房的反流血流

血流流向探头方向为红色，远离探头方向为蓝色。由于解剖学里的红色代表动脉血，蓝色代表静脉血，所以，很多初学者容易将此处的红、蓝两色跟解剖学里的红色和蓝色相混淆。请务必记住，彩色多普勒显示的红色、蓝色与动脉和静脉没有关系，只是代表血流方向。

在选择彩色血流模式后，还需调整彩色血流的增益强度，增益过大，会在血管外出现红、蓝、黄等彩色杂波；增益过小，则血管内的血流显示不足。在观察血流图时，其通常做法是先适当降低增益，减少血管壁强反射信号的影响，尔后逐渐加大增益，直至血管外出现彩色杂波时再往回调，以彩色杂波刚刚消失为度。增益不能太大，否则会出现异常马赛克（如图 2–18）。此外，还需调整血流框的大小，如果血流框太大，会影响到帧频及判读，最好将血流框控制在检查部位的周围。

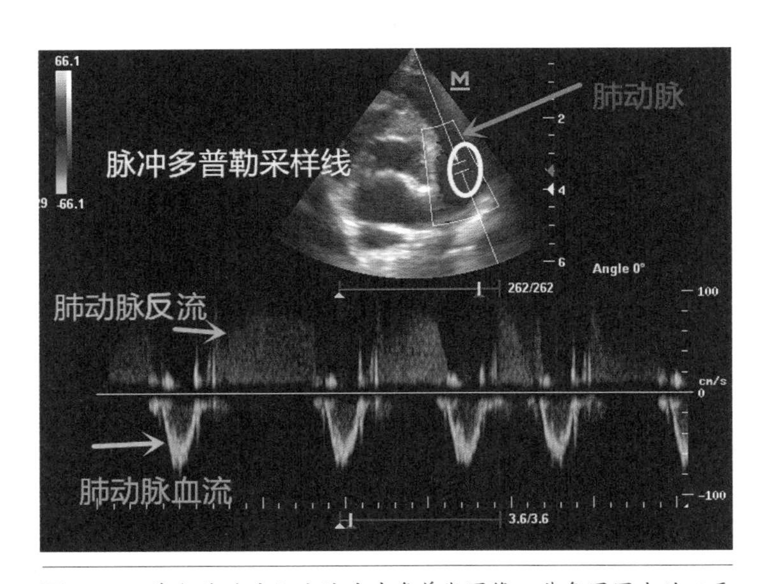

图 2-19　某犬肺动脉血流的脉冲多普勒图像。黄色圆圈内的双平行线区域为脉冲多普勒采样框，代表检查该位置的血流速度；绿色箭头标注的是该犬的肺动脉血流，因为血流是从右心室流入肺动脉，该切面远离探头，所以在基线下方；紫色箭头标注的是肺动脉；橘色箭头所示为该犬的肺动脉反流，必须说明的是，并非每个动物都有肺动脉反流

（9）脉冲多普勒（PW）功能键

脉冲多普勒是频谱多普勒的一种。频谱多普勒心脏彩超（spectral Dopplerechocardiography）是将取样容积置于心脏大血管的不同部位，由此获得该部位的血流频谱曲线，曲线横轴代表时间，纵轴代表血流速度。在频谱曲线上，可以了解到血流的方向、流速等。脉冲多普勒是由同一个（或一组）晶片发射并接收超声波，它是用较少的时间发射，而用更多的时间接收。由于脉冲多普勒采用的是深度选通(或距离选通）技术，可进行定点血流测定，因而具有很高的距离分辨力，也可对喧点血流的性质做出准确分析。在为犬猫测量二尖瓣正常血流、三尖瓣正常血流、三尖瓣反流、肺动脉瓣正常血流、肺动脉反流及低流速（低于30厘米/秒）高压血流、主动脉正常血流等心脏情况时，都可以采用脉冲多普勒（如图 2-19）。但脉冲多普勒的最大显示频率会受到脉冲重复频率的限制，因而容易在检测高速血流时出现混叠，这对检查二尖瓣狭窄、二尖瓣反流、主动脉瓣狭窄等类疾病十分不利。因此，在心脏彩超遇到高速血流时，建议采用连续波多普勒。

在做脉冲多普勒的时候，要注意选择测量范围，过高和过低都不好，同时要选择基线。

（10）连续波多普勒（CW）功能键

图 2-20 连续波多普勒功能键

连续波多普勒（图 2-20）是频谱多普勒的一种。由于连续波多普勒是采用两个（或两组）晶片，由其中一组连续发射超声波，而由另一组连续接收回波，具有很高的速度分辨力，能够检测到高速血流，这是它最突出的优点，缺点是缺乏距离分辨能力。在为犬猫做心脏彩超时，可用于检查主动脉狭窄、主动脉高压、肺动脉狭窄、肺动脉高压、动脉导管未闭、房间隔缺损、室间隔缺损等异常血流情况（如图 2-21，图 2-22）。

按下连续波多普勒的选择键后，会出现连续波多普勒的取样线。因为它不能定位，故需调整取样线至检查区域，通常做法是先采用彩色多普勒检查有无异常血流，如果有异常血流且血流速度较高，就可采用连续波多普勒。

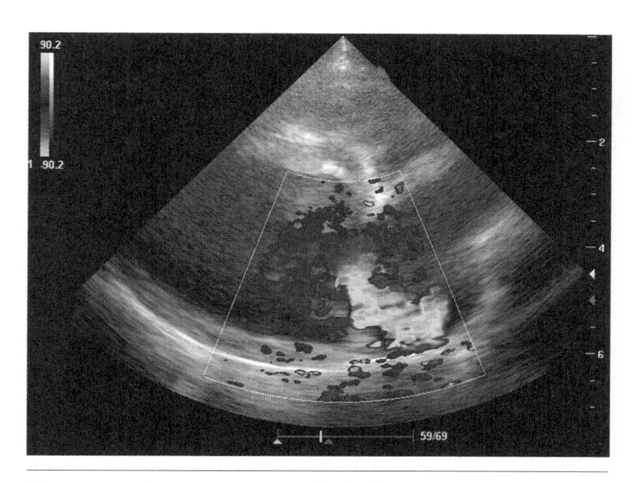

图 2–21　某犬的二尖瓣彩色多普勒图像。此图像显示该犬存在异常血流情况，提示有二尖瓣反流现象（该图是在左侧胸壁声窗 4 腔心长轴切面）

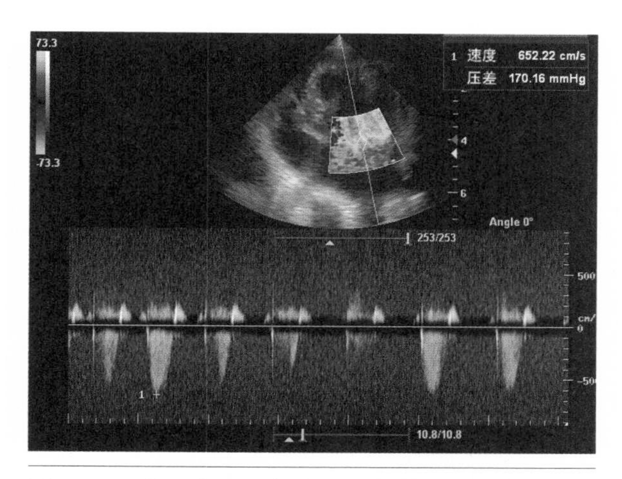

图 2–22　采用连续波多普勒测量反流血流的大小情况。此图的检查对象与图 2–21 为同一犬，在左侧胸壁 4 腔心用连续波多普勒检查二尖瓣反流血流的速度为 650 厘米 / 秒

（11）M 超按键

在犬猫的临床诊断中经常会用到 M 超。关于 M 超，会在后面的章节中专门讲解，这里只讲在超声仪器上如何选择 M 超按键，以及如何从二维灰阶模式进入到一维 M 超模式。在采用二维超声模式检查犬猫心脏的时候，应首先选定要做 M 超的切面，然后按下 M 超按键（如图 2–23），此刻会在二维超声图像上出现 M 超的采样线（如图 2–24、图 2–25）。

图 2–23 彩超仪的 M 超按键

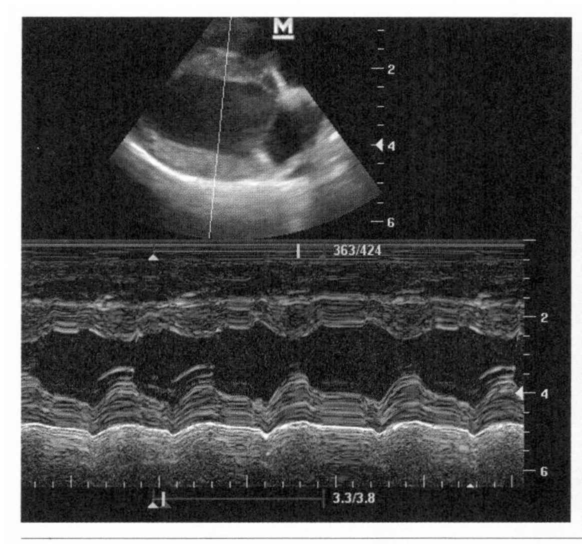

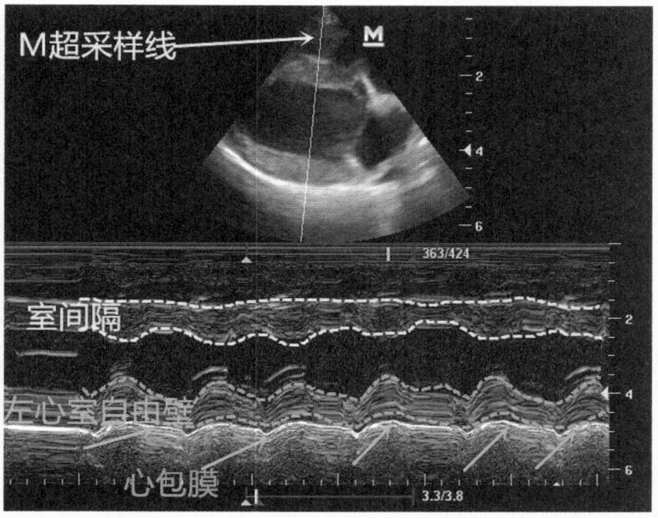

图 2–24　左心室 M 超图像。左图是在超声仪器上看到的正常图像；右图是用彩色图像标注的超声图像。从二维图顶部往下延伸的直线就是 M 超的采样线。下面是 M 超，黄色虚线是室间隔，橘色虚线是左心室自由壁，白色亮线（绿色箭头）是心包膜，在室间隔和自由壁之间黑色区域是左心室腔

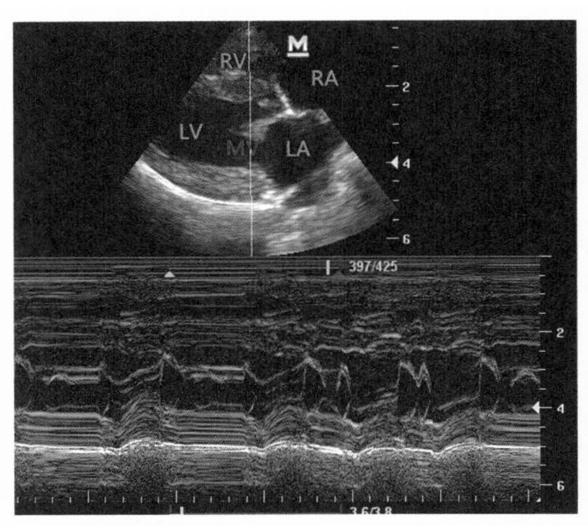

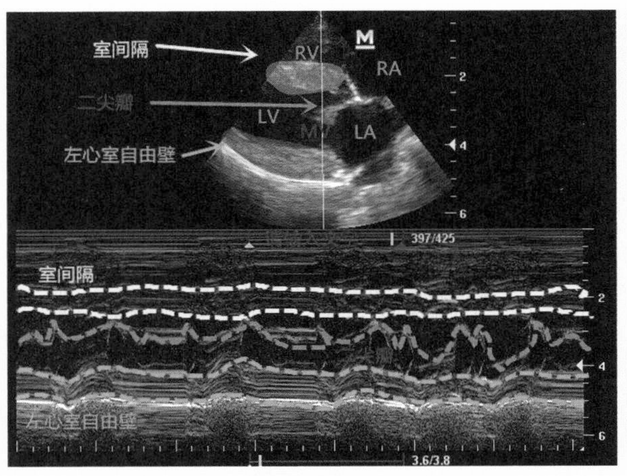

图 2-25　如需查看二尖瓣的运动状况，应调整 M 超图像。左图为二尖瓣 M 超图像，右图为作者标注的超声图像。黄色虚线是室间隔的运动曲线，橘色虚线为左心室自由壁的运动曲线，紫色虚线为二尖瓣前叶的运动曲线

（12）谐波（H）功能键

谐波成像是近年来非线性领域的一项重大突破，这一技术的开发和应用，使许多犬猫疾病的诊断范围和诊断水平得到有效拓展。在二维及彩色多普勒超声检查中应用谐波成像，极大地改善了信噪比，可以更加清晰地显示被检脏器的血流情况及其他生理状态，可说是超声医学技术发展的又一里程碑。

在传统超声检查过程中，探头只能通过接收与发射频率相同的反射波成像。实际上，超声波在介质中的传播为非线性传播，即谐波。谐波的次数越高，频率越高，在组织中的衰减越大，振幅也越小，故可用于超声成像的为二次谐波。利用超声波非线性传播所产生的二次谐波信息进行超声成像，这种技术被称之为二次谐波成像。在谐波成像过程中，由于探头发射频率较低，从而增加了超声波的穿透性和接受频率，在提高图像信噪比的同时，也使得成像质量得到大大改善。此外，由于谐波宽度小，可提高侧向分辨力，随着二次谐波的增加，反射脉冲的长度逐渐减小，还可让轴向分辨力也得到有效提高。

在犬猫心脏彩超及腹部彩超诊断过程中，作者比较乐于采用谐波成像技术，其原因就在于谐波成像技术能明显提高图像质量（如图 2-26、图 2-27）。

（13）壁滤波功能键

壁滤波也称为频谱多谱勒滤波。在采用多普勒超声仪器进行检查时，由于探头接收的信号除了来源于红细胞外，还混杂有血管壁及周围组织运动所产生的反射信号，这种信号的特点是频率低，但回声强度比血流信号大，会对血流检测造成一定的干扰。壁滤波的作用就是滤掉这些干扰信号，从而让血流信号进入处理器。根据信号过滤程度，彩超仪设有不同的级数，如果级数设置过高，除了能滤除非血流信号外，还会将低速血流的信号也过滤掉，因此，选择滤波级数应视检查对象而定。

在做犬猫心脏彩超时，低频信号多数来自于壁运动信号，诸如心房壁、心室壁、血管壁、瓣膜及腱索运动等。为了避免干扰频谱显示，应将其滤掉。但这样做，也会将一些与其频率相近的低频血流信号过滤掉，

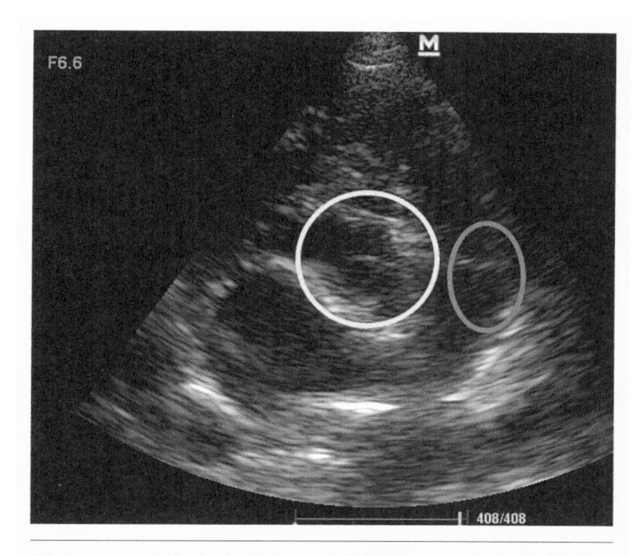

图 2–26　没有采用谐波的图像情况。该图像显示的是一只 8 公斤泰迪犬右侧胸壁短轴切面的主动脉瓣（黄色圈内）和肺动脉瓣（紫色圈内）。从图中可以看出，此时的频率是 6.6Hz

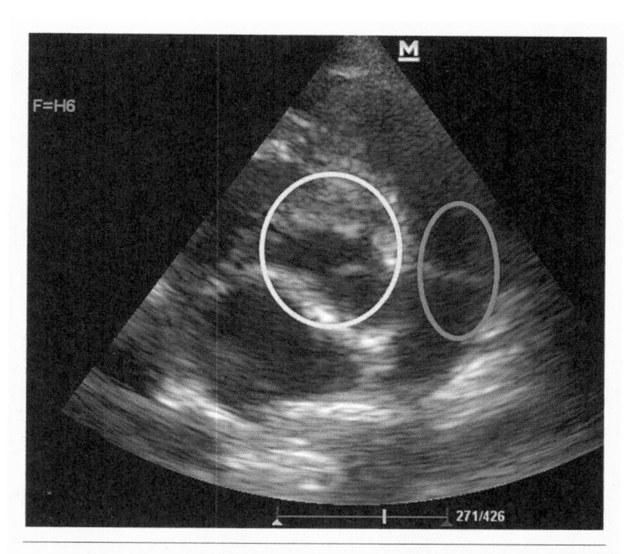

图 2–27　该图是在图 2–26 的基础上增加谐波后的成像情况。从图中可以看出，加上谐波后，该犬主动脉和肺动脉瓣膜的细节显示更为充分，而且图像的整体表现更为细腻、清晰

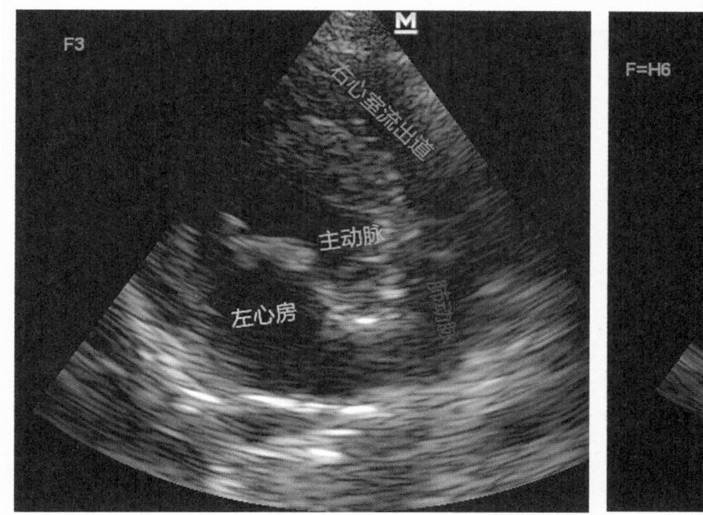

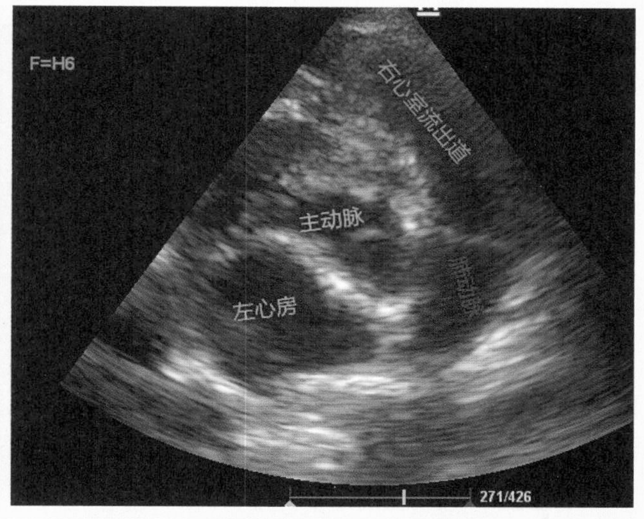

图 2–28　此图是一只 8 公斤左右泰迪犬的右侧胸壁肋骨短轴主动脉彩超图像。左右两图的区别是，左图的探头频率较低，右图的探头频率较高，而且用了谐波。从图中可以看出，由于频率增高后，其右心室流出道、肺动脉、左心房、主动脉等区域的图像都要清晰很多

因此，过滤频率需视检测要求慎重选择，如检测低速血流（腔静脉、肺静脉、房室瓣）可选择 200 ~ 400 Hz; 正常高速血流（心室流出道、主动脉瓣）可选择 400 ~ 800 Hz；高速射流（瓣膜狭窄、反流、心内分流的射流）则以 800 ~ 1 600 Hz 为宜。正确的做法是具体情况具体分析，有些彩超仪的滤波强度设置为高、中、低三档。

（14）频率功能键

跟腹部彩超一样，探头频率越高，图像越清晰，但穿透力越小。在做犬猫心脏彩超的时候，应根据犬猫的体型大小选择合适的频率，例如，对于大型深胸犬，要用频率低的探头；对于中小体型的犬猫，作者一般多采用谐波为 6 MHz 或更高频率的探头。

（15）速度标尺功能键

速度标尺是用于调节测量血流速度的范围，也称量程。如果速度范围设置过高，则血流显示不理想，例如在测量二尖瓣血流情况的时候，通常会设置在 80 ~ 100，设置太高或太低都不利于判读。如果设置太低，既会出现色彩混叠现象，还会导致波形倒错，特别是难以检测到低速血流；如果设置太高，又会导致波形太小，也不利于判读。速度范围应该调节到能最大限度地显示低速血流，但又不出现色彩倒错为度。在没有血液混流的情况下，满意的血流显像应是管腔内血流充盈良好，无色彩倒错，管腔中央部位因流速较高，色彩更为明亮（如图 2–29、图 2–30）。

（16）基线功能键

基线设置也是彩超使用中非常重要的一环，设置过高过低都不利于对检测结果的判读（如图 2–31、图 2–32）。如果血流速度很快，通过提升速度范围仍然不能消除色彩倒错现象，还可采用移动彩色基线的调节方法，以提高对最大血流速度的检测，扩大无倒错色彩的显示范围。

（17）测量功能键

在心脏彩超中，除了用彩超对瓣膜、血流情况进行观察外，还要做很多其他测量，心脏彩超中的测量项目，主要包括血流速度、腔室宽度厚度、团块大小、M 超或 Simpson 测量等。只要图像采集正确，具体测量很简单，不同彩超仪的测量按键略有差异，可联系生产厂家具体了解测量按键的使用方法。

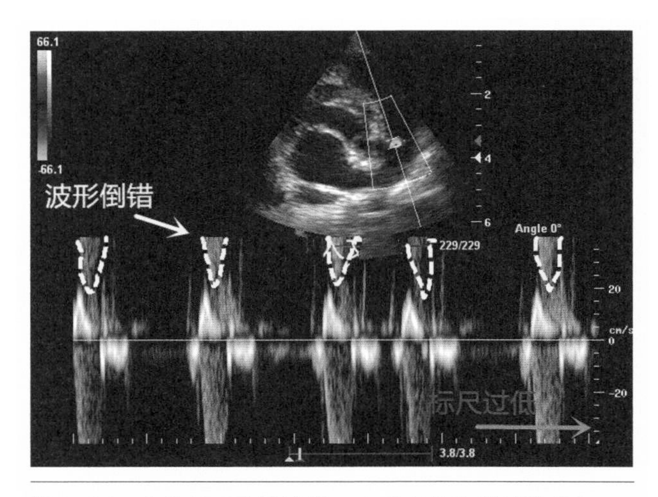

图 2–29　由于标尺设置过低，从而出现波形倒错现象

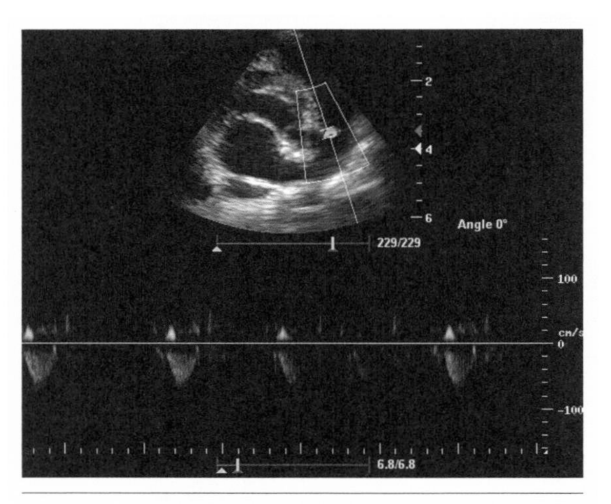

图 2–30　由于标尺设置过高，导致波形太小，不利于判读

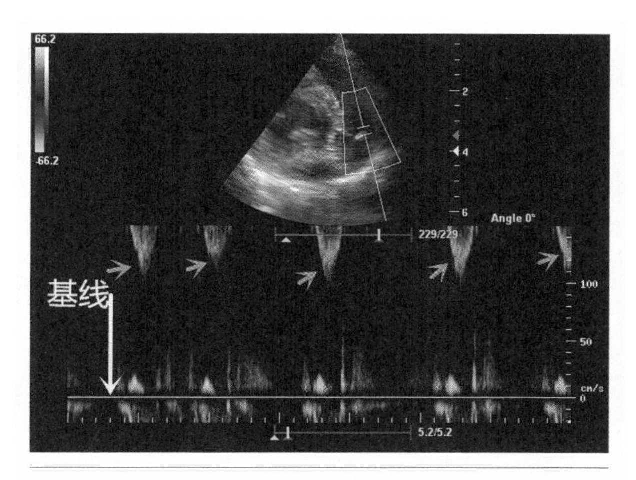

图 2-31　基线设置太低，导致脉冲波图像无法正常展示，所以到紫色箭头位置才展示出来，出现波形倒错

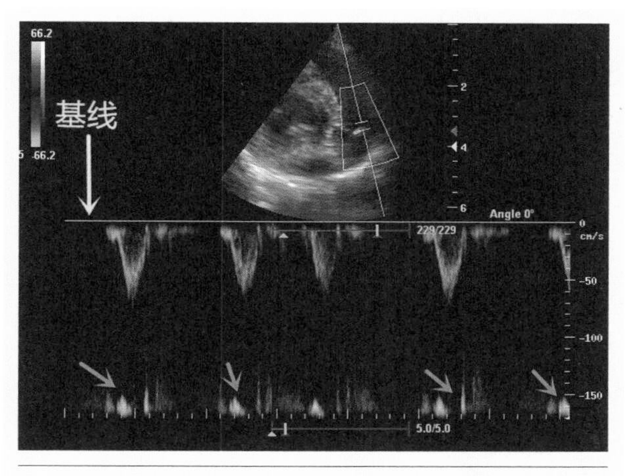

图 2-32　基线设置太高，导致脉冲波图像无法正常展示，所以到紫色箭头位置才展示出来，出现波形倒错

（18）帧率功能键

为了让彩超图像保持高度的实时性，选择合适的帧率很有必要。如果帧率太低，则实时性差，而且低速血流信号与彩色杂波难以区别。正常情况下，帧率与脉冲重复频率（PRF）呈正比关系，PRF 越高，帧率越高，但取样深度会随之变小。另外，二维图像的显示面积和彩色血流取样范围对帧率也有影响。如果出现实时性降低的情况，可结合以下方法提高帧率：

①缩小二维图像的扫查宽度（线阵）或角度（凸阵、扇扫），减小二维图像的显示面积。

②缩小彩色取样框，减小血流显示面积。

③提高 PRF，但会同时降低低速血流检测的灵敏度和减小取样深度，使用时应注意。

④如果正在同时进行动态显示彩色多普勒血流和频谱多普勒，可冻结其中一方。

（19）动态范围功能键

“动态范围”是一个用于定义可以在多大范围内捕捉声像影调细节的专业术语，通常是指由最低值到最高值之间的范围。在超声设备中，动态范围（DR）能体现一台超声仪对回波信号的处理能力。从理论上讲，超声仪的动态范围越大，说明它能动态采集和压缩处理的回波信号范围越广，品质越优异。大多数超声仪都是采用灰阶来显示二维声像图，从纯黑（0）至纯白（255）共划分为 256 个色阶。无论超声仪采集和处理的回波信号范围多广，都是在这 256 个色阶范围内显示其声像图。动态范围越大，每个色阶包涵的相邻强度的回波信号范围越广，而我们实际工作中运用到的回波信号范围（即低回声—强回声），往往都是动态范围的中间部分，声像图中显示的色阶也主要集中在中间部分，此时的低回声—强回声色阶灰度相差无几，整体声像图会呈现出“灰蒙蒙”的雾状，组织间的层次感反而会下降。

如果动态范围设置过低，将呈现出一片明亮的强回声或深邃的低回声，声像图中的偏强回声与强回声、偏低回声与低回声难以细致分辨，其中一些有用信息损失殆尽，很可能会放过很多有价值的疾病诊断信息。

如果动态范围设置越高，虽然图像显示更为细腻，但画面的整体效果会变灰，效果类似于图片处理软件中的“磨皮”功能。磨皮可以使面部肌肤看起来更光滑，但也会把傲人的“美人痣”给磨没了，从而会丢失一些有价值的图像信息。

例如图2-33是动态范围设置为30的心脏图像。由于动态范围值太低，图像画质粗糙，很难区分图示范围是否已经出现变形及钙化等情况。

图2-34是动态范围设置为60的心脏图像。该图与图2-33为同一个动物的同一个切面，其唯一变化是调整了动态范围值。在提高动态范围设置后，图像更细腻，更容易鉴别病变。与图2-33中的肺动脉瓣相比，图2-34中的肺动脉瓣更清晰。

图2-35是动态范围设置为125的心脏图像。与图2-34、图2-33为同一个动物的同一个切面，其唯一变化是调整了动态范围值。与图2-34的动态设置相比，由于该图像的动态范围设置更高，虽然图像表现更为细腻，但画面整体变灰。由此可知，动态范围设置要视具体情况而定，并非是越高越好。

小结：在犬猫心脏彩超的使用过程中，应根据实际情况合理运用不同的功能按键，要在力求图像质量更为清晰的条件下，确保有效信息不至于丢失，这样才有利于根据图像的显示情况对病情加以分析、判读。

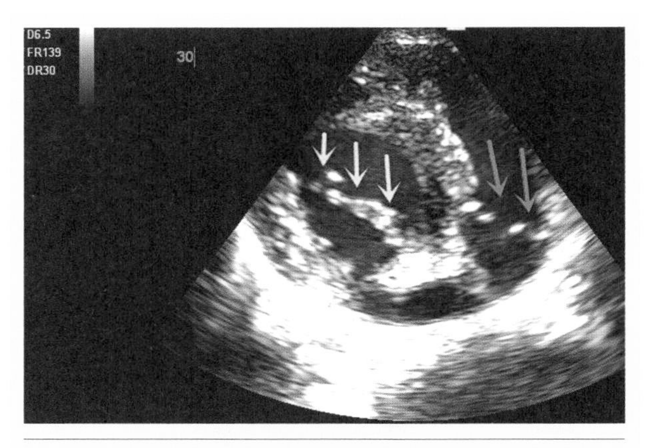

图2-33 动态范围值设置为30的心脏图像。黄色箭头为二尖瓣；紫色箭头为肺动脉瓣

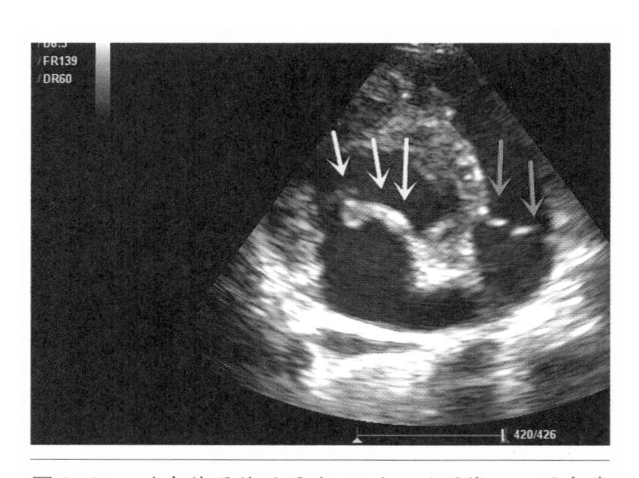

图2-34 动态范围值设置为60的心脏图像。从图中黄色箭头的指向位置可看出二尖瓣变形，且存在钙化现象；紫色箭头为肺动脉瓣

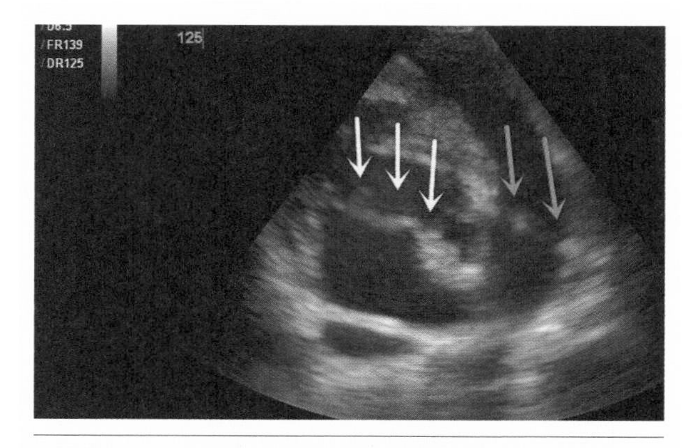

图2-35 动态范围值设置为125的心脏图像。与图2-34相比，二尖瓣（黄色箭头）与肺动脉瓣（紫色箭头）的位置过于光滑，丢失了很多有效信息

第三章

犬猫心脏彩超伪影的识别

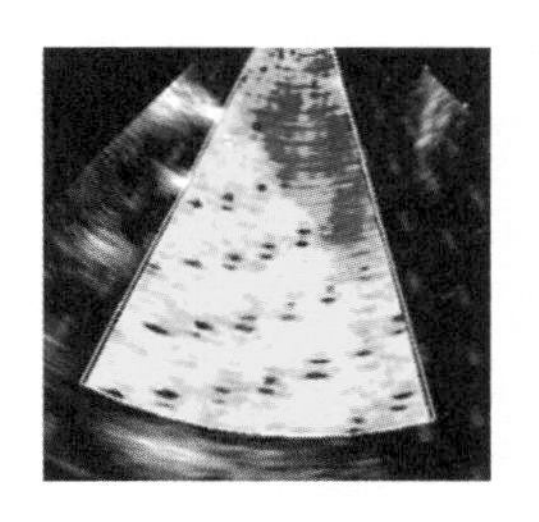

跟腹部彩超一样，心脏彩超在临床检查中也可能遇到伪影，有些伪影是不可避免的；有些伪影可能会造成误诊；有些伪影可以帮助诊断疾病。对于临床医生来说，理解伪影对正确诊断疾病非常重要。犬猫心脏彩超中的伪影主要分为以下两类：

①超声系统本身产生的伪影；

②外部设备和装置干扰产生的伪影。

第一节｜超声系统本身产生的伪影及识别

1. 简单混响伪影

简单混响伪影违反了超声波只有一次反射的设想。从理论上讲，从探头发出的超声波会在反射介质形成反射，反射波直接传输回探头便完成一次往返（如图 3–1A）。事实上，超声波往往会在探头与反射介质之间形成多次往返（图 3–1B、图 3–2），从而形成超声伪影。其中，简单混响伪影在腹部超声中比较常见，在心脏超声中也有，如主动脉、钙化结构和心脏置入设备等。

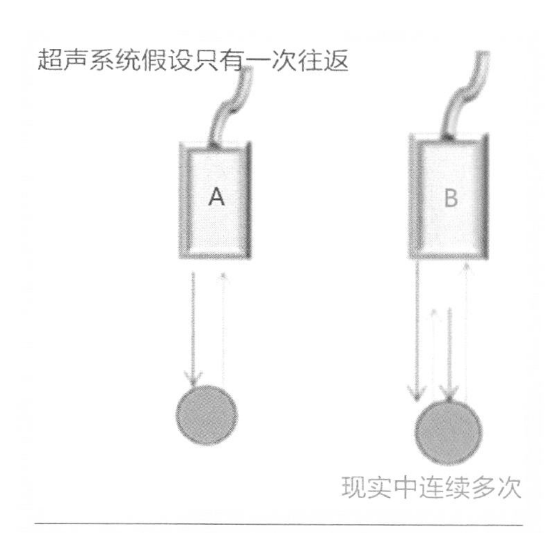

图 3–1　简单混响伪影产生原理示意图。图 A 显示的是探头发出的超声波撞到橘色球上后完成一次往返，这种情况是设想的理论模式。图 B 是现实中的真实模式，探头发出的声波撞到橘色球上，并在橘色球和探头之间发生多次来回往返，这样就形成了混响伪影

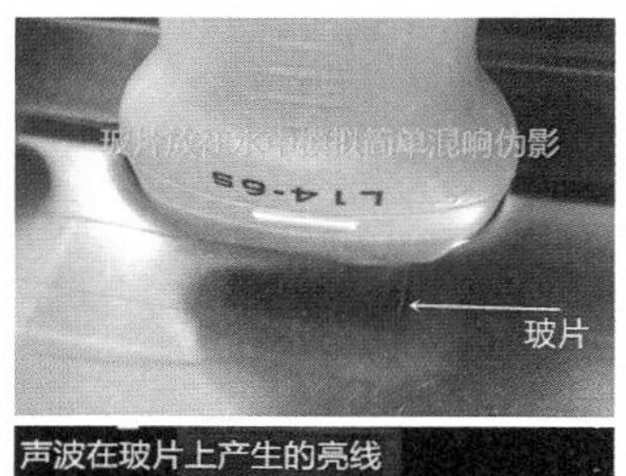

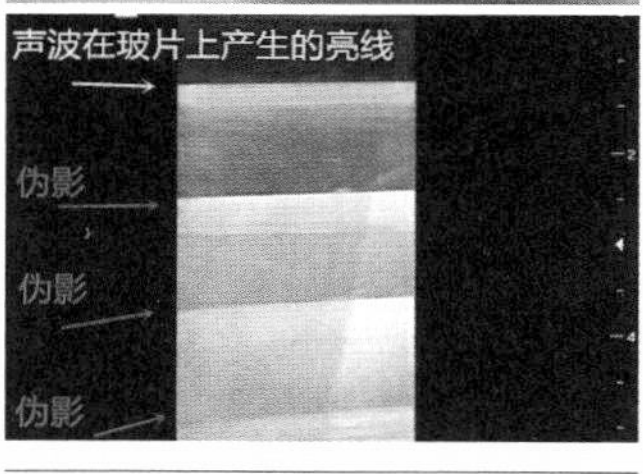

图 3–2　该图为玻片放在水中模拟而成的简单混响伪影。当超声波从探头发射出来撞到玻片后，会被玻片反射回探头，然后又从探头弹回到玻片，超声波在经过玻片与探头这两个强反射界面多次往返后，便产生了多个等距离伪影

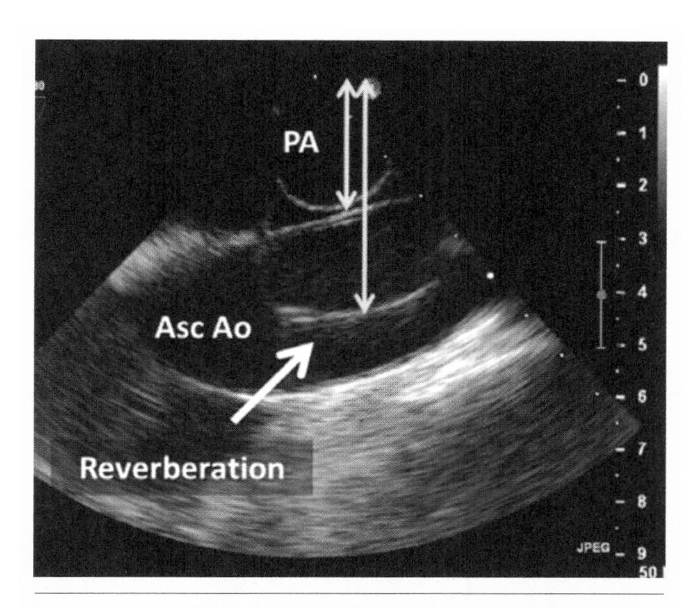

图 3–3　心脏超声的混响伪影病例。图中升主动脉（Asc Ao）的伪影（白色箭头所示）距离探头大约两倍（黄色箭头所示），很可能被误认为主动脉夹层，图中：PA 为肺动脉，Reverberation 为混响伪影

2. 复杂混响伪影

复杂混响伪影也称为彗星尾伪影，常见情况有心脏安置的外来设备和肺部 B 线。

①心脏安置的外来设备：彗星尾伪影可出现在任何间隔很近的反射界面上，常见于心脏机械瓣膜患者，并可造成评估心脏解剖困难。同样重要的是，在手术夹和导管尖端也可看到彗星尾伪影，这种情况在人体临床医学上更常见，由于现实生活中很少给犬猫的心脏安置外来设备，故非常罕见。

② B 线：在肺部超声诊断中，彗星尾伪影也被称为“B 线伪影”，该伪影起源于胸膜线，与肺滑动同步移动，因此，这种伪影的位移或偏离是诊断肺部疾病的重要指标之一，这种伪影曾被作为排除气胸的一种方法。据研究表明，多发性、弥漫性和双侧彗星尾伪影的存在，可用于紧急情况下诊断肺泡间质综合征。此外，伪影的变化情况也可反映其他病因，如间质性肺炎、肺纤维化等。由于伪影的数量对肺部含水量的变化反应迅速，因此，可据此跟踪犬猫肺水肿时的伪影变化情况，这为评价失代偿性舒张性心力衰竭犬猫的治疗反应，提供了一种非侵入性检测方法。

3. 镜像伪影

镜像伪影是声波违反了超声波以直线传播的设想。超声波是以某个角度（反射角 = 入射角）从介质反射回来，由于在反射过程中遇到了探头和初始物体之间的高反射结构，使得探头没能识别出超声波在返回途中采取了转弯路径，由此映射出一个与真实结构有关的虚假图像，这个虚像犹如一个镜像物体，故称其为“镜像伪影”。这种镜像伪影比较容易识别，通常可以在同一帧画面中看到原始结构及其镜像（如图 3–4）。

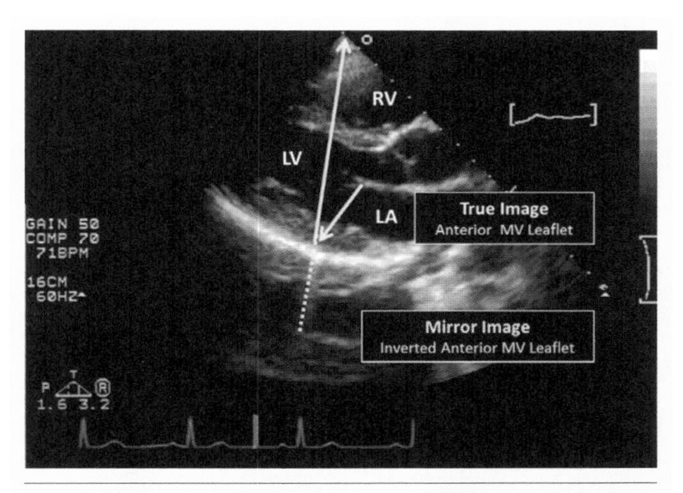

图 3–4　镜像伪影图像。图中的实线为超声波在返回探头时的轨迹，虚线为二尖瓣前叶的镜像伪影。图中：LA 为左心房，LV 为左心室，RV 为右心室

4. 声学阴影和后方回声增强

声学阴影和后方回声增强违反了超声波会被反射介质均匀衰减的设想。如果超声波在组织中的衰减程度远远大于或小于周围组织，则该结构远端的波束强度将比周围波束强度弱得多或强得多，在该结构之外产生的图像将会显得太暗（阴影）或太亮（增强）。通常而言，声学阴影可在任何含钙结构中发现（如图 3–5）。

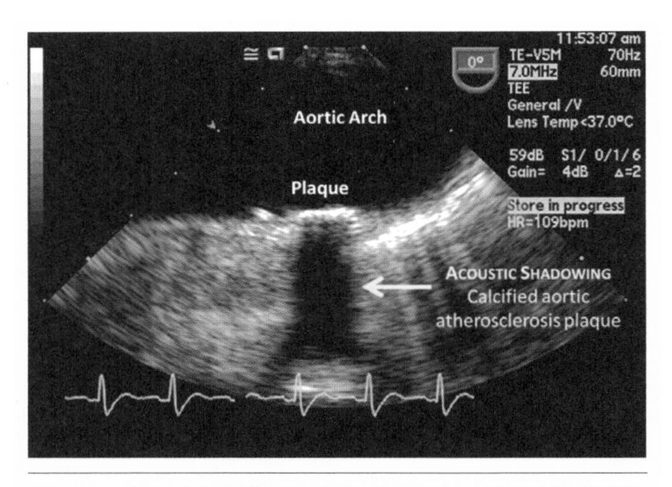

图 3–5　由主动脉钙化灶斑块导致的声学阴影（黄色箭头）

5. 折射伪影

折射伪影违反了超声波路径是以直线及匀速传输的设想，这种情况意味着超声波不是直接传播到心脏并原路返回到探头，而是遇到了充当超声波折射器的其他结构，使得超声波的传播路径和速度均发生了改变，从而在心脏真实图像的侧面产生了一个类似于镜像伪影的重影图像（如图 3–6）。与镜像伪影不同的是，折射伪影是出现在真实图像的旁边而不是下面。

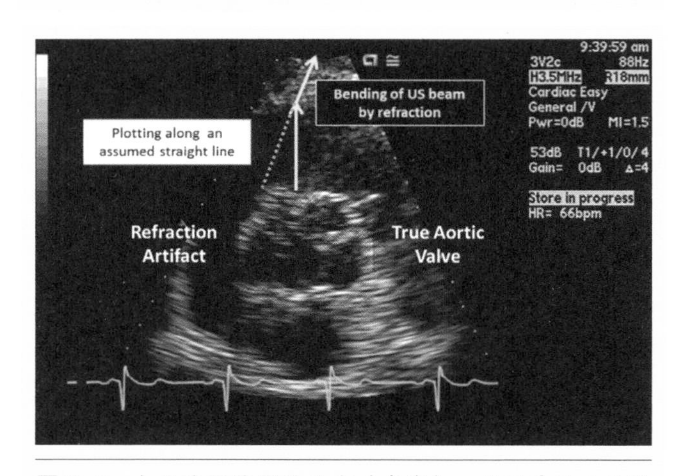

图 3–6　由于波形路径的改变（虚线），从而导致主动脉瓣出现复制的折射伪影

6. 波束宽度伪影与旁瓣伪影

除了前述几种伪影外，由超声系统本身产生的伪影，还包括波束宽度伪影、旁瓣伪影（如图 3–7），这两种伪影都违反了超声波仅从位于主超声波束内的反射器产生回波的设想。尽管心脏彩超具有很高的敏感性和特异性，正是因为这些伪影的存在，使其在研究左心室肿块方面还是受到了一些限制。据研究结

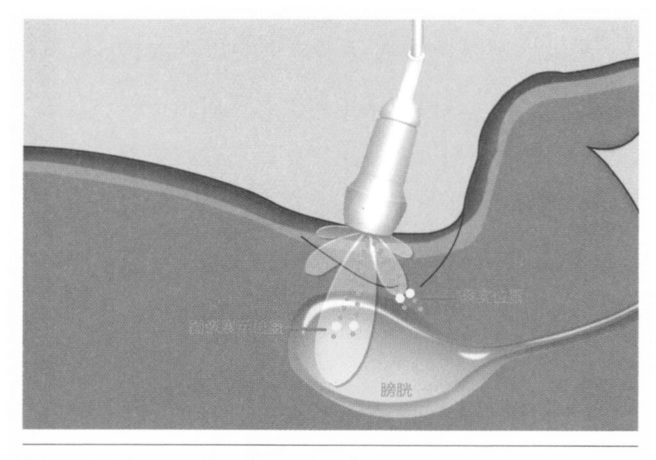

图 3–7　旁瓣伪影示意图。主声波检查到膀胱，主声波旁边的次声波打到膀胱外边的组织产生较强的回声，该回声被探头接受后，因仪器错误放置在主声波图像的相应位置而产生伪影（图片来自作者所著《犬猫腹部超声诊断图谱》）

果表明，在临床实践中，由于超声伪影难以避免，因而造成了 10% ~ 20% 的病例出现了较差的图像质量。此外，旁瓣伪影还经常被误解为主动脉中的解剖瓣。波束宽度伪影、旁瓣伪影这两种完全不同的回波伪影均可能造成主动脉夹层的误诊（如图 3-8、图 3-9）。

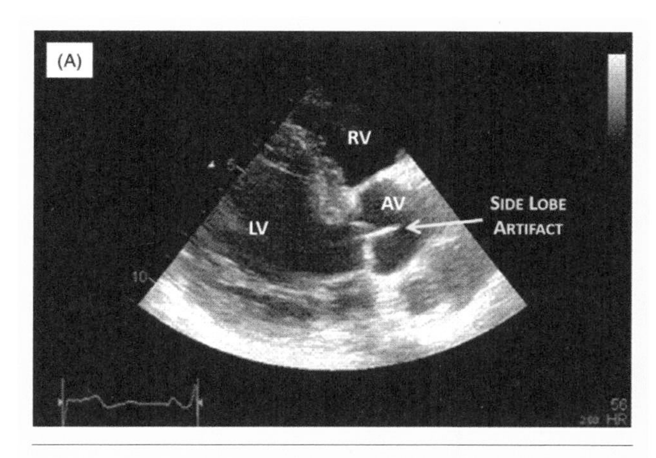

图 3-8 旁瓣伪影（黄色箭头）会导致腔内混乱，并被误认为是血栓或赘生物。图中：AV 为主动脉瓣，LV 为左心室，RV 为右心室

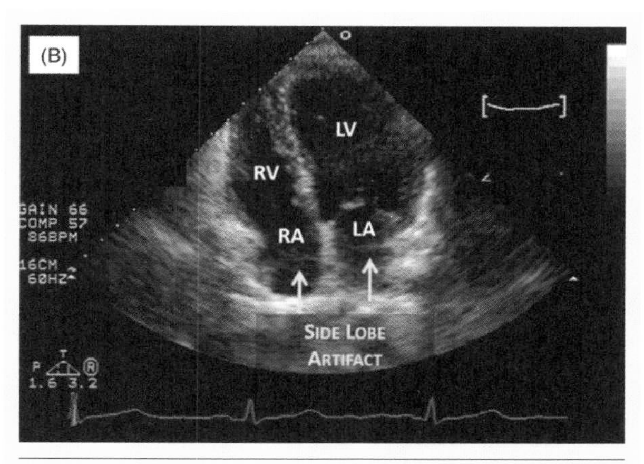

图 3-9 旁瓣伪像（黄色箭头）会导致腔内混乱，并被误认为是血栓或赘生物。图中：AV 为主动脉瓣，LA 为左心房，LV 为左心室，RA 为右心房，RV 右心室

第二节 | 外部装置及设备造成的伪影

由外部装置及设备引起的伪影，包括未屏蔽电磁场干扰所造成的伪影、探头损坏伪影及混叠和瓣膜关闭声形成的伪影。

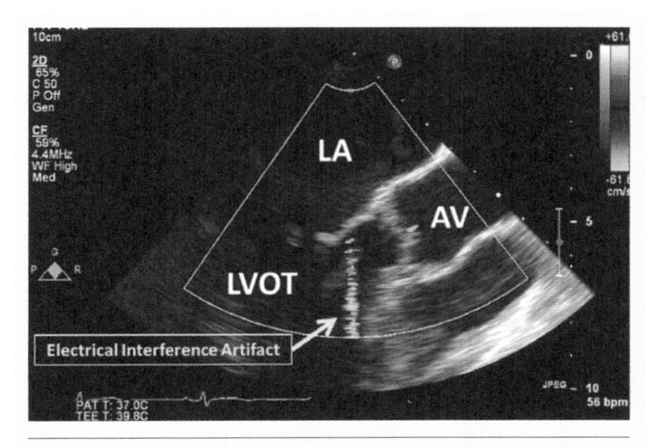

图 3-10 因损坏探头所产生的伪影（黄色箭头）。图中：AV 为主动脉瓣，LA 为左心房，LVOT 为左心室流出道

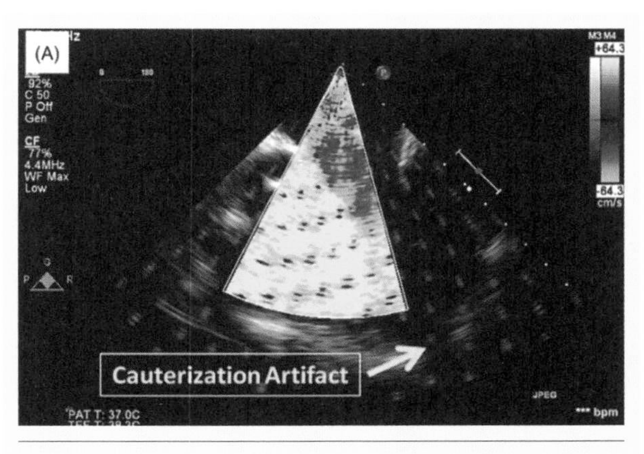

图 3-11 在彩色多普勒成像图上，可看到由电磁场干扰而产生的扇形烧灼状磁场干扰伪影。黄色箭头指向的是没有彩色血流的点状伪影

1. 探头损坏伪影

探头损坏伪影是因探头故障而在正常超声图像上形成带状图案（如图 3-10）。

2. 电磁场干扰伪影

电磁场干扰伪影是因为外部电气设备导致超声图像失真的一种伪影情形，该伪影具有几何扇形图案的特征（如图 3-11），并可掩盖解剖结构。

第四章

犬猫心脏彩超标准切面的打图技巧

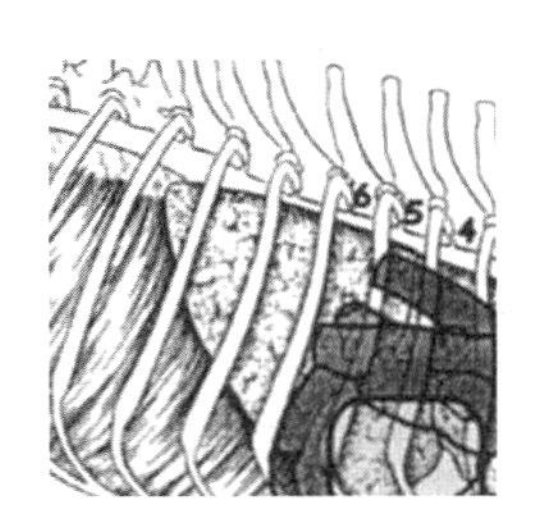

如何掌握科学、系统、标准的心脏超声检查技能，对从事犬猫心脏超声检查的宠物医生而言非常重要，这就要求临床医生不仅必须具备相关的专业知识，而且还要做到手眼灵活、动作协调，此外，还需对犬猫心脏解剖学、生理学、病理生理学、犬猫常见心脏疾病及超声设备的功能和局限性等知识，都有透彻的了解。只有这样，方能确保超声诊断的有效性和对犬猫心脏疾病的准确判别。

熟练掌握犬猫心脏彩超标准切面的打图技巧，就是其中的重要技能之一。

第一节｜超声仪的规范操作要求

为了确保超声扫描结果的准确性、一致性及操作设备的便利性，让被检犬猫、超声仪与超声医生之间处于一个相对合理的正确位置很有必要，这是一个非常重要但却常常被忽视的问题。操作超声仪的宠物医生应正对超声仪的屏幕（如图 4–1 左），将犬猫安置在医生右侧，右手握住探头，用左手调控超声设备。如果医生违背人体工程学弯扭坐着（如图 4–1 右），侧着脖子查看超声仪屏幕，久而久之会导致颈部、肩部肌肉疲劳和痉挛。作者在进行心脏超声教学的时候，时常发现很多学员都喜欢面对动物，身体斜对彩超仪，这是不对的。

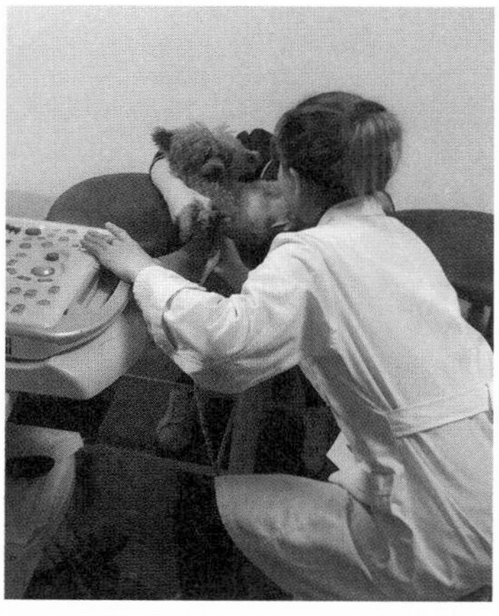

图 4–1　医生与犬猫、超声仪器的位置构成及姿势。左图为正确的操作姿势；右图为错误的操作姿势

第二节｜犬猫接受心脏超声检查的准备工作

与犬猫腹部超声检查不同，心脏超声检查需要配备开有孔洞的特制检查台。市面上有很多不同类型的超声检查台，但最重要的一点，都应该预留孔洞，以便将超声探头放置在不同的胸部声窗位置进行检查。

犬猫在做腹部超声检查前，一般建议空腹 24 小时（很多主人做不到），虽然犬猫在做心脏超声检查前不需要空腹，但很多犬猫可能已经出现了呼吸困难等相关临床症状，有些甚至存在随时死亡的风险，那么犬猫在做心脏超声检查前应做好哪些准备工作呢？

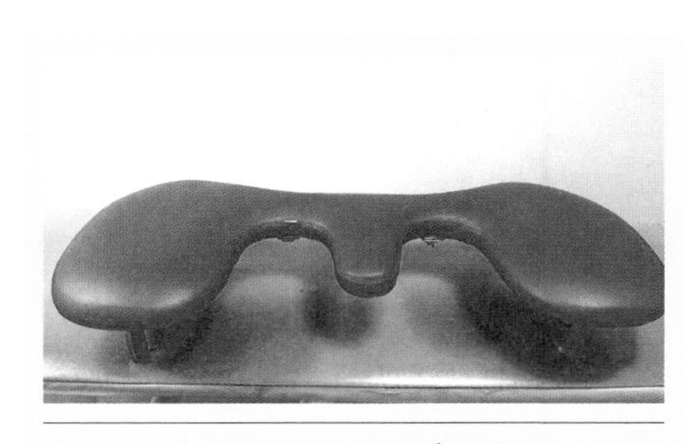

图 4–2　某品牌犬猫心脏超声检查台

1. 吸氧

很多患有心脏病的犬猫，往往会出现呼吸困难的症状，有些犬猫在精神紧张的时候，还可能出现供血不足、缺氧、昏厥，甚至猝死的潜在威胁。所以，在对犬猫进行心脏彩超检查前，可适当给予吸氧支持，以提高机体的氧饱和度，减少在心脏超声检查时出现缺氧状况（如图 4–3）。

2. 剃毛

在给犬猫做心脏超声检查前，需要剃毛以减少毛发及毛发中的气体对超声波造成的干扰，从而提高图像的清晰度。剃毛部位（如图 4–4）通常是以用手触摸胸部能感受到心脏跳动的范围。

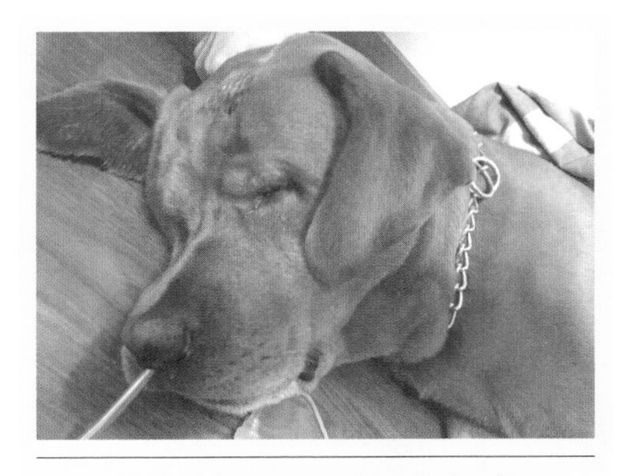

图 4–3　某犬在做心脏彩超检查前吸氧

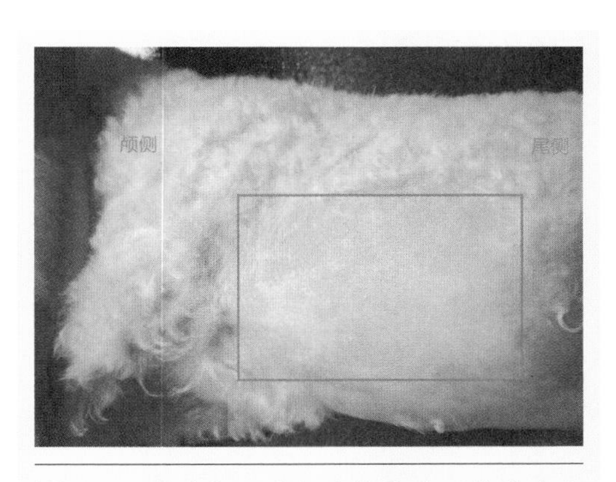

图 4–4　在进行心脏超声检查前，胸壁左右两侧的被毛都要剃除

3. 保定

在做右侧声窗检查的时候，犬猫应保持右侧卧的姿势（如图 4–5），助理要把犬猫的右前肢向前牵拉，以减少右前肢腋下组织皮肤对声窗的干扰。犬猫应完全侧卧，不能斜躺（如图 4–6），否则会因肺部气体导致超声图像不够清晰。

同理，在做左侧声窗检查的时候，犬猫应保持左侧卧的姿势，助理要把左前肢向前牵拉，以减少左侧前肢腋下组织皮肤对声窗的干扰。

有些犬猫由于心脏病导致肺水肿而无法卧下，此时可让其站立检查（如图 4–7）。如果能采用卧姿当然是最佳选择，这样图像会更清晰，也更有利于病情诊断。

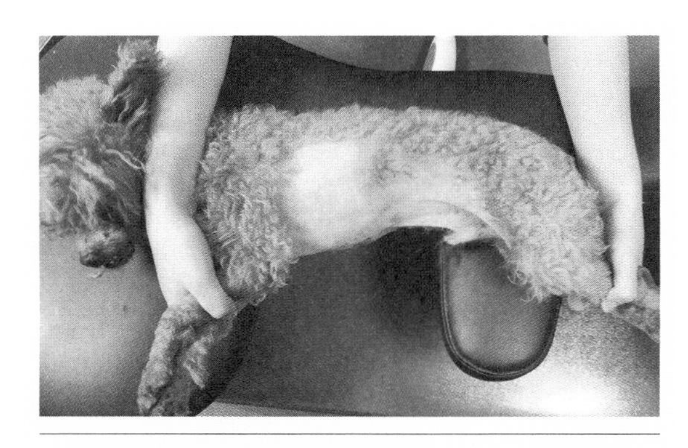

图 4–5　右侧卧正确保定

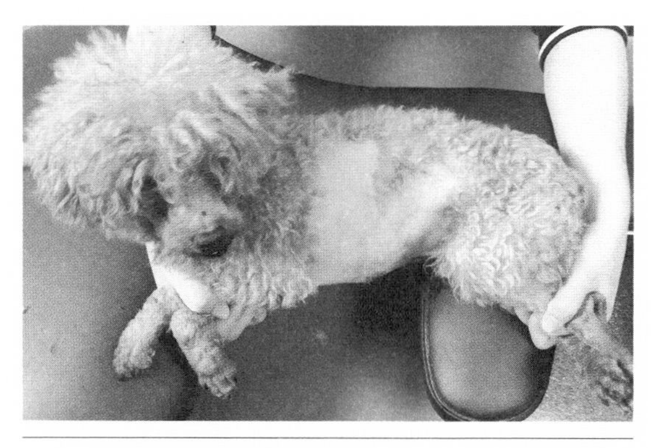

图 4–6　右侧卧错误保定

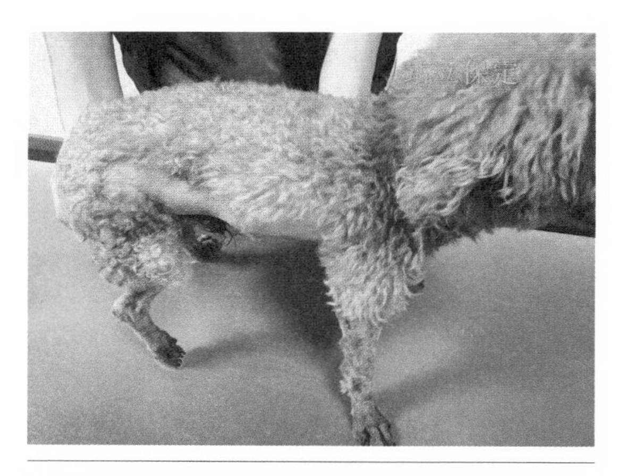

图 4–7　站立保定

4. 镇静或麻醉

通常情况下，给犬猫做心脏彩超检查不需要进行镇静或麻醉，但有些猫特别紧张，可能需要镇静；有些犬特别凶悍，具有攻击性，也应镇静或麻醉。由于镇静剂和麻醉剂会降低心率并影响心脏收缩功能，因此，使用镇静剂或麻醉剂，会对心脏功能的评估造成一定的影响。虽然如此，但当犬猫在检查过程中不能安静地保持卧姿，变得过度紧张或表现出攻击倾向时，就应该考虑使用镇静药物。

血压正常的猫，可用布托啡诺轻度镇静（0.25 毫克 / 千克体重，肌内注射，或混合乙酰丙嗪 0.05 ~ 0.1 毫克 / 千克体重，肌内注射）。给药后，应该让猫在安静的环境下休息 20 ~ 30 分钟。

大多数犬只可以用布托啡诺（0.2 ~ 0.3 毫克 / 千克体重，静脉注射或肌内注射）或布托啡诺与乙酰丙嗪（0.025 ~ 0.03 毫克 / 千克体重，静脉注射）的组合药剂进行镇静。还有一种选择是用丁丙诺啡（0.005 ~ 0.01 毫克 / 千克体重，静脉注射）与上述剂量的乙酰丙嗪混合。这些镇静剂对心脏功能的影响较小，尽管心率在交感神经张力消失后通常会减慢。

当需要更强的镇静作用时，可以考虑使用 α_2激动剂（如右美托咪定）。这类药物可增加心室后负荷，这对患有动态左室流出道梗阻的犬猫来说是一个优势，但也会降低心率。当丁丙诺啡和乙酰丙嗪对猫的作用不足时，右美托咪定或低剂量静脉注射氯胺酮（5 ~ 10 毫克 / 猫，静脉注射）通常都具有足够的镇静作用，但对心率和心脏功能有一定的影响。

心脏彩超通常不应在全身麻醉下进行，除非在特殊情况下，或考虑到经食管心脏彩超，或在介入导管插入术过程中使用心脏彩超。

第三节丨犬猫心脏彩超诊断所使用的探头

1. 探头种类

虽然临床诊断中的彩超探头有很多不同的种类（如图 4–8），但常用于犬猫心脏诊断的探头主要有三类，即相控阵探头、凸阵探头及线阵探头。

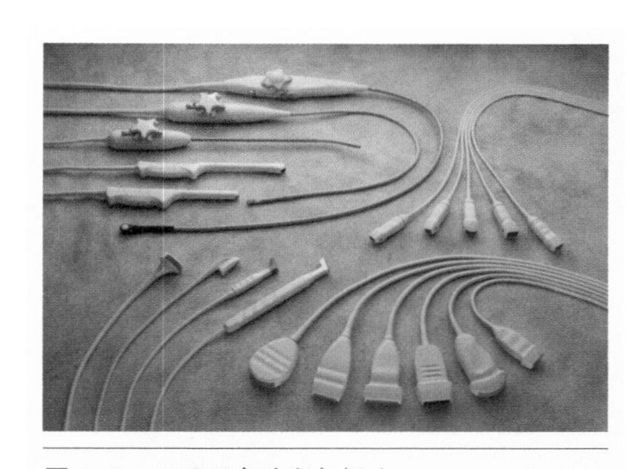

图 4–8　不同形态的彩超探头

凸阵探头可分为大凸阵探头和小凸阵探头两种，通常都是用于腹部器官检查。大凸阵探头的表面积较大，易于扫查腹腔各器官，一般频率较低（如图 4–9）；小凸阵探头略高，但探头表面积较小，主要用于腹腔和盆腔各器官扫查、聚焦创伤超声扫查、胸腔积液扫查及肺部超声扫查等（如图 4–10）。

线阵探头（如图 4–11）的表面长短不同，在进行肌骨超声、血管超声及肺超声肺点查找时，有其独特之处，

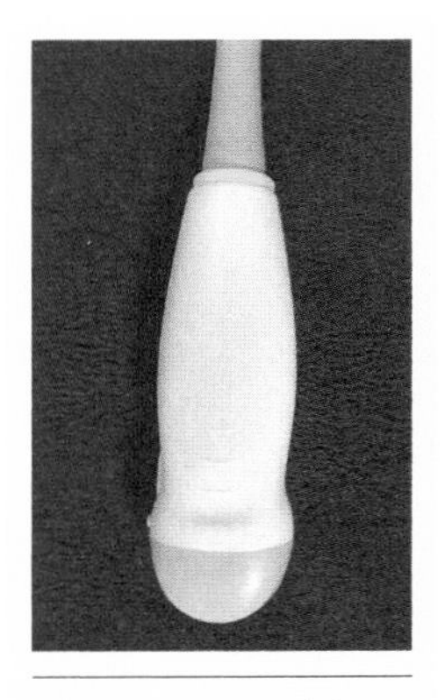

图 4–9　大凸阵探头

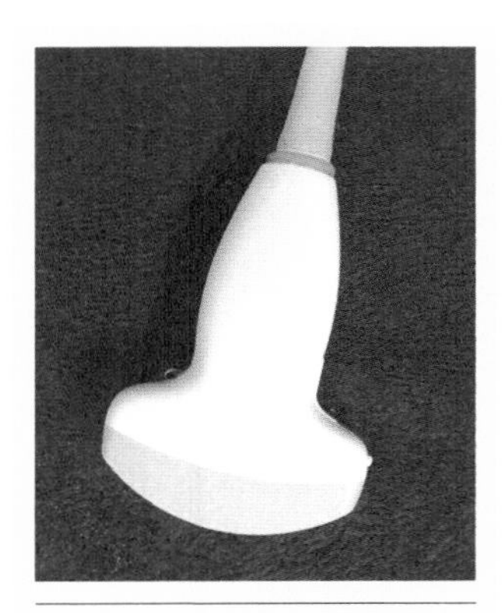

图 4–10 小凸阵探头

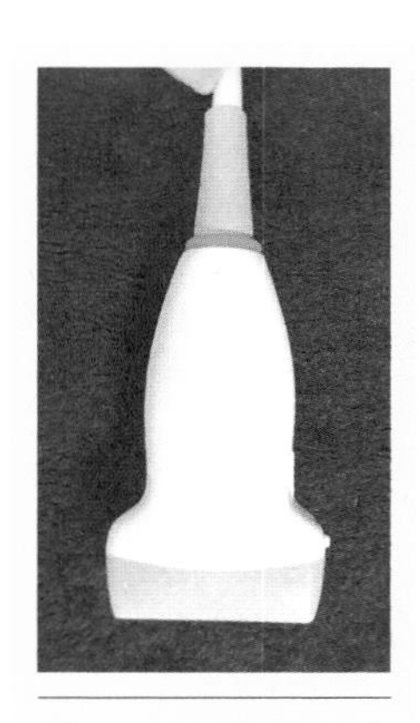

图 4–11　线阵探头

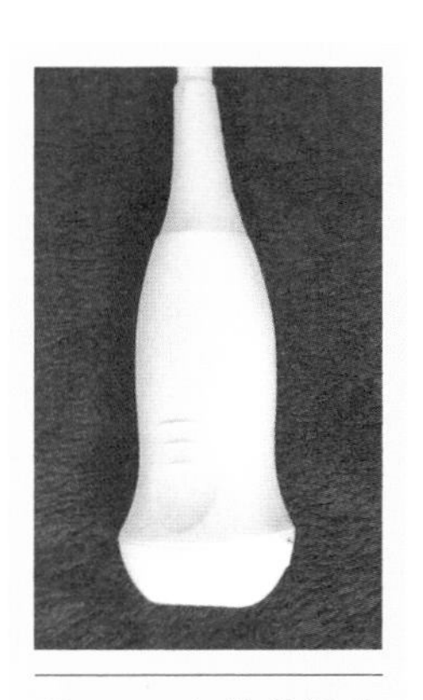

图 4–12 相控阵探头

一般频率较高，主要用于扫查犬猫的肌骨、血管、表浅器官及组织等部位。随着超声技术在犬猫临床诊断中的广泛使用，特别是四维超声的出现，使得四维探头的运用越来越普及。

相控阵探头（如图 4-12）的表面积较小，易于通过肋间隙扫查整个心脏，频率一般较低。小儿相控阵探头频率略高，主要用于心脏扫查、颅内血管扫查及肺超声扫查等。

2. 犬猫心脏彩超探头的持握方法

犬猫心脏彩超探头的持握方法与腹部彩超不同，临床上主要有两种不同的持握方法：拳握式（如图 4-13 左）是把探头的标点远离虎口位置，大拇指与食指与探头表面平齐；拿捏式（如图 4-13 右）是另外一种持握方法。两者相比，作者更倾向于推荐拳握式，其理由是：第一，对很多初学者而言，在给犬猫做心脏彩超检查的时候，由于手部不容易固定，探头很容易滑动，再加上犬猫的声窗本来就很小，一旦探头滑动，声窗就丢失了，如果按照图 4-13（左）的方法持握探头，可以将手轻柔地紧贴在犬猫的胸壁上加强固定以减少滑动；第二，很多初学者由于控制不好使用探头的力度，通常会让犬猫因为按压探头力度过大而造成痛感，并因此产生躁动，增加了检查难度。如果采用图 4-13（左）的方法，用手轻轻接触犬猫胸壁，可以最大限度地减少不必要的按压，减轻不适感。

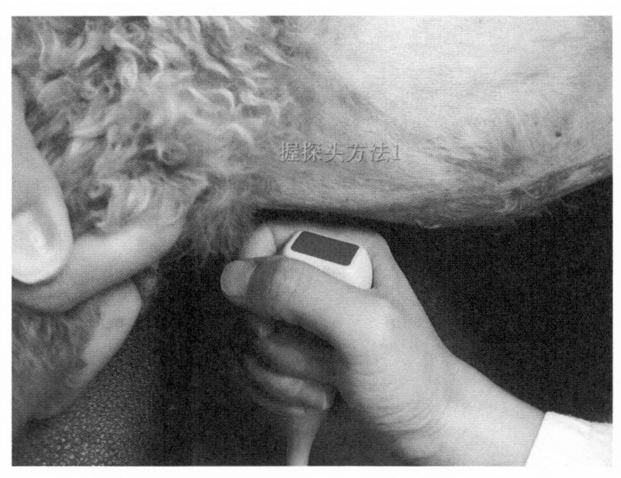

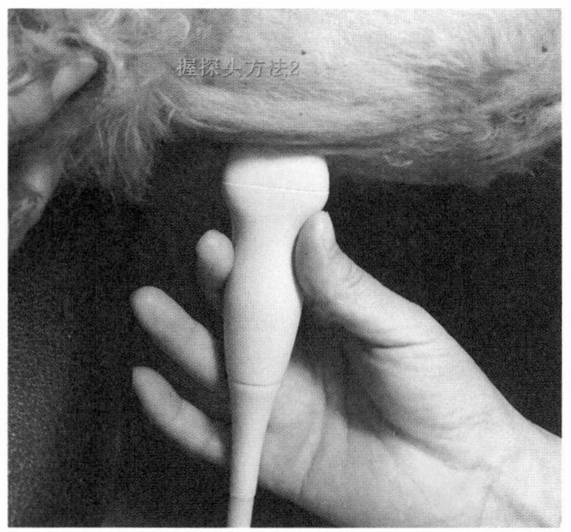

图 4-13　犬猫心脏超声检查常用的探头手持方法。拳握式（左图）是把探头的标点远离虎口位置，大拇指与食指与探头表面平齐；拿捏式（右图）为另外一种常见拿捏心脏超声探头的方法

3. 犬猫心脏彩超探头使用中的常用术语及手法

在做犬猫心脏彩超的时候，有几个使用超声探头的常用术语及手法应该有所了解。

①倾斜（Tilt）：在做犬猫心脏彩超的时候，有可能会受到肺部气体的干扰，此时可以将探头向前或向后移动一根肋骨的位置，再通过倾斜探头进行打图（图 4-14、图 4-15）。

②旋转（Rotate）：旋转探头是犬猫心脏彩超检查中比较常用的手法。例如从右侧胸壁长轴 4 腔心声

窗逆时针旋转 5 ～ 8 度，可以获得长轴 5 腔心的动脉流出图像；从右侧胸壁长轴 4 腔心声窗逆时针旋转 90 ～ 95 度，可以获得短轴乳头肌（蘑菇图）的切面图（如图 4–16、图 4–17）；从左侧 4 腔心声窗旋转探头，让探头标点对准犬猫的鼻子，可以获得左侧主动脉流出图等。

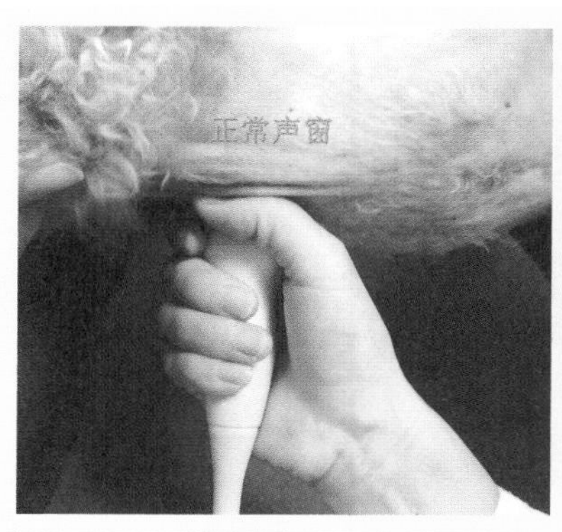

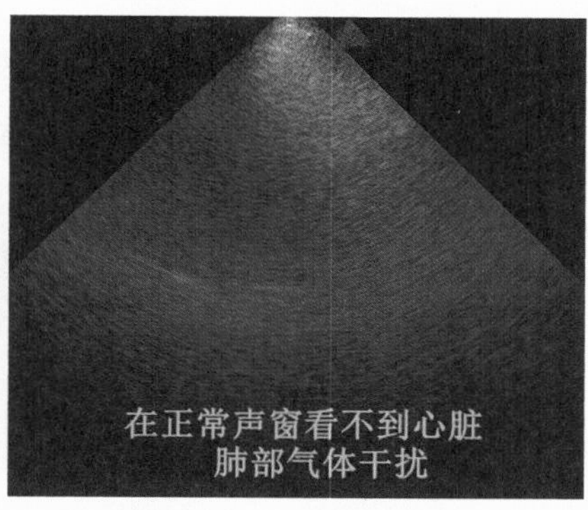

图 4–14　左图为探头正常位置；右图画面因受气体干扰，图像质量不够清晰，无法根据成像质量判别心脏的具体情况，这个时候就需要运用移动和倾斜探头的手法，避开气体干扰，让图像更加清晰

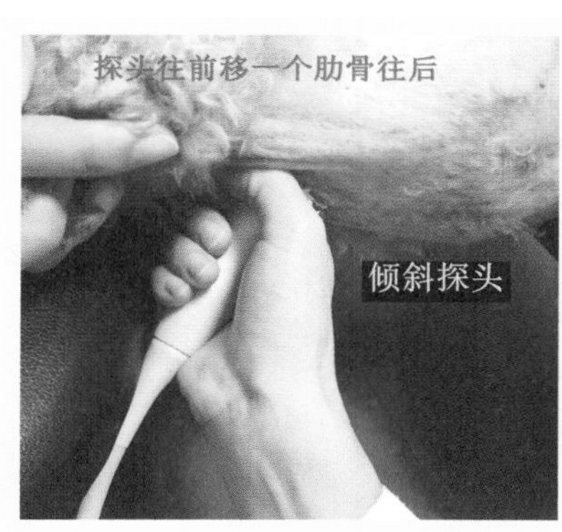

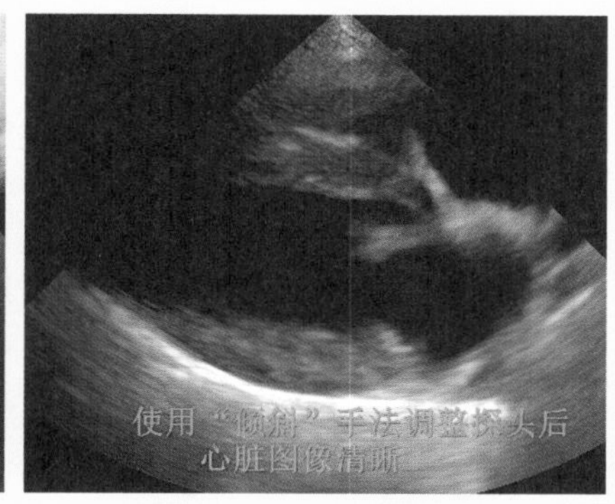

图 4–15　采用移动和倾斜探头的方法，可以得到清晰的心脏彩超图像

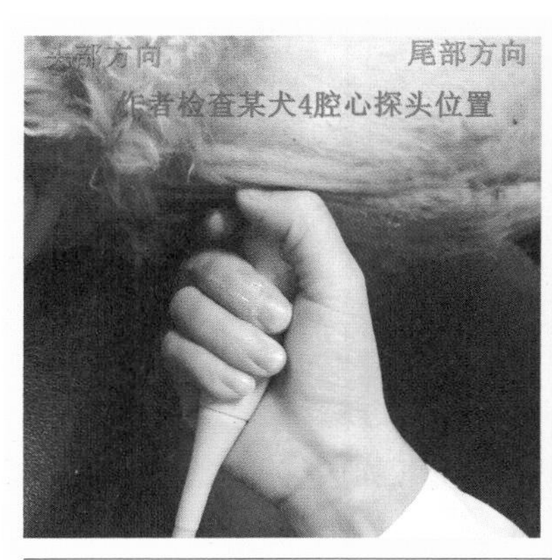

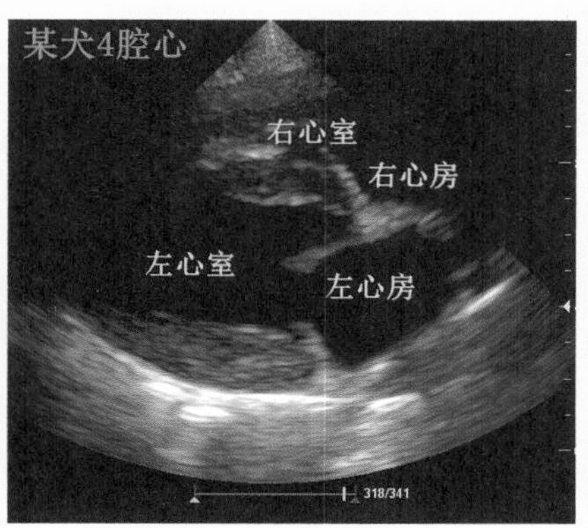

图 4–16　左图为右侧长轴 4 腔心声窗的探头位置；右图为在该声窗所得到的二维切面图

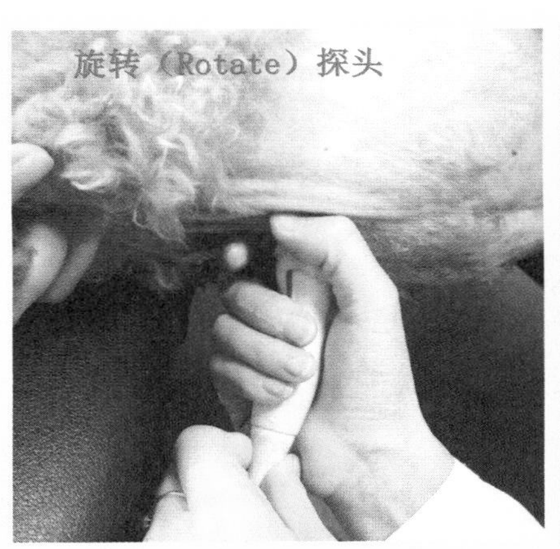

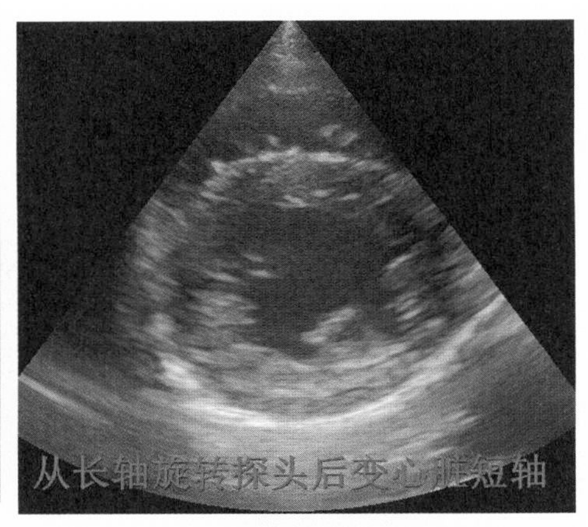

图 4-17　探头从左图所示位置逆时针旋转；右图是从右侧长轴 4 腔心的二维图变成右侧短轴蘑菇图

③平移对齐（Align）：如果在超声扫查时想跟踪血管、输尿管、神经或肌腱，可以采取平移对齐动作。平移对齐动作在心脏彩超检查过程中也可能出现，例如在右侧短轴位置检查肺动脉及左右肺动脉分叉的时候，可将探头向犬猫的胸骨柄平移。在做肺动脉分叉口检查的时候，先找到肺动脉瓣，然后平移探头找到肺动脉分叉（如图 4-18、图 4-19）。

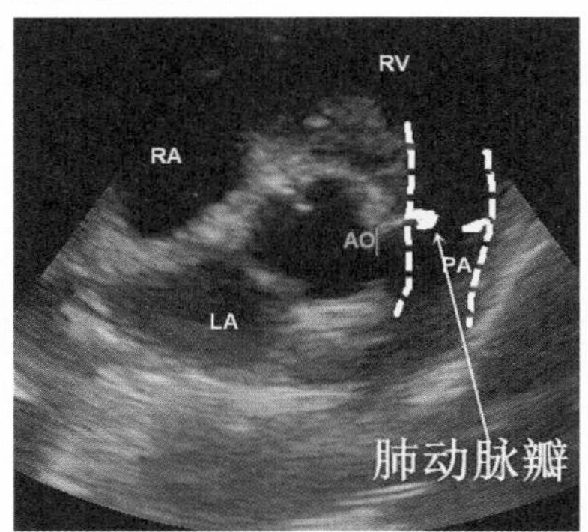

图 4-18　左图为右侧短轴的探头位置；右图是在右侧短轴位置获得的肺动脉瓣二维切面图

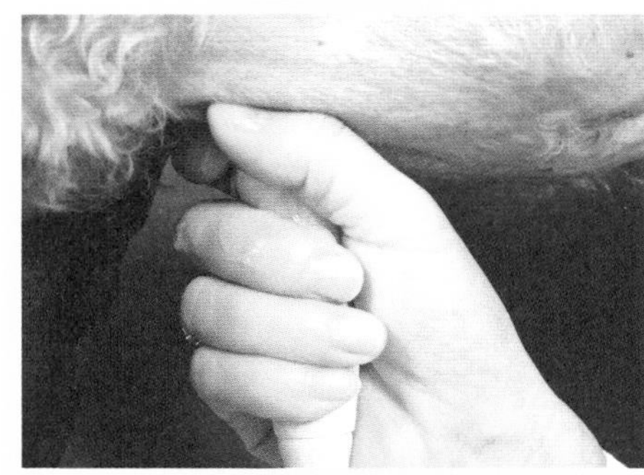

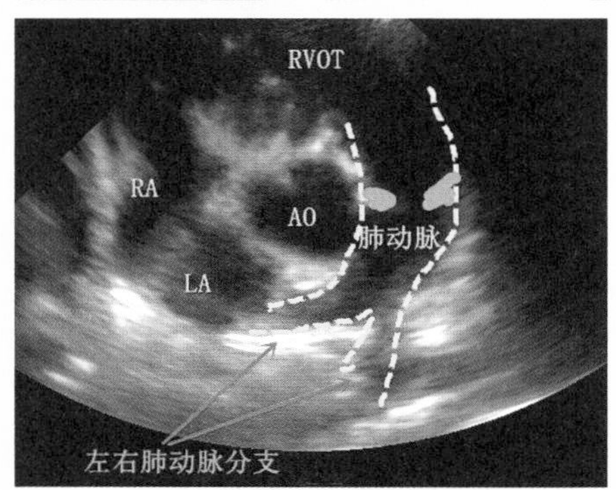

图 4-19　左图是从右侧短轴肺动脉瓣位置平移至动物胸骨柄；右图是在该探头所在位置获取的右侧短轴左右肺动脉分叉图

第四节丨犬猫心脏彩超的声窗

在犬猫心脏彩超诊断过程中，通过三个常用的探头位置（声窗），可提供一致的成像平面：

①右侧胸骨旁位置（如图 4–20），该处位于胸骨和肋软骨连接处右侧第 3 和第 6 肋间之间（通常为第 4 至第 5 肋间之间）。

②左侧尾部（顶端）胸骨旁位置（如图 4–21），该处位于左侧第 5 和第 7 肋间之间，尽可能靠近胸骨。

③左侧颅侧胸骨旁位置：该处位于胸骨和肋软骨连接处左侧第 3 和第 4 肋间之间。

探头的最佳选取位置将因不同的个体而存在差异，必须在检查过程中根据具体情况确定。虽然心脏图像可以从图 4–22 中剑突（肋下位置）尾部的探头位置获得，但这些图像通常缺乏左右肋间位置的清晰度和解剖细节；另外从位于胸腔入口的探头位置（胸骨上切口位置）难以获得高质量的心脏图像，因为受到肺部组织的干扰，不过颅纵隔和胸腔入口中的血管是可见的。

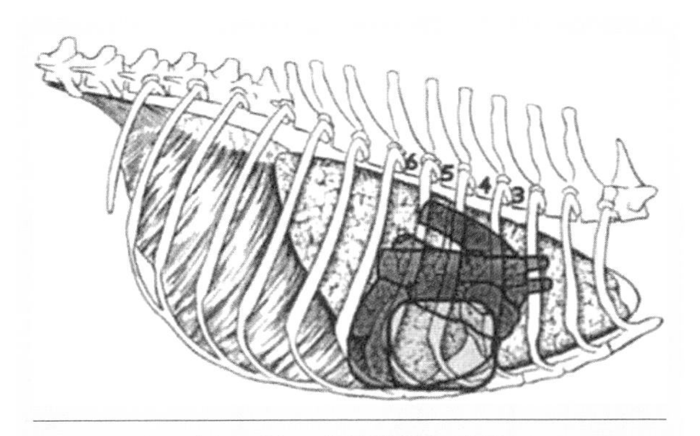

图 4–20　右侧胸骨柄声窗

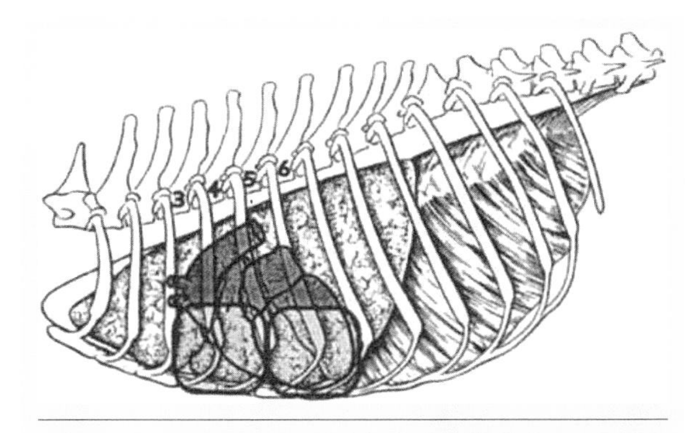

图 4–21　左侧胸部旁的两个声窗

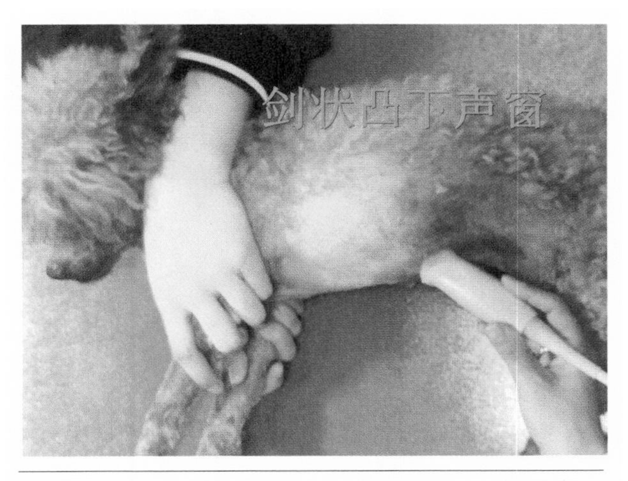

图 4–22　剑状凸下方声窗

第五节｜犬猫心脏超声检查的标准切面图及解剖结构

由于解剖结构的不同，犬猫心脏彩超的标准切面图与人类的心脏彩超标准切面图有很多差异。本书将针对犬猫的解剖结构，来讲述犬猫彩超诊断的临床标准切面图。

1. 右侧长轴 4 腔心

（1）打图技巧

右侧长轴 4 腔心是犬猫心脏彩超检查中最为常用的一个切面。受检犬猫采取右侧卧的姿势，把右侧前肢向颅侧牵拉，预留出良好的声窗，在探头部位涂抹上大量耦合剂，将探头标点远离虎口并指向犬猫肩胛骨（如图 4–23），选取右侧第 4 与第 5 肋间心跳强度最大的位置进行检查。采取这样的技巧，很容易找到右侧长轴 4 腔心（如图 4–24）。

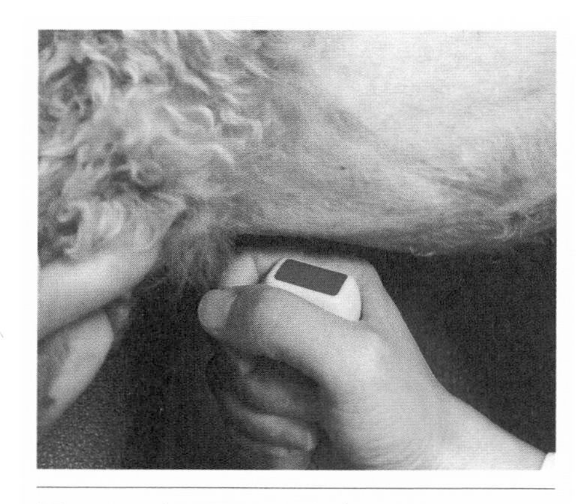

图 4–23　探头标点远离虎口，标点指向犬猫肩胛骨

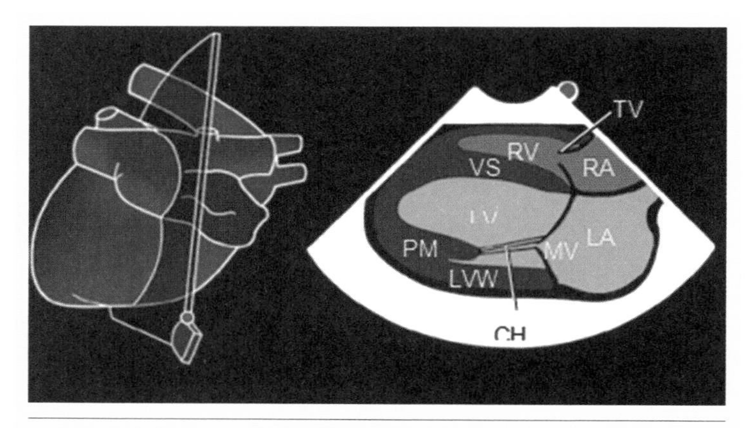

图 4–24　右侧长轴 4 腔心位置的探头与心脏角度关系示意图。图中：LA 为左心房，LV 为左心室，MV 为二尖瓣，CH 为腱索，PM 为乳头肌，LVW 为左心室壁，RA 为右心房，RV 为右心室，TV 为三尖瓣

（2）主要解剖结构

左心房、左心室、右心房、右心室、室间隔、房间隔、二尖瓣、三尖瓣、乳头肌、左心室自由壁、右心室自由壁等。

2. 右侧长轴 5 腔心

（1）打图技巧

从右侧长轴 4 腔心（如图 4–23）的角度逆时针旋转探头 5 ～ 8 度，可以看到被打开的主动脉，呈现为左心室流出图（如图 4–26）。

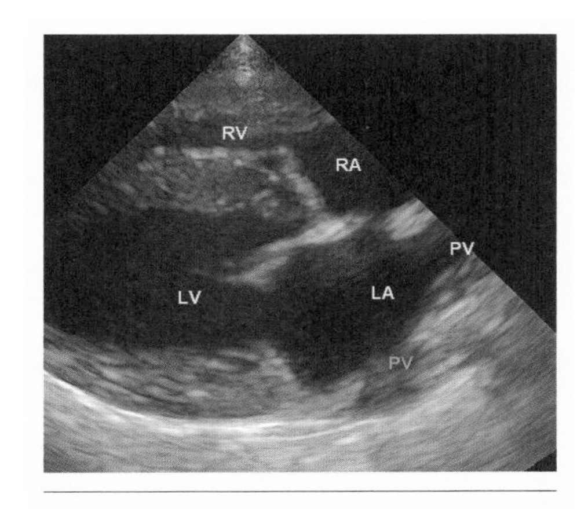

图4–25　某犬右侧长轴4腔心二维切面图。图中：LA 为左心房为，LV 为左心室，RA 为右心房，RV 为右心室，PV 为肺静脉

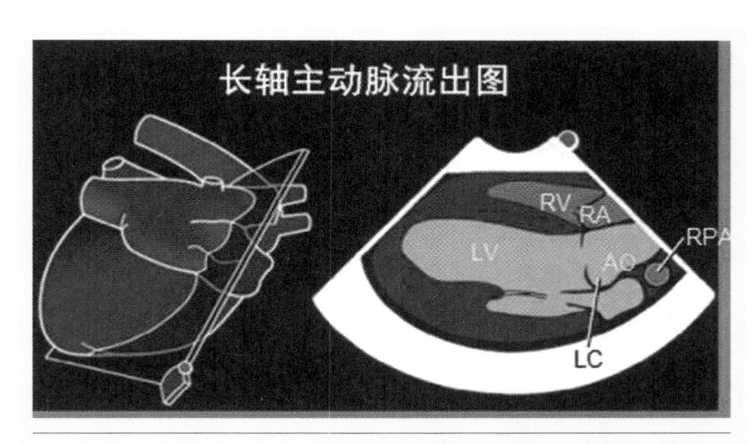

图 4–26　右侧长轴 5 腔心左心室主动脉流出示意图。图中：RPA 为肺动脉右侧分支，LC 为主动脉瓣左叶），Ao 为主动脉，LV 为左心室，RA 为右心房，RV 为右心室

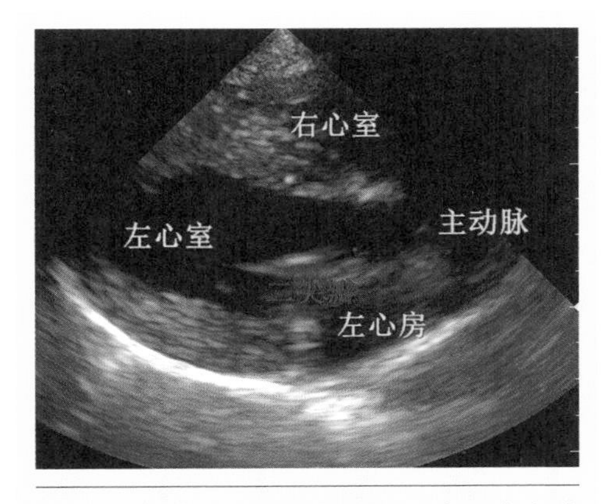

图 4–27　某犬右侧长轴 5 腔心左心室主动脉的二维切面图

注意事项：在旋转探头的时候，一定要把探头固定在胸壁原来的位置，确保探头与胸部之间不会发生平移，只是探头的角度发生旋转。如果在旋转探头的时候出现位置改变，往往会导致心脏图像丢失或模糊。在临床操作的时候，应将握住探头的手部固定在原来的位置不动，用另外一个手轻柔逆时针旋转探头 5 ～ 8 度，这样就可以避免探头位置平移。

（2）主要解剖结构

左心房、左心室、二尖瓣、主动脉、主动脉瓣、右心房、右心室、三尖瓣、左心室自由壁、右心室自由壁等。

3. 右侧短轴的系列相关图像

从右侧主动脉流出图的位置逆时针旋转探头 90 度，可获得右侧短轴的系列相关图像（如图 4–28）。

4. 右侧短轴鱼嘴图

（1）打图技巧

从右侧 5 腔心长轴逆时针旋转探头 90 度左右，通过心脏短轴声窗，可见到二尖瓣的开张闭合动态，看起来很像鱼嘴一开一合，所以又叫“鱼嘴图”（如图 4–29、图 4–30）。

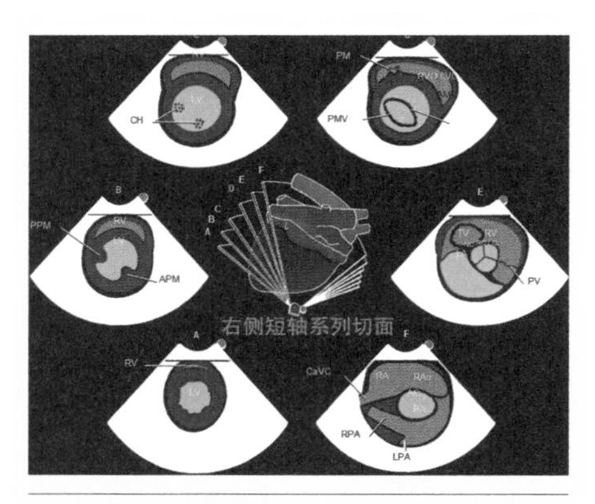

图 4-28　右侧短轴系列切面示意图。图中：A 为心尖部，B 为乳头肌（该切面通常被称为“蘑菇图”），C 为腱索，D 为二尖瓣（该切面通常被成为“鱼嘴图”），E 为左心房、右心房、右心室、主动脉、肺动脉及肺动脉瓣，F 为左右肺动脉分支

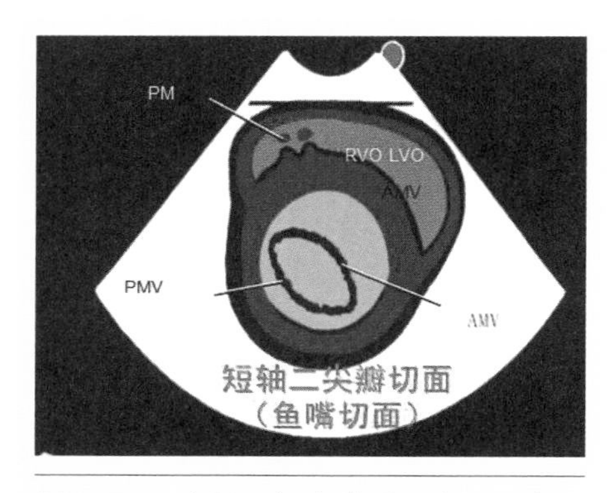

图 4-29　右侧短轴鱼嘴图示意。图中：AMV 为二尖瓣前叶，PMV 为二尖瓣后叶，PM 为乳头肌，RVO 为右心流出道，LVO 为左心流出道（有时可见）

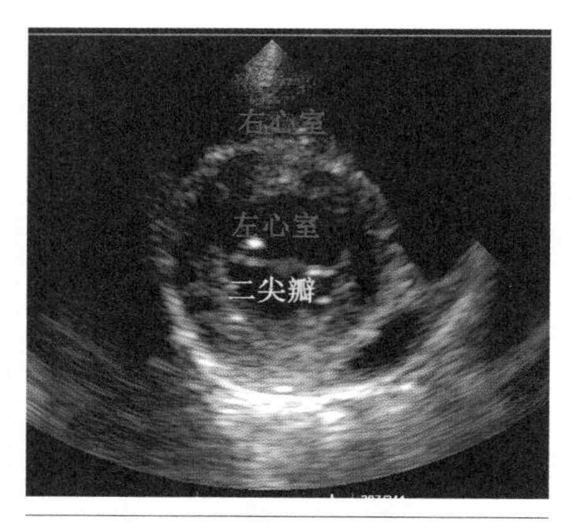

图 4-30　某犬右侧短轴鱼嘴图

注意事项：在旋转探头的时候，一定要把探头固定在胸壁原来位置，不要发生平移，只是让探头角度发生旋转。一旦探头位置发生改变，便会导致心脏图像丢失或模糊。在临床操作的时候，应将握住探头的手部固定在右侧 5 腔心长轴的位置不动，用另外一个手轻柔逆时针旋转探头 90 度，这样就可以避免探头位置平移。

通常而言，如果右侧 5 腔心长轴图像标准，只要按这个方法旋转，就会得到右侧短轴鱼嘴图或右侧短轴蘑菇图。

（2）主要解剖结构

左心室腔、左心室壁、室间隔、二尖瓣、右心室腔、右心室壁等。

5. 右侧短轴蘑菇图

（1）打图技巧

在右侧短轴鱼嘴图的位置上轻微调整探头的倾斜角度，让左心室内的二尖瓣从超声图像中消失，这样可以充分体现前后乳头肌（APM 及 PPM），这个时候的左心室短轴乳头肌图，就是我们通常所说的“蘑菇图”（如图 4-31、图 4-32）。

注意事项：从鱼嘴图到蘑菇图，只需轻柔倾斜探头即可，不需要用太大的动作移动探头，否则会导致蘑菇图切面丢失，如果出现这种情况，建议回到右侧 5 腔心长轴，通过逆时针旋转探头来找到鱼嘴图或者蘑菇图。

（2）主要解剖结构

左心室腔、室间隔、右心室腔、乳头肌、左心室壁，右心室壁等。

6. 右侧短轴 LA/Ao 切面图

（1）打图技巧

在蘑菇图的原有位置上不要平移探头，只是把探头尾部（探头线）轻轻上抬，即可达到倾斜探头的目的，进而得到从蘑菇图轻松切换到右侧短轴 LA/Ao 切面图（如图 4-33、图 4-34）。

注意事项：千万不能平移探头位置，一旦移动便可能丢失

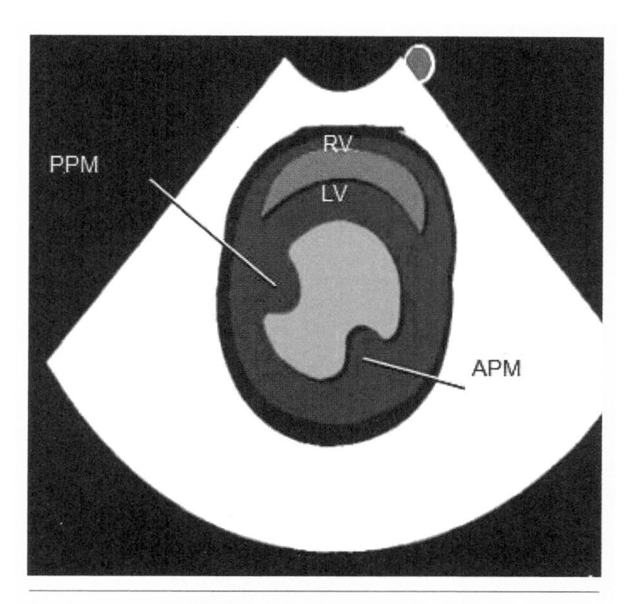

图 4-31　右侧短轴蘑菇图示意。图中：PPM 为后乳头肌，APM 为前乳头肌，LV 为左心室，RV 为右心室

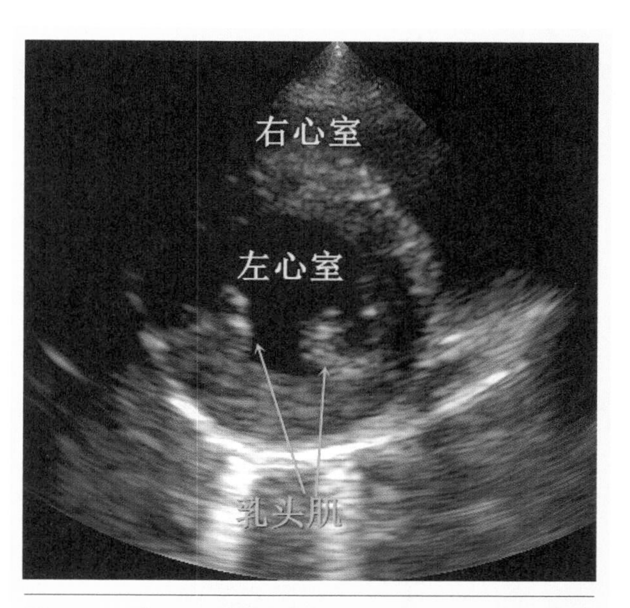

图 4-32　某犬右侧短轴蘑菇图

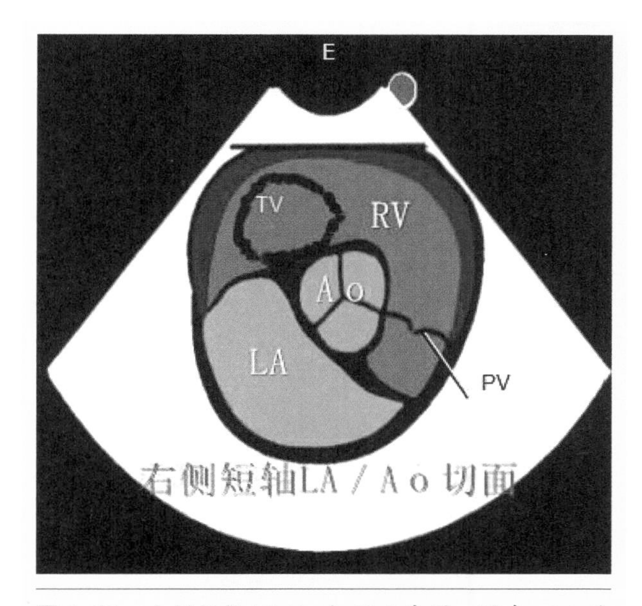

图 4-33　右侧短轴 LA/Ao 切面示意图。图中：LA 为左心房，TV 为三尖瓣，RV 为右心室，Ao 为主动脉，PV 为肺动脉瓣

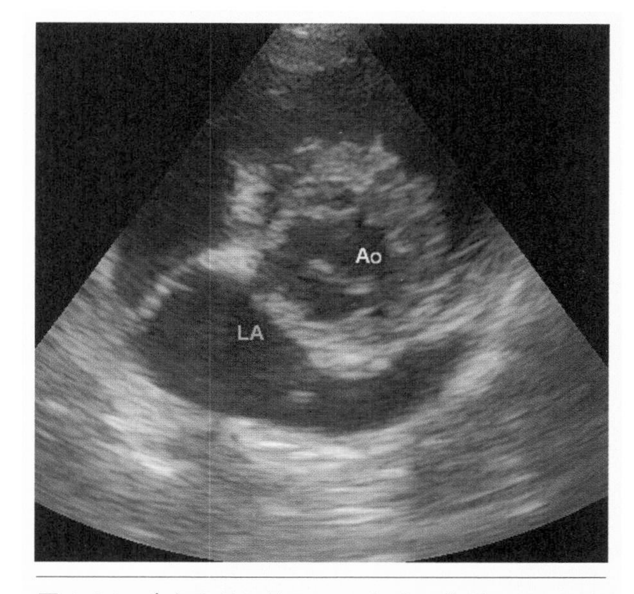

图 4-34　某犬右侧短轴 LA/Ao 切面二维图

清晰图像。作者的惯用操作手法，是用握探头的小手指轻轻垫高探头尾部，从而达到既可倾斜探头，又不让探头产生平移的目的，可从蘑菇图切面轻松切换到 LA/Ao 图切面。

（2）主要解剖结构

左心房、右心房、三尖瓣、右心室、肺动脉、肺动脉瓣、主动脉、主动脉瓣等。

7. 右侧短轴肺动脉图

（1）打图技巧

该切面与 LA/Ao 切面很接近，只是轻微倾斜探头，让右心室的流出道展示得更为充分，肺动脉瓣更清楚（如图 4–35、图 4–36）。

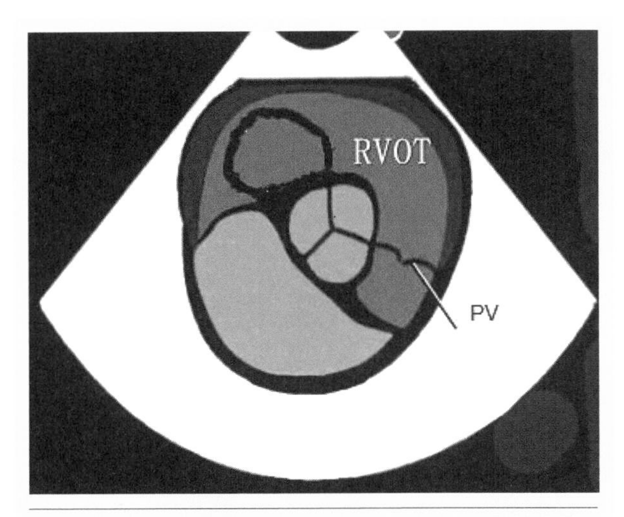

图 4–35　右侧短轴肺动脉瓣切面示意图。图中：RVOT 为右心室流出道，PV 为肺动脉瓣

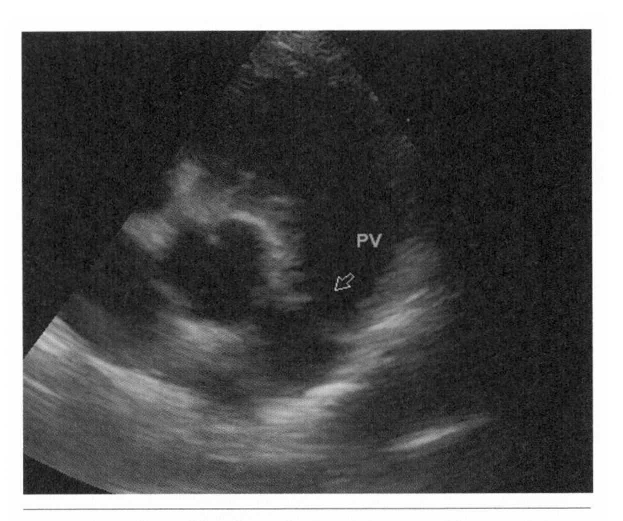

图 4–36　某犬右侧短轴肺动脉瓣切面二维图

注意事项：该切面很容易受到肺部气体的干扰，如果出现这种情况，可以将探头向后移动一个肋骨再向前倾斜，或者将探头向前移动再向后倾斜进行操作。该切面是用于检查肺动脉的反流情况，要多加练习。作者在临床教学的时候发现，很多有肺动脉反流的犬猫，初学者都很难打出正确的切面二维图。打图的时候要保持耐心，须待肺动脉瓣充分展示后，再上彩色血流及频谱多普勒等。

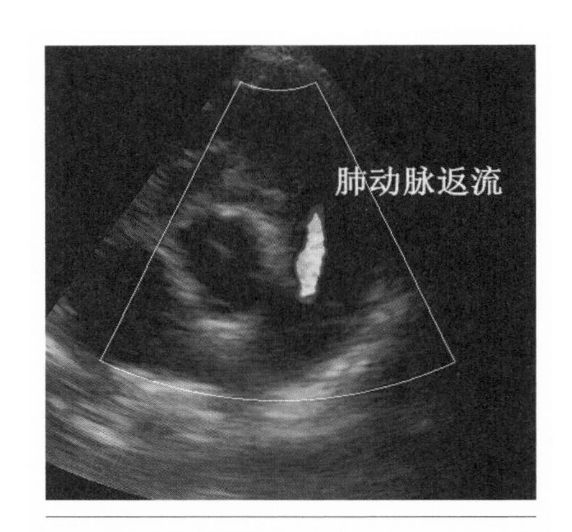

图 4–37　某犬肺动脉反流切面二维图。图中类似火焰的红黄色血流就是肺动脉反流

（2）主要解剖结构

左心房、右心房、三尖瓣、右心室、肺动脉、肺动脉瓣、主动脉、主动脉瓣等。

8. 右侧短轴左右肺动脉分支图

（1）打图技巧

在获取右侧短轴肺动脉瓣标准切面图的原有位置，把探头向犬猫胸骨柄的方向平移，尽量拉长肺动脉，可看到左右肺动脉分支（如图 4–38、图 4–39）。

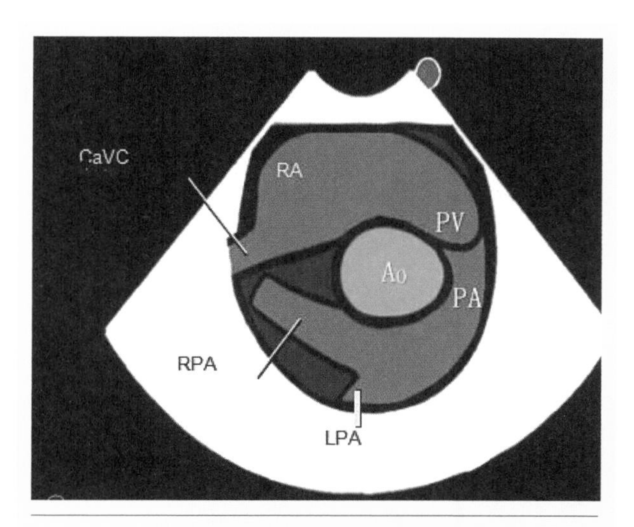

图 4-38　右侧短轴左右肺动脉分支示意图。图中：CaVC 为前腔静脉，RA 为右心房，PV 为肺动脉瓣，PA 为肺动脉，RPA 为肺动脉右侧分支，LPA 为肺动脉左侧分支，Ao 为主动脉

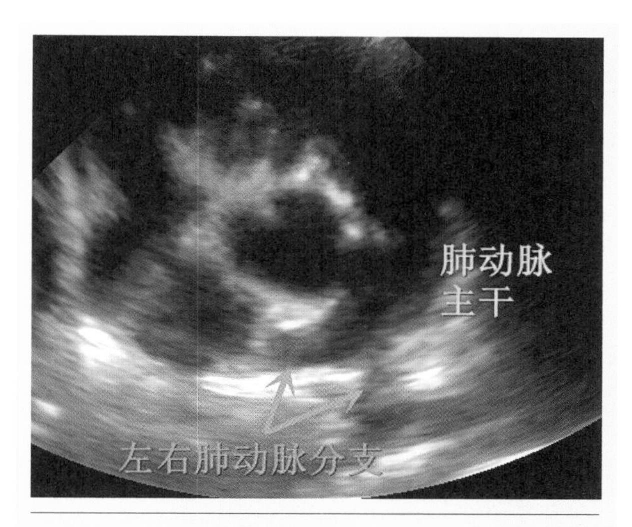

图 4-39　某犬右侧短轴左右肺动脉分支切面二维图

注意事项：对于很多初学者来说，掌握右侧短轴左右肺动脉分支图的打图技巧比较难，很容易在平移探头的时候丢失声窗，根本找不到心脏图像。我在这里推荐一个比较实用的临床操作技巧，就是把手握探头那只手的肘关节固定在检查台或膝盖上，然后将探头朝着操作者的身体方向缓慢平移。在观察肺动脉的过程中，超声图像要一直锁定在肺动脉的位置上，把肺动脉拉长拉直，直到可以看到左右肺动脉分支为止，这样做，可以避免在平移的时候出现图像丢失的情况。

（2）主要解剖结构

右心房、前腔静脉、右心室、肺动脉、肺动脉瓣，左右肺动脉分支等。

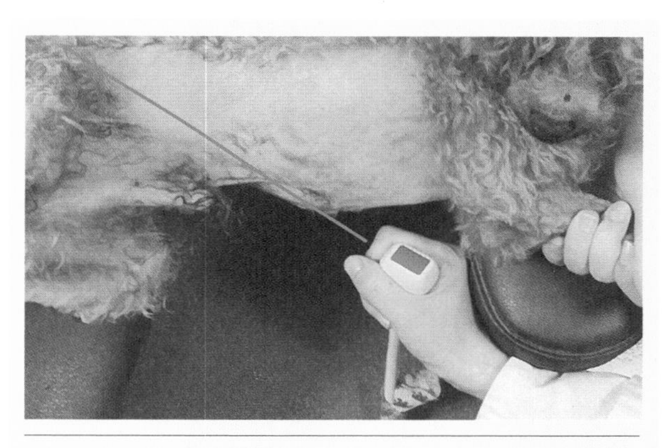

图 4-40　手握探头的方法及角度

9. 左侧 4 腔心流入图

（1）打图技巧

让犬猫保持左侧卧的姿势，将左前肢向前牵引，亮出左侧声窗，减少左侧腋下组织对声窗的干扰。探头的正确手持方式（如图 4-40）是让探头标点远

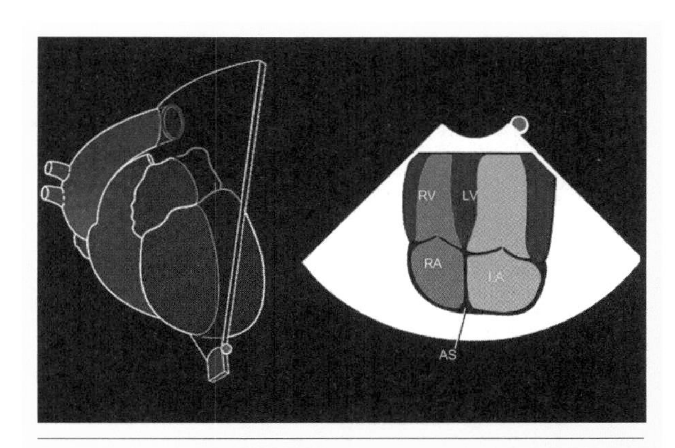

图 4-41　左侧 4 腔心流入示意图揭示了探头与心脏之间的关系。图中：LA 为左心房，LV 为左心室，RA 为右心房，RV 为右心室

离虎口，同时把探头标点对准犬猫的髂骨翼或肩胛骨。作者习惯将探头标点对准犬猫的髂骨翼，其具体做法是：先把探头放在犬猫的胸壁上，看到肝脏后，再将探头从肝脏区域向颅部平移，直至看到心脏，然后再慢慢旋转探头，直到 4 腔心垂直“站立”在屏幕上（如图 4–41、图 4–42）。

注意事项：左侧 4 腔心流入图的重要作用，是用于检测犬猫二尖瓣反流，如果因为图像倾斜而不能垂直“站立”在屏幕上（如图 4–43），则不能得到正确的检测结果。

（2）主要解剖结构

左心房、二尖瓣、左心室、房间隔、右心房、三尖瓣、右心室等。

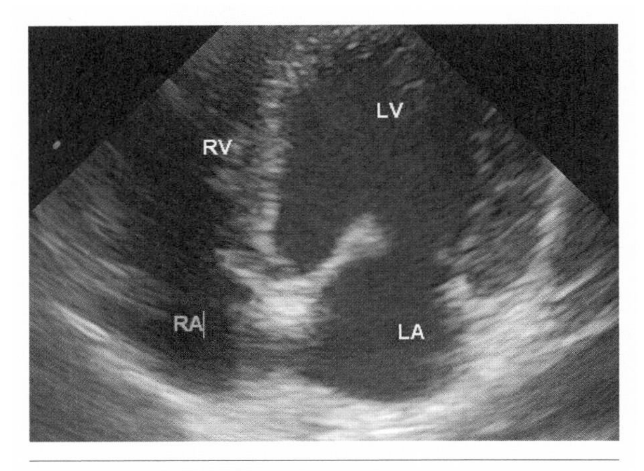

图 4–42　某犬左侧 4 腔心流入图的切面二维图像

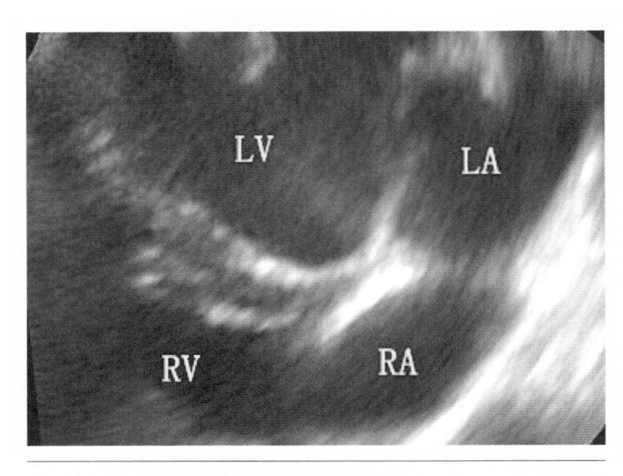

图 4–43　没有垂直“站立”的 4 腔心

10. 左侧 5 腔心主动脉流出图

（1）打图技巧

在获取左侧 4 腔心流入图的原有位置，逆时针旋转探头 5 ~ 8 度，可以把主动脉充分打开，据此即可获得左侧 5 腔心主动脉流出图（如图 4–44、图 4–45）。

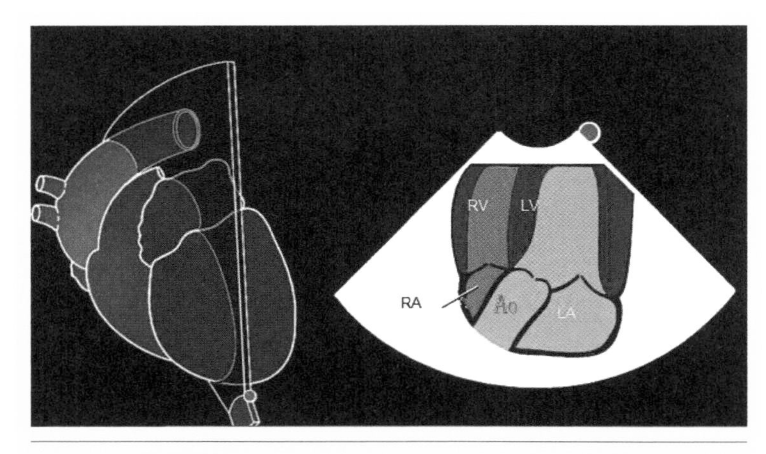

图 4–44　左侧 5 腔心主动脉流出图示意。图中：LA 为左心房，LV 为左心室，RA 为右心房，RV 为右心室，Ao 为主动脉

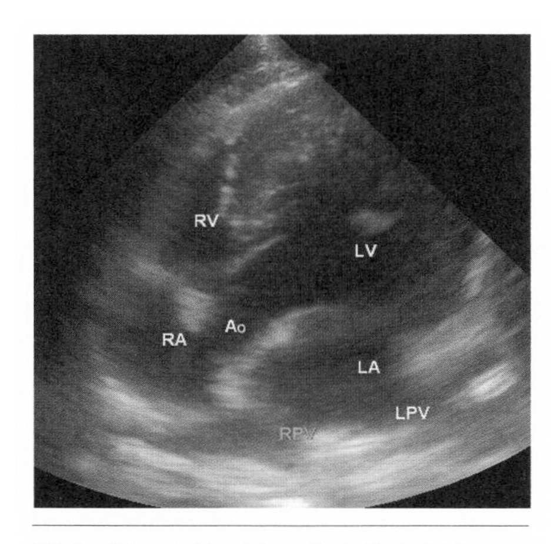

图 4–45　左侧 5 腔心主动脉流出图

注意事项：最重要的是保证左侧 4 腔心的垂直“站立”，在这样的条件下旋转探头，所看到的主动脉才比较直，否则也不端正。

（2）主要解剖结构

左心房、二尖瓣、左心室、室间隔、右心房、右心室等。

11. 左心 4 腔心调整流入图（观察三尖瓣）

打图技巧

其正确打图技巧，是在获取 4 腔心二尖瓣标准切面的原有位置上微微倾斜探头，让右心房和右心室充分展示出来，这样更有利于选择观察三尖瓣的最佳角度（如图 4-46）。

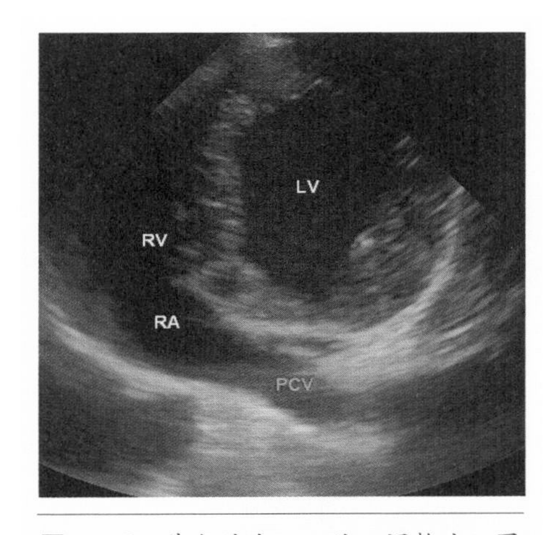

图 4-46 某犬的左心 4 腔心调整流入图

12. 左胸壁颅侧椎骨旁长轴左心室主动脉流出图

（1）打图技巧

通过左胸壁颅侧椎骨旁长轴左心室主动脉流出图，可以据此观察主动脉的情况。其打图技巧，是把探头标点按顺时针旋转指向犬猫的鼻尖，此时，超声波正好切到左心室流出道（如图 4-47、图 4-48）。

注意事项：在旋转探头的时候，应尽量避免探头位置发生平移，以免导致图像丢失。旋转探头后，探头的标点应对准犬猫的鼻尖，个别犬猫的心脏解剖位置可能存在轻度偏移，需要适当微调探头位置及角度，尽可能让主动脉与屏幕保持水平线。

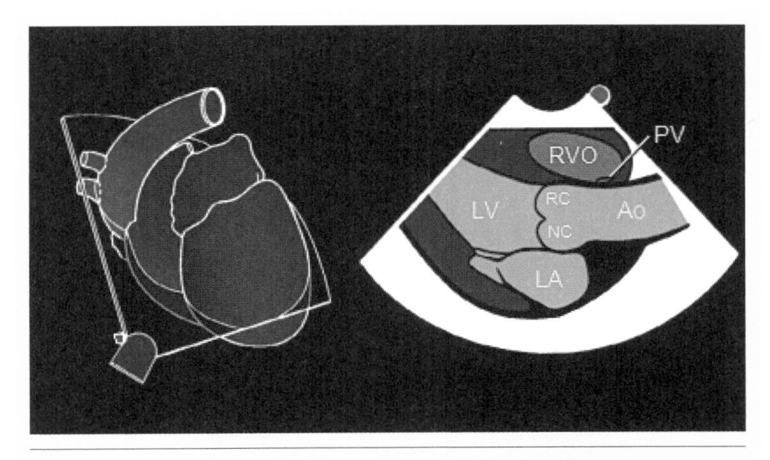

图 4-47 左胸壁颅侧椎骨旁长轴左心室流出示意图，提示了超声波与心脏之间的关系

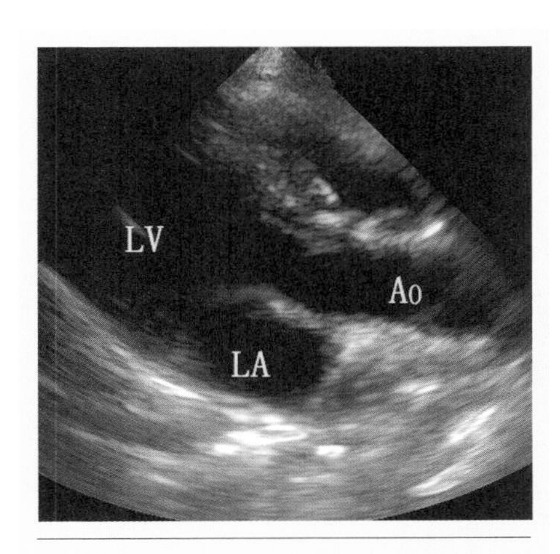

图 4-48 某犬左胸壁颅侧椎骨旁长轴左心室主动脉流出图

（2）主要解剖结构

左心房、左心室、主动脉、主动脉瓣、右心室、肺动脉瓣等。

13. 左胸壁颅侧椎骨旁长轴右心室流入图

（1）打图技巧

左胸壁颅侧椎骨旁长轴右心室流入图，是观察三尖瓣的另外一个切面。其打图技巧，是在获取左胸壁颅侧椎骨旁长轴左心室主动脉流出图的基础位置上，将手腕弯曲，轻微旋转探头角度，让右心房充分展示出来。在该切面（如图 4-49、图 4-50），有时可看到后腔静脉，有时看不到。

（2）主要解剖结构

三尖瓣、左心室、右心室、右心房等。

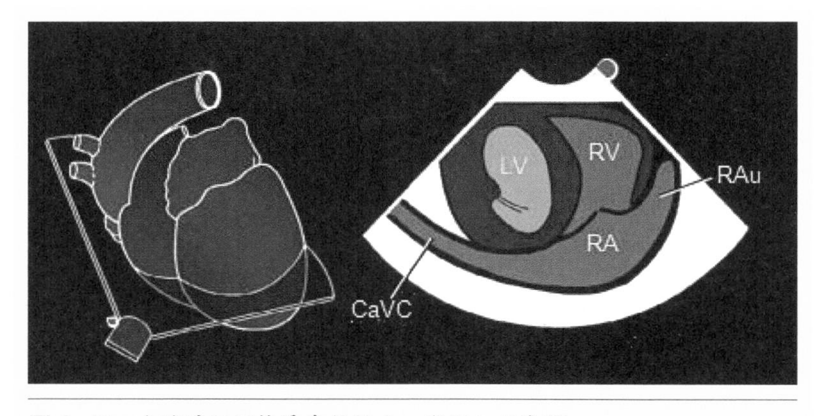

图 4-49　*左胸壁颅侧椎骨旁长轴右心室流入示意图*

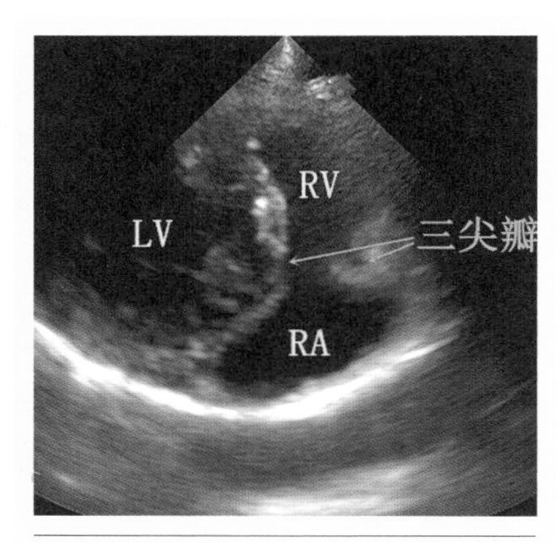

图 4-50　*左胸壁颅侧椎骨旁长轴右心室流入图*

14. 左胸壁颅侧椎骨旁长轴右心室流出图（肺动脉瓣）

（1）打图技巧

左胸壁颅侧椎骨旁长轴右心室流出图，是观察肺动脉瓣的另外一个切面。其打图技巧，是在获取左胸壁颅侧椎骨旁长轴左心室主动脉流出图的基础位置上，将手腕伸直，抬高探头尾部，直至充分看到肺动脉瓣（如图 4-51、图 4-52、图 4-53）。

（2）主要解剖结构

左心房、左心室、右心室、肺动脉、肺动脉瓣等。

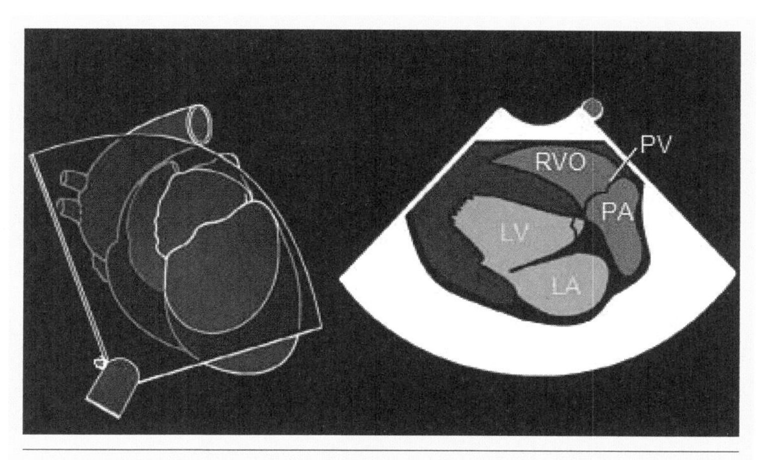

图 4-51　左胸壁颅侧椎骨旁长轴右心室流出示意图（肺动脉瓣），据此图可见，该位置的肺动脉瓣比右侧短轴肺动脉瓣更接近探头

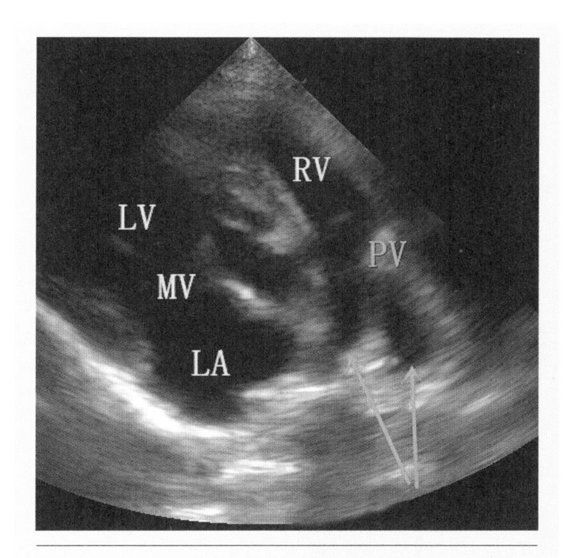

图 4-52　某犬左胸壁颅侧椎骨旁长轴右心室流出图（肺动脉瓣）。据此图显示，在该犬左右两侧短轴上均发现了肺动脉瓣反流情况

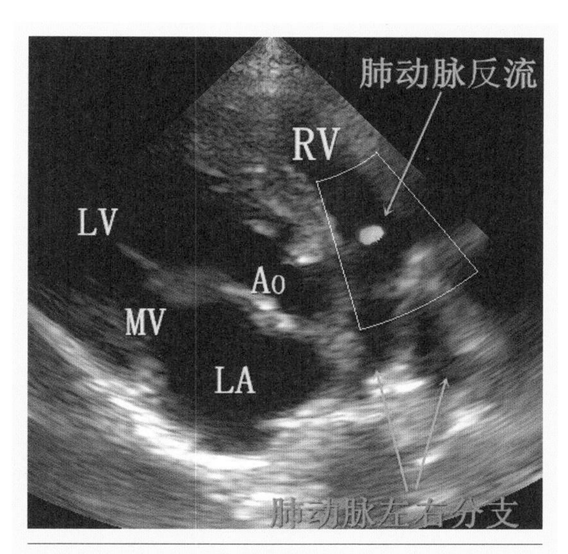

图 4-53　某犬左胸壁颅侧椎骨旁长轴右心室流出图（肺动脉瓣）。图中显示该犬存在肺动脉反流症状，即蓝色箭头所示位置

15．左胸壁颅侧椎骨旁短轴右心室流入流出图

（1）打图技巧

将探头逆时针旋转，把主动脉旋转到短轴接近圆形，同时能清晰地看到类似“奔驰”标志的主动脉瓣（如图 4-54、图 4-55）。虽然此切面图与右胸壁椎骨旁短轴图像非常相似，但前者观察到的是左心房，而此位置观察到的是右心房。

（2）主要解剖结构

右心房、右心室、肺动脉瓣、肺动脉、主动脉等。

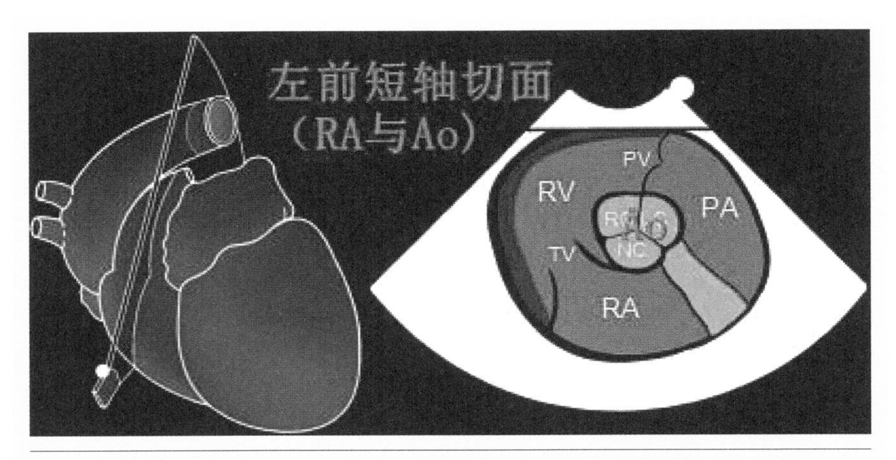

图 4–54　左胸壁颅侧椎骨旁短轴切面示意图。在该切面可观察到 RA 与 Ao。图中：RA 为右心房，TV 为三尖瓣，RV 为右心室，PV 为肺动脉瓣，PA 为肺动脉，Ao 为主动脉

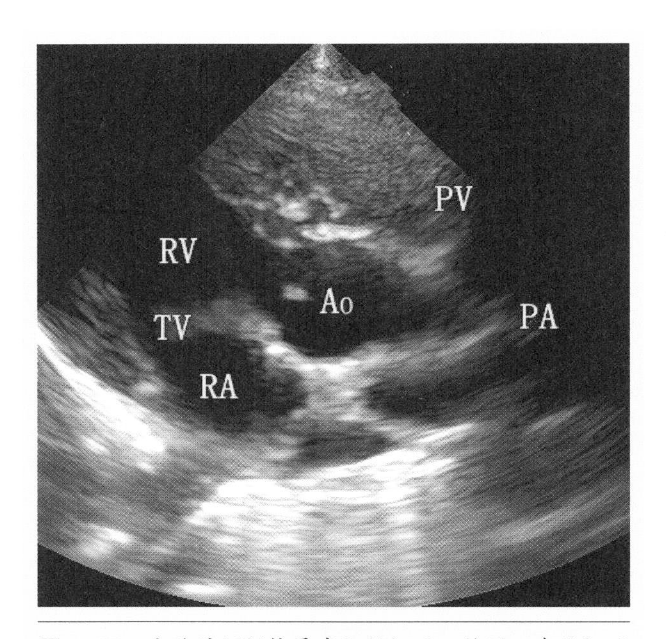

图 4–55　左胸壁颅侧椎骨旁短轴切面二维图。在该切面可观察到 RA 与 Ao。图中：RA 为右心房，TV 为三尖瓣，RV 为右心室，PV 为肺动脉瓣，PA 为肺动脉，Ao 为主动脉

第五章

多普勒心脏彩超

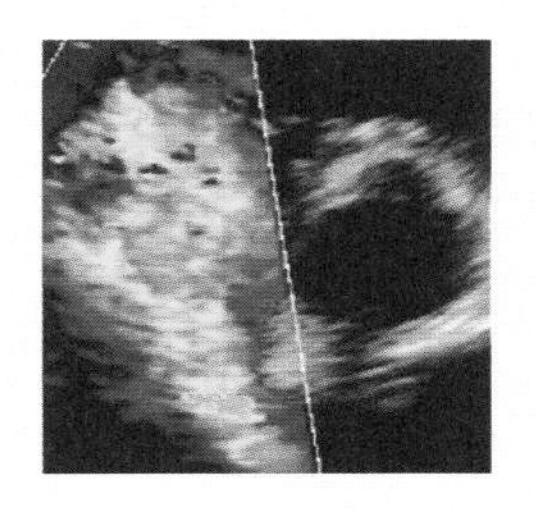

多普勒心脏彩超（DopplerEchocardiography 简称“DE”）是心脏超声的一种特殊检测方法，它可显示心动周期中心脏内或心肌组织中血流的运动方向和速度，此外，它还可以检测湍流血流。当把多普勒心脏彩超与其他心脏彩超的结果一起解释时，可以识别分流、瓣膜反流和血流阻塞。多普勒超声检查也可用于评估心房和心室功能，以及量化血流动力学（压力、体积流量和流动阻力）。

第一节｜多普勒的工作原理

多普勒研究是基于当超声波从运动物体反射回探头时发生的频移，多普勒频移与运动目标的速度和方向成正比。

当方程求解为速度（V）时，则:$V=Fd$（C）/$2Fo\cos\theta$，其中 Fd 是以速度（V）运动的目标反射超声波引起的频移，计算为发射频率和返回频率之差；Fo 为初始发射频率；C 是 US 在组织中的速度；θ 是由移动反射器和询问超声波光束的路径形成的入射角（或截距角）。发射或载波频率（Fo）和超声波在组织中的速度（1540 米 / 秒）是已知的。心室的反射体要么是内部血流模式中的红细胞，要么是收缩期和舒张期心肌组织的运动。运动朝向探头（正）或远离探头（负）的运动方向决定了多普勒频移的符号。该系统使用快速傅立叶变换过程分析返回的多普勒频移，并以彩色编码格式或称为频谱多普勒的图形显示（对于 PWD、CWD 和多普勒显示）血流方向和速度。尽管在心脏研究中忽略了该角度，但超声波射束目标入射角仍然与输出高度相关。如果声波从与发射的超声波光束成直角的反射器返回，将不会记录到多普勒频移（90 度的余弦 =0），因为余弦函数是非线性的，任何与大于 22 度的角度相关的返回信号都将大大于真实速度。因此，必须进行角度调整，以使超声波束流向尽可能平行。检查者必须巧妙地调整探头和波束角度，以实现最大速度测量。

第二节｜多普勒的类型

常见的多普勒包括彩色血流多普勒（Color-Flow Doppler 简称“CFD”）、脉冲多普勒（Pulse-Wave Doppler 简称“PW”）、连续波多普勒（Continuous-Wave Doppler 简称“CW”），另外，有些高端心脏彩超仪器还有彩色 M 超、组织脉冲多普勒、组织彩色血流多普勒。

临床上常说的频谱多普勒主要是指脉冲多普勒（PWD）和连续波多普勒（CWD），这些多普勒都是以图形方式显示血流的运动方向和速度。

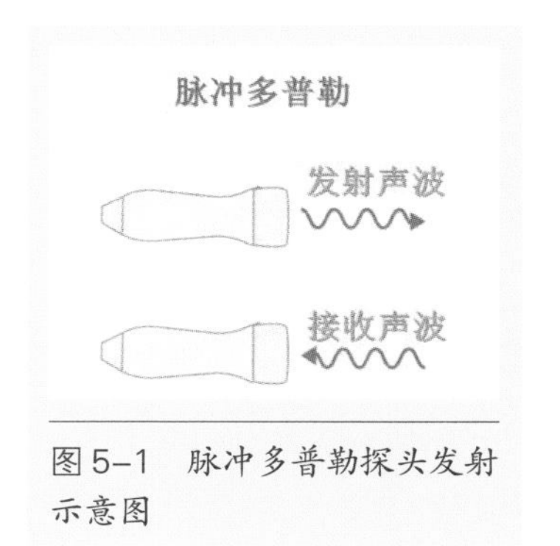

图5-1　脉冲多普勒探头发射示意图

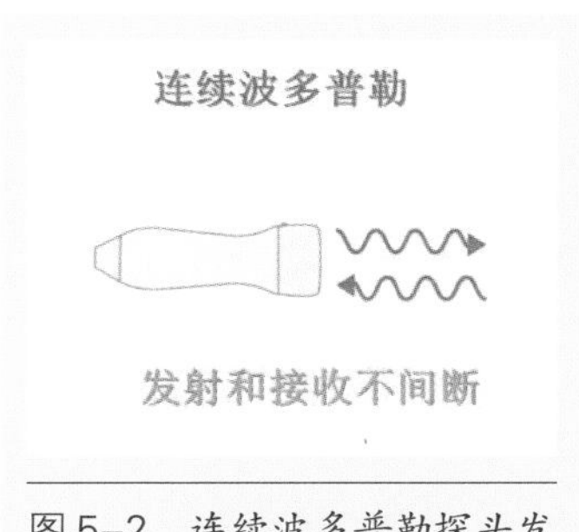

图5-2　连续波多普勒探头发射示意图

1. 脉冲多普勒

脉冲多普勒的工作原理是：当发射一固定频率的脉冲波时，如果遇到活动目标，回波的频率与发射波的频率会出现频率差，这一差值被称为多普勒频率。根据多普勒频率的大小，可以测算出目标的径向相对运动速度；根据发射脉冲和接收的时间差，可以测算出目标的距离。此外，用频率过滤方法检测目标的多普勒频率谱线，通过滤除干扰杂波谱线后，可从强杂波中分辨出目标信号，由此说明，脉冲多普勒的抗杂波干扰能力比普通声波强，故能探测出隐蔽在背景中的活动目标。

脉冲多普勒雷达于20世纪60年代研制成功并投入使用。自20世纪70年代以来，随着大规模集成电路和数字处理技术的发展，脉冲多普勒雷达已广泛应用于机载预警、导航、导弹制导、卫星跟踪、战场侦察、靶场测量、武器火控和气象探测等领域。目前，运用于医学领域的脉冲多普勒超声仪，主要由探头、高频脉冲发生器、主控振荡器、分频器、取样脉冲发生器、接收放大器、鉴相器、低通滤波器和f-v变换器等部件组成。

脉冲多普勒是由同一个（或一组）晶片发射并接收超声波的。它用较少的时间发射，而用更多的时间接收（如图5-1）。由于采用了深度选通（或距离选通）技术，可进行定点血流测定，因而具有很高的距离分辨力，也可对喧点血流的性质做出准确分析。由于脉冲多普勒的最大显示频率受到脉冲重复频率的限制，在检测高速血流时容易出现混叠。这对诸如二尖瓣狭窄、主动脉瓣狭窄等类疾病的检查十分不利。如果遇到高速血流，就需要采用连续波多普勒。

2. 连续波多普勒

顾名思义，连续波多普勒的工作原理，就是通过连续不断地发射和接收超声波信号（如图5-2），并显示代表超声波束中所有运动目标的信息。由于在该模式下没有记录速度的限制，可以进行高速度的精确测量，所以，在心脏彩超中，通常运用连续波多普勒来测量高速血流，如二尖瓣反流、肺动脉高压、主动脉高压、动脉导管未闭等异常血流情况。由于连续波多普勒信号没有被选通（接收所有潜在的速度），因此缺乏异常速度的空间定位。

3. 彩色多普勒

彩色多普勒是在频谱多普勒的基础上，利用多普勒原理进行血流显像的技术。该技术是于1982年由日本的 Namekawa、Kasai 及美国的 Bommer 最先研制成功。日本的 Aloka 公司于 1982 年率先生产出世界上第一台彩色多普勒血流显像仪，1986 年开始用于心脏周围血管血流成像。彩色多普勒可以无创、实时提供病变区域的血流信号信息，这是 X 光、核医学、CT、MRI 及 PET 做不到的。

彩色多普勒又称为二维多普勒，它是把所得的血流信息经相位检测、自相关处理、彩色灰阶编码，把平均血流速度信息以彩色方式予以显示，并将其组合、叠加显示在 B 型灰阶图像上。彩色多普勒能够直观地显示血流状况，对血流性质和流速在心脏、血管内的分布情况，较脉冲多普勒显示得更快、更直观。对由左向右分流的血流及瓣口反流血流的显示也有其独到的优越性。

彩色多普勒血流显像所获得的回声信息来源和频谱多普勒一致，血流分布和方向均为二维显示，不同的速度以不同的颜色加以区别。双功多普勒超声系统，是以 B 型超声图像显示血管的位置，而用多普勒测量血流，这种 B 型超声图像和多普勒系统的结合，更能精确地定位任一特定的血管。

（1）血流方向

在频谱多普勒显示中，是以零基线区分血流方向。在零基线上方显示血流流向探头，零基线以下显示血流流离探头。在 CDI 中，是以彩色编码表示血流方向，红色或黄色色谱表示血流流向探头（暖色），而以蓝色或蓝绿色色谱表示血流流离探头（冷色）（如图 5-3）。

（2）血管分布

由于 CDI 显示的是血管管腔内的血流，因而属于流道型显示，它不能显示血管壁及外膜。

（3）鉴别异常血流

虽然彩色多普勒对血流的定量，不如脉冲多普勒和连续波多普勒，但彩色多普勒可以在二维心脏彩超

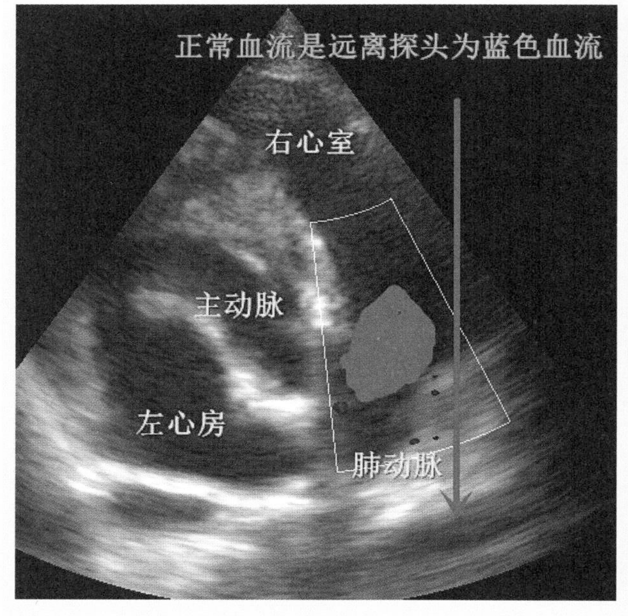

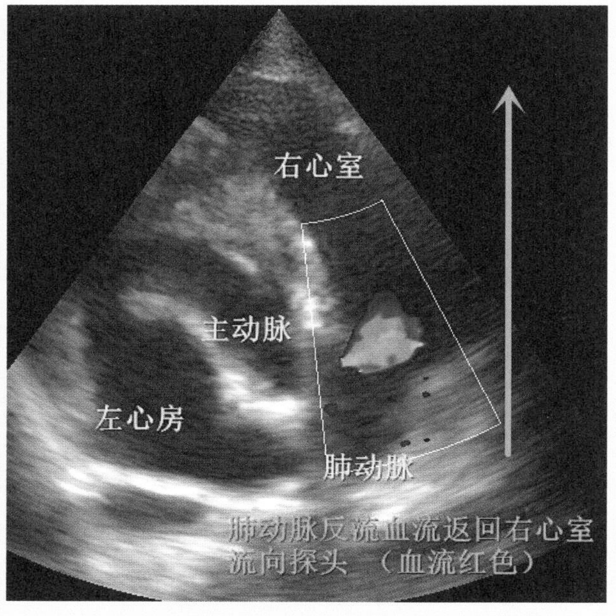

图 5-3　肺动脉正常血流和肺动脉反流情况对比。左图蓝色是肺动脉正常血流，右图红色是肺动脉反流。正常血流是从右心室流出肺动脉并远离探头，所以显示为蓝色血流；反流血流是返回右心室并流向探头，所以显示为红色血流

上没有明显异常的情况下揭示异常流速，例如室间隔小缺损、房间隔小缺损或轻度房室瓣反流等。

第三节丨多普勒在犬猫临床诊断中的应用

多普勒技术对犬猫先天性疾病的诊断，具有重要的临床意义。总体而言，一套完整的多普勒检查应包括以下内容：所有瓣膜反流的脉冲波检查和彩色血流成像；瓣膜和隔膜的脉冲波、连续波、彩色血流成像是否存在异常血流信号（分别是狭窄或分流的指征）；大血管和分支的脉冲波、连续波、彩色血流成像检查（用于鉴别局部狭窄病变或异常信号）。

犬猫心脏的先天性畸形，通常包括分流病变、瓣膜狭窄和瓣膜反流的组合，复杂病变则包括法洛四联症等。

（1）分流病变

多普勒心脏彩超可用于检测犬猫的心内分流，量化缺损两侧的压力下降（即间接评估缺损的大小和产生的压力），并半定量左右分流（如图 5–4）。

（2）房间隔缺损（ASD）和室间隔缺损（VSD）

房间隔缺损和室间隔缺损是犬猫常见的先天性病变，可以用彩色多普勒心脏彩超诊断。由于缺损会导致左右侧心房或心室存在压力差，血液会流动，所以可以使用脉冲多普勒或连续波多普勒及彩色血流成像技术进行空间定位。通过右心房 / 室中与可疑缺陷相邻的频谱多普勒测量，可获得从左向右分流的特征彩色血流和频谱流速剖面。频谱将显示开始于心室收缩末期，在舒张早期达到峰值，在舒张中期下降，并在心

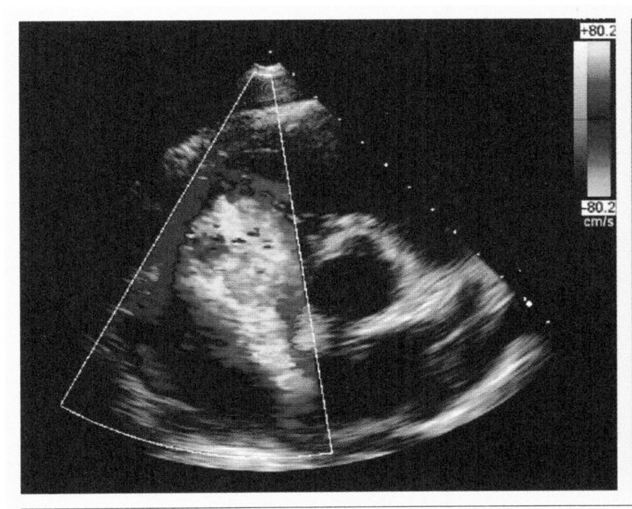

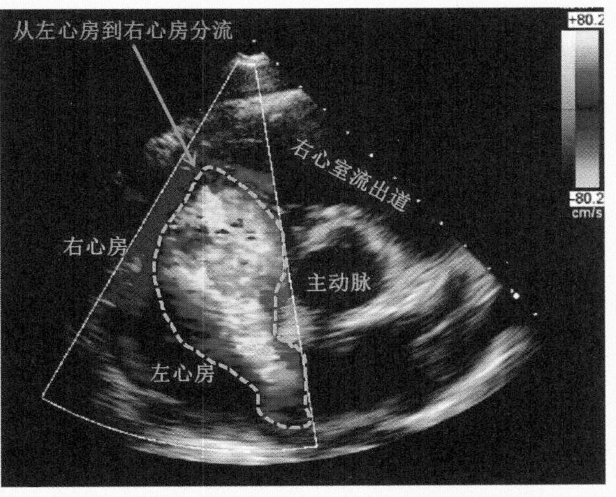

图 5–4　左右两图相同，均为同一只猫右侧胸壁肋骨旁左心房到右心房的分流情况。其区别是作者在右图用绿色虚线勾勒了分流血流，由于分流的血液是从图像底部往上流向探头，所以彩色血流显示为红色

房收缩后加重的湍流情况。

关于房间隔缺损和室间隔缺损的临床表现、发病机理、超声诊断及治疗手段等内容，将在本书的后面章节中讲述，这里只列举一例超声图像病例（如图 5–5）。

（3）动脉导管未闭（PDA）

如果存在动脉导管未闭，多数情况下可在肺动脉中被多普勒检测到异常湍流，如果发现异常湍流，进而可用脉冲波多普勒或连续波多普勒检查异常血流的流速。

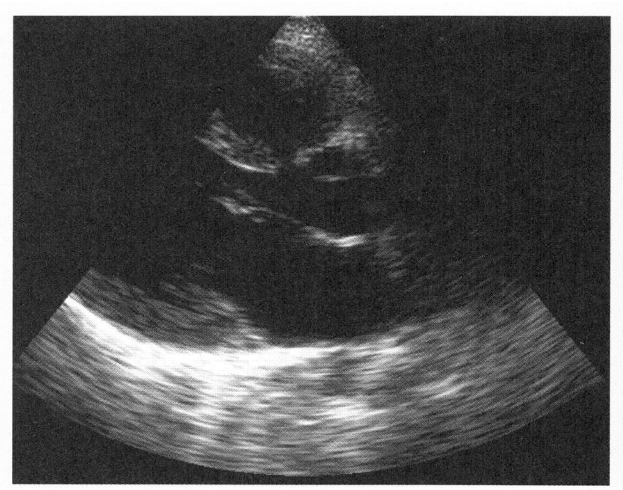
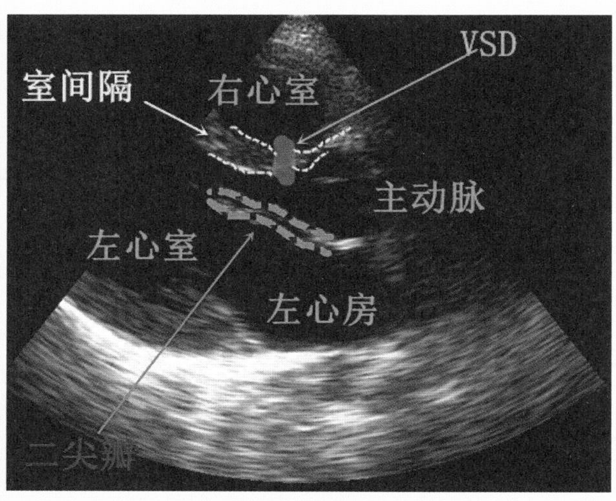

图 5–5　左右两图相同，均为同一犬只的右侧 5 腔心切面，其区别是作者在右图上用黄色虚线勾勒了室间隔，用橘色色块标注了室间隔缺损位置（VSD），紫色虚线为二尖瓣

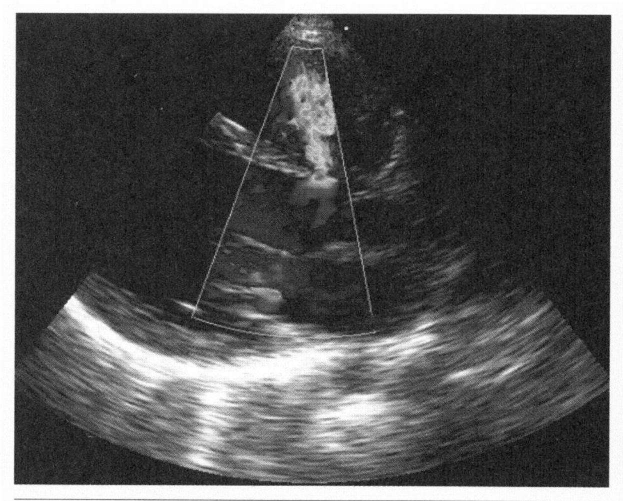
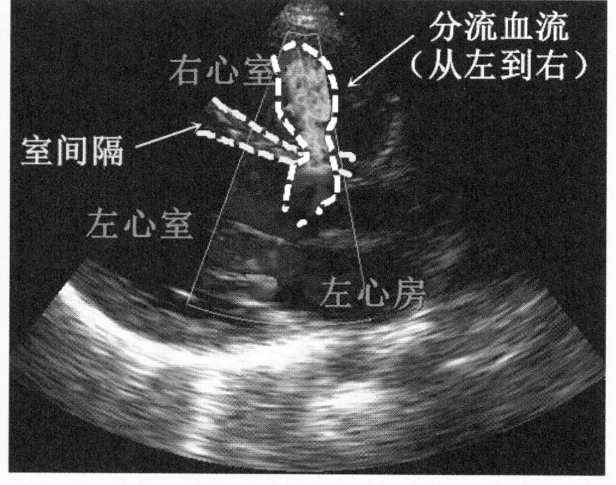

图 5–6　左右两图相同，均为同一只猫的右侧 5 腔心切面，是在二维图上发现存在室间隔缺损后，再用彩色多普勒检查的血液分流情况。其区别是作者在右图上用黄色虚线勾勒了室间隔，用白色虚线勾勒了从左心房分流到右心房的血流

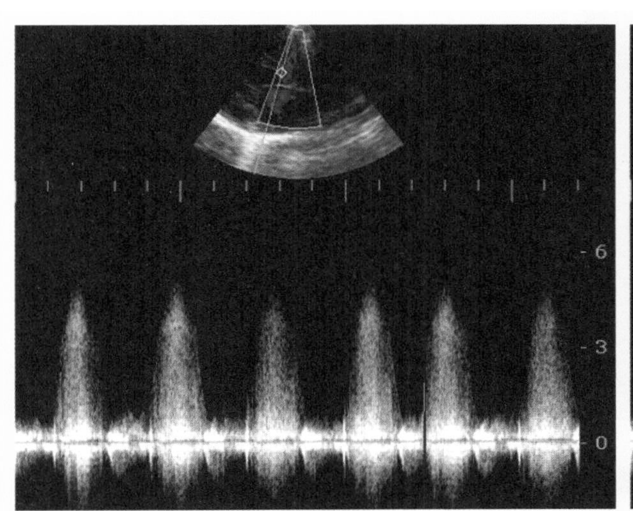

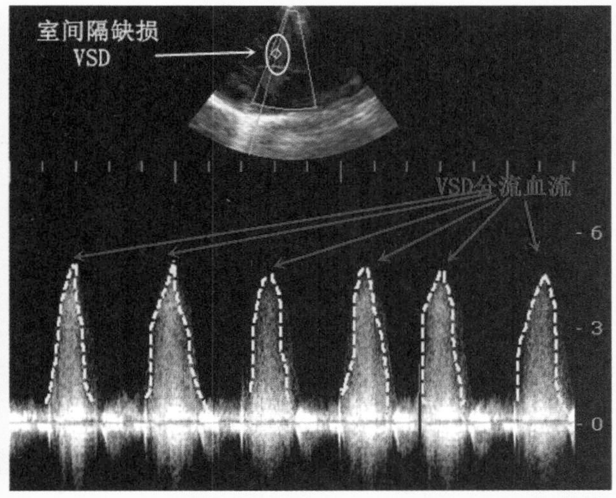

图 5-7　左右两图相同，均为同一只犬右侧胸部肋骨旁声窗的室间隔缺损连续波多普勒图像。其区别是作者在右图上用黄色椭圆圈定了室间隔缺损位置（黄色箭头）；在下方多普勒波形图上，用黄色虚线勾勒了从左心室分流到右心室的血流波形，紫色箭头指示的是分流血流，流速为 5.5 米 / 秒左右

关于动脉导管未闭的临床表现、发病机理、超声诊断及治疗手段等内容，将在本书后面章节中讲述，这里仅列举一例超声波图像予以简要说明（如图 5-8、图 5-9）。

（4）左心室流入阻塞（二尖瓣狭窄）

二尖瓣增厚、变形，是先天性左心室流入阻塞的类型之一，不太常见的异常情况是瓣膜上二尖瓣环、双孔二尖瓣和三房心。

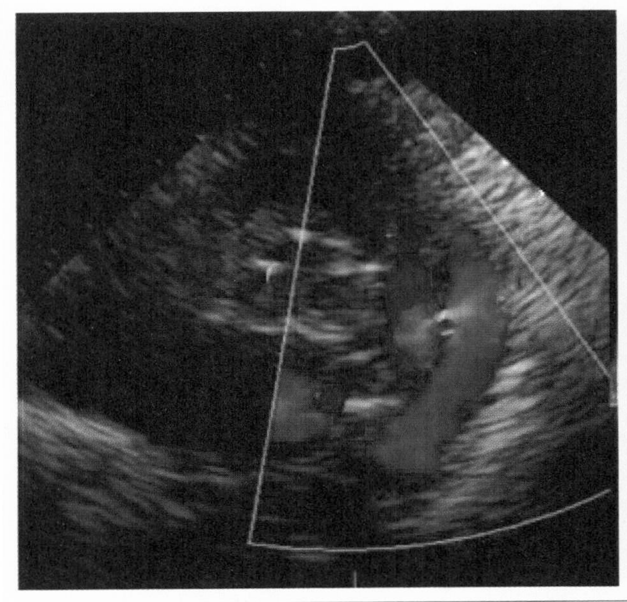

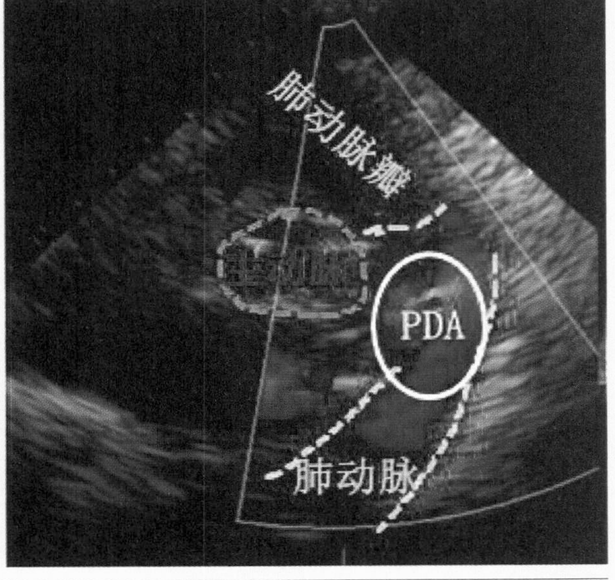

图 5-8 左右两图相同，均为在同一犬只右侧胸壁短轴肺动脉区域发现的异常血流，其区别是作者在右图上用白色椭圆圈定了动脉导管未闭位置。该图像提示，有异常血流从主动脉流向肺动脉，故诊断为动脉导管未闭

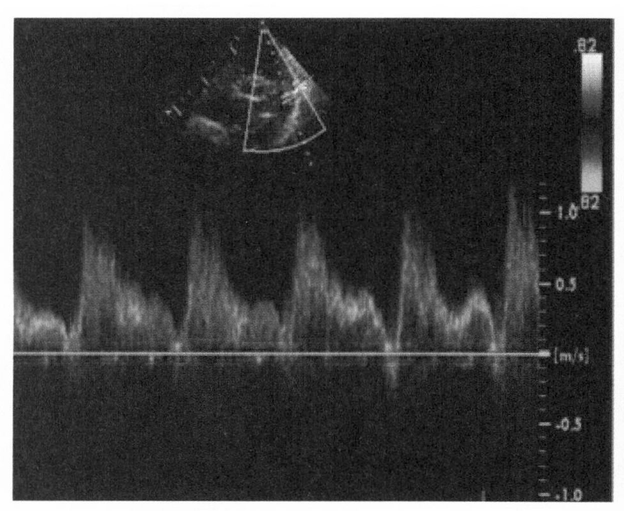

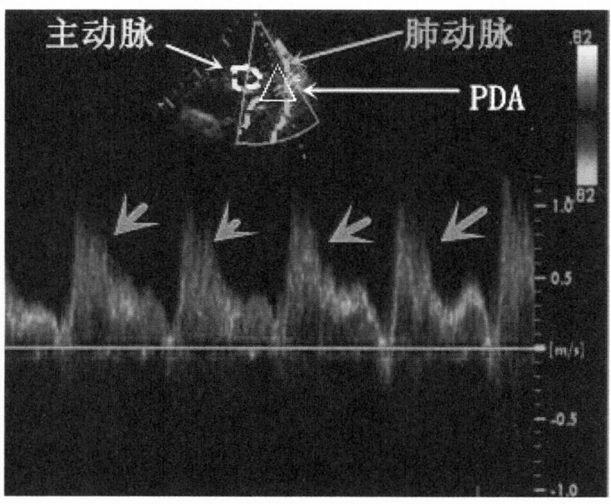

图 5-9　左右两图相同，均是在同一只犬的右侧短轴声窗经彩色多普勒发现异常血流信号后，再用频谱多普勒测量所得的血流速度。右图上的白色三角形为动脉导管未闭位置（白色箭头）；紫色箭头所示为经频谱多普勒测量所得的动脉导管未闭血流速度

连续波多普勒可用于高速度血流的速度测量，而脉冲波多普勒可用于测量峰值速度（即阻塞部位）及定位——瓣膜、瓣膜上（如有二尖瓣环的情况）或瓣膜下腱索狭窄。在最大阻塞处，多普勒速度最高。虽然连续波多普勒的缺点是不能确定瞬时速度和阻塞部位，但连续波多普勒对这些测定依然是最好的，所以高速血流要用连续波模式测定。

平均压力差可通过测量峰值速度，采用修正的伯努利方程（压力差 =4V2）来计算。虽然这个计算结果可以由人工完成，但很多彩超仪都能通过自带的计算软件自动计算出来（如图 5-10）。

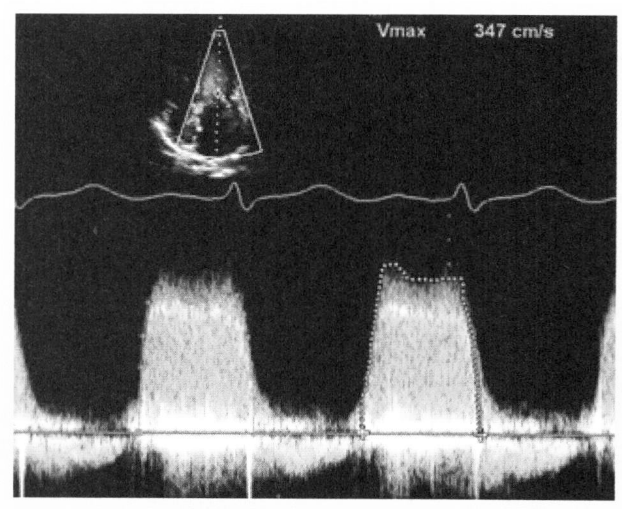

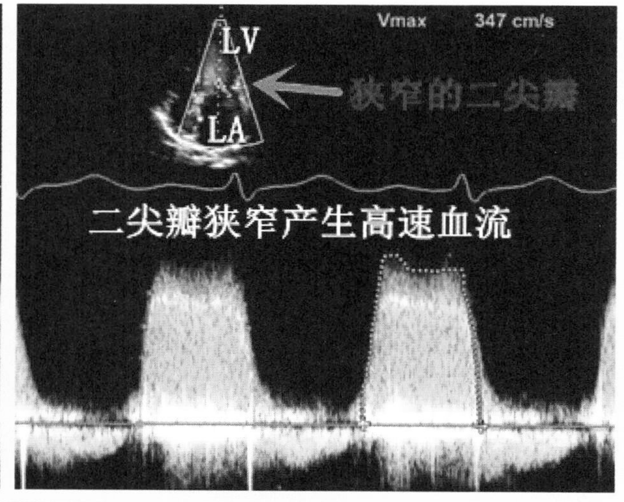

图5-10　左右两图相同，均为同一只犬的二尖瓣狭窄症状。该左侧胸壁5腔心流入图显示，从左心房流入左心室的血流，由于二尖瓣狭窄，从而导致血流速度增快。连续波多普勒测量的是二尖瓣位置，测量出的最高血流速度是347 厘米 / 秒，通过伯努利方程（压力差 = 4V2）计算，其压力差为 48 毫米汞柱 *。紫色箭头所示为二尖瓣狭窄导致的实际状况

* 1 毫米汞柱 =0.133 千帕

（5）左心室流出道梗阻

先天性主动脉瓣狭窄，可能是先天性左心室流出道梗阻最为常见的原因。导致左心室流出道梗阻的其他病变，还包括主动脉瓣下狭窄肥厚性梗阻性心肌病、主动脉瓣上狭窄及间接主动脉缩窄。这些病变均可根据其二维心脏彩超特征进行准确区分。

脉冲波多普勒有助于快速血流定位，从而进一步确定阻塞位置。例如，在肥厚性梗阻性心肌病中，梗阻可能出现在心室中、腱索或二尖瓣小叶，并且可检测到二尖瓣回流。

彩色血流检查有助于发现高速（马赛克）射流，并有助于采用连续波多普勒准确评估峰值速度，还可凭借颜色反转和方差表示峰值速度的位置。

在怀疑先天性主动脉瓣狭窄的情况下，可单独使用连续波多普勒或脉冲波多普勒来跟踪降主动脉，在大多数情况下，可以发现异常速度分布。收缩期峰值速度可用于评估缩窄节段的最大梯度。舒张期持续信号（速度增加）的存在，是进一步判断梗阻的主要（即舒张期）证据（如图 5–11）。

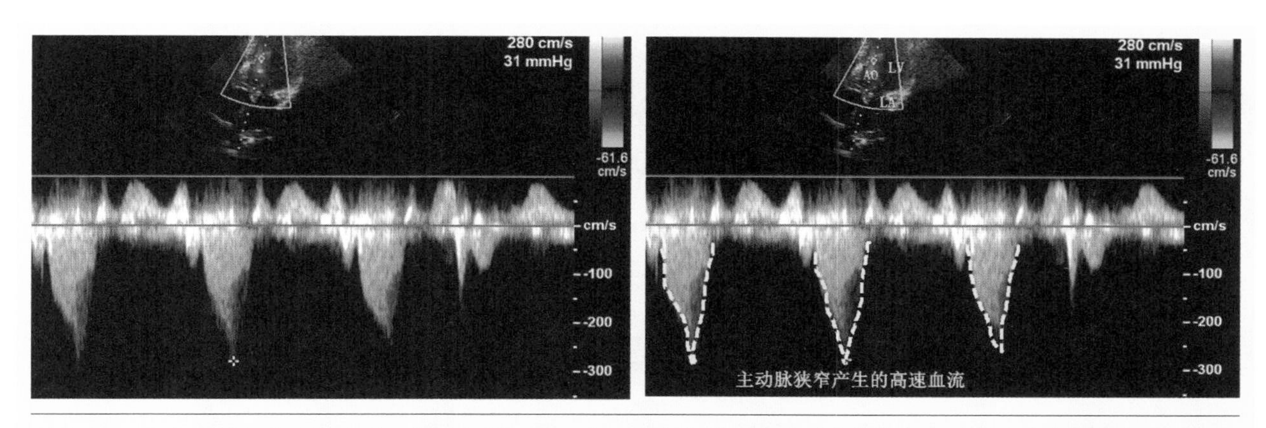

图 5–11 左右两图相同，均为同一犬只左侧 5 腔心左心室流出图，其区别是作者在右图上用黄色虚线勾勒了因主动脉狭窄产生的高速血流波形。经连续波多普勒测量，该犬左心室流出道的血流流速为 280 厘米 / 秒，正常血流为 80 ～ 120 厘米 / 秒，该快速血流提示该犬存在流出道受阻情况

（6）右心室流出道梗阻

右心室流出道梗阻是瓣膜性肺动脉狭窄最为常见的原因之一，此外，也可能存在肺动脉瓣膜瓣下、瓣上或瓣膜外周狭窄。可采取类似于诊断心脏左侧梗阻性病变的方法，使用脉冲波多普勒定位狭窄位置和连续波多普勒测量血流速度进行判断。一旦出现右心室流出道梗阻现象，其彩色血流成像会显示为一个镶嵌图案，并从阻塞区域开始向远端延伸。一旦出现肺动脉瓣瓣膜下梗阻时，镶嵌图案将从肺小叶附近开始。通常情况下，肺动脉瓣瓣膜下梗阻和肺动脉瓣膜阻塞会两者并存，镶嵌图案将出现在两个阻塞区域的远端（如图 5–12、图 5–13）。

（7）瓣膜反流

房室瓣、主动脉瓣及肺动脉瓣反流，是许多犬猫先天性畸形的重要特征，也存在后天退行性病变的可能。

关于瓣膜反流的诊断，脉冲波多普勒可用于确定回流信号的位置和空间范围；连续波多普勒可提供关于压力梯度有价值的信息（如图 5-14）。

心脏彩超多普勒是一种运用超声波测量心内和血液流速的无创方法。速度测量可用于计算狭窄、反流和分流病变的心内压力。在二维心脏彩超的基础上，心脏彩超多普勒可提供异常血流的空间定位，从而更有助于确定心内分流的部位，此外，它还可用于确定瓣膜功能不全的程度。二维心脏超声和多普勒的联合应用，促进了对犬猫多种先天性心脏病的全面、无创评估。多普勒技术的运用，是诊断犬猫心脏疾病不可或缺的重要手段。

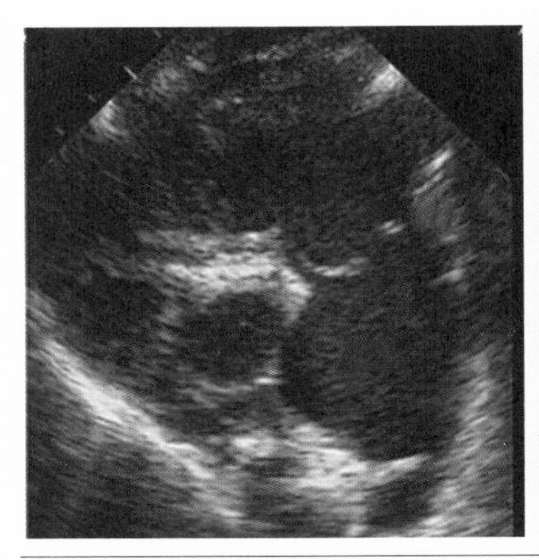

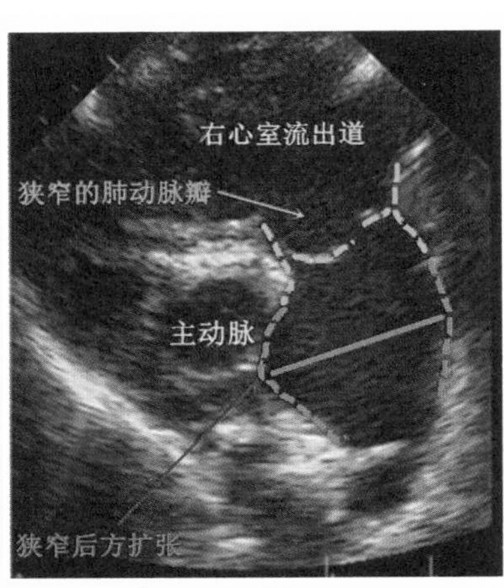

图 5-12　左右两图相同，均为同一犬只在其右侧胸壁短轴所获的右心室流出道受阻二维切面图，作者在右图上用天蓝色虚线勾勒了狭窄的右心室流动道及肺动脉瓣，用紫色虚线勾勒了狭窄后方扩张

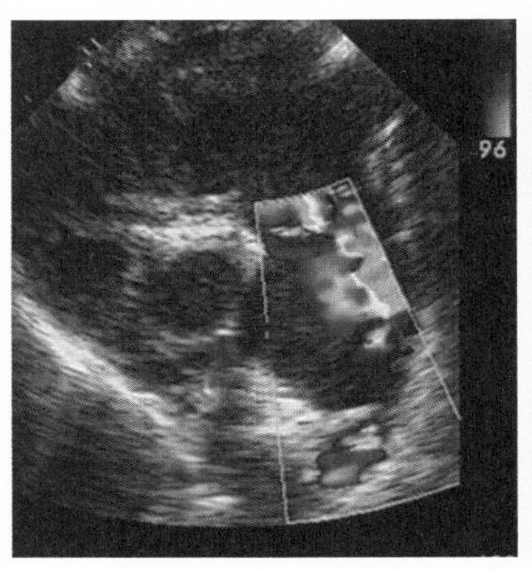

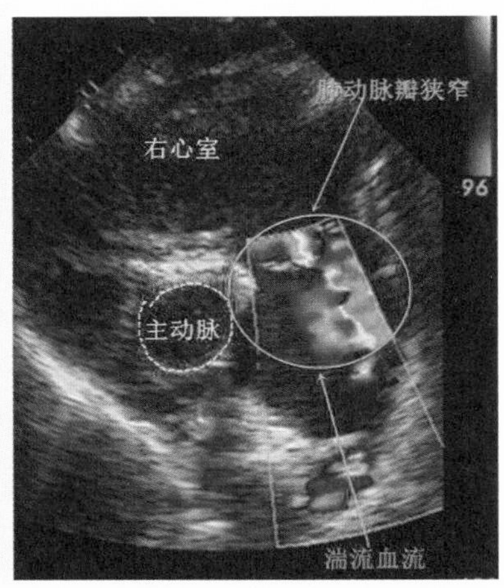

图 5-13　左右两图相同，均为同一犬只在其右侧胸壁肋骨旁声窗所获右心室流出道受阻的彩色血流图像。作者在右图上用蓝色箭头指明了肺动脉狭窄位置，绿色圈为狭窄位置的血液湍流。在此二维切面图上，由于右心室流出道狭窄，因而呈现出由红、黄、蓝组成的马赛克血液湍流图像，说明该犬存在流出道受阻的情况

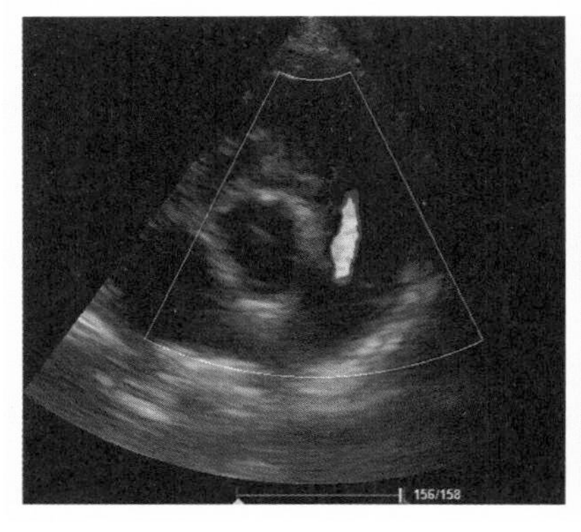

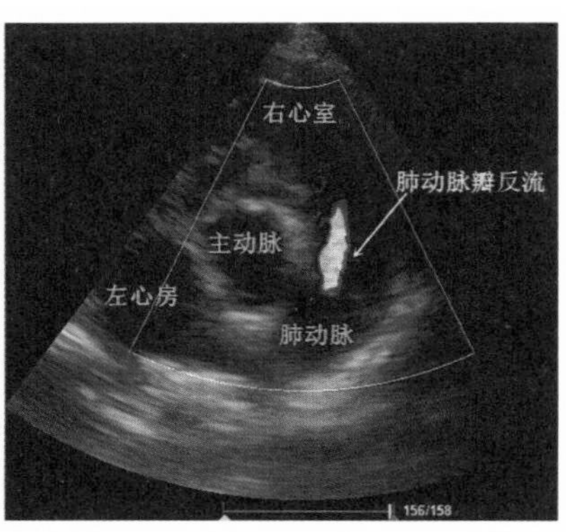

图 5-14　左右两图相同，均为同一犬只的肺动脉反流图。作者在右图上明确标注了病变位置，图中类似火焰的红（黄）色血流图像，确切显示了该犬的肺动脉反流（黄色箭头）状况

第六章

M 超和 Simpson 测量

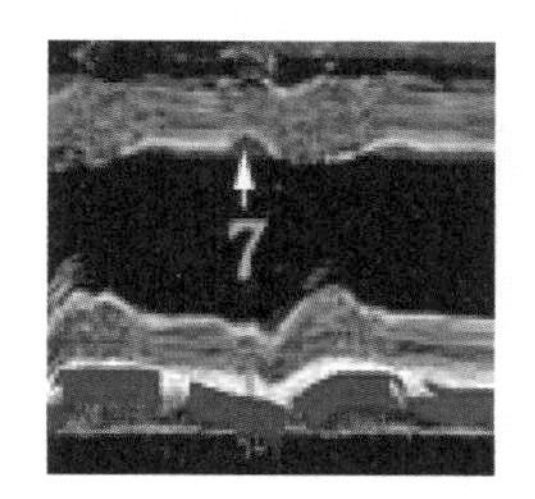

在心脏超声临床运用的早期阶段，M 超是当初首选的成像方式。简单来讲，M 超是以亮度反映回声强弱，显示的是体内各层组织与体表（探头）距离随时间变化的曲线。因 M 超多用于探测心脏，它是采用单声束扫描心脏，将心脏及大血管的运动状况，以光点群随时间改变所形成的曲线形式显现的超声图像，故常称其为“M 超”，它所反映的是一维空间结构，提供的是心脏的一维视图。

M 超的优势在于其极高的采样速率，而使得时间分辨率高，因此即使是非常快速的运动也可以被记录、显示和测量。缺点是超声波线固定在超声波扇形的尖端。单一 M 超模式很难将 M 超与显示的结构（即隔膜）垂直对齐，从而导致测量误差。在新型的超声模式中，解剖多模式可通过从 2D 图像重建多模式（后处理）来避免这种限制，而且解剖模式允许光标线的自由定位。在做 M 超的时候，应尽量让二维图保持水平位置，这样做，可让 M 超采样线从顶部下来的时候更接近垂直。简而言之，M 超是一维超声，用于测量采样线所选择的组织运动情况，并将其沿时间轴展示出来。

第一节 | M 超在犬猫心脏诊断中的应用

1. M 超的应用模式

运用 M 超，可对犬猫心脏进行如下检查：①左心室运动；②二尖瓣运动；③主动脉瓣运动；④左心房运动；⑤右心室运动。

现代 M 超由 2D 成像技术提供检查切面信息，可由短轴或长轴图像平面引导，实际上，在测量低压时，两者都应使用。长轴引导避免了光标位置在近场太靠近主动脉根部，但在远场可能会穿过乳头肌造成左心室自由壁增厚的假象。短轴引导可确保左室在中膈弧处对称分开，让光标穿过两个乳头肌之间，由 M 超采样线采样的左室部分可得以很好地描绘，所以，很多时候作者都是通过短轴蘑菇图切面做 M 超测量。

2. 用 M 超评估左心室运动

（1）标准切面

可用于测量左心室 M 超的标准切面，包括右侧胸壁肋骨旁 4 腔心长轴和 5 腔心长轴、右侧肋骨旁短轴乳头肌（蘑菇图）。

（2）测量

左心室的线性测量，包括室间隔、左心室腔和自由壁，但不包括壁心包膜（如图 6–1）。参考 2D 图像，对确定 M 超采样线的位置是有帮助的。通过二维图，可以减少对心内膜边界精确位置的混淆，尤其是当明亮的壁内反射器被超声波束穿过时。此外，借助二维图还可识别光束路径内的减速带或乳头肌。

左心室的血液容量状态会影响到左心室的测量，尤其是严重的容量衰竭，会因舒张期伸展减少而导致室壁假性高血压。

左心室的舒张测量，应在心室缩短之前及 QRS 复合波开始和 R 波峰值之间进行。如果左心室的舒张腔尺寸大于病患的预计尺寸（基于物种、品种和体型），则表明心室扩张。在没有脱水或心脏压塞的情况下，LVW 或 IVS 舒张期的厚度增加，通常与心肌肥厚和左心室质量增加有关。

收缩期左室测量选择的时间点，会影响到收缩功能的评估。一些惯例会要求测量室间隔最低点的收缩期尺寸，尽管室间隔最低点和 LVW 远点之间的收缩期尺寸通常较小。不管是哪种情况，测量光标都应该垂直下降，不要在对角线上。测量也不应该在 LVW 的远点进行，这与瓣膜关闭是一致的。国外有些学者将测量中隔最低点和 LVW 远点之间的最小垂直距离作为收缩维度。如果未能确定这一点，可能会导致“收缩功能障碍”的假阳性诊断，尤其是存在不可考虑的不同步情况时。

测量光标相对于心内膜的不同位置也会影响到测量结果，尤其是 IVS 和 LVW 的测量，不同的心脏病专家至少会使用三种方法（如图 6–2），但在宠物医生的临床实践中没有明确的共识。专用（非导向）M 超的原始 ASE 标准，要求基于低反应调查的“前沿”方法。该方法将“前导”心内膜边缘的厚度纳入 IVS、左

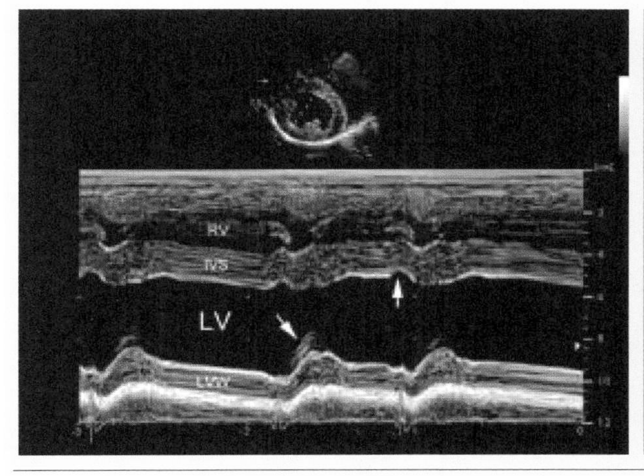

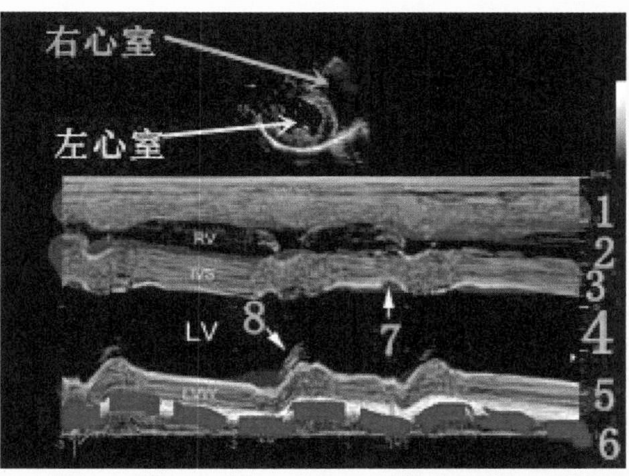

图 6–1　某犬左心室短轴乳头肌（蘑菇图）二维图及室间隔、左心室腔、自由壁的 M 超运动曲线。左右两图是同一犬只右侧胸壁肋骨旁短轴声窗蘑菇图切面，不同的是作者在右图上用浅蓝色箭头标注了右心室，用黄色箭头标注了左心室，浅蓝色曲线（标号 1）为右心室壁 M 超运动曲线；浅蓝色曲线下方的黑色区域（标号 2）是右心室腔；绿色曲线是室间隔的 M 超运动曲线（标号 3）；绿色曲线下方的黑色区域是左心室腔（标号 4）；浅紫色曲线是左心室自由壁运动曲线（标号 5）；深紫色虚线是心包膜的运动曲线（标号 6）；通过室间隔运动曲线，发现收缩期前的一个加强扩张（标号 7），这是左心房收缩导致血液进入左心室的加强扩张。在做 M 超的时候，腱索偶尔也会进入视野（标号 8）

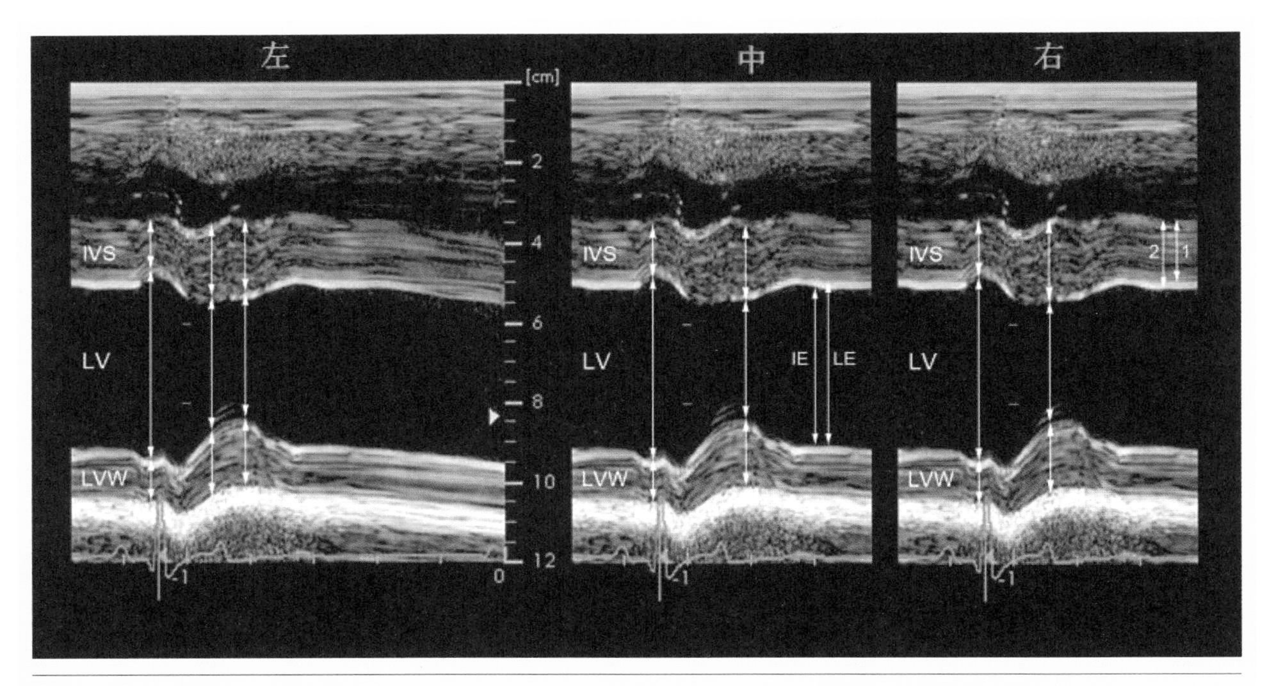

图 6-2 测量左心室的不同方法

左：心室壁和心室腔的测量方法，是在室间隔运动的最低点进行心室收缩，然后与左心室壁的最大偏移（远点）进行比较

中：M 超测量左心室显示了心室壁倾斜，包括用于测量 IVS 和 LVW 的一个心内膜边界，并测量血液 – 心内膜界面处的左心室腔。使用前沿方法测量 LVW，并包括一个心内膜边界。在本例中，心脏收缩是从 LVW 的最大偏移（远点）开始测量的，右侧显示了低压腔内缘和前缘测量值的比较。

右：M 超测量左心室，IVS 的心内膜回声都包括在间隔测量中，左心室心内膜和心外膜回声都包括在 LVW 测量中（不包括壁心包）。在本例中，收缩期是用一条垂直线来测量的，该垂直线与间隔最低点和 LVW 最大偏移之间的最小垂直距离重合。心内膜的内边界描绘了左心室腔。在该图的最右侧，标注“2”是包含了心内膜边界的测量法，标注“1”是不包含心内膜边界的测量法，不同的测量方法导致了 IVS 测量值的差异，测量技术的差异，可能会影响到最终的诊断结果

心室腔和 LVW 的测量中。可以对修改这一惯例提出一个论点，因为根据当前的 ASE 标准，冻结的 2D 图像的测量是不同的。

IVS 的 2D 测量，包括右侧和左侧心内膜边界，腔测量不包括两个心内膜边界（从血液 – 心内膜界面测量），LVW 测量包括心内膜和心外膜厚度（如果确定），在壁心包的前缘停止。另一种方法涉及内部方法（实际上是“后—内—前”边缘方法）。测量值包括 IVS 的后缘心内膜边界、左心室内腔和 LVW 厚度的前缘心内膜边界。这种方法的好处是排除了右心室肌小梁和室间隔组织拥抱 IVS 的右表面。

（3）判读

缩短分数（LVFS）定义为：LVFS=（*LVd*-*LVs*）/*LVd*，其中，*LVd* 是内部舒张维度，*LVs* 是内部收缩维度。

缩短分数是体现心肌收缩能力。心肌收缩力受损反映在壁运动减少、收缩期增厚减少和 FS 降低。这个变量也受到心室负荷条件的强烈影响，正常壁运动的偏离可能源于心肌收缩力的降低或增强、电脉冲传导障碍、压力或体积超负荷，以及结构性心脏病的后果。束支传导阻滞、心室异位、心脏起搏和心肌疾病相关的传导变化，也会改变左心室的激活顺序。

虽然需要更先进的组织成像方法来识别许多病例，但在 M 超检查中，室间隔最低点和 LVW 远点之间的时间偏移有时会比正常情况下更大，从而显示出心室的室间隔和自由壁运动不同步。除了最大 LVW 收缩偏移（也称为左室振幅）外，评估不同步心室的收缩功能容易出错。

即使在心肌收缩力没有任何变化的情况下，任一心室的容量和压力过载，也会影响到心脏运动和缩短分数。在 M 超研究中，识别心室超负荷既是一个诊断线索，也是一个警告，即左心室收缩功能的指标可能会产生误导。例如，在快速充盈期间，左心室舒张期容积的增加会将 IVS 推向右侧，一旦收缩开始，这个起始位置允许丰富的下隔膜运动，这是一个未被充分认识到的中度至重度左心室容量过载迹象。相比之下，中度至重度右心室容量超负荷迫使 IVS 在舒张期向左运动，并侵犯左心室腔。在收缩期，较高的左心室压力将室间隔向上推，导致室间隔的反常运动。另一个例子是受同心左心室肥大的影响，增厚的心室壁降低了应力并增加了 LVFS。

相比之下，右心室压力严重超负荷时，IVS 在收缩期增厚，但由于两个心室的压力几乎相等，总的间隔扩张减少或平坦。因此，与不同步性一样，心室超负荷会干扰左心室收缩功能的 M 超测量。随着左室容积和压力过载，分数缩短经常增强；然而，由于右心室负荷过重，它通常会减少。

心包积液会导致心脏异常运动。心包内有中度至大量液体，在这种情况下，室壁运动和收缩功能变得不正常。当心脏受压时，心室壁也会因假性肥大而增厚。狭窄性心包炎在 M 超研究中的表现略有不同，这是由正常心室充盈障碍和舒张压升高引起的，可以引起异常的室间隔运动，包括收缩期反常的室间隔运动或一系列被称为“室间隔反弹”的旺盛的早期舒张期振荡。

3. 用 M 超评估二尖瓣运动

二尖瓣 MV 水平的 M 超显示了两个小叶的打开和关闭运动，但重点是二尖瓣前小叶（如图 6–3）。二尖瓣运动特点是舒张早期开口（E 点），使二尖瓣前小叶尖端接近心室间隔，后（尾）叶向相反方向移动。在左心室充盈减少和部分瓣膜关闭一段时间后，二尖瓣在 P 波和心房收缩后再次打开。在收缩期开始时，两个二尖瓣小叶对合关闭（C）。在心脏收缩期间，整个瓣膜向探头移动，在心脏收缩末期（D），小叶随着心室快速充盈（E）再次分离，完成运动周期（如图 6–4）。

表 6–1　二尖瓣 M 超的 ACDEF

A 点	左心房收缩二尖瓣再次打开（“心房”的英文单词 Atrial）
C 点	左心室收缩期两个二尖瓣对合关闭（“关闭”的英文单词 Close）
D 点	左心室收缩期末期，这个瓣膜向探头运动（“末期”的英文单词 end）
E 点	舒张期早期（“早”的英文 Early）
F 点	随着左心室充盈二尖瓣部分关闭（“随”的英文单词 Following）

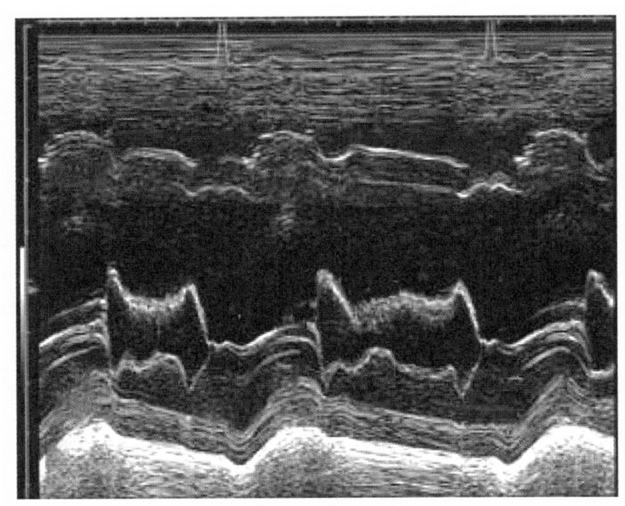

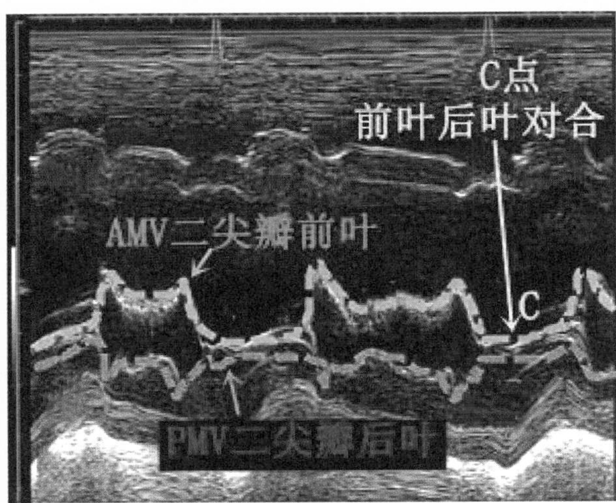

图 6-3　左右两图均为同一犬只的二尖瓣运动 M 超曲线图，其区别是作者在右图中用绿色虚线勾勒了二尖瓣前叶的运动曲线，用紫色虚线勾勒了二尖瓣后叶的运动曲线，黄色箭头指向的是二尖瓣前叶和后叶对合的 C 点

E 点和 IVS 之间的距离被称为 EPSS（EPSS 是表示舒张早期二尖瓣前叶与室间隔之间的距离，为扩张型心肌病的诊断标准之一），并与左心室射血分数成反比（如图 6-5），也就是说，当扩张型心肌病或心室扩张伴收缩功能受损时，会导致 EPSS 增加。EPSS 的数值通常用于评估左心室收缩能力的另外一个重要指标，在评估大型犬的扩张型心肌病中非常重要。在体型较大的犬只中，EPSS 的数值超过 7 毫米即为不正常。

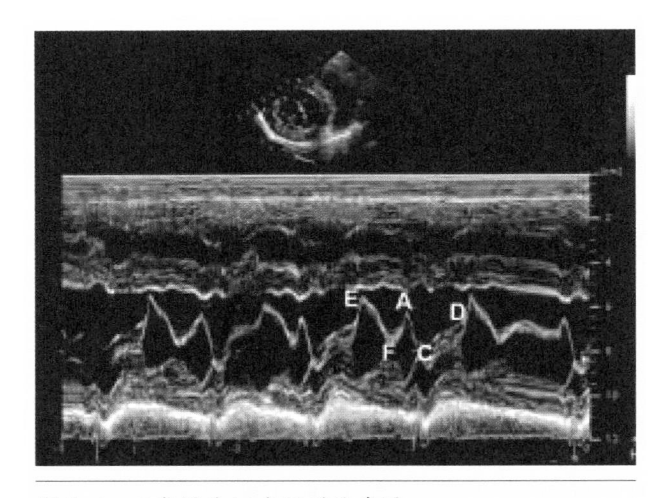

图 6-4　二尖瓣的 M 超运动曲线图

导致 EPSS 增加的假阳性原因，包括偏离角度成像、二尖瓣狭窄和主动脉瓣反流（主动脉瓣反流），以及回流射流对 AMV 小叶的冲击。后一种情况会导致 AMV 小叶的舒张期高频颤动（如图 6-6），C 点通常出现在 QRS 综合征期间，但在心室充盈压增加的情况下可能会延迟。这可能会在中压偏移的交流波之间产生一个特征性的“B- 肩”或颠簸。相反，在急性和严重急性呼吸窘迫综合征中，左心室舒张末期压力（相对于左心耳压力）的增加是由左心室过早关闭引起的，此时 C 点出现在 QRS 综合征之前。

在与肥厚型心肌病相关的动态左心室流出道受阻病例中，能经常观察到异常的二尖瓣运动、二尖瓣畸形、左心室容积衰竭，以及某些动脉粥样硬化。AMV 偏离其与 LVW 的正常平行运动，并在心脏收缩中后期突然与 IVS 接触，这种运动被称为二尖瓣的收缩期前向运动（SAM），从而产生动态 LVOTO，并启动斜肌调节的偏心喷射（这种变化将在“猫肥大性心肌病”中讲述）。

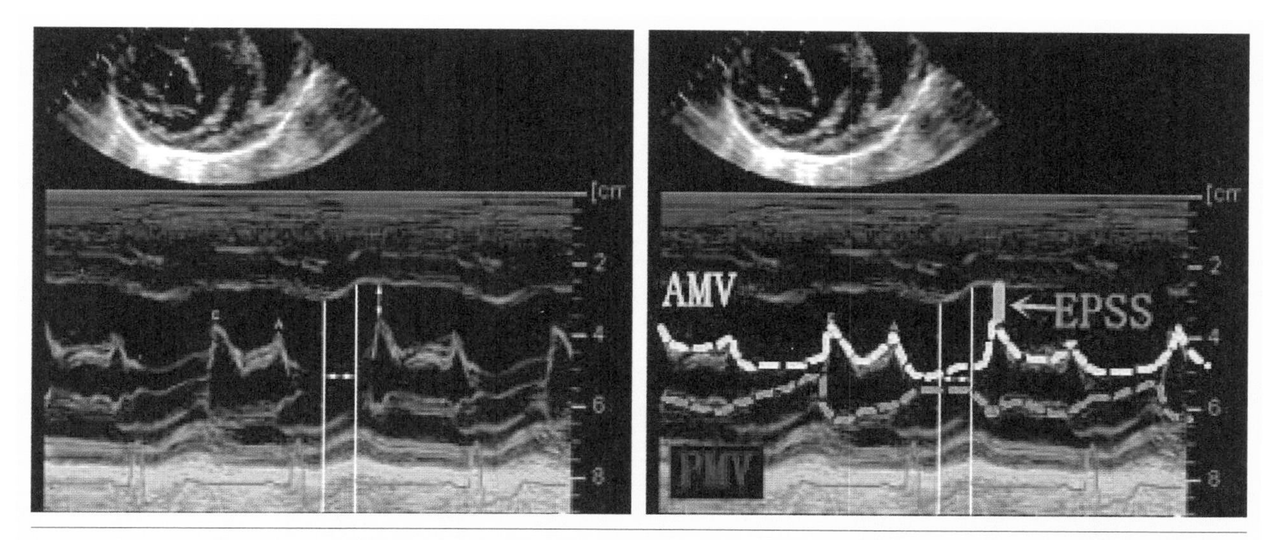

图 6–5　左右两图相同，均为某犬的 EPSS 图像，其区别是作者在右图中用黄色虚线勾勒了二尖瓣前叶（AMV）运动的 M 超曲线，用紫色虚线勾勒了二尖瓣后叶（PMV）运动的 M 超曲线，绿色短线是 E 点到室间隔的距离（EPSS）

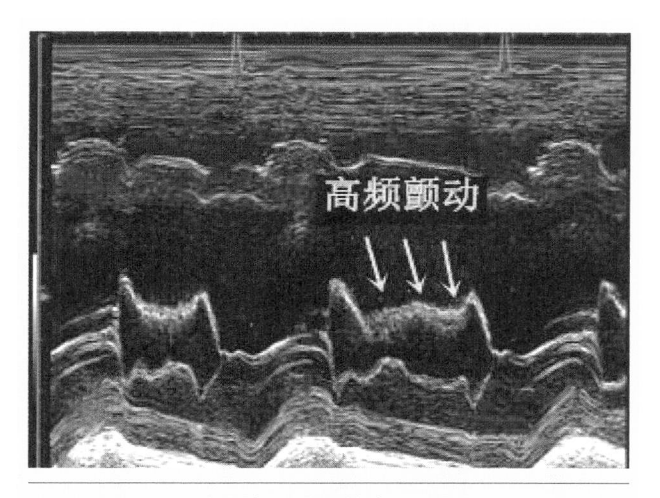

图 6–6　二尖瓣前叶高频颤动（箭头位置）M 超曲线图

4. 用 M 超评估主动脉瓣及左心房

犬房室的 M 超图像，通常穿过两个小叶、左心耳及左心耳的连接处。主动脉根部大小和左心房大小均可使用 M 超进行量化，但这是一种比较勉强的方法，因为 M 超采样线在对角线上穿过主动脉窦，左心房的大小会被严重低估。虽然猫的左心房大小可以用 M 超进行评估，但它仍然不能捕捉到最大心室直径。然而，左心房的部分缩短——从充盈到排空直径的百分比变化可以用 M 超来测量，主动脉在收缩期会向探头移动（如图 6–7）。

就病变识别而言，与瓣膜打开和关闭相关的运动可以通过 M 超来跟踪，但在冻结视图中所提供的信息是有限的。例如瓣膜能力无法评估，在瓣膜性动脉粥样硬化的情况下，部分小叶可以分离，而其他部分保持融合，因此需要仔细观察 2D 图像，通过二维引导 M 超来捕捉受限的瓣膜运动情况。

通过这种高频采样方式，可捕捉到快速的瓣膜运动，并包括射血时瓣膜的高频收缩颤动，这些都是正常的发现。通过动态左心室流出道（LVOTO），可观察到异常的瓣膜运动，包括与动态梗阻发作相关的部分、囊中期房室关闭和再开放。在急性呼吸窘迫综合征病例中，可观察到房室和主动脉根部的舒张期颤动。

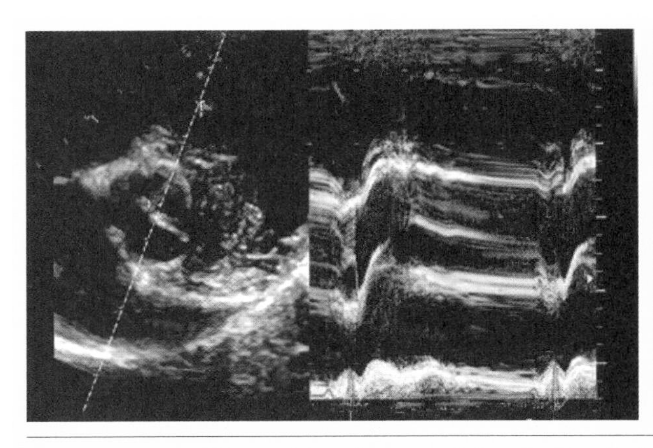

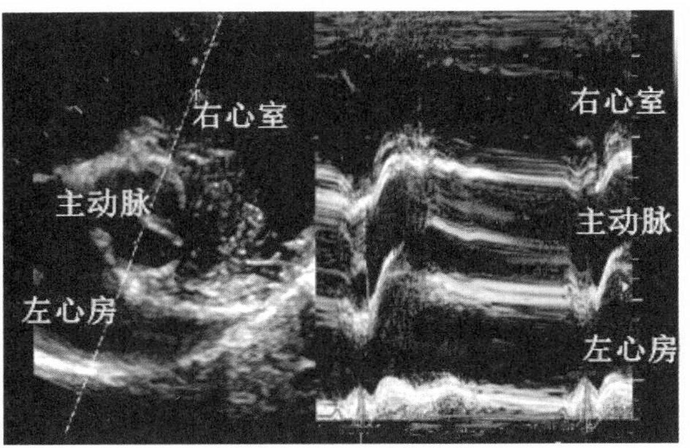

图 6-7　左右两图相同，均为某犬主动脉左心房的 M 超图像，其区别是右图做了相关标注

5. 用 M 超评估右心室运动

在右侧胸部肋骨旁长轴和短轴位置，M 超采样线都会穿过右心室，由于图像在近场，像质不及左心室那么清楚，所以很少用于评估右心室运动。在右心室肥大犬只中，M 超检查可用以证明增加的右心室腔，前提是近场分辨率良好。

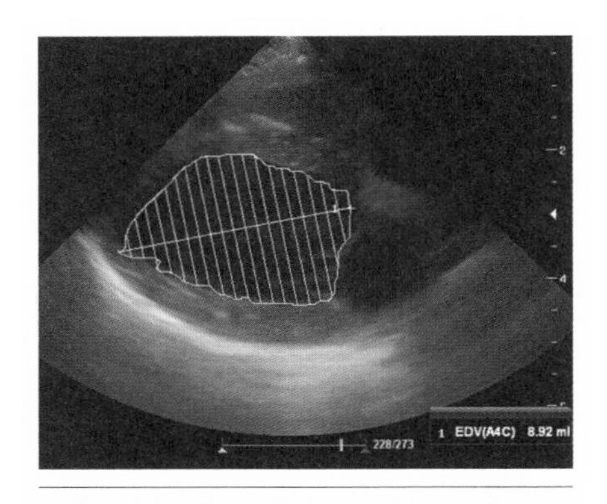

图 6-8　某犬左心室内壁舒张期末期 Simpson 的测量

第二节 | Simpson 测量

1. Simpson 测量

该测量是一个用于计算左心室容积的模型，在宠物医学上也有人在研究。该测量可以计算左心房容积、左心室容积，也可以通过同一个心动周期的左心室（舒张期末期容积—收缩期末期容积）除以舒张期末期容积来计算左心室收缩能力、射血分数。

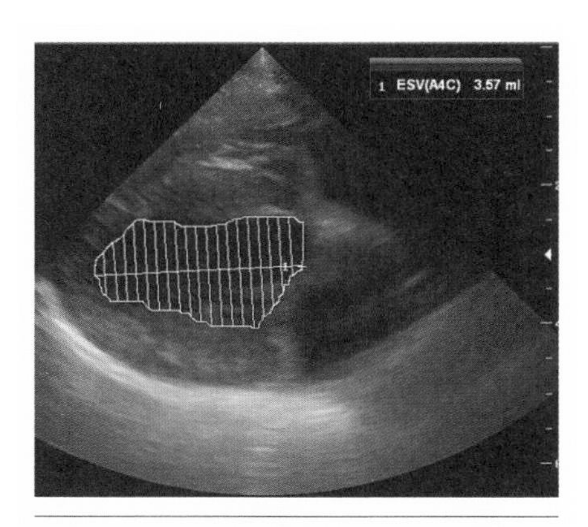

图 6-9　某犬左心室收缩期末期 Simpson 的测量

2. 犬猫心脏超声 Simpson 测量的标准切面

犬猫心脏超声 Simpson 测量的标准切面位置为右侧胸壁肋骨旁长轴、左侧胸壁肋骨旁 4 腔心长轴。

3. Simpson 测量的操作技巧

①在舒张期末期测量左心室容积，可以沿左心室内壁描述，也可以选择仪器的自动轨迹（如图 6-8）。

②在收缩期末期测量左心室容积，可以沿左心室内壁描述，也可以选择仪器的自动轨迹（如图 6-9）。

③射血分数是（舒张期末期容积—收缩期末期容积）/ 舒张期末期容积。

第七章

犬猫心脏彩超标准切面的评估及测量方法

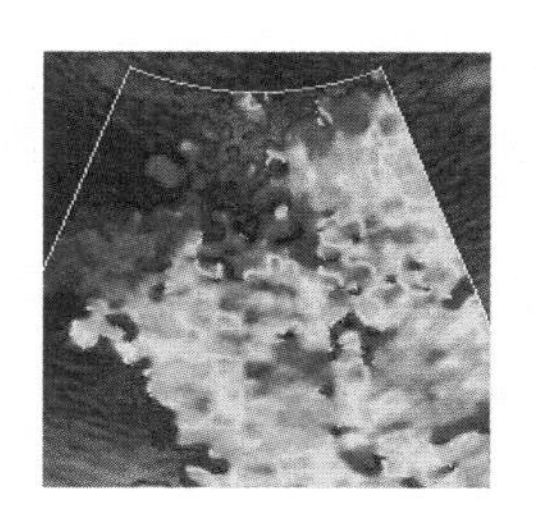

大部分患有心脏疾病的犬猫，在临床上都会出现呼吸急促或呼吸困难的症状，在检查过程中猝死的风险系数都很高。另外，由于猫的个性与犬不同，非常缺少耐心，很难配合检查，那么，我们在检查过程中，如何做到快速、准确地评估犬猫的心脏状况呢？

通过长期的临床实践，作者总结了一些自己在临床诊断过程中的实用经验，下文将对不同标准切面的评估和测量方法进行全面梳理，并分门别类对其中的临床技巧和要点予以简述。

第一节 | 标准切面 1：右侧胸壁肋骨长轴 4 腔心

1. 右侧胸壁肋骨长轴 4 腔心的标准切面评估

通过超声仪显示的图像画面，虽然能够反映出犬猫受检部位的整体情况（如图 7–1），但超声仪器本身并不会标注出具体的病变部位，这就需要检查者凭借自己的临床经验，通过眼睛对图像细节的评估进行准确判断（如图 7–2）。

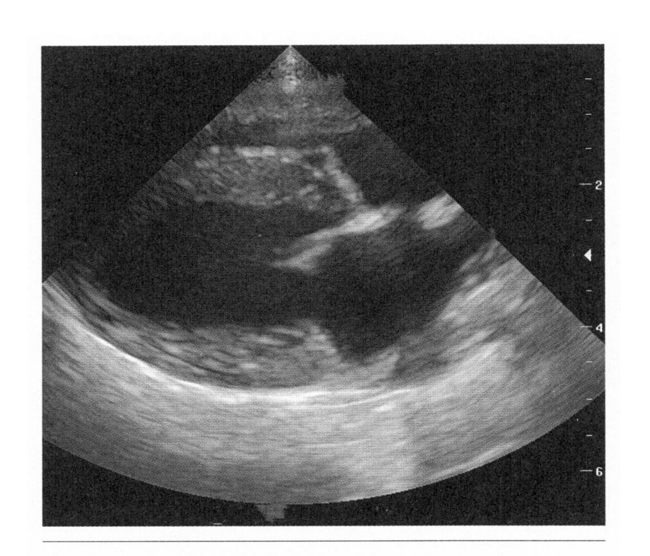

图 7–1　右侧胸壁肋骨长轴 4 腔心切面二维图

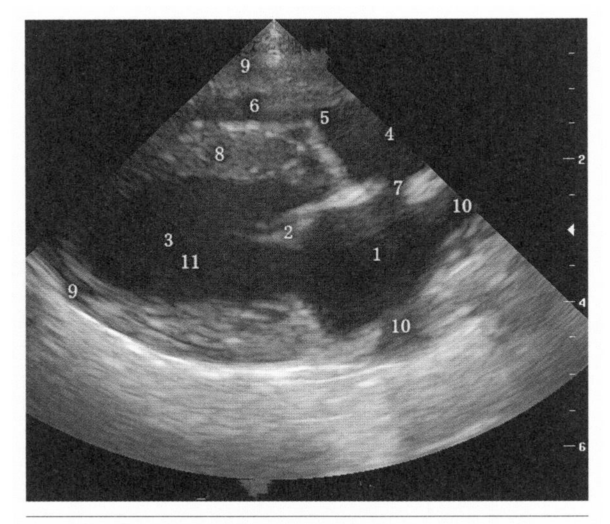

图7–2　在该右侧胸壁肋骨长轴4腔心切面二维图上，作者至少标注了 11 项评估要点

2. 右侧胸壁肋骨长轴 4 腔心标准切面的评估要点

①左心房是否增大，是否有栓塞、团块肿瘤。

②二尖瓣是否变形、垂脱；是否有钙化灶；二尖瓣的运动是否异常。

③左心室室壁是否增厚；是否存在左心室扩张及容量过载；左心室室壁运动是否存在高动力性或低动力性；左心室内是否有占位性团块。

④右心房是否存在扩张、团块、心丝虫等。

⑤三尖瓣是否存在变形、狭窄等。

⑥右心室是否存在扩张（右心室在切面上的所占位置通常都很小，不到左心室的 1/3）。

⑦房间隔是否缺损；室间隔是否增厚；是否有缺损、团块、钙化灶等。

⑧心包内是否有液体（排查心包积液）。

⑨肺静脉是否异常；是否存在腱索增粗或断裂情况。

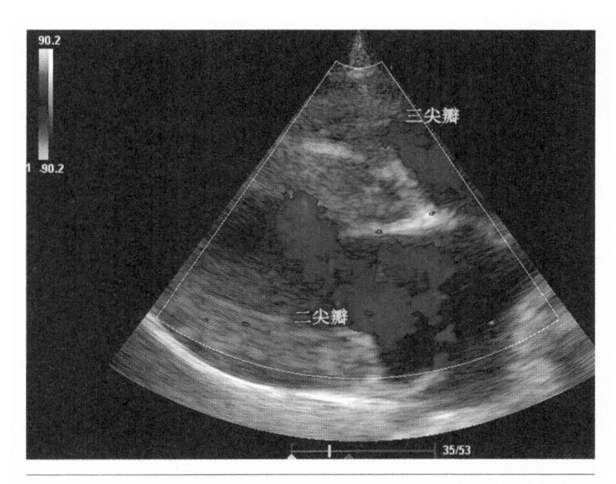

图 7-3　右侧胸壁肋骨长轴 4 腔心切面的二尖瓣、三尖瓣彩色多普勒图像

3. 右侧胸壁肋骨长轴 4 腔心的彩色多普勒评估

在右侧胸壁肋骨长轴 4 腔心切面上，可以用彩色多普勒对二尖瓣和三尖瓣的血流情况进行评估（如图 7-3）。通常情况下，彩色血流采样框不会设置得如图 7-3 这么大，这里是为了同时演示二尖瓣和三尖瓣的彩色血流情况，才有意把采样框设置为这么大。如果发现或怀疑在右侧胸壁肋骨长轴 4 腔心二维图中存在房间隔缺损或室间隔缺损，可以采用彩色多普勒进行下一步检查。

4. 右侧胸壁肋骨长轴 4 腔心的 M 超和 Simpson 测量

在右侧胸壁肋骨长轴 4 腔心切面上，可以做左心室 M 超及二尖瓣 M 超（如图 7-4、图 7-5）。

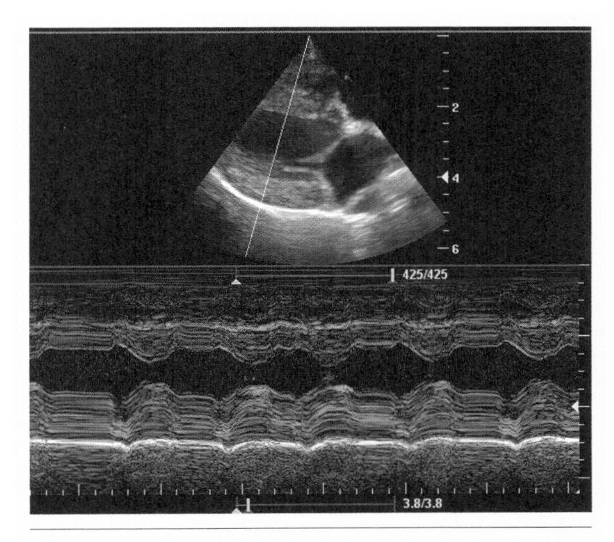

图 7-4　右侧胸壁肋骨长轴 4 腔心切面的左心室 M 超图像

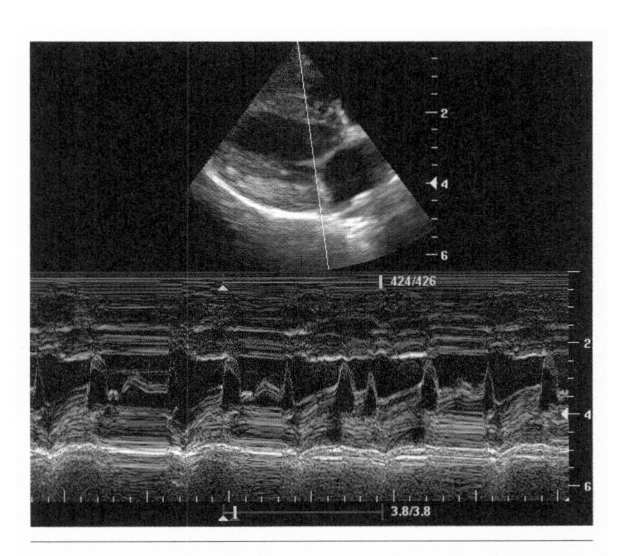

图 7-5　右侧胸壁肋骨长轴 4 腔心切面的二尖瓣 M 超图像

5. 右侧胸壁肋骨长轴 4 腔心标准切面上的部分异常图像

下面列举部分在右侧胸壁肋骨长轴 4 腔心切面上可能见到的异常超声图像，图 7–6 为左心房扩张；图 7–7、图 7–8 为二尖瓣变形；图 7–9 为二尖瓣垂脱；图 7–10 为左心室扩张；图 7–11 为左心室壁增厚；图 7–12 为腱索增粗；图 7–13 为心包积液；图 7–14 为房间隔缺损；图 7–15 为室间隔缺损。

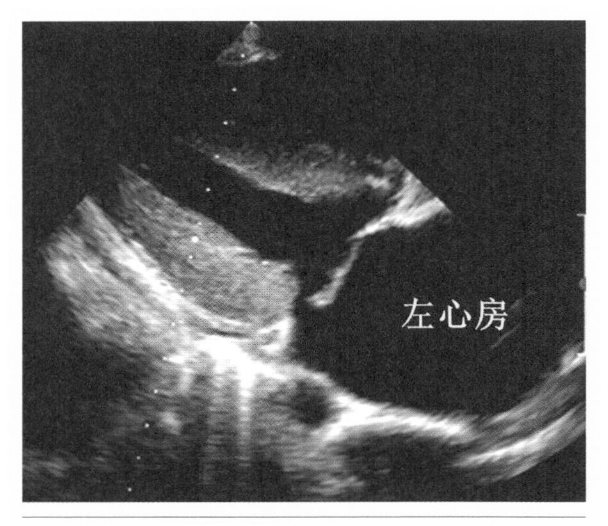

图 7–6　左心房扩张二维图。通过该右侧胸壁肋骨长轴 4 腔心切面可见左心房扩张

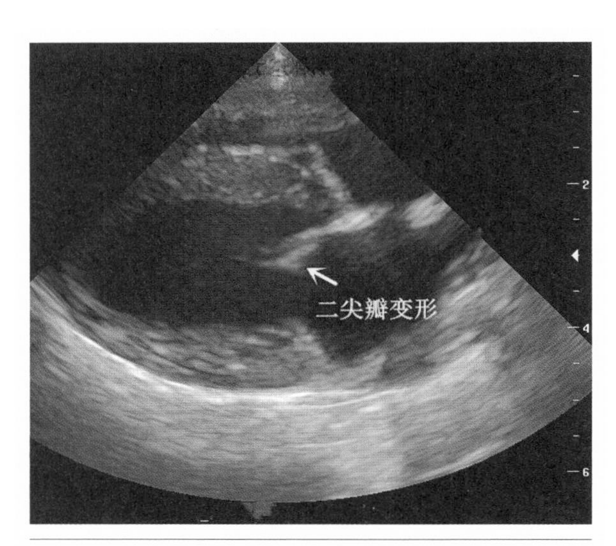

图 7–7　二尖瓣变形二维图。黄色箭头指向是二尖瓣前叶，可见该部位的形态发生改变、增厚，确认为二尖瓣变形

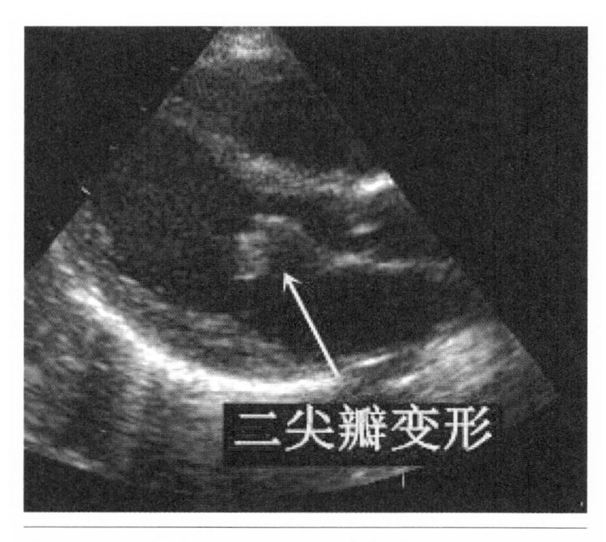

图 7–8　二尖瓣变形二维图。黄色箭头指向的是变形部位

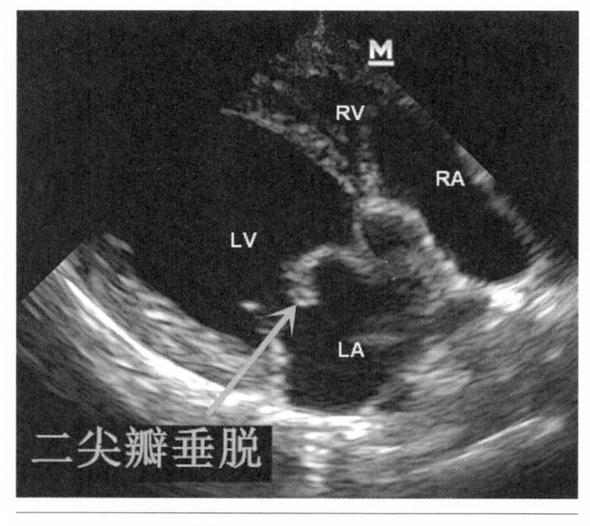

图 7–9　二尖瓣垂脱二维图。天蓝色箭头指向的是变形部位

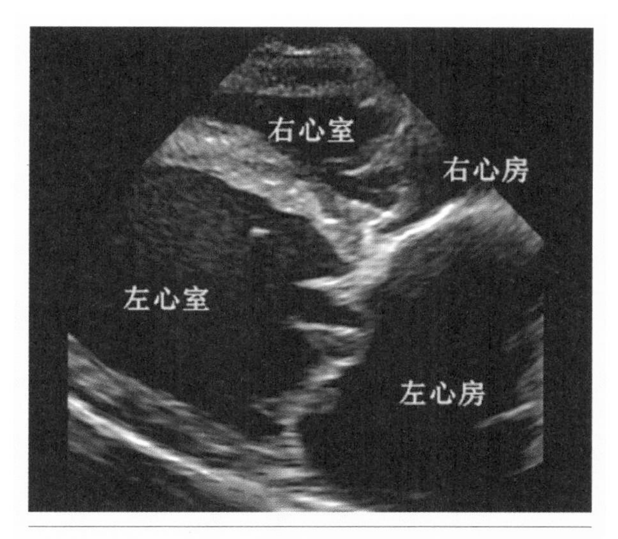

图 7-10　左心室扩张二维图（该病例的左心房也存在扩张现象）

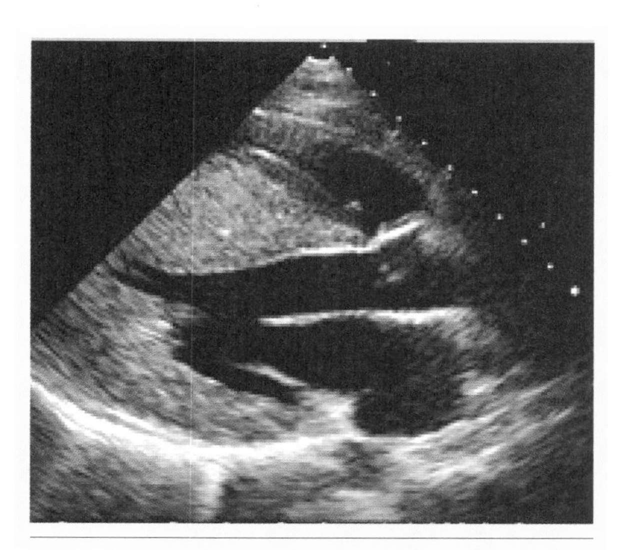

图 7-11　左心室、室间隔增厚二维图

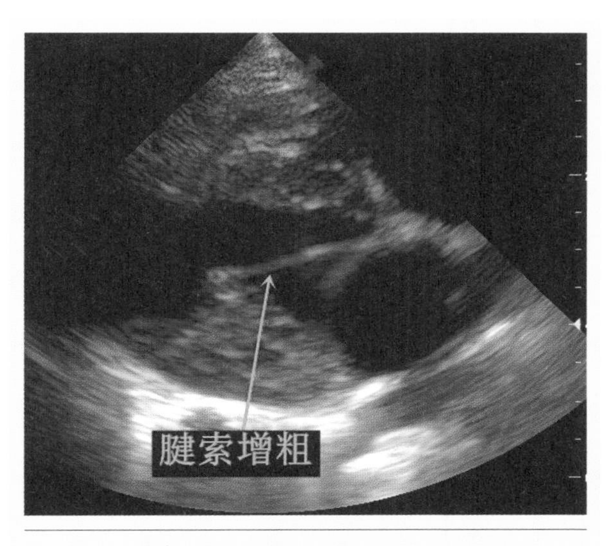

图 7-12　腱索增粗二维图

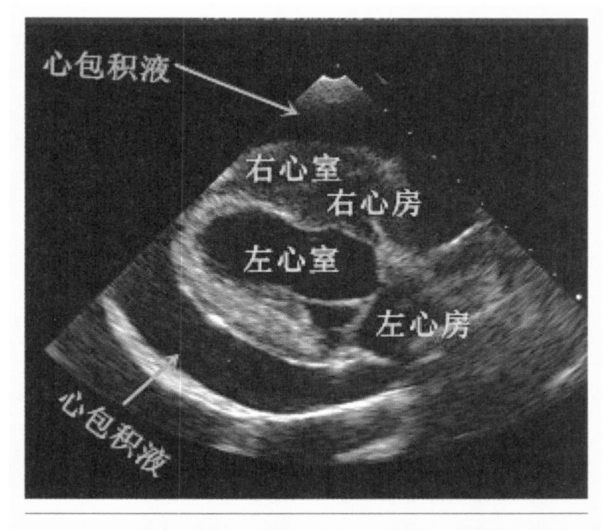

图 7-13　心包积液二维图

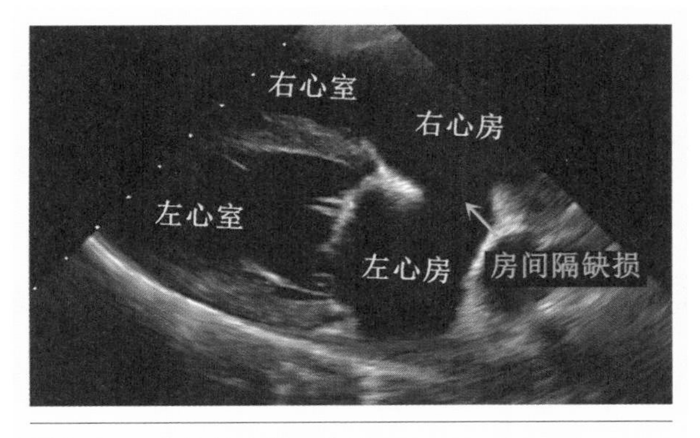

图 7-14　房间隔缺损二维图

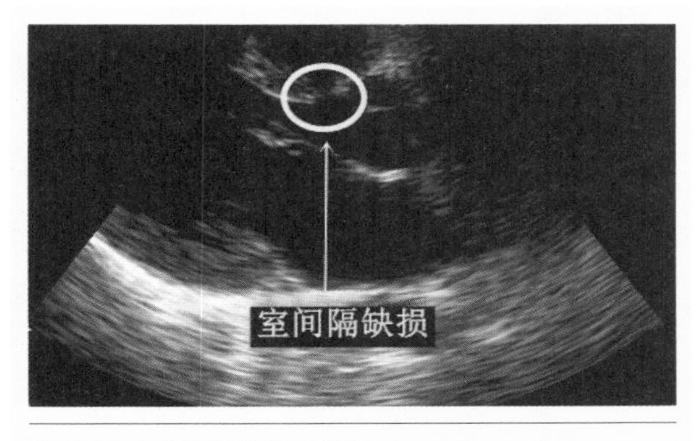

图 7-15　室间隔缺损二维图

6. 右侧胸壁肋骨长轴 4 腔心二尖瓣狭窄与反流的彩色多普勒图像

彩色多普勒可评估正常的二尖瓣血流，在二尖瓣开放的时候，从左心房射入左心室的血流模式如图 7-16 所示，正常二尖瓣彩色多普勒图像如图 7-17 所示。如果存在二尖瓣反流，在二尖瓣关闭的时候，血流将从左心室反流入左心房（如图 7-18、图 7-19）；如果存在二尖瓣狭窄，二尖瓣血流里会存在高速血流并出现湍流（如图 7-21）。通常情况下，作者在发现二尖瓣反流或二尖瓣狭窄后，往往会在左侧 4 腔心做频谱多普勒测量。

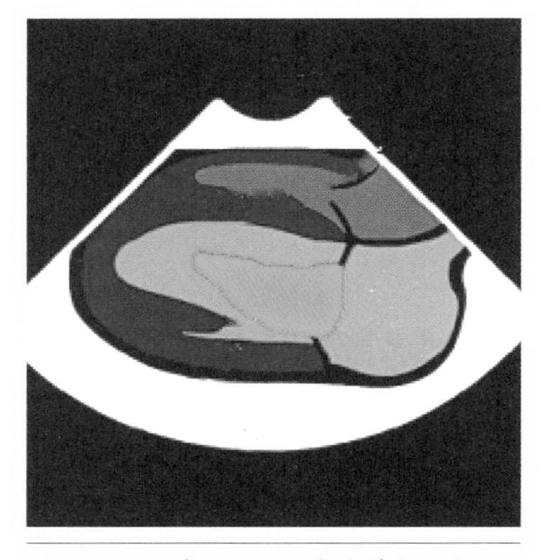

图 7-16　正常二尖瓣彩色多普勒示意图

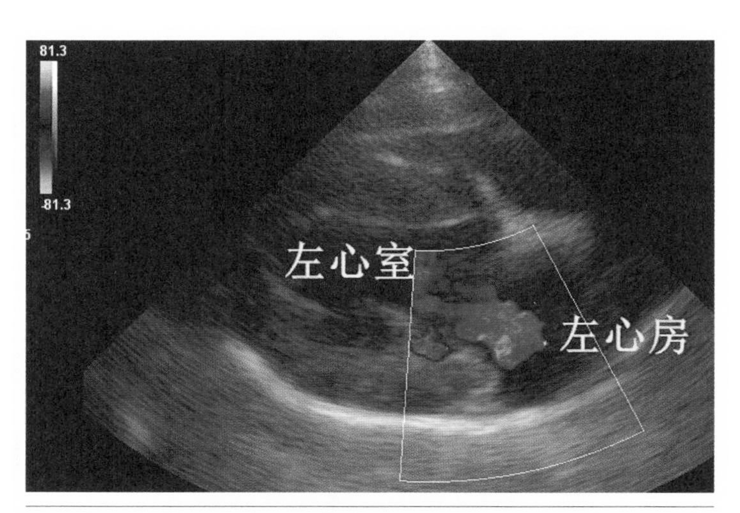

图 7-17　正常二尖瓣彩色多普勒示例

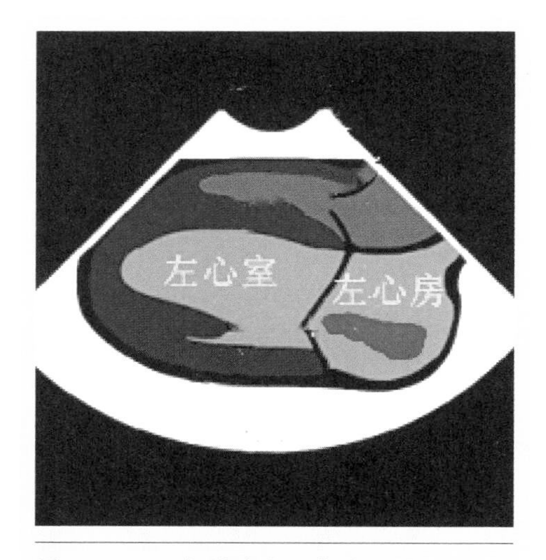

图 7-18　二尖瓣反流示意图

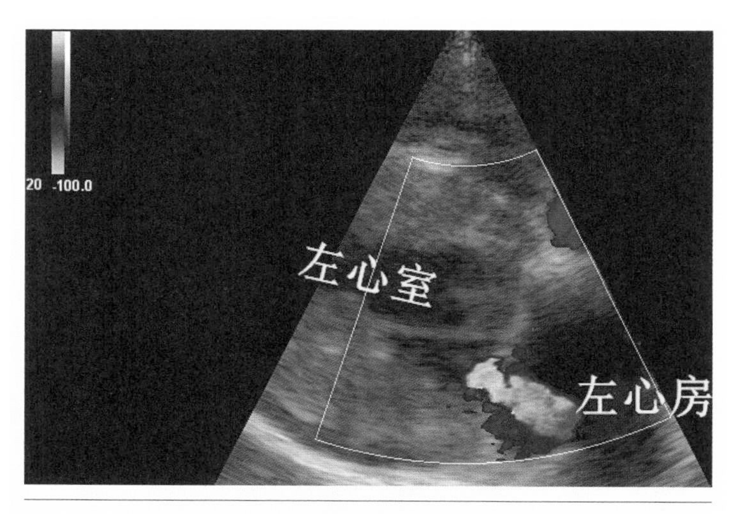

图 7-19　二尖瓣反流彩色多普勒示例

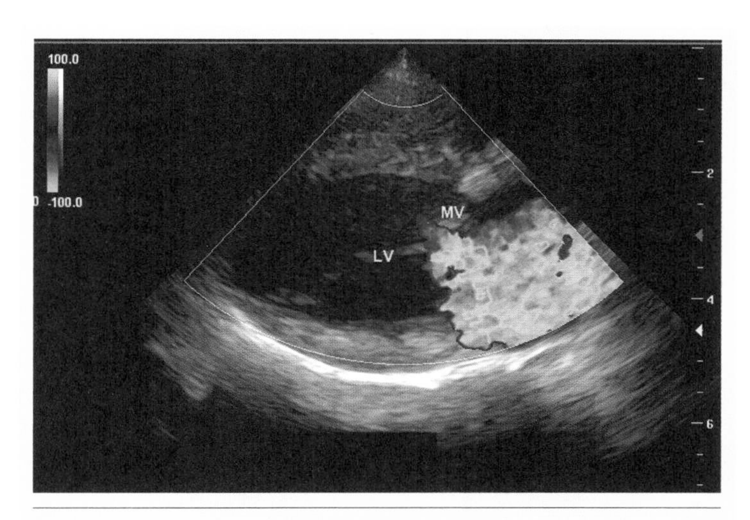

图 7-20　严重二尖瓣反流彩色多普勒示例

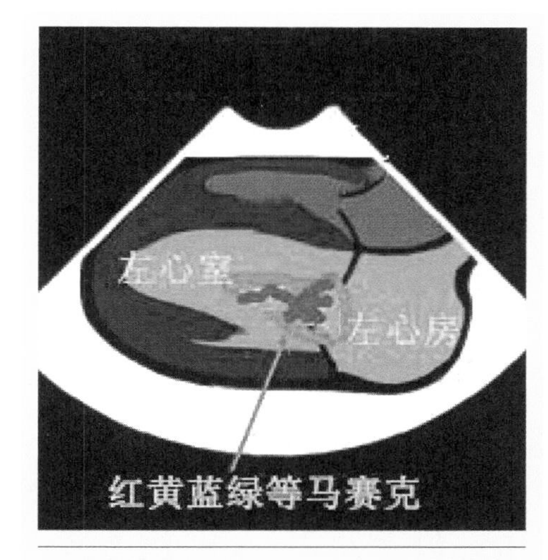

图 7-21　因二尖瓣狭窄产生湍流示意图

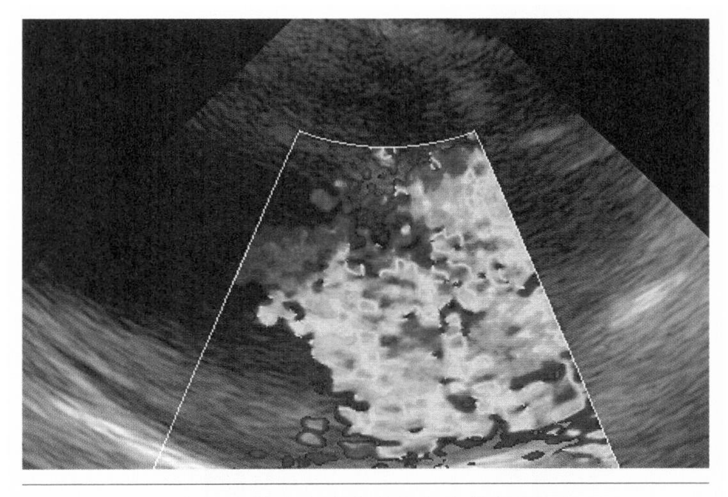

图 7-22　因二尖瓣狭窄产生湍流的彩色多普勒示例

表 7-1　评估犬猫左心室收缩功能的常用参考值

参考值（犬）	
缩短分数（FS）	25% ~ 40%
射血分数（EF）	50% ~ 65%
EPSS	低于 7*mm*

7. 右侧长轴 4 腔心的相关测量

该切面可以用 M 超和 Simpson 进行相关测量来计算缩短分数（FS）、射血分数（EF），并据此评估左心室的收缩功能。由于 M 超是目前比较常用的检查手段，所以这里重点介绍 M 超。

犬只的缩短分数正常范围值是 25% ~ 40%。大型犬只容易患扩张型心肌病，如果缩短分数值低于 25%，代表左心室收缩能力下降。作者在德国学习的时候，经常见到一些大型犬不能独自站立，经心脏超声检查，发现有些犬只的缩短分数值只有 12%，很多都已接近休克状态，在经过相关治疗后复查，缩短分数值可达到 20% 左右，虽然还是低于正常值，但已经能站立及活动。

与大型犬只不同，小型犬只更容易患瓣膜疾病，往往会看到缩短分数值增高，体现为左心室的高动力性。如果瓣膜疾病进一步发展，会导致左心室的心肌收缩能力下降，从表面上看，缩短分数值反而会处于正常范围。这个时候一定要注意，其实很多犬只因为左心心肌受损，已经出现了心衰的表现。

第二节｜标准切面 2：右侧胸壁肋骨长轴 5 腔心

1. 右侧胸壁肋骨长轴 5 腔心的标准切面评估

图 7–23 是某犬右侧胸壁肋骨长轴 5 腔心的切面二维图；图 7–24 是作者在图 7–23 的基础上所做的数字标注，以提示在该切面上需要要评估的细节问题。如果在该切面发现异常情况，作者通常会在左侧胸壁 5 腔心的做相关血流测量，例如存在主动脉狭窄，应在左侧胸壁 5 腔心用连续波多普勒测量血流速度。

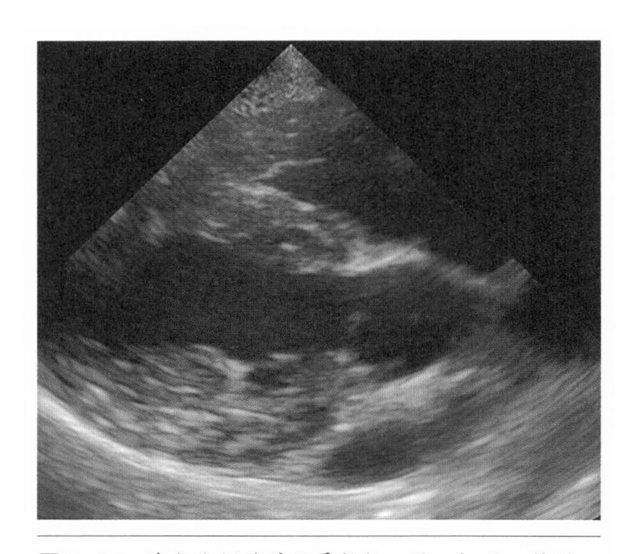

图 7–23　某犬右侧胸壁肋骨长轴 5 腔心切面二维图

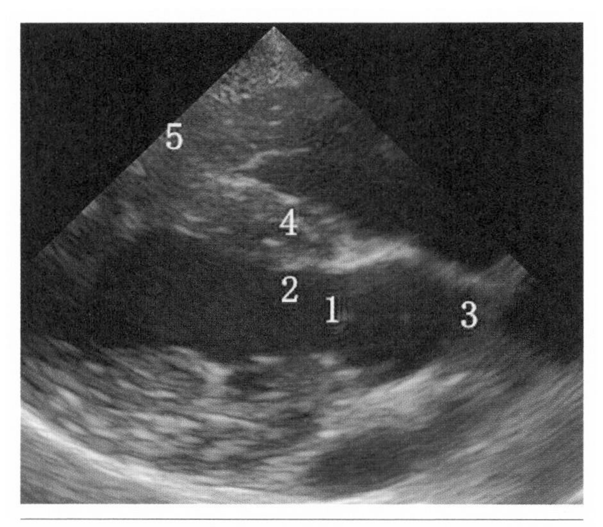

图 7–24　在该右侧胸壁肋骨长轴 5 腔心的切面二维图上，作者至少标注了 5 项评估要点

2. 右侧胸壁肋骨长轴 5 腔心标准切面的评估要点

①主动脉瓣是否存在狭窄、变形和钙化灶等。

②主动脉瓣上膜是否有增厚、增生、变形、狭窄等。

③主动脉瓣下是否有狭窄、扩张等。

④室间隔是否有增厚、缺损等。

⑤是否有心包积液。

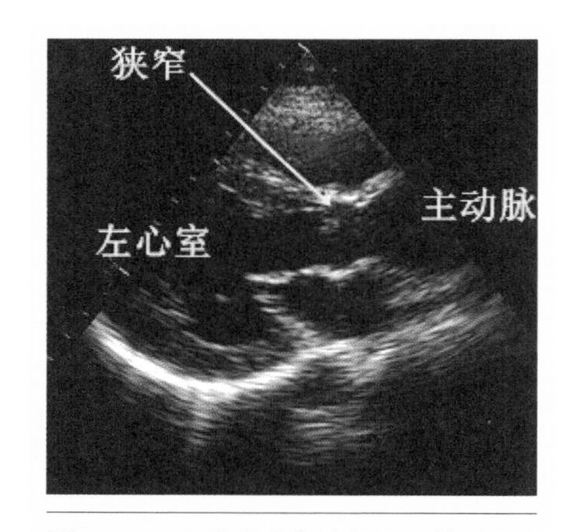

图 7–25　主动脉狭窄的切面二维图

3. 右侧胸壁肋骨长轴 5 腔心的常见异常超声图像

右侧胸壁肋骨长轴 5 腔心的常见异常超声图像如图 7–25 所示。

4. 右侧胸壁肋骨长轴 5 腔心的彩色多普勒评估

右侧胸壁肋骨长轴 5 腔心的彩色多普勒评估如图 7–26~ 图 7–31 所示。

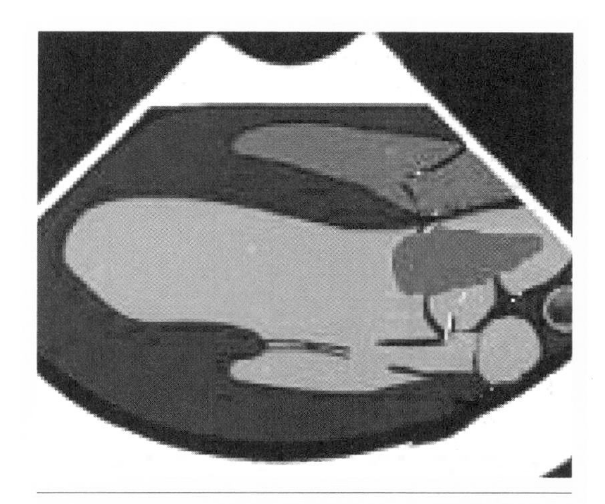

图 7-26　主动脉正常血流示意图

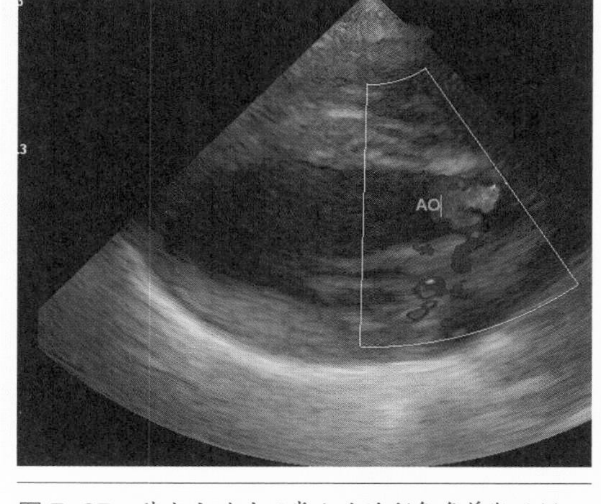

图 7-27　某犬主动脉正常血流的彩色多普勒示例

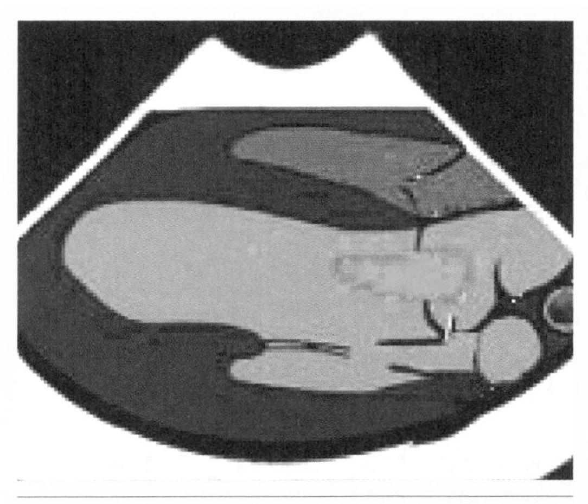

图 7-28　二尖瓣主动脉反流示意图

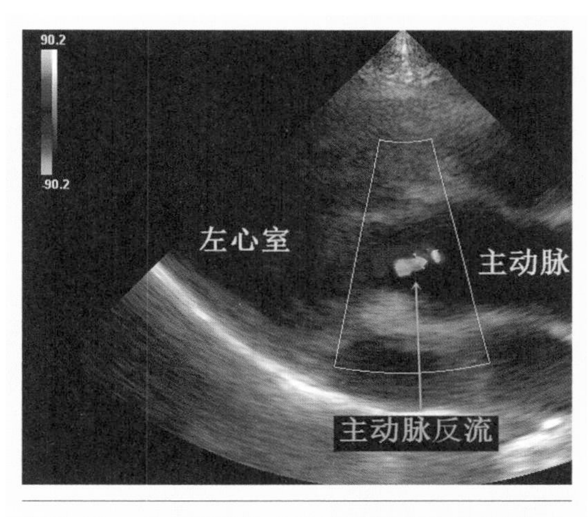

图 7-29　某犬主动脉反流的彩色多普勒示例

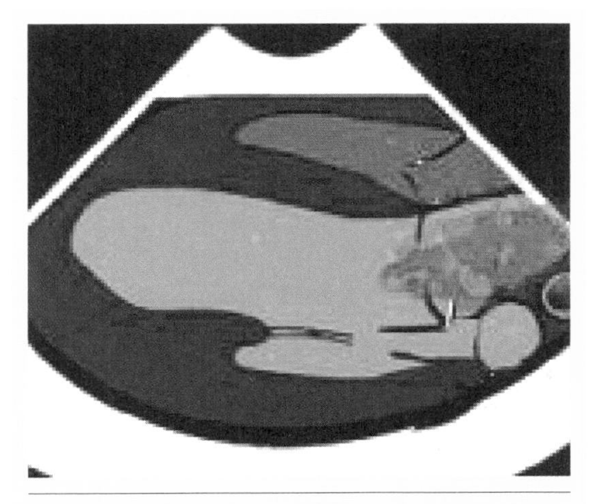

图 7-30　二尖瓣狭窄示意图（由二尖瓣狭窄所产生的血液湍流）

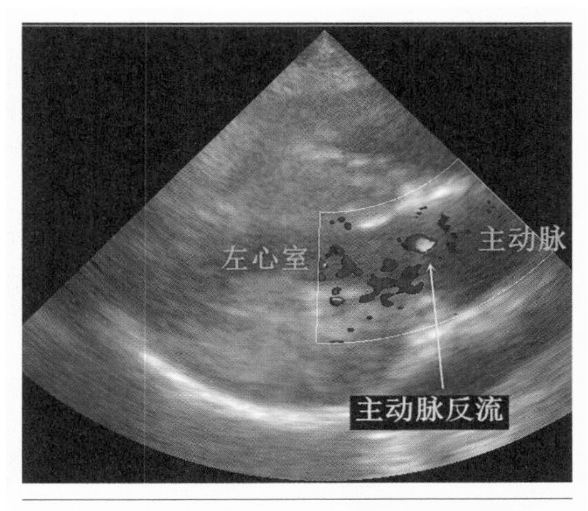

图 7-31　某犬主动脉反流的彩色多普勒图例

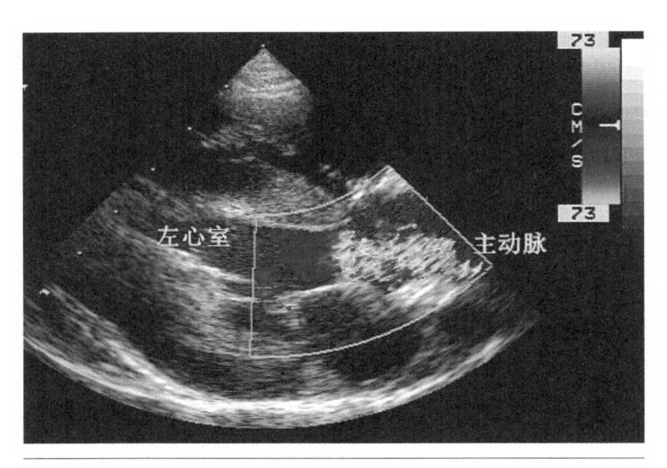

图 7–32　某犬因二尖瓣狭窄而产生湍流的彩色多普勒图例

第三节｜标准切面 3：右侧胸壁肋骨短轴乳头肌（蘑菇图）

1. 右侧胸壁肋骨短轴乳头肌的标准切面评估

图 7–33 是某犬右侧胸壁肋骨短轴乳头肌的切面二维图；图 7–34 是作者在图 7–33 的基础上所做的数字标注，以提示在该切面上应具体进行哪些评估的细节问题。

2. 右侧胸壁肋骨短轴乳头肌标准切面的评估要点

①左心室腔是否变大或变小；②左右乳头肌是否增厚、钙化；③室间隔是否增厚、变形；④右心室是否扩张。

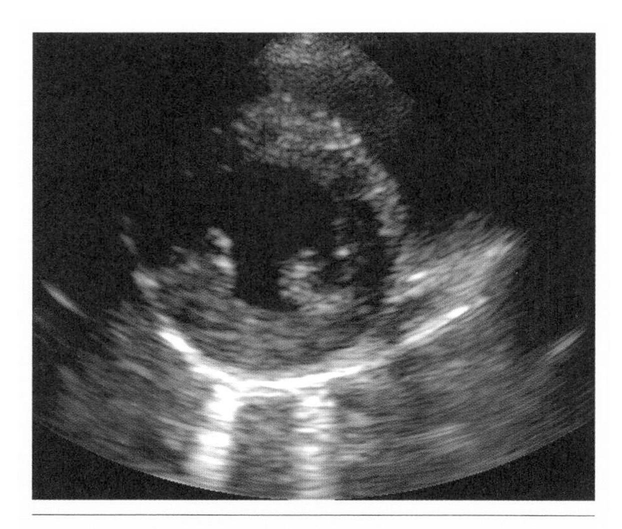

图 7–33　某犬右侧胸壁肋骨短轴乳头肌的切面二维图

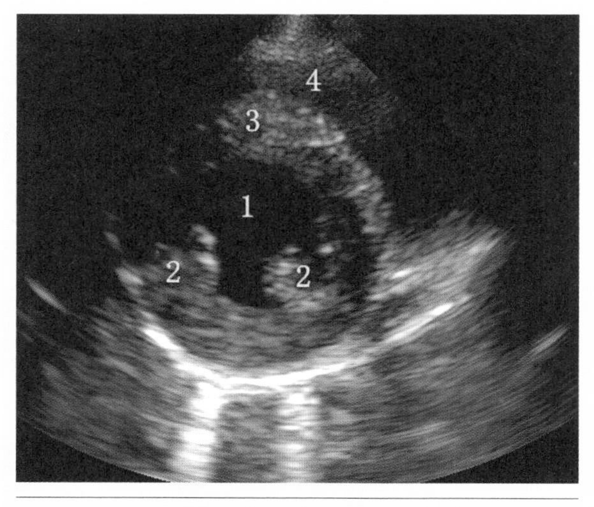

图 7–34　在该右侧胸壁肋骨短轴乳头肌的切面二维图上，作者至少标注了 4 项评估要点

3. 右侧胸壁肋骨短轴乳头肌标准切面的部分异常图像

图 7-35 是左心室腔变小，这种情况常见于肥厚型心肌病；图 7-36 是左心室扩张，这种情况常见于左心室容量过载、左心衰或扩张型心肌病；图 7-37 是乳头肌出现形态改变、回声改变，考虑为钙化灶；图 7-38 是室间隔扁平。

4. 右侧胸壁肋骨短轴乳头肌标准切面的 M 超评估

右侧胸壁肋骨短轴乳头肌的切面 M 超评估参见本书图 6-1、图 6-2。

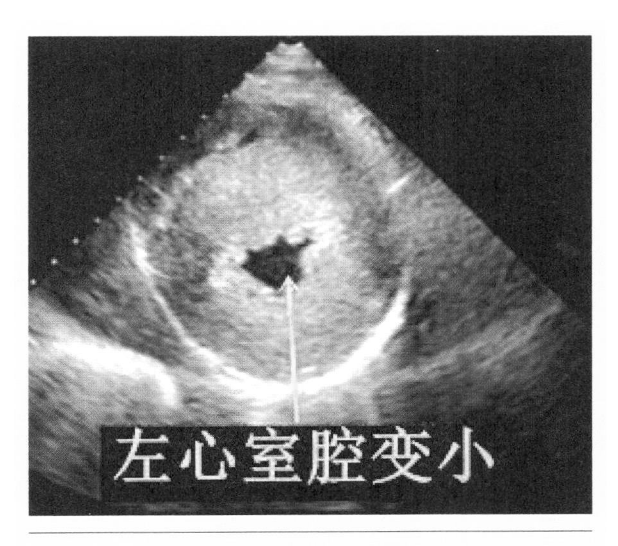

图 7-35　左心室腔变小切面二维图

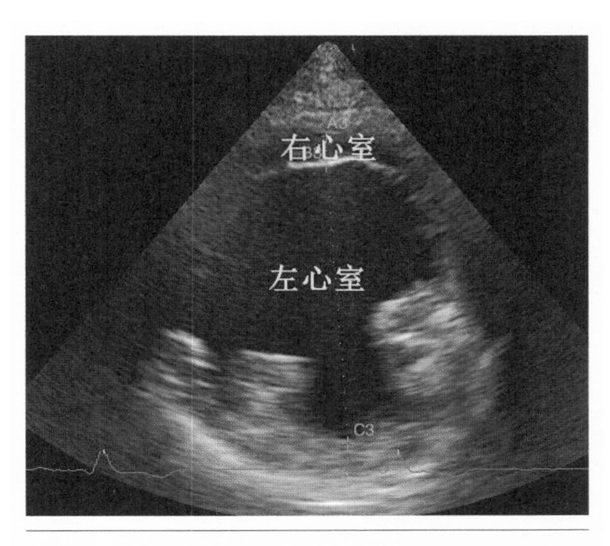

图 7-36　左心室腔变大

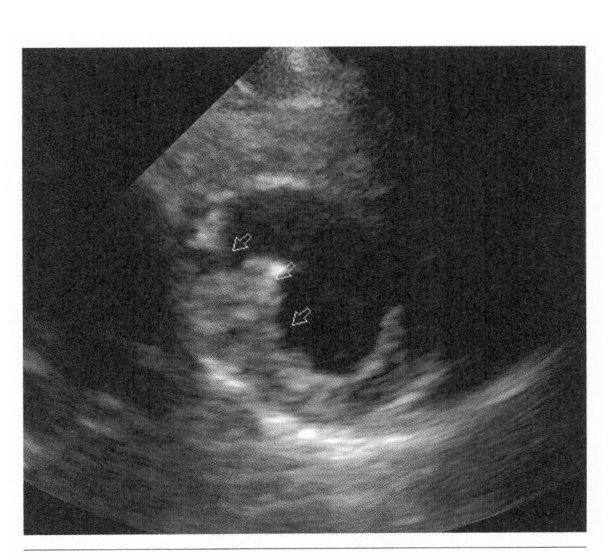

图 7-37　乳头肌变形，回声增强切面二维图

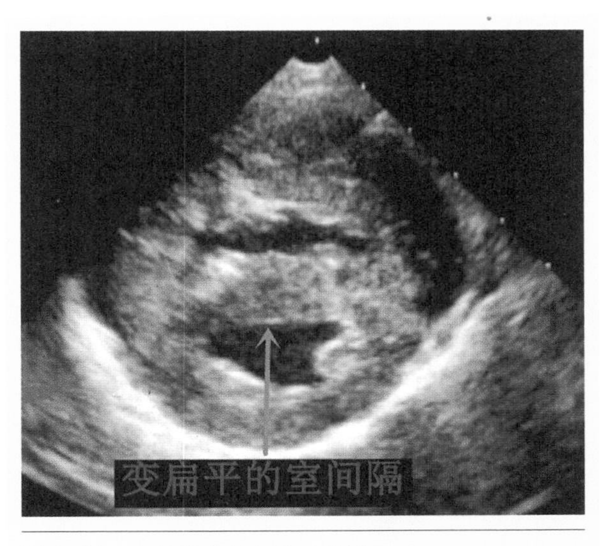

图 7-38　室间隔扁平切面二维图

第四节｜标准切面 4：右侧胸壁肋骨短轴二尖瓣（鱼嘴）

1. 右侧胸壁肋骨短轴二尖瓣的标准切面评估

图 7–39 是某犬右侧胸壁肋骨短轴二尖瓣切面二维图；图 7–40 是作者在图 7–39 的基础上所做的数字标注，以提示在该切面上应具体进行哪些评估的细节问题。

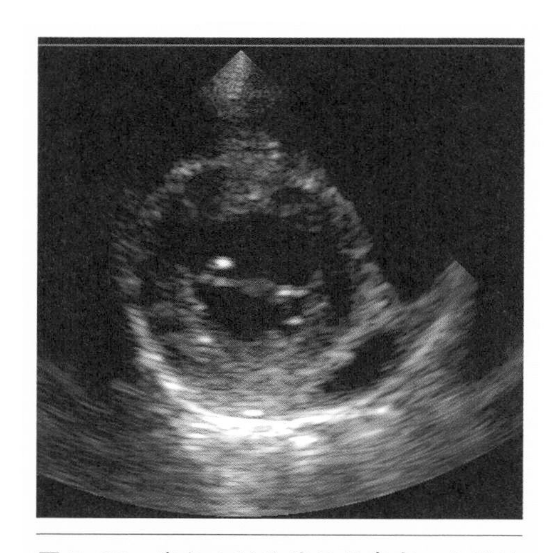

图 7–39　某犬右侧胸壁短轴声窗二尖瓣的切面二维图

2. 右侧胸壁短轴二尖瓣标准切面的评估要点

①二尖瓣状况是否异常。

②室间隔是否异常。

③右心室是否异常。

④肺动脉是否异常。在该处也可能观察到主动脉的流出情况，但大部分时候看不到。

3. 右侧胸壁短轴二尖瓣的 M 超评估

就大型犬只而言，可通过观察二尖瓣的运动情况及测量 EPSS 来判断是否存在扩张型心肌病（如图 7–41），如果 EPSS 大于 7mm，应考虑患有扩张型心肌病的可能。

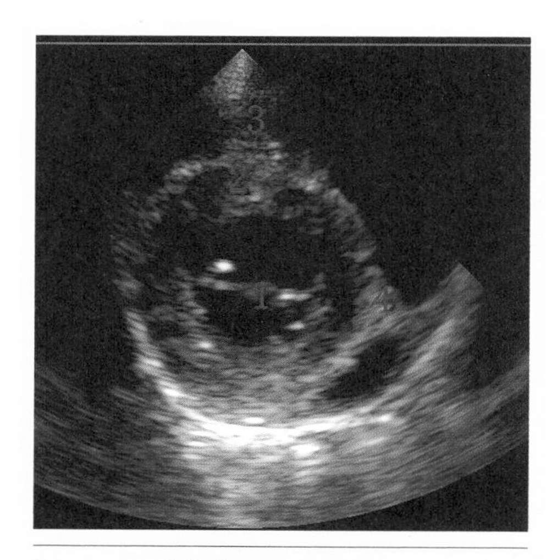

图 7–40　作者在图 7–39 的基础上标注了 4 项评估要点

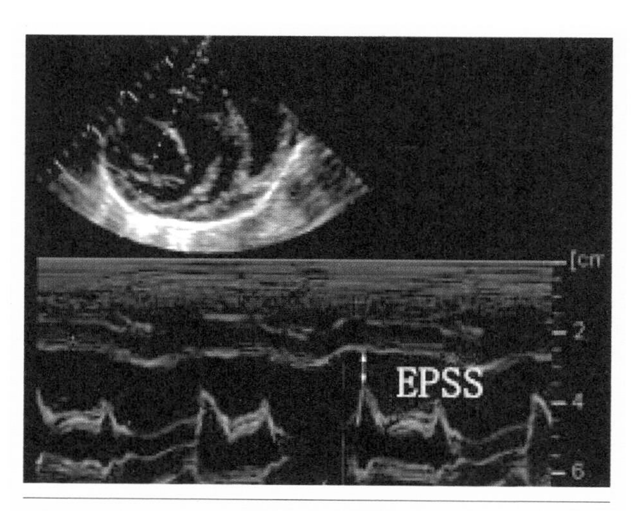

图 7–41　某犬右侧胸壁短轴二尖瓣的 M 超图例

第五节 | 标准切面 5：右侧胸壁肋骨短轴 LA/Ao

1. 右侧胸壁肋骨短轴 LA/Ao 的标准切面评估

右侧胸壁肋骨短轴 LA/Ao 切面，是临床诊断小型犬猫心脏疾病最为常用的切面之一，多用于评估是否存在左心房扩张。LA/Ao 的正常参考比值是 1 ~ 1.6，如果测量结果高于这个比值，则需结合临床表现予以进一步确诊。由于左心房扩张往往会导致肺静脉高压，继发肺水肿，因此，以作者的临床经验判断，一旦 LA/Ao 的比值超过 1.8，很多犬只已经出现咳嗽等临床症状（猫一般不咳嗽），如果比值更高，则会出现肺水肿的症状（如图 7-42、图 7-43）。

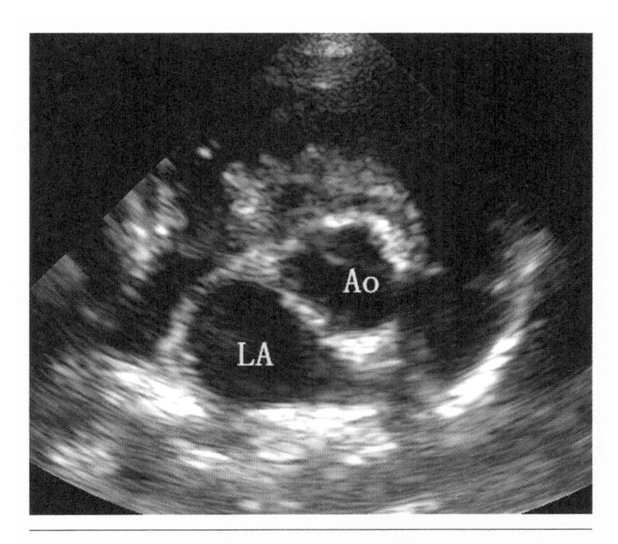

图 7-42　某犬的 LA/Ao 切面二维图。LA/Ao=1.2，处于正常范围值内

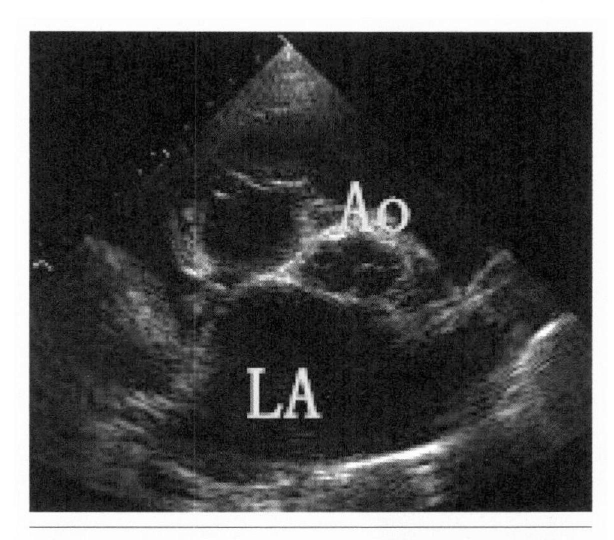

图 7-43　某犬的 LA/Ao 切面二维图。 LA/Ao=2.5，远远超过了正常范围值

第六节 | 标准切面 6：右侧胸壁肋骨短轴肺动脉

1. 右侧胸壁肋骨短轴肺动脉的标准切面评估

图 7-44 是某犬右侧胸壁肋骨短轴肺动脉的切面二维图；图 7-45 是作者在图 7-44 的基础上所做的数字标注，以提示在该切面上应具体进行哪些评估的细节问题。

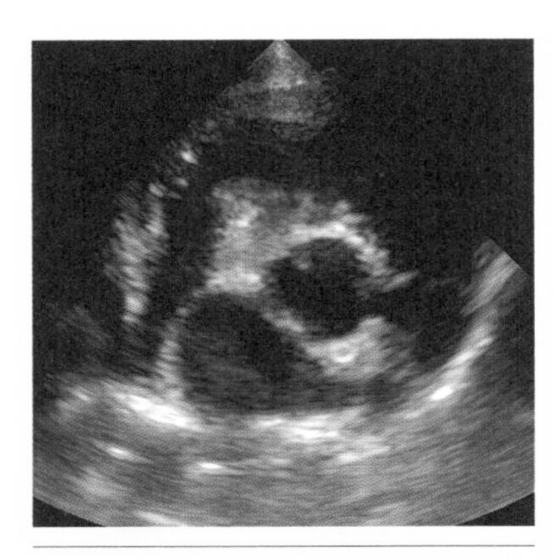

图 7-44 某犬右侧胸壁肋骨短轴肺动脉的切面二维图

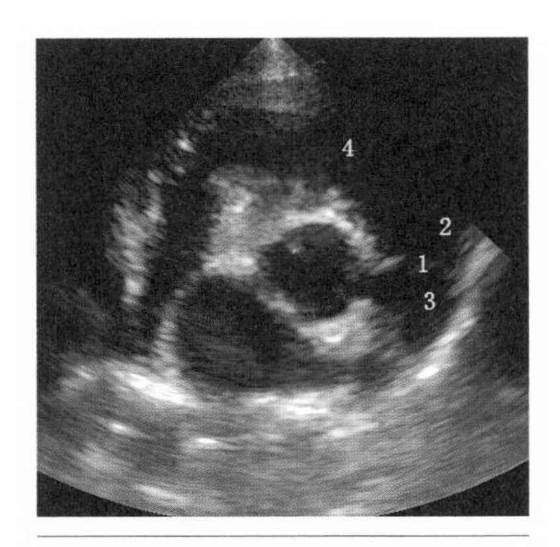

图 7-45 在该右侧胸壁肋骨短轴肺动脉的切面二维图上，作者至少标注了 4 项评估要点

2. 右侧胸壁肋骨短轴肺动脉的标准切面评估要点

①肺动脉是否有狭窄、变形及闭合不全的症状。

②是否存在肺动脉瓣上狭窄。

③是否存在肺动脉瓣下狭窄或扩张。

④右心室流出道是否异常。

3. 右侧胸壁肋骨短轴肺动脉的彩色多普勒评估

利用彩色多普勒技术，可评估犬猫是否存在反流、湍流，频谱多普勒可检测犬猫的肺动脉是否存在异常血流（如图 7-46、图 7-47、图 7-48、图 7-49、图 7-50、图 7-51）。

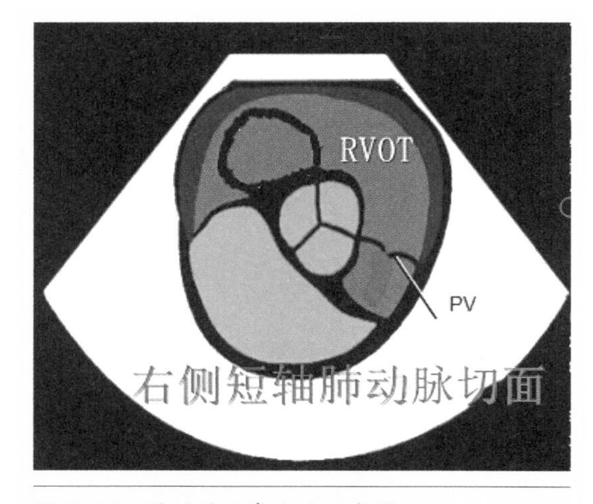

图 7-46 肺动脉正常血流示意图

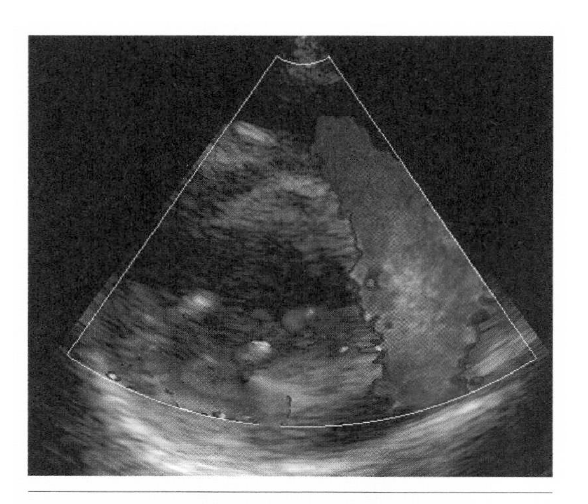

图 7-47 某犬肺动脉正常血流的彩色多普勒示例。从图上可见，血液从右心室流出进入肺动脉，由于该切面是远离探头所得，故正常血流表现为蓝色

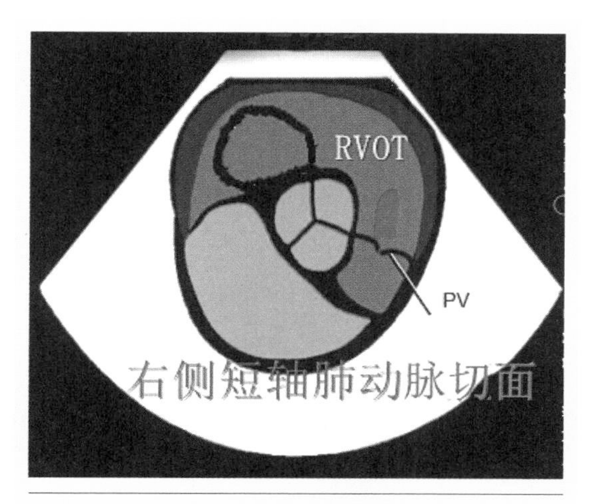

图 7–48　肺动脉反流示意图

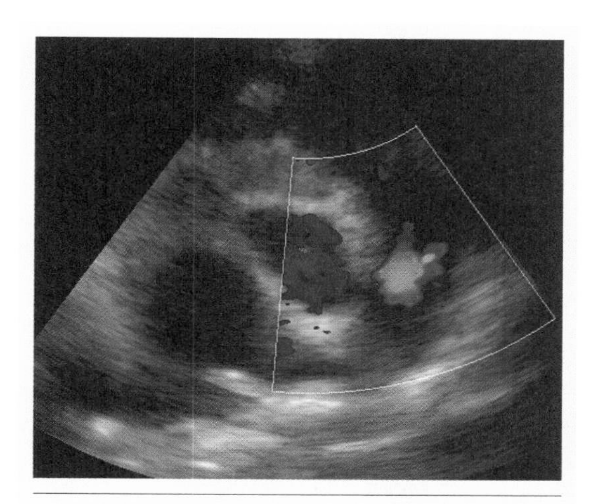

图 7–49　某犬肺动脉反流的彩色多普勒示例。如果出现肺动脉反流，血流将从肺动脉返回右心室，是流向探头方向，所以在彩色多普勒图像上表现为红色

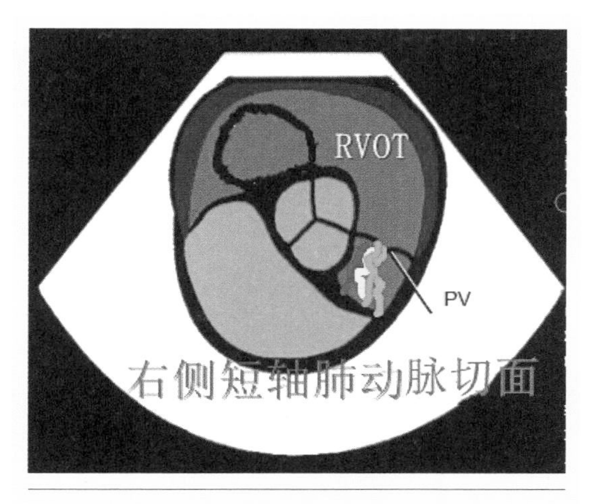

图 7–50　肺动脉狭窄湍流示意

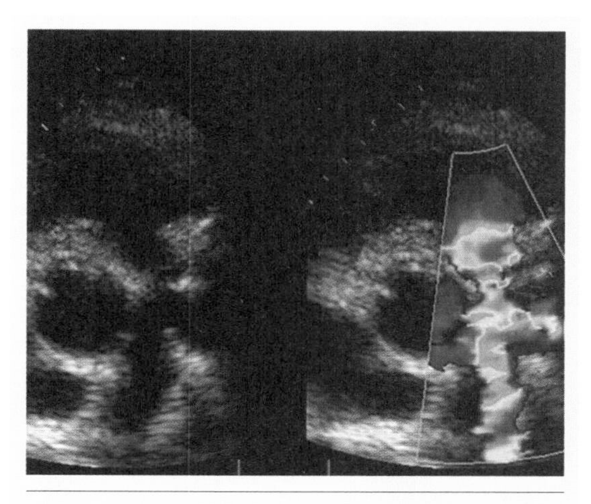

图 7–51　某犬肺动脉狭窄切面二维图及彩色多普勒示例。如果存在肺动脉狭窄，将导致湍流现象的出现，在彩色多普勒图像上，则会看到类似于“马赛克”的湍流图案

4. 右侧胸壁肋骨短轴肺动脉的频谱多普勒评估

频谱多普勒包括脉冲多普勒和连续波多普勒。在临床上，既可用脉冲多普勒测量肺动脉血流（如图 7–52），也可以用其检测反流（如图 7–53），如果因肺动脉狭窄而产生湍流，血流速度可能较快，这时就需要借助连续波多普勒予以进一步判定（如图 7–54）。

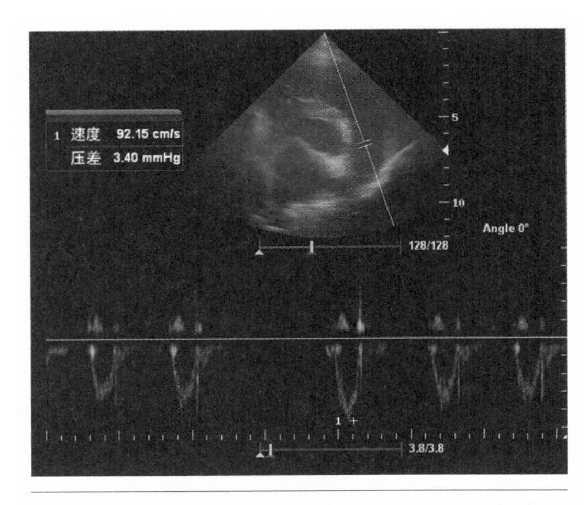

图 7-52　某犬肺动脉正常血流的脉冲多普勒示例

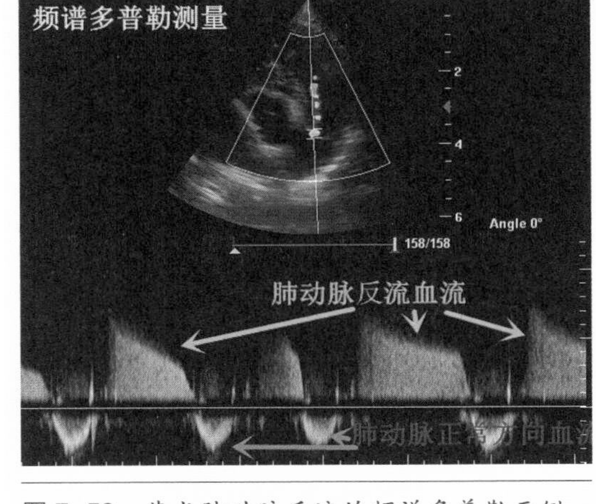

图 7-53　某犬肺动脉反流的频谱多普勒示例。天蓝色箭头是肺动脉反流产生的图像；紫色箭头是肺动脉正常血流方向

图 7-54　某犬肺动脉狭窄的连续波多普勒图例

第七节 | 标准切面 7：右侧胸壁肋骨短轴肺动脉分支

1. 右侧胸壁肋骨短轴肺动脉分支的标准切面评估

图 7-55 是某犬右侧胸壁肋骨短轴肺动脉分支切面二维图；图 7-56 是在某犬右侧胸壁肋骨短轴肺动脉分支切面二维图上标注的评估要点。

2. 右侧胸壁肋骨短轴肺动脉分支标准切面的评估要点

①肺动脉瓣是否异常。

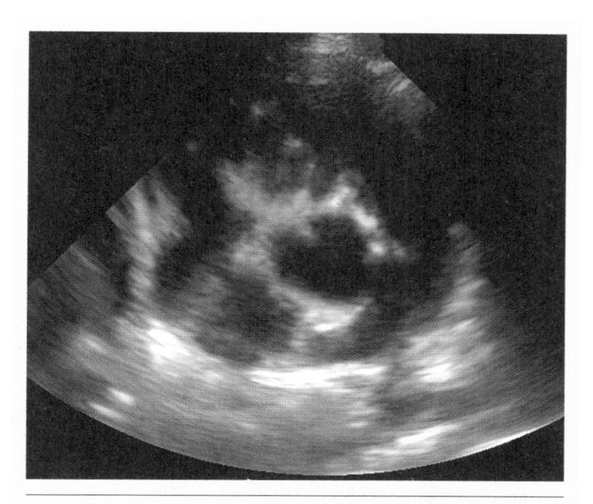

图 7-55　某犬右侧胸壁肋骨短轴肺动脉分支的切面二维图

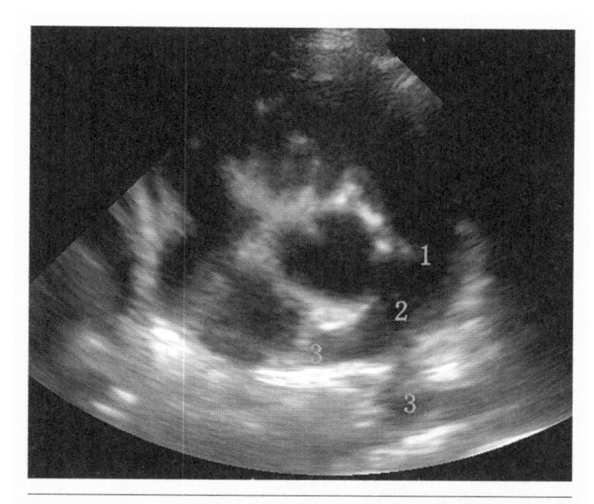

图 7-56　在该右侧胸壁肋骨短轴肺动脉分支的切面二维图上，作者至少标注了 3 项评估要点

②肺动脉下方是否存在扩张（此处也是检查犬猫先天性心脏病动脉导管未闭的位置）。

③左右肺动脉分支是否异常，是否有心丝虫。

3. 右侧胸壁肋骨短轴肺动脉分支的常见异常

图 7-57 为肺动脉心丝虫病例；图 7-58 为某犬先天性心脏病动脉导管未闭病例。

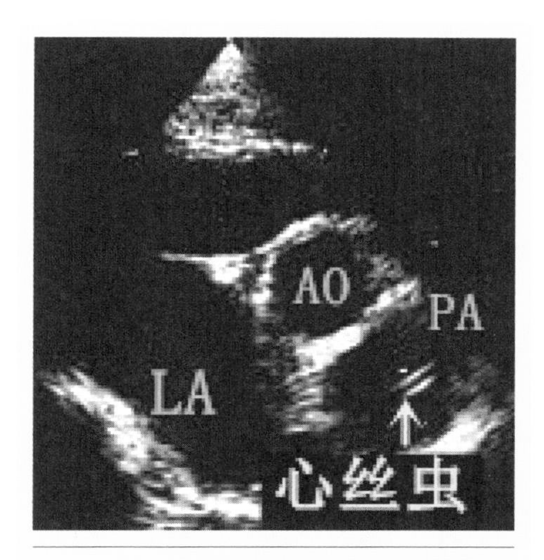

图7-57　在某犬肺动脉的切面二维图里，可见肺动脉里存在心丝虫成虫（黄色箭头）

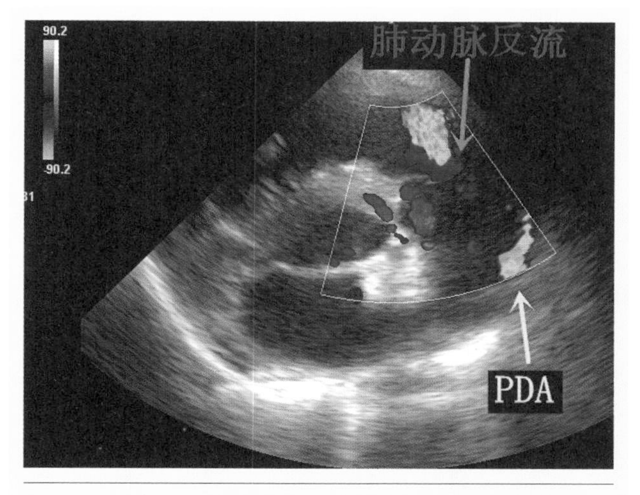

图 7-58　在该图的肺动脉瓣及肺动脉瓣下方可见异常血流，紫色箭头所示为肺动脉瓣反流，黄色箭头所示为先天性心脏病动脉导管未闭

第八节｜标准切面 8：左侧胸壁 4 腔心

1. 左侧胸壁 4 腔心的标准切面评估

图 7–59 为某犬左侧胸壁 4 腔心的切面二维图；图 7–60 是作者在图 7–59 的基础上标注的评估要点。

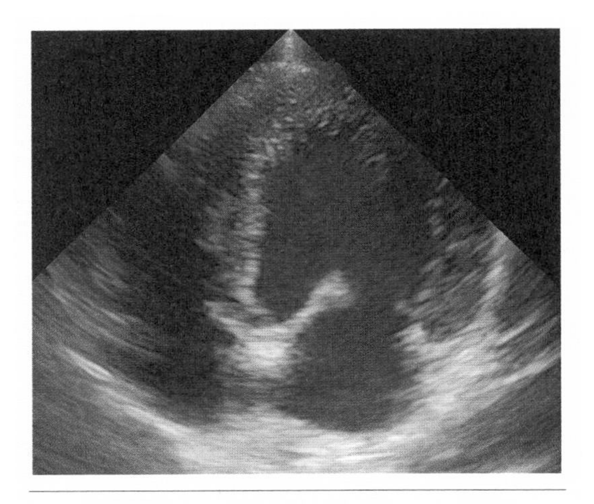

图 7–59　某犬左侧胸壁 4 腔心切面二维图

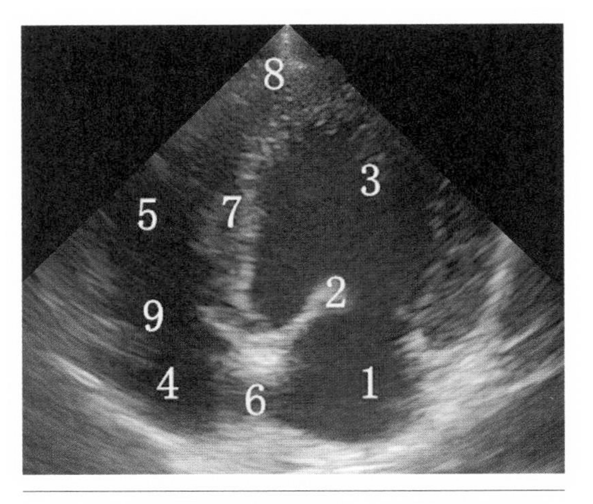

图 7–60　在该左侧胸壁 4 腔心的切面二维图上，作者至少标注了 9 项评估要点

2. 左侧胸壁 4 腔心标准切面的评估要点

①左心房腔室大小是否正常；是否有异常团块。

②二尖瓣是否变形、狭窄、垂脱；是否有钙化灶和闭锁不全。

③左心室是否有异常团块；腱索是否异常；是否有腔室变化；是否有壁增厚等。

④右心房腔室大小是否正常；是否有异常团块。

⑤右心室是否出现腔室大小改变。

⑥房间隔是否有缺损。

⑦室间隔是否有缺损；是否出现壁厚度改变；是否有异常团块。

⑧心包膜是否有积液。

⑨三尖瓣是否狭窄、变形或闭锁不全。

3. 左侧胸壁 4 腔心二尖瓣的彩色多普勒评估

图 7–61 是左侧胸壁 4 腔心二尖瓣正常血流模式图；图 7–62 是彩色多普勒二尖瓣正常血流超声案例，从该图可见，正常血流从左心房流入左心室，流向正对探头，图中显示为红色。如果存在二尖瓣反流现象，

在二尖瓣关闭的时候，血流将从左心室流入左心房，流向远离探头，图中显示为蓝色（如图 7-63、图 7-64）。如果患有二尖瓣狭窄，将会产生高速血流及湍流（如图 7-65、图 7-66）。

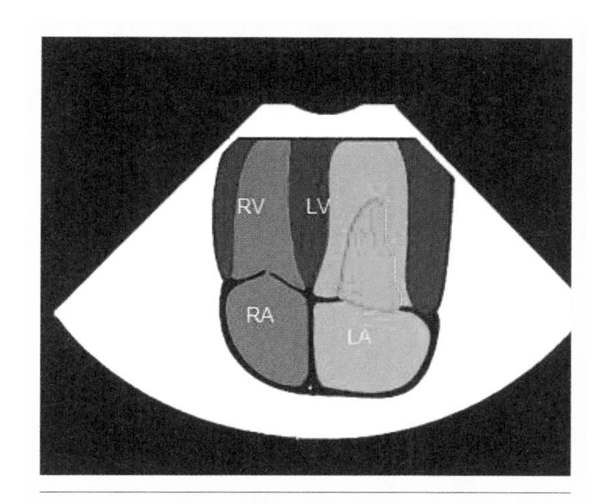

图 7-61　二尖瓣正常血流示意图

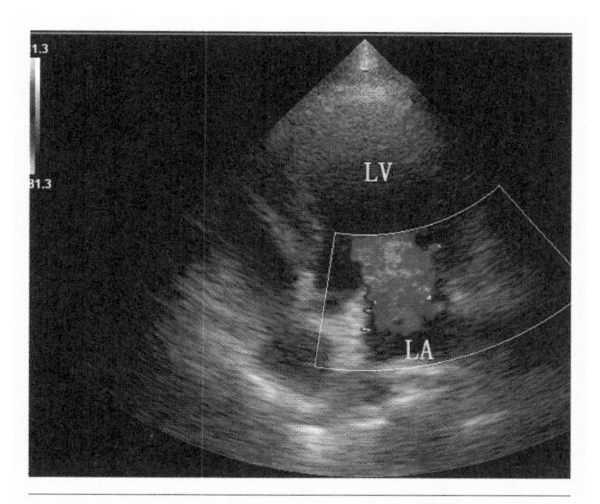

图 7-62　二尖瓣正常血流（红色）彩色多普勒示例

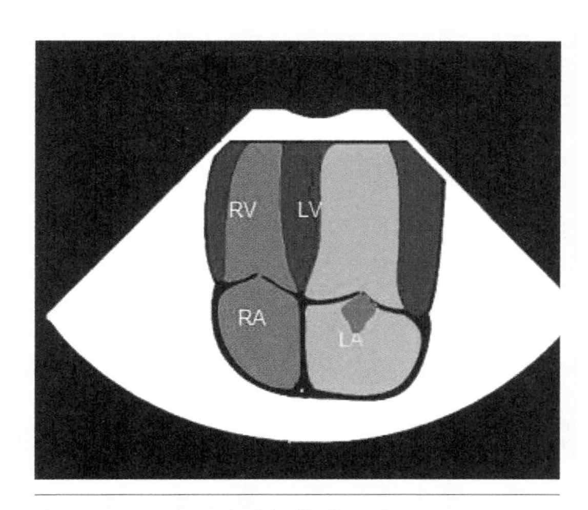

图 7-63　二尖瓣反流模式图

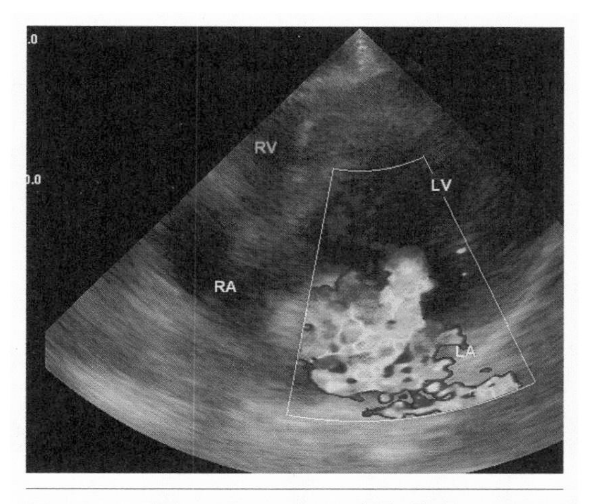

图 7-64　某犬二尖瓣反流彩色多普勒示例。由于该犬的反流情况比较严重，所以形成了红、黄、蓝等多种颜色的湍流表现色斑。为了避免与二尖瓣狭窄的症状相混淆，可以用连续波多普勒进一步检测后加以区别。二尖瓣反流是血液从左心室返回左心房，会出现在连续波多普勒图像的基线下方，如果是二尖瓣狭窄，则出现在基线上方

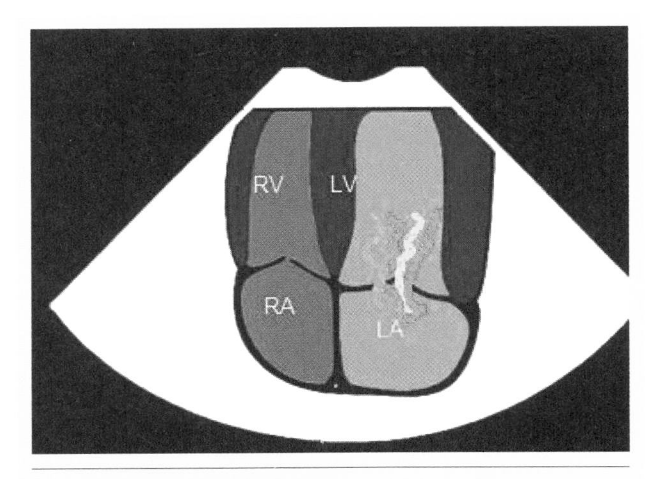

图 7-65 二尖瓣狭窄示意图

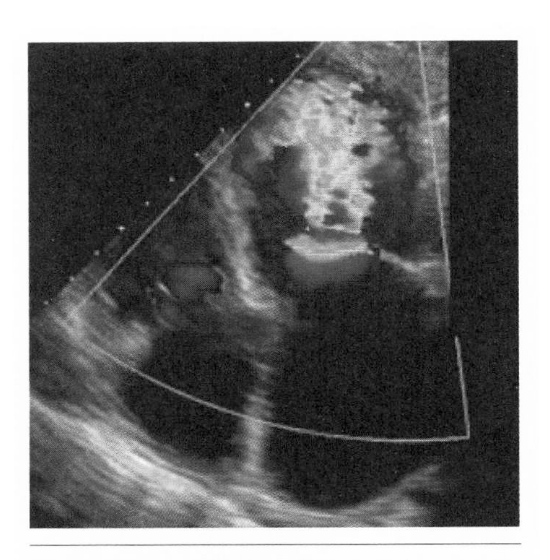
图 7-66 二尖瓣狭窄彩色多普勒示例

4. 左侧胸壁 4 腔心的频谱多普勒评估

左侧胸壁 4 腔心是采用频谱多普勒观察犬猫二尖瓣、三尖瓣反流和狭窄的最佳位置。如果犬猫存在反流和（或）狭窄情况，异常血流的速度都会很比较高，所以需要采用连续波多普勒进行确诊（如图 7-67、图 7-68）。

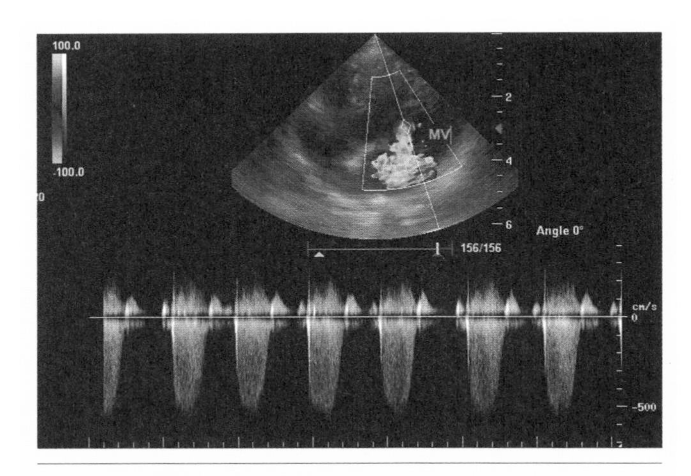

图 7-67 二尖瓣反流连续波多普勒示例（二尖瓣反流的波在基线下方）

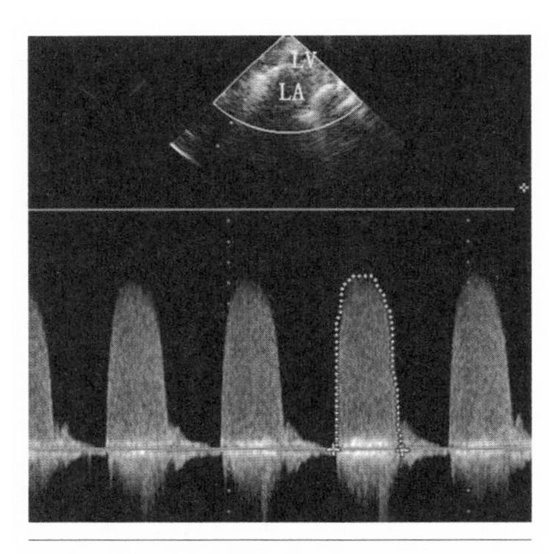

图 7-68 二尖瓣狭窄连续波多普勒示例（二尖瓣狭窄的波在基线上方）

5. 左侧胸壁 4 腔心的部分异常图像

左侧胸壁 4 腔心的部分异常超声图像有二尖瓣反流（如图 7-64、图 7-67）、二尖瓣狭窄（如图 7-66、图 7-68），另外还包括左心房扩张（如图 7-69）、心包积液（如图 7-70）、房间隔缺损（如图 7-71）。

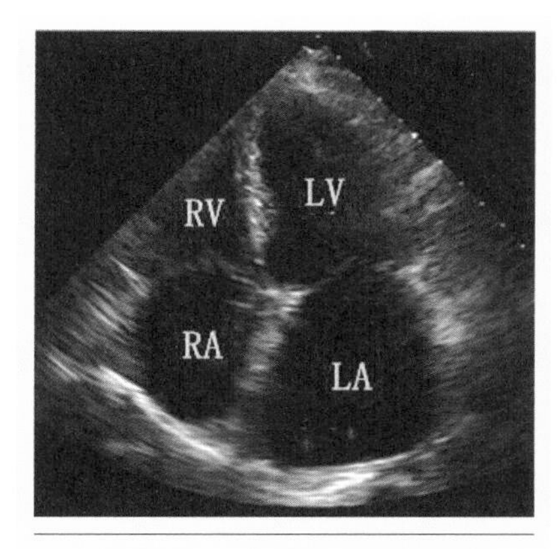

图 7–69　左心房扩张切面二维图

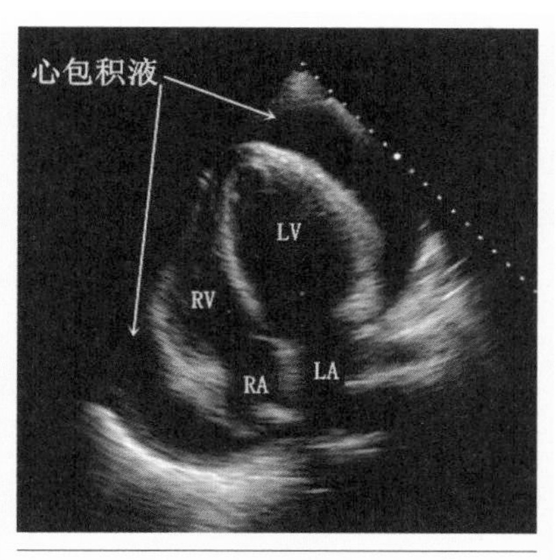

图 7–70　心包积液切面二维图

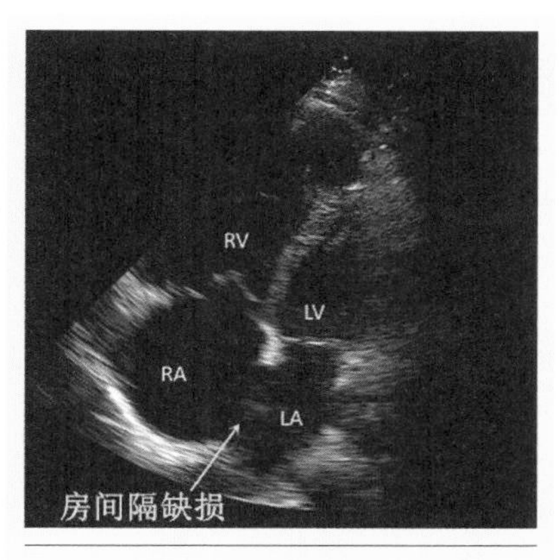

图 7–71　房间隔缺损切面二维图

第九节丨标准切面 9：左侧胸壁 4 腔心（调整图 · 三尖瓣）

1. 左侧胸壁 4 腔心的标准切面评估

在左侧胸壁 4 腔心二尖瓣切面轻轻调整倾斜探头，让右心房和右心室更充分地展示出来，有利于选择更好的角度观察三尖瓣。图 7–72 是左侧胸壁 4 腔心三尖瓣的切面二维图；图 7–73 是作者在图 7–72 的基础上所标注的评估要点。

2. 左侧胸壁 4 腔心标准切面的评估要点

①右心房内腔有没有变大；腔内是否有异常团块或物体（如心丝虫）。

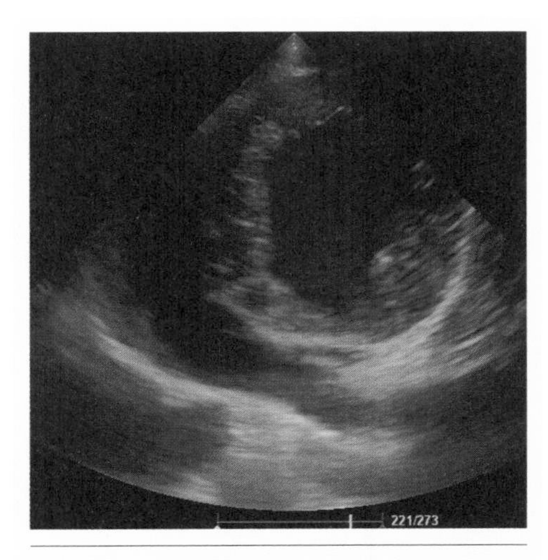

图 7–72　在左侧胸壁 4 腔心的切面二维图中，有时能看到左心房，有时却不一定，在该病例中就看不到左心房

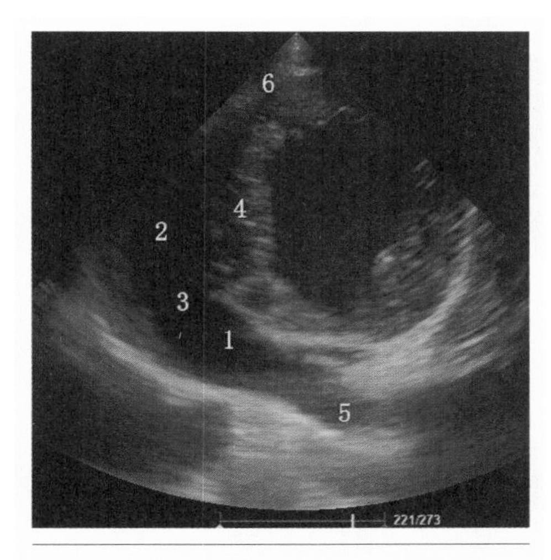

图 7–73　在该左侧胸壁 4 腔心的切面二维图上，作者至少标注了 6 项评估要点

②右心室内腔有无改变；腔内是否有异常；右心室壁有无异常改变；腔室内是否存在异常物体（如心丝虫）。

③三尖瓣是否狭窄；有无闭合不全；是否有形态改变等。

④室间隔是否增厚或缺损。

⑤后腔静脉是否存在扩张或异常。

⑥心包膜是否有积液。

3. 左侧胸壁 4 腔心三尖瓣的彩色多普勒评估

图 7–74 是三尖瓣正常血流模式图；图 7–75 是三尖瓣正常血流彩色多普勒示例；图 7–76 是左侧胸壁 4

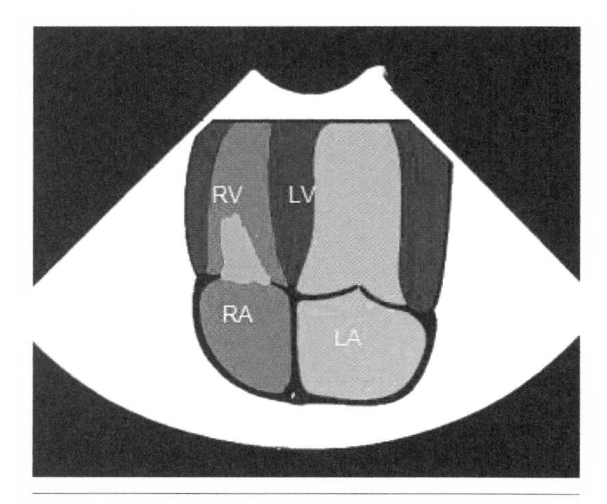

图 7–74　左侧胸壁 4 腔心三尖瓣正常血流示意图

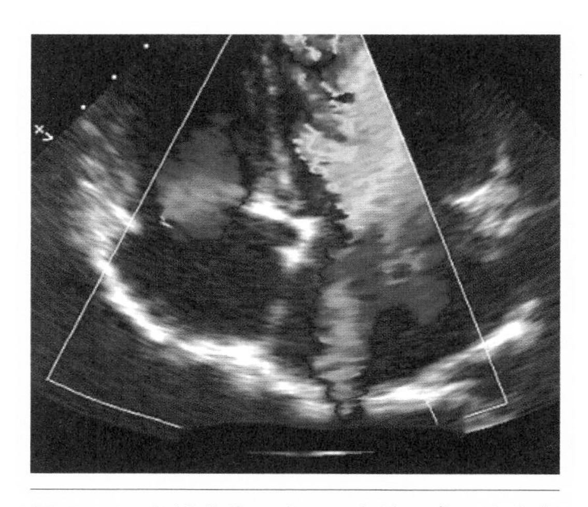

图 7–75　左侧胸壁 4 腔心三尖瓣正常血流彩色多普勒示例。图中的红、黄、蓝色为血液湍流，提示因二尖瓣狭窄导致异常血流

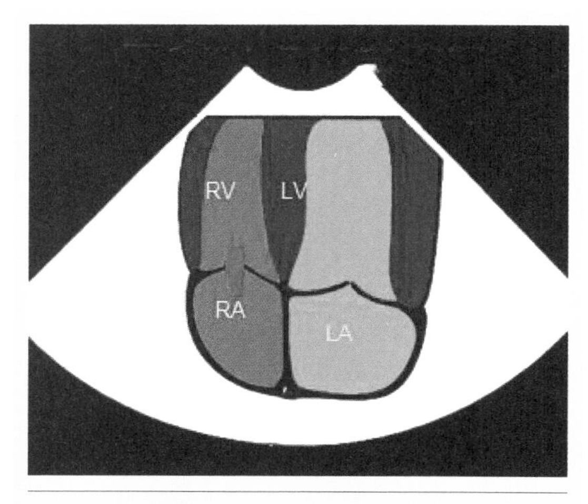

图 7–76　三尖瓣反流示意

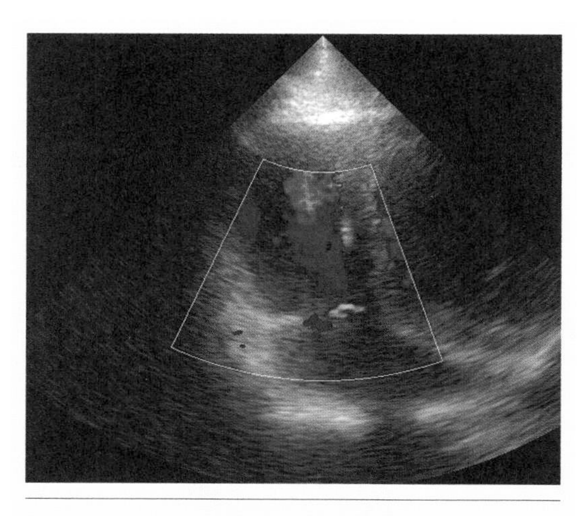

图 7–77　三尖瓣反流彩色多普勒示例。从图上判断，该犬三尖瓣存在轻度反流现象。红色是正常血流；蓝色是反流血流

腔心三尖瓣反流模式图；图 7–77 是左侧胸壁 4 腔心三尖瓣反流彩色多普勒示例；图 7–78 是左侧胸壁 4 腔心三尖瓣狭窄模式图；图 7–79 是左侧胸壁 4 腔心三尖瓣狭窄彩色多普勒湍流示例。

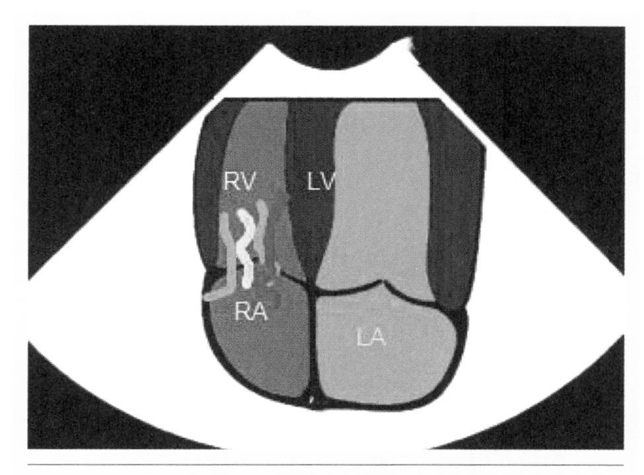

图 7–78　三尖瓣狭窄湍流示意图

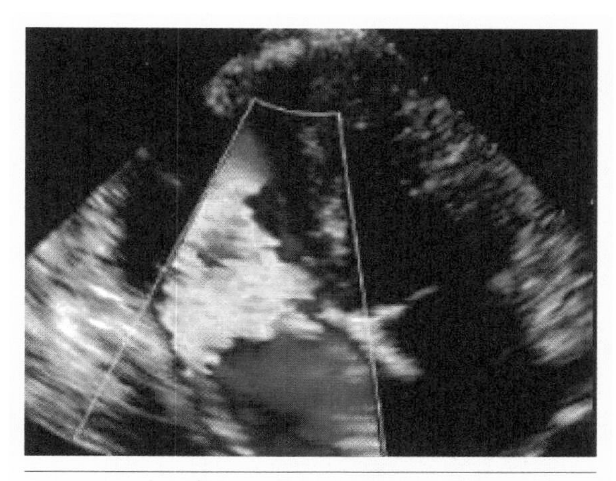

图 7–79　三尖瓣狭窄的彩色多普勒湍流示例

4. 左侧胸壁 4 腔心的频谱多普勒评估

图 7–80 是一例犬严重三尖瓣反流的频谱多普勒示例；图 7–81 是三尖瓣狭窄的频谱多普勒示例。

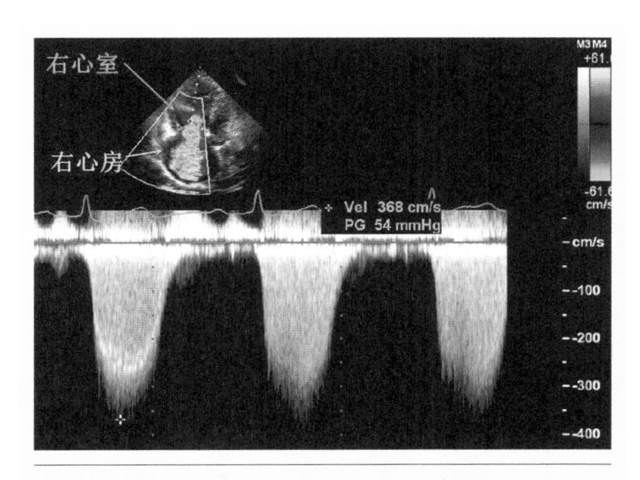

图 7–80　某犬严重三尖瓣反流频谱多普勒示例

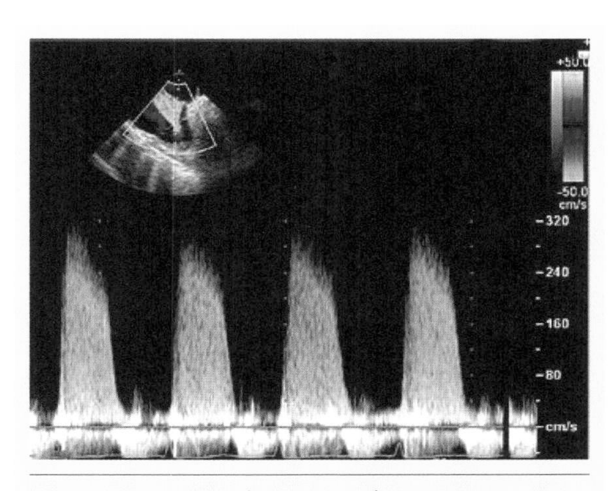

图 7–81　三尖瓣狭窄的频谱多普勒示例

第十节 | 标准切面 10：左侧胸壁 5 腔心（主动脉流出图）

1. 左侧胸壁 5 腔心的标准切面评估

图 7-82 是某犬左侧胸壁 5 腔心的切面二维图；图 7-83 是作者在图 7-82 基础上标注的评估要点。

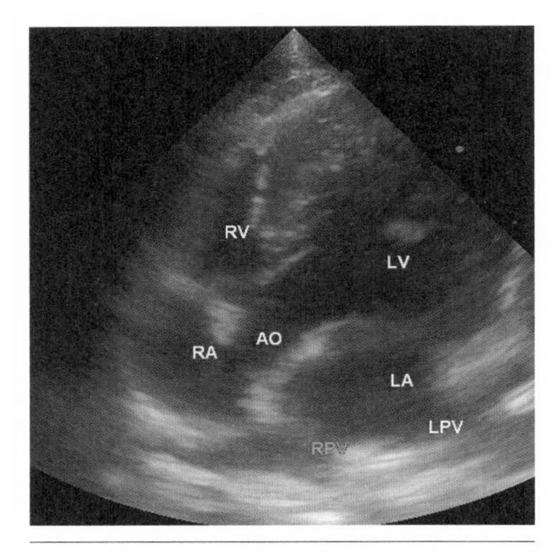

图 7-82　某犬左侧胸壁 5 腔心的切面二维图。图中：Ao 为主动脉，LA 为左心房，LV 为左心室，RA 为右心房，RV 为右心室，RPV 为右肺静脉，LPV 为左肺静脉

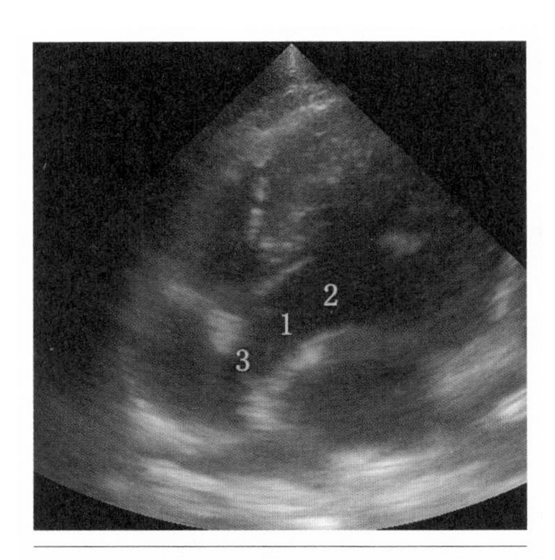

图 7-83　在该左侧胸壁 5 腔心切面二维图上，作者至少标注了 3 项评估要点

2. 左侧胸壁 5 腔心标准切面的评估要点

①主动脉瓣有无异常；是否狭窄；是否存在运动缺陷；是否闭合不全。

②是否存在主动脉瓣上狭窄或变形。

③是否存在主动脉瓣下狭窄或扩张。

3. 左侧胸壁 5 腔心的彩色血流多普勒评估

左侧胸壁 5 腔心的彩色血流评估重点，是确认有否存在反流或湍流情况。图 7-84 是主动脉正常血流模式图，正常血流从左心室流入主动脉，在该切面上远离探头，血流显示为蓝色。如存在反流现象，血液是从主动脉返回左心室，流向背离探头，血流显示为红色（如图 7-86）。如果存在主动脉瓣狭窄，会出现高速湍流（如图 7-88）。

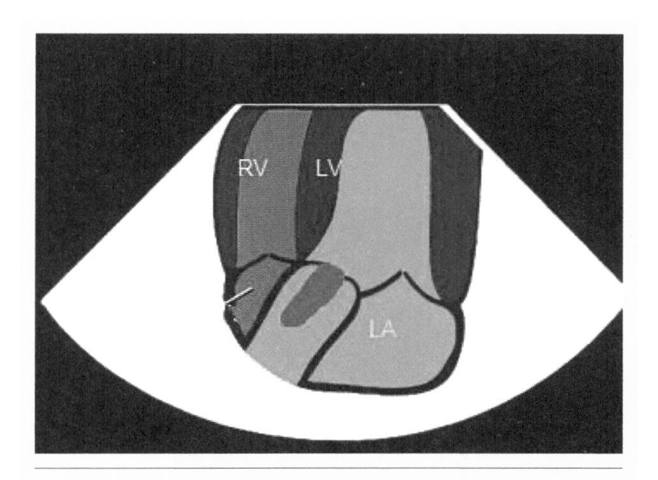

图 7-84　主动脉正常血流示意图

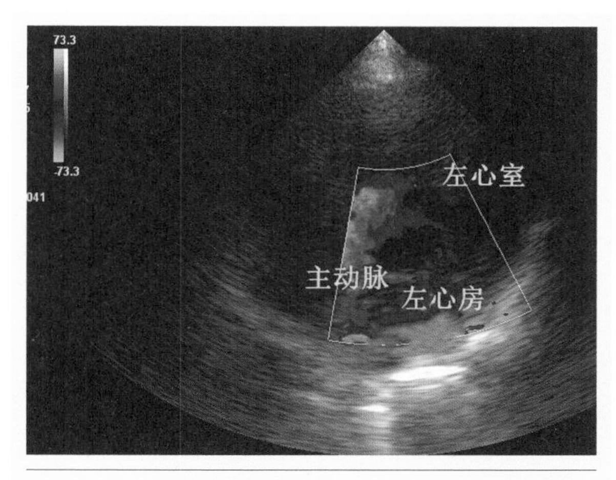

图 7-85　主动脉正常血流示例

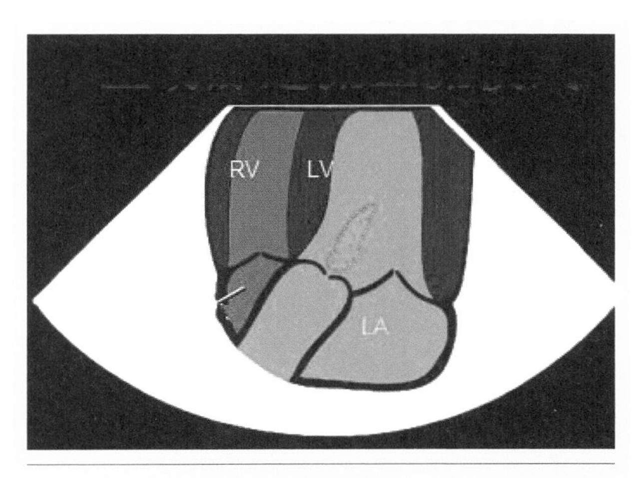

图 7-86　主动脉反流血流示意图

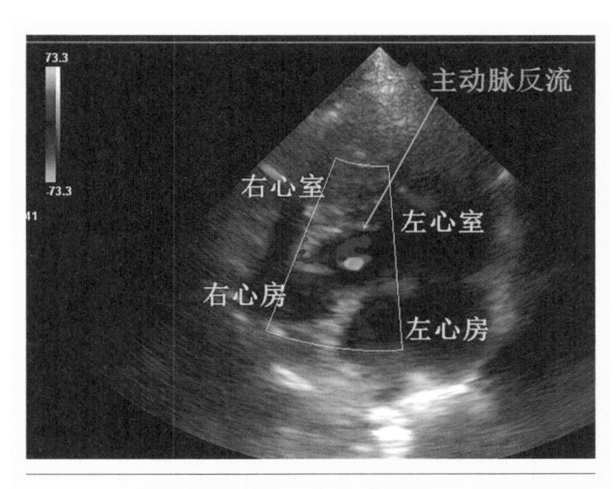

图 7-87　主动脉反流的彩色多普勒示例

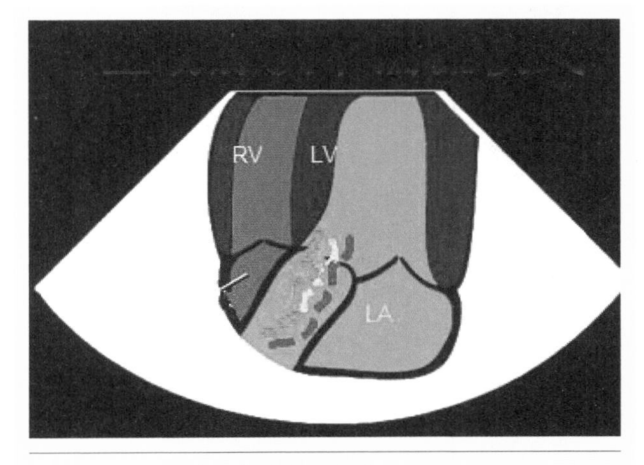

图 7-88　主动脉狭窄湍流示意图

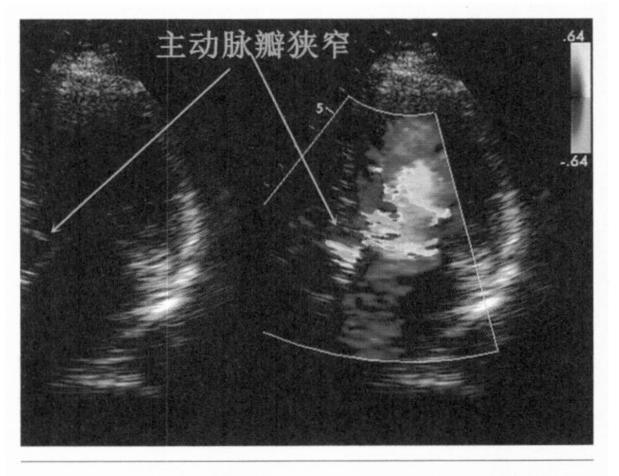

图 7-89　主动脉瓣狭窄的切面二维图及彩色多普勒示例

4．左侧胸壁 5 腔心的频谱多普勒评估

借助频谱多普勒技术，可评估犬猫主动脉的正常血流速度、反流血流速度及因主动脉狭窄导致的高速血流（如图 7–90）。

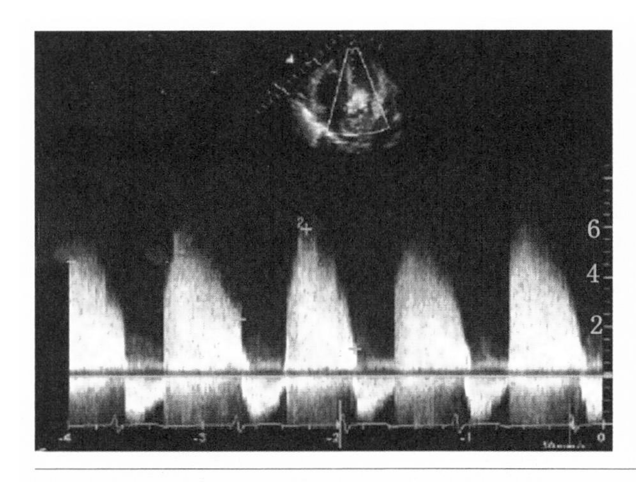

图 7–90　左图为严重主动脉反流的频谱多普勒示例，其反流血流速度为 5.9 米 / 秒；右图为严重主动脉狭窄频谱多普勒示例，因主动脉狭窄导致高速血流，流速为 4 米 / 秒

第十一节｜标准切面 11：左胸壁颅侧椎骨旁长轴左心室主动脉（流出图）

1．左胸壁颅侧椎骨旁长轴左心室主动脉的标准切面评估

左胸壁颅侧椎骨旁长轴左心室主动脉的标准切面评估如图 7–91、图 7–92 所示。

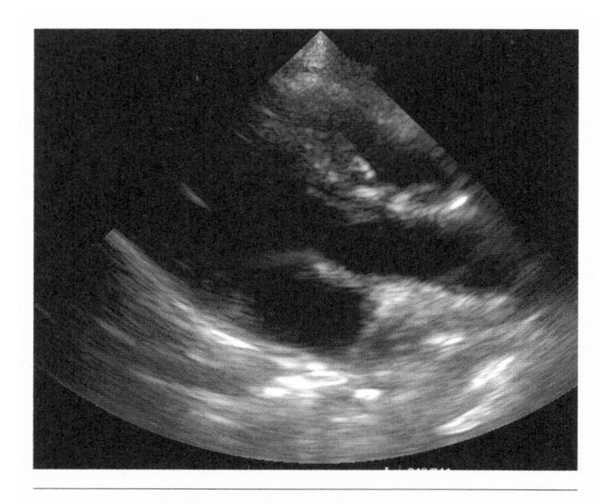

图 7–91　某犬左胸壁颅侧椎骨旁长轴左心室主动脉的切面二维图

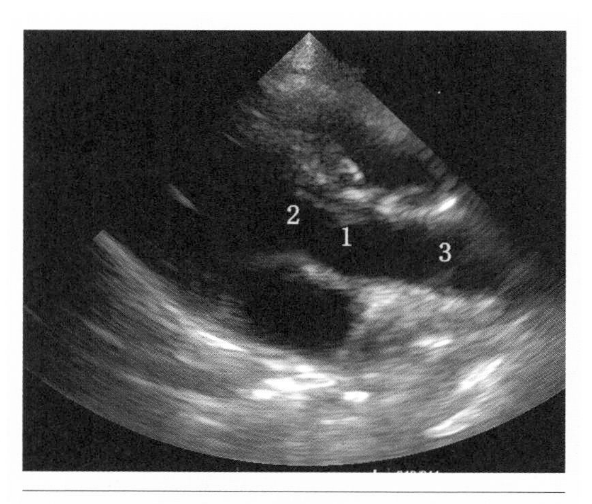

图 7–92　在该左胸壁颅侧椎骨旁长轴左心室主动脉的切面二维图上，作者至少标注了 3 项评估要点

2. 左胸壁颅侧椎骨旁长轴左心室主动脉标准切面的评估要点

①主动脉瓣是否狭窄或闭锁不全。

②主动脉瓣上是否狭窄。

③主动脉瓣下是否狭窄或存在扩张。

3. 左胸壁颅侧椎骨旁长轴左心室主动脉的彩色多普勒评估

利用彩色多普勒技术，可评估犬猫主动脉的正常血流、反流血流及狭窄血流（如图 7-93）。

4. 左胸壁颅侧椎骨旁长轴左心室主动脉的频谱多普勒评估

利用频谱多普勒技术，可测量犬猫主动脉的正常血流速度、反流血流速度，以及因主动脉狭窄而导致的血流速度（如图 7-94）。

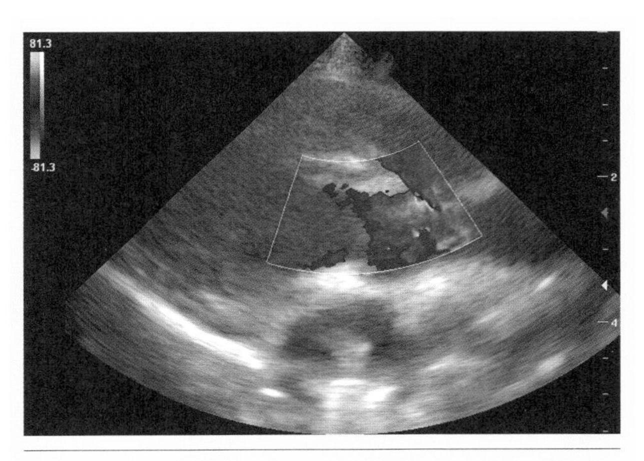

图 7-93　左胸壁颅侧椎骨旁长轴左心室主动脉正常血流的彩色多普勒示例

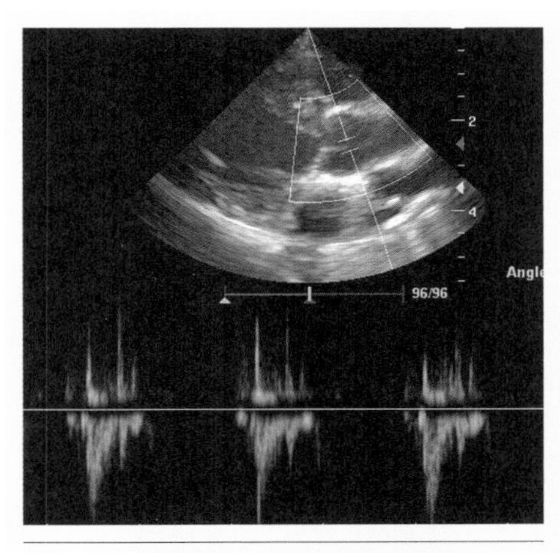

图 7-94　左胸壁颅侧椎骨旁长轴左心室主动脉正常血流的频谱多普勒示例

第十二节 | 标准切面 12：左胸壁颅侧椎骨旁长轴右心室（流入图 · 三尖瓣）

1. 左胸壁颅侧椎骨旁长轴右心室的标准切面评估

左胸壁颅侧椎骨旁长轴右心室的标准切面评估如图 7-95、图 7-96 所示。

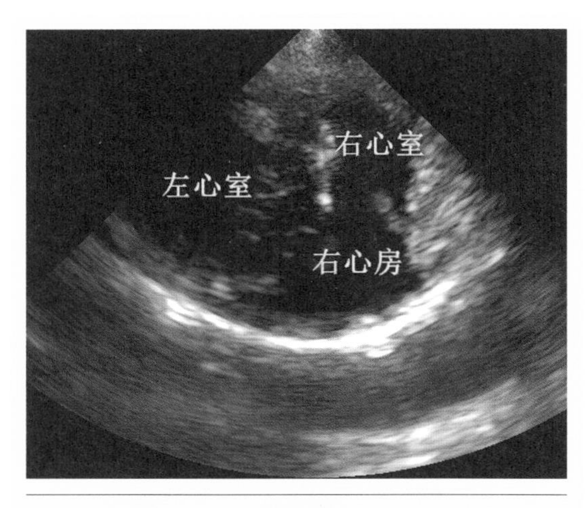

图 7-95　某犬左胸壁颅侧椎骨旁长轴右心室的切面二维图

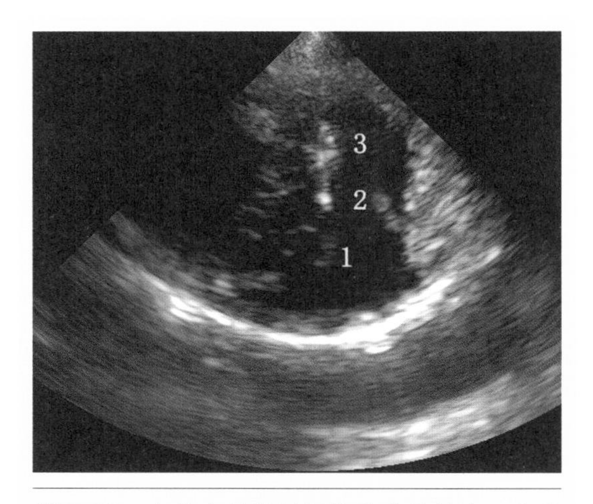

图 7-96　在该左胸壁颅侧椎骨旁长轴右心室的切面二维图上，作者至少标注了 3 项评估要点

2. 左胸壁颅侧椎骨旁长轴右心室标准切面的评估要点

①右心房是否有扩张；是否存在异常团块或异物（如心丝虫）。

②三尖瓣是否变形；是否存在狭窄或闭锁不全；是否存在钙化灶或垂脱。

③右心室是否扩张，有无异常团块或异物（如心丝虫）。

3. 左胸壁颅侧椎骨旁长轴右心室的彩色多普勒评估

左胸壁颅侧椎骨旁长轴右心室的彩色多普勒评估如图 7-97 所示。

4. 左胸壁颅侧椎骨旁长轴右心室的频谱多普勒评估

左胸壁颅侧椎骨旁长轴右心室的频谱多普勒评估如图 7-98 所示。

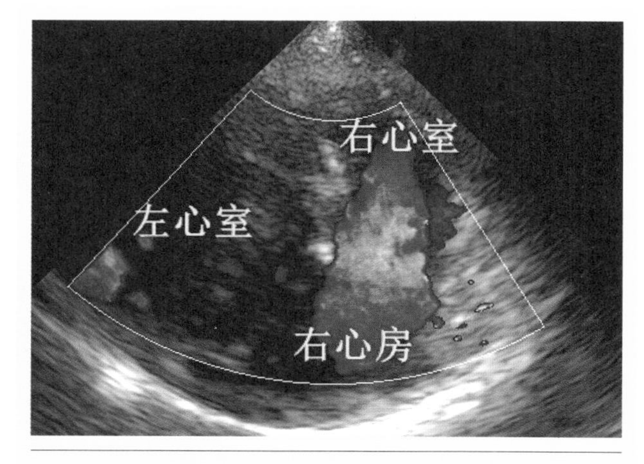

图 7-97　左胸壁颅侧椎骨旁长轴右心室正常血流的彩色多普勒示例

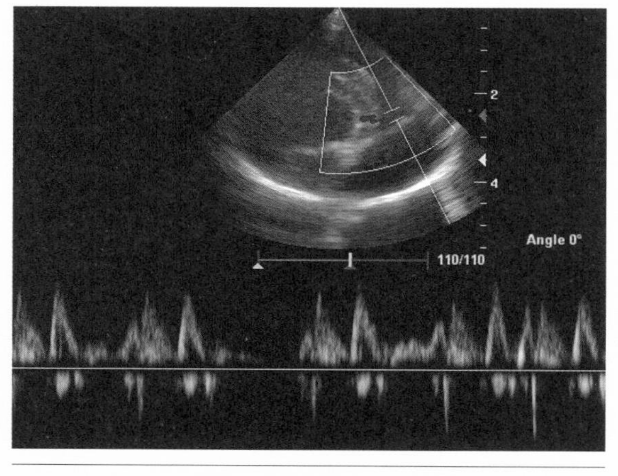

图 7-98　左胸壁颅侧椎骨旁长轴右心室正常血流的频谱多普勒示例

第十三节 | 标准切面 13：左胸壁颅侧椎骨旁长轴右心室（流出图 · 肺动脉瓣）

1. 左胸壁颅侧椎骨旁长轴右心室的标准切面评估

左胸壁颅侧椎骨旁长轴右心室的标准切面评估如图 7-99、7-100 所示。

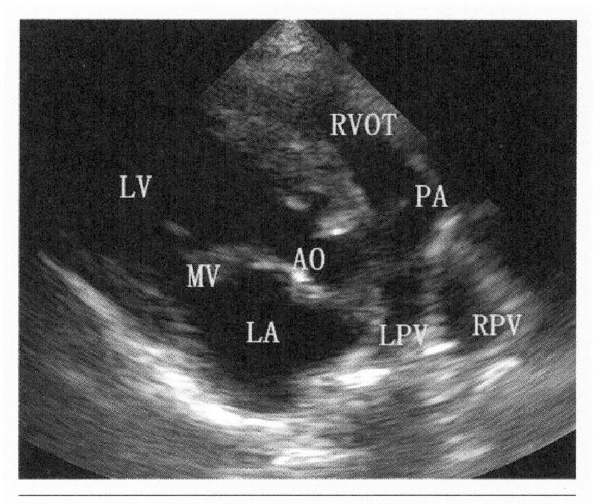

图 7-99 某犬左胸壁颅侧椎骨旁长轴右心室的切面二维图。图中：RVOT 为右心室流出道，PA 为肺动脉瓣，LPV 为左肺动脉，RPV 为右肺动脉，LA 为左心房，MV 为二尖瓣，LV 为左心室 Ao 为主动脉

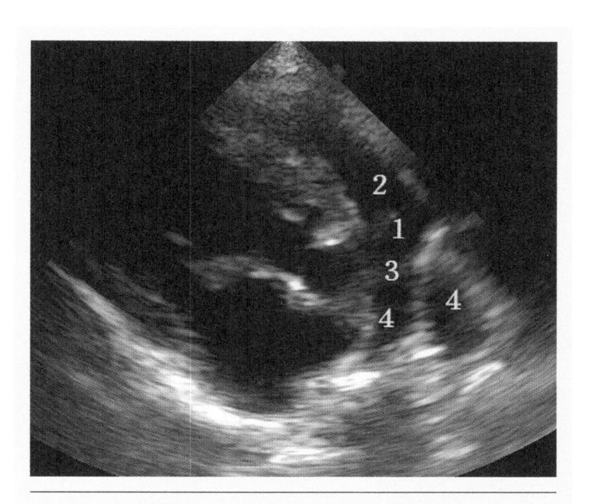

图 7-100 在该左胸壁颅侧椎骨旁长轴右心室的切面二维图上，作者至少标注了 4 项评估要点

2. 左胸壁颅侧椎骨旁长轴右心室标准切面的评估要点

①肺动脉瓣是否存在变形、狭窄或闭锁不全。

②肺动脉瓣上膜是否有狭窄。

③肺动脉瓣下是否存在狭窄、扩张。

④左右肺动脉有无异常；是否有异物（如心丝虫）。

3. 左胸壁颅侧椎骨旁长轴右心室的彩色多普勒评估

左胸壁颅侧椎骨旁长轴右心室的彩色多普勒评估如图 7-101、7-102 所示。

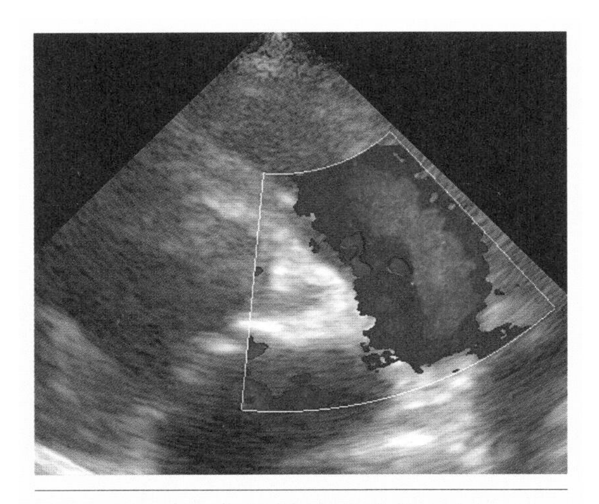

图 7-101　某犬左胸壁颅侧椎骨旁长轴右心室正常肺动脉血流的彩色多普勒示例

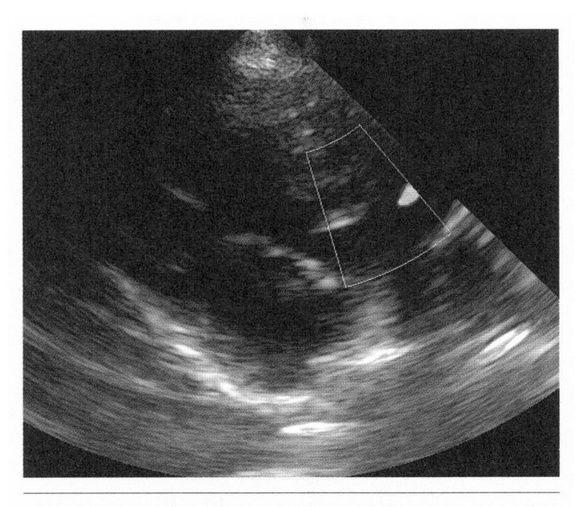

图 7-102　某犬左胸壁颅侧椎骨旁长轴右心室肺动脉反流示例。图中的“红色火焰”为反流血液

4. 左胸壁颅侧椎骨旁长轴右心室的频谱多普勒评估

左胸壁颅侧椎骨旁长轴右心室的频谱多普勒评估如图 7-103 所示。

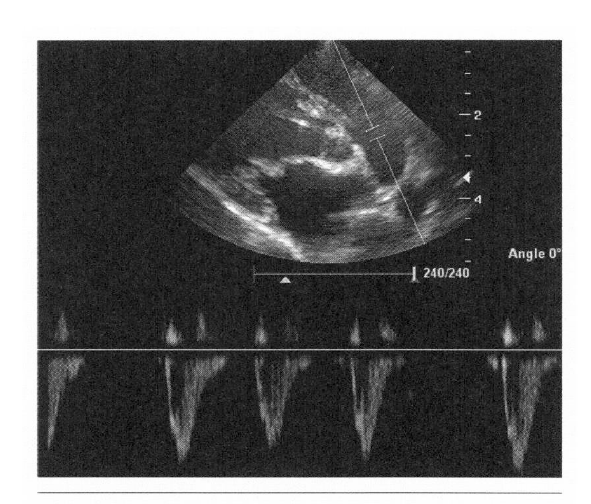

图 7-103　某犬左胸壁颅侧椎骨旁长轴右心室肺动脉血流频谱（脉冲）多普勒示例

第八章

犬猫心脏病的临床症状

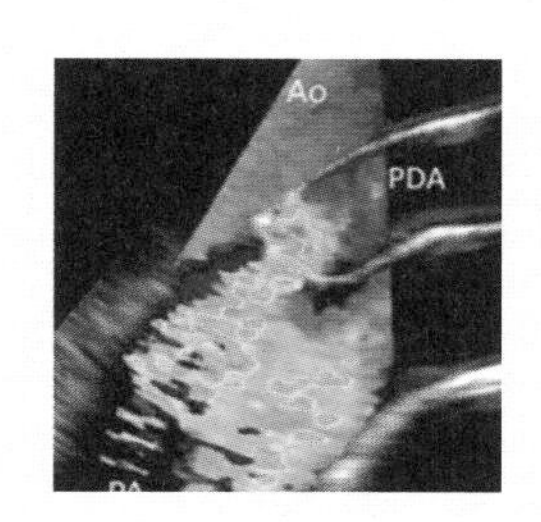

很多犬猫在出现轻度心脏问题的时候，大都没有明显的临床表现，即便身体已出现不适感，但由于犬猫不会说话，所以很多时候都不容易被主人发现。

那么，究竟有哪些临床表现，可能提示犬猫患有心脏病呢？哪些品种和年龄段更容易发病？到底在哪些情况下需要做心脏彩超呢？这就是本章内容所要回答的问题。

第一节｜患病犬猫的个体信息分析

根据犬猫的年龄、品种、性别等信息，有利于帮助临床宠物医生进一步判断不同犬猫更可能患有哪些心脏疾病。

1. 年龄

幼年犬猫最可能患上先天性疾病，如动脉导管未闭（PDA），而老年犬猫则可能患上获得性疾病，如二尖瓣或三尖瓣反流等退行性疾病等，此外，也可能发生肿瘤疾病，如心脏基底肿瘤等。心肌病最可能发生在幼犬和幼猫（6 个月或更小）身上，某些大型犬可能患有先天性心脏缺陷（如动脉导管未闭、房间隔缺损）。此外，老年犬猫的心脏疾病还可能受到气管塌陷、肾脏或肝脏疾病等其他并发疾病的影响。

2. 品种

据观察，犬猫中某些品种更容易出现心脏疾病，不仅如此，心脏问题的发生率还可能存在地区差异。在表 8-1 中，作者对不同犬类品种容易发生的心脏疾病进行了分类，在这里必须强调的是，该表所列，是基于作者长期临床观察而进行的大致归类，可作为参考，但在临床诊断中，还必须具体问题具体分析。例如，比熊虽然很容易发生动脉导管未闭和退行性瓣膜疾病，但作者在临床工作中发现，比熊也存在房间隔缺损或扩张型心肌病的情况，所以，具体情况还须具体分析，不能简单地照本宣科，一概而论。

表 8–1　不同犬种容易发生的心脏疾病分类

犬种	病种
阿富汗猎犬	扩张型心肌病
比格	肺动脉狭窄、室间隔缺损
比熊	动脉导管未闭、二尖瓣退行性疾病
波士顿梗	二尖瓣退行性疾病、扩张型心肌病、心包积液
拳师犬	主动脉瓣下狭窄、肺动脉狭窄、房间隔缺损、扩张型心肌病、右心室心律不齐性心肌病
牛头梗	二尖瓣狭窄、主动脉瓣下狭窄、二尖瓣闭锁不全
吉娃娃	动脉导管未闭、肺动脉狭窄、退行性瓣膜疾病
松狮	肺动脉狭窄、室间隔缺损
可卡	动脉导管未闭、肺动脉狭窄、退行性瓣膜疾病、扩张型心肌病、窦房结综合征
可利犬	动脉导管未闭
腊肠犬	退行性瓣膜疾病、二尖瓣垂脱、窦房结综合征、动脉导管未闭
英国斗牛犬	肺动脉狭窄、法洛四联症、室间隔缺损、主动脉下狭窄、二尖瓣发育不良、永久性动脉弓
英国牧羊犬	扩张型心肌病
德牧	主动脉下狭窄、二尖瓣发育不良、永久性动脉弓、室性心律不齐、感染性心内膜炎、扩张型心肌病、动脉导管未闭
金毛	主动脉瓣下狭窄、二尖瓣发育不良、三尖瓣发育不良、扩张型心肌病、犬X心肌营养不良症、特发性心包积液、右心房血管瘤（心包积液）
哈士奇	室间隔缺损
拉布拉多	三尖瓣发育不良、动脉导管未闭、肺动脉狭窄、扩张型心肌病、特发性心包积液、右心房血管瘤（心包积液）
泰迪、贵宾	动脉导管未闭（玩具泰迪和迷你泰迪）、退行性瓣膜疾病、室间隔缺损、房间隔缺损（大型贵宾容易发生）
博美	动脉导管未闭、退行性瓣膜疾病、窦房结综合征
巴哥犬	房室阻隔
萨摩耶	肺动脉狭窄、主动脉瓣下狭窄、房间隔缺损
西施犬	室间隔缺损、退行性瓣膜疾病
约克夏	动脉导管未闭、退行性瓣膜疾病
西高地梗	肺动脉狭窄、室间隔缺损、法洛四联症、退行性瓣膜疾病

3. 性别

雌雄性别不同，所患心脏疾病的种类也有所区别，如雄性可卡犬易患二尖瓣心内膜炎，而大型雄性犬易患扩张型心肌病。然而，病态窦房结综合征则更容易发生在雌性小型雪纳瑞身上，而动脉导管未闭在雌性中比雄性中更常见。

第二节 | 病史

清晰、明了的病史不但能帮助宠物医生初步判定犬猫是否存在心脏问题，而且还有助于区分心脏和呼吸系统问题，对监测疾病病程和对症治疗的效果也十分有益，因此必须仔细了解、谨慎对待，以免出现因病史不全而导致误诊的情况。

全面的病史调查，必须包括以下几个关键环节：

①犬猫就诊的原因，主人观察到的现象，症状的发作和持续时间，疾病的进展，任何已知的传染病暴露史，疫苗接种史，正在服用的所有药物，服用药物后的所有反应，以及主人给予药物的能力。

②了解犬猫的精神和行为状态，如是否存在无精打采、情绪低落，平常举止是否表现为警觉或顽皮，运动后是否容易疲劳。

③患病犬猫父母和兄弟姐妹的家族情况，特别是患有先天性疾病的犬猫更应重视。

④了解家中其他宠物的健康状况。

⑤包括以前进行过的测试结果。

⑥应涵盖有助于识别病情的其他相关信息，如平常进食的食物种类、食量和饮水量；排尿频率；有无腹泻、呕吐或反复呕吐现象；是否发作过癫痫或晕厥；生殖状态如何；是否有过跛行或瘫痪；有无咳嗽、打喷嚏或呼吸障碍；以前有无外伤；平时的生活环境是在室内、室外，还是在围起来的院子里。

⑦其他疾病的相关信息，如甲状腺功能亢进、慢性肾病、呼吸系统疾病，以及其他会影响到心脏或影响犬猫心脏病治疗的疾病。

一旦发现问题，可进一步询问更为细节的问题，如咳嗽的特征、咳嗽发生的时间，以及引起咳嗽的刺激性原因等。

犬猫心脏疾病的常见主诉，大体包括呼吸困难、呼吸急促、咳嗽、运动不耐受、晕厥、腹部肿胀、发绀、厌食、食欲下降，以及生长或表现不佳等。

有些问题可能与心脏病用药有关，多饮和多尿在服用利尿剂或患有并发疾病（如肾脏疾病）的犬猫中很常见；洋地黄、奎尼丁和普鲁卡因胺等心脏药物会导致呕吐和腹泻；先天性血管环异常会出现反流；右心衰竭可导致肠内水肿和腹泻的蛋白质丢失性肠道病；患有心肌病的猫会出现出血性肠炎，甚至继发胃或肠系膜动脉血栓栓塞。

总而言之，周详的病史调查，有利于宠物医生对犬猫的病情到底是由心脏疾病所引起，还是由其他问题导致做出正确的初步判断，这对如何快速制订合理的检查方案非常有利。

第三节丨犬猫心脏病的常见临床症状

猫跟犬不一样，就算患有非常严重的心脏病，也不一定有临床表现，这就给临床医生带来了很多困扰，很多情况下，当猫被送到医院来的时候，已经处于心脏病晚期，很多都已出现心衰或肺水肿的症状。

在心脏病的初期阶段，部分病犬也可能没有明显的临床症状，更多时候是在做体检的时候才发现有心脏杂音，或者是在做心脏彩超定期体检的时候才发现有异常情况。但是，随着心脏病病程的进一步发展，可能会观察到临床症状。下文所述是犬猫可能表现出的一些临床症状。

1. 咳嗽

咳嗽是犬只患有严重心脏病最为常见的症状之一，但猫却有所不同，即使左心房扩大也很少咳嗽。

咳嗽是一种突然的强制呼气，是清除气管、支气管内碎片的正常防御机制，可发源于体内许多不同的区域，如咽喉、气管、支气管、细支气管、胸膜、心包和膈等，但由心脏疾病引起的咳嗽很难与呼吸性咳嗽区分开来。

患有肺水肿的犬只通常会出现急性咳嗽，并迅速发展为严重咳嗽和呼吸困难。

患有慢性心脏病的犬只通常会有轻微的间歇性咳嗽，也可能存在夜间呼吸困难、咳嗽和情绪不安等症状，由这种情况引起的咳嗽往往很刺耳，音调也较低。

患有突发性左心衰竭的犬只，在其口中和鼻中可能会有粉红色泡沫或呼吸困难，它们可能会咳嗽，也可能不咳嗽。

突然出现大声、剧烈、干咳并伴有呕吐的犬只，通常都患有气管炎或支气管炎。

出现剧烈咳嗽的犬只，通常会出现气管和（或）支气管塌陷。

患有大呼吸道疾病的小品种犬只，往往会出现慢性阵发性咳嗽，咳嗽剧烈、响亮、鸣笛，通常伴有兴奋感。

饮水后咳嗽的犬只，可能患有心脏病、气管塌陷、慢性气管炎、气管支气管炎等，也许还存在喉部问题或其他吞咽困难的原因。

没有刺激因素而引发咳嗽的犬只，可能患有心脏病、肺病或肺外疾病。

进食后咳嗽的犬只，可能存在吞咽困难、巨食管症、血管环异常、食管憩室、食管异物或食管肿瘤。

猫因充血性心力衰竭而引起咳嗽的症状是不常见的。

总而言之，详细观察和描述犬猫的咳嗽情况，对于初步辨别咳嗽是由心脏疾病所引起，还是由其他问题所导致很有帮助。

表 8–2　犬猫咳嗽的症状及可能引发的病因

症状	可能病因
①急性咳嗽	扁桃体炎、咽炎、气管支气管炎、急性支气管炎、胸膜炎、急性左心衰竭（仅限犬）
②慢性咳	右心或左心的心脏病、心丝虫、左心房扩大压迫左主支气管（仅限犬）、肺部肿瘤、哮喘（仅限猫）、慢性呼吸问题、慢性支气管炎（仅限犬）
③发病急，咳嗽声音弱，病情迅速变得更糟同时呼吸困难	肺水肿
④轻度，间歇性咳嗽，刺耳，低沉	慢性心脏病
⑤大声，刺耳，干燥，突然发作，随后呕吐	气管支气管炎
⑥高亢，喇叭声	气管塌陷
⑦犬慢性咳嗽、阵发性、大声、兴奋时候咳嗽，咳嗽声音类似于按喇叭音	上呼吸道疾病
⑧饮水后咳嗽	心脏病、气管塌陷、慢性气管炎、气管支气管炎、喉麻痹、吞咽困难
⑨吃东西后咳嗽	咽部功能障碍、巨食管症、血管环异常、食管憩室、食管异物、食管肿瘤
⑩无刺激性诱因咳嗽	心脏病、肺部疾病、胸腔疾病

2. 呼吸困难及呼吸急促（气喘）

呼吸困难的具体表现是呼吸吃力或痛苦。呼吸吃力通常出现在呼吸急促（呼吸频率增加）之前，犬猫主人可能不太容易发现，因此，教会主人学会在犬猫休息状态计算它们的呼吸频率是一个好主意。休息时，犬只的呼吸频率应该不高于每分钟 30 次，如果超过每分钟 50 次，那就意味着犬只已出现呼吸急促。每当犬猫必须增加呼吸量时，则表明其出现了呼吸困难。

因左心衰竭导致的肺水肿，是造成犬只呼吸困难最为常见的心脏疾病；因胸腔积液导致的右心衰竭或

表 8-3　引起犬猫呼吸困难或气喘的常见原因

①酸中毒性贫血
②中枢神经系统紊乱
③剧烈疼痛
④心包积液
⑤引起肺水肿或胸腔积液的原发性心脏病
⑥肺水肿
⑦胸壁问题（例如肋骨骨折）
⑧兴奋或剧烈运动
⑨胸腔积液
⑩心脏病

因左心衰竭导致的肺水肿，是造成猫呼吸困难最为常见的心脏疾病。

患有心脏疾病的犬猫，其呼吸困难可伴有喘鸣，这是一种刺耳的高音调呼吸声，其他声音听起来更像是干燥、粗糙的“噼啪”声。此外，犬猫出现呼吸困难时还可伴有喘息，这是比心脏问题表现得更为典型的呼吸症状。

犬猫的急性呼吸困难，通常是由肺水肿（心源性和非心源性）、严重积气、气道阻塞、气胸或肺栓塞所引起。

犬猫的慢性进行性呼吸困难，多由右心衰竭伴腹水和（或）胸腔积液、心包疾病、支气管疾病、肺病（如肺气肿）、进行性贫血、原发性或继发性肺部肿瘤所引起。

如果在平静状态下出现呼吸困难，可能伴有气胸、肺栓塞和严重的左心或右心衰竭。

如果犬猫的运动性呼吸困难发生在活动后或活动期间，当犬猫心力衰竭时，就可能与心脏病有关，如扩张型心肌病，也可能与慢性阻塞性肺病有关。

呼气持续时间延长和费力，是犬猫呼气性呼吸困难的具体表现，多由下呼吸道梗阻等疾病所引起。

吸气持续时间延长和费力，是吸气性呼吸困难的具体表现，多由上呼吸道阻塞等疾病所引起。

混合性呼吸困难，多由左心衰竭或严重肺炎导致的肺水肿所引起。

端坐呼吸困难是指犬猫在躺下时出现呼吸障碍，而不是站立时，这种情况多与严重的肺水肿、胸腔积液、心包积液、气胸、膈疝和严重的呼吸性疾病有关。

阵发性呼吸困难意味着呼吸困难时来时去，这种情况可能是与导致心动过缓或心动过速的心律失常有关。

单纯性呼吸困难或呼吸急促，多由发热、恐惧、疼痛或兴奋引起呼吸频率增加。

患有严重甲状腺功能亢进的猫也会出现呼吸困难，在经利尿剂和血管紧张素转换酶抑制剂治疗后，呼吸困难的症状将会得到有效改善。

8–4　犬猫呼吸困难的类型和可能的诱发原因

症状	可能病因
①急性呼吸困难	肺水肿(心源性或非心源性,有些是严重过敏性)、严重肺炎、气道阻塞、气胸、肺栓塞
②慢性呼吸困难	肺水肿（心源性或非心源性）、严重肺炎、气道阻塞、气胸、肺栓塞
③休息时候气喘	气胸、肺栓塞、严重左心或右心衰竭、劳力性呼吸困难疾病（如扩张型心肌病）、慢性阻塞性肺病
④呼气困难	下呼吸道阻塞或下呼吸道疾病
⑤吸气困难	上呼吸道阻塞
⑥混合型呼吸困难	左心衰竭或严重肺炎引起的肺水肿
⑦端坐呼吸	严重肺水肿、心包积液、胸腔积液、膈疝、气胸、严重肺部疾病
⑧阵发性呼吸困难	心律失常（如心动过缓或心动过速）
⑨单纯性呼吸困难或呼吸急促	发热、恐惧、疼痛或兴奋

3. 咯血

咯血是非常严重的肺病征兆，但这种状况在犬猫中很难发现，这是因为犬猫通常会吞咽唾液，即便出现咯血现象也非常不易察觉。

导致犬猫咯血的心脏原因，包括严重的肺动脉水肿（如腱索断裂）和严重的心丝虫病，并通常伴有肺动脉栓塞。

犬猫咯血意味着其肺部出现了严重问题，这种情况既可能由肺部本身的疾病所引起，也可能是由心脏病而导致，此外，还可能是由凝血功能障碍等其他疾病所引起。

4. 运动不耐受或虚弱

运动不耐受和虚弱是犬猫心脏疾病的非特异性症状。严重贫血、全身性疾病、代谢性疾病（如高皮质醇症）、药物毒性和严重呼吸系统等许多疾病，都会导致这些症状。

因为大多数宠物犬和宠物猫都不太爱运动，所以，运动不耐受和虚弱不是犬猫主人常常反馈的信息。多数犬猫主人都认为，他们饲养的宠物之所以不愿运动，主要是因为年老，而不是因为有心脏病或其他疾病。

事实上，运动不耐受和虚弱，两者都可能是代偿性心力衰竭的早期迹象，这是因为心脏无法向肌肉泵入足够血液造成的结果。其原因主要有几下几点：

①心肌功能障碍（如扩张型心肌病或晚期二尖瓣疾病）。

②左心室流出道梗阻（如主动脉瓣下狭窄或肥厚性梗阻性心肌病）。

③心室充盈不足（如心律失常、心包疾病、肥厚型心肌病）。

④动脉氧减少（例如肺水肿或胸腔积液）。

5. 腹水

腹水即腹部积液。心脏问题引起的腹水是由于右心不能泵送血液，或者是由于心包疾病导致血液不能进入右心。在这两种情况下，血液都会聚集在肝脏和脾脏，导致充血和静脉压力增加，最终液体漏出，导致腹水。

腹水在犬右心衰竭中比较常见，由心内膜炎引起的三尖瓣反流、晚期心丝虫病、扩张型心肌病、心包积液、限制性心包炎等获得性疾病，以及由三尖瓣发育不良、大室间隔缺损、大房间隔缺损等先天性心脏缺陷都可能导致腹水。

心源性腹水在猫中不太常见，通常是由三尖瓣发育不良所引起，扩张型心肌病偶尔也会导致心源性腹水。

大量腹水会对膈肌造成压力，从而导致呼吸急促或呼吸困难。

与右心衰竭相关的腹水，通常表现为一种改良的渗出液，并缓慢积聚。

表 8-5　引起犬猫腹水的常见原因

引起犬猫腹水的常见原因
①晚期心丝虫病
②扩张型心肌病
③巨大房间隔缺损
④巨大室间隔缺损
⑤心包积液
⑥限制性心包炎
⑦三尖瓣发育不良
⑧心内膜炎引起的三尖瓣反流

6. 发绀

如果犬猫出现发绀症状，其牙龈、舌头、眼睛、耳朵及皮肤等处的黏膜会呈现为淡蓝色。这种情况的出现，通常是与从右向左分流的先天性心脏缺陷有关，偶尔也会出现严重的左心衰竭或严重的呼吸疾病，但在血红蛋白产生异常的情况下很少见到。

发绀是判断犬猫是否患有低氧血症极不敏感的依据，因为只有当氧饱和度非常低的时候才能导致发绀症状的出现，再加上犬猫的黏膜颜色本来比较暗，这就使得发绀在没有发展到严重症状之前很难检测到，一旦确认为发绀，则说明缺氧情况已经发展到比较严重的程度。

就引起犬猫发绀的原因而言，从右向左分流的心脏缺陷，如法洛四联症可使受其影响的犬猫发绀；患有红细胞增多症的犬猫，由于红细胞数量的增加而导致血红蛋白减少，也能导致发绀。

发绀会随着快速运动而加重，因为当肺血管压力不变时，外周血管阻力会降低，因此，更多的脱氧静脉血会进入全身。

7. 体重下降

患有慢性、严重右心衰竭（如严重三尖瓣反流、扩张型心肌病、晚期心脏病）的犬只会出现体重下降的现象。

猫的体重下降，通常与甲状腺功能亢进或浸润性肠病有关，患有慢性右心衰竭的猫也可能导致体重减轻。

此外，由心脏疾病导致的恶病质也是造成犬猫体重下降的原因之一。由心脏疾病导致的恶病质是指尽管犬猫食欲正常，且对潜在的心脏疾病也进行了充分、有效的治疗，但身体还是存在总脂肪下降、肌肉下降，尤其是骨骼肌损失所导致的体重下降现象。特别是对一些患有扩张型心肌病的犬只来说，这可能是引起身体营养状况快速下降的重要原因。

据临床观察，造成犬猫体重下降多与以下因素有关：

①腹水：有腹水的病犬可能会有轻微的身体不适，让它们不愿进食。此外，腹水和充血的肝脏会压迫胃部，使其进食少量食物后就会产生饱腹感。不仅如此，由于腹水的存在，还会限制胃排空。如果食物不合胃口，犬猫更不愿意进食，就没有足够的热量来保持体重，从而导致体重下降。此外，腹水继发肠充血会导致营养吸收不良，从而造成机体营养不良引起体重下降。

②胰腺充血：由于胰腺充血，可能会降低消化酶的分泌功能，从而导致消化不良。

③心输出量减少机体消耗增加：由于心输出量的减少，必将造成呼吸和心肌耗氧量的增加。这两个原因均会消耗更多的心脏和肺部能量。另外，交感神经系统的激活，也会造成心输出量的减少和引起身体其他能量消耗的增加。

④药物影响：使用地高辛、甲乙酮、奎尼丁、普鲁卡因胺、地尔硫䓬等心脏药物，偶尔使用其他可能导致厌食和（或）呕吐的药物，会造成犬猫体重下降。地高辛对小肠有直接影响，它会抑制糖和氨基酸的运输，从而引起犬猫体重下降。

⑤电解质紊乱：电解质紊乱将会导致犬猫食欲下降，尤其是钠和钾会受到利尿剂、血管紧张素转换酶抑制剂和地高辛的不利影响，当钾水平异常时，就会引起厌食症。

⑥抑制脂蛋白酶活性和降低脂肪储存：患有慢性充血性心力衰竭的犬只，由于其脂蛋白脂肪酶（水解乳糜微粒）的活性降低，并因此干扰体内脂肪合成。

⑦蛋白丢失性肠病：由右心衰竭引起的全身静脉和淋巴高血压，会造成继发性肠内淋巴管扩张，进而引发蛋白质丢失性肠病，从而导致营养吸收困难，出现体重下降。

表 8–6　由心脏疾病导致犬猫恶病质的主要原因

主要原因
①腹水
②胰腺充血
③心输出量减少机体消耗增加
④药物影响
⑤电解质紊乱
⑥抑制脂蛋白酶活性和降低脂肪储存
⑦蛋白质丢失性肠病

总体而言，体重下降和恶病质是由多种因素造成的。确保患有腹水的犬猫能够接受恰当的心力衰竭治疗，以及监测它们的地高辛水平、电解质状况和肾功能是非常必要的举措。同样重要的是，要计算犬猫的热量需求，确保它们能够摄入足够营养的食物，以满足其正常的生理需求，为此，可考虑补充特殊的高热量食物和采取多餐的进食方式，以确保摄入足够的热量。

8. 麻痹或瘫痪

如果犬猫突然出现肢体麻痹或瘫痪，应重点排查是否由心脏问题导致栓塞所引起。患有急性后轻瘫或一条前腿轻瘫的猫，需要排查是否存在血栓。

当血栓滞留在主动脉分叉处时，猫在栓塞出现后的最初几个小时内，会表现出剧烈的疼痛感，远端肢体会很冷，可能还会轻微肿胀，脉搏无法被检测到，剪短患肢指甲时不会流血。

由心脏原因引起犬只急性后肢麻痹很少见，如果出现这种情况，多与由严重主动脉或二尖瓣引起心内膜炎的栓塞有关。

9. 张嘴呼吸

对猫来说，如果在运动后或紧张时出现张嘴呼吸的情况，要引起高度重视，这种现象很可能是由心脏疾病所导致的。

10. 晕厥或抽搐

晕厥是短暂失去知觉，时间比较短，会很快恢复正常。在临床上，犬猫的晕厥有时候很难跟癫痫相区别。通常而言，癫痫发作过程中可能会伴有大小便失禁，而且在癫痫发作后，犬猫的身体状况多表现为比较虚弱、疲劳。但由心脏问题引起的晕厥，通常会很快恢复正常，晕厥前后的精神状况基本正常。

表 8–7　引起犬猫晕厥的常见原因

原因
①导致严重心输出不足的疾病（如扩张型心肌病）
②严重心动过缓（如窦房结综合征）
③严重心动过速（如房性心动过速、室性心动过速）
④猫肥厚型心肌病
⑤严重系统低血压，包括血管扩张剂使用后所导致的低血压
⑥严重肺动脉高压
⑦严重主动脉下狭窄
⑧严重肺动脉狭窄
⑨严重二尖瓣反流（小型犬常见在激动后出现昏厥）
⑩法洛四联症

第九章

犬猫胸部 X 光片的判读技巧

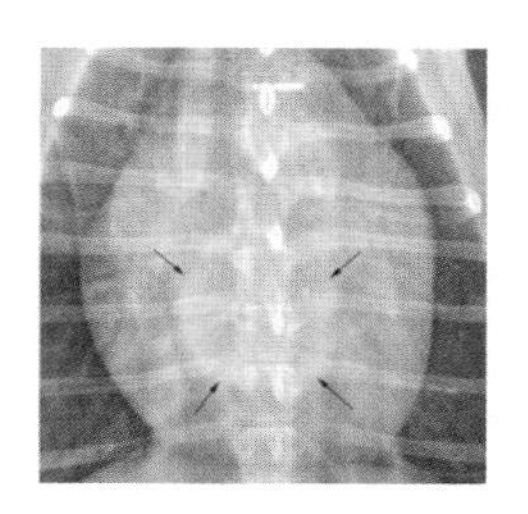

在为犬猫做心脏彩超前，是否需要做胸部 X 光片检查呢？作者在临床工作中发现，很多犬猫主人只要求做心脏彩超，而不愿意拍胸部 X 光片。其实，在给犬猫做心脏彩超前，先拍胸部 X 光片是非常必要的选择。

第一节｜犬猫胸部 X 光片可以提供哪些信息

①可提供心影大小及跟心脏相连接的血管信息：在临床上检查心脏疾病的时候，不应该只局限于关注心脏，同时还要查看血管状况。如果我们通过 X 光片发现了一个比正常值较大的心脏，就应当去进一步检查血管，通过这些血管提供的有效信息，可能会为我们提示心脏为什么会变大的原因。

②可观察到 X 光片上的肺部图像信息：通过胸部 X 光片，可以检查肺炎、肺部肿瘤等肺部本身的问题；胸部 X 光片还可提示是否存在左心衰，因为很多患有左心衰的犬猫会有肺水肿的症状。

③可观察胸膜腔是否异常或存在积液：在临床上，左心衰和右心衰都可能导致犬猫出现胸腔积液。

④可观察前腹部：拍胸部 X 光片，最好能包括前腹部，因为一旦存在右心衰的情况，则极有可能导致肝肿大和腹水。

所以，在检查和诊断心脏疾病的时候，我们不能仅仅关注心脏心影的大小，还须对整个胸腔及前腹部进行全面的评估。

第二节｜犬猫胸部 X 光片心影

1. 犬猫胸部 X 光片心影简述

事实上，我们在胸部 X 光片上看到的心影，不仅仅局限于心脏，还包括其他一些生理结构，因此，一个全面的胸部 X 光片心影应涵盖如下内容：

①心脏。

②与心脏相连的血管：如主动脉、前后腔静脉、肺动脉等。

③心包膜：心包内的任何疾病例，如心包积液、心包疝等问题，都会导致胸部 X 光片心影增大。

④冠状动脉。

⑤心脏周围脂肪：肥胖的犬猫心脏周围有很多脂肪包裹，这种状况也会让胸部 X 光片心影增大。

2. 肋间法

临床医生会对胸部 X 光片的心影大小进行主观评估，但这种评估具有很大的主观性，在临床上，评估犬猫心影大小比较简单，常用的是肋间法（如图 9–1、图 9–2、图 9–3）。通常而言，犬的胸部侧位片心影小于 3.5 肋间；猫的胸部侧位片心影小于 2.5 肋骨间。

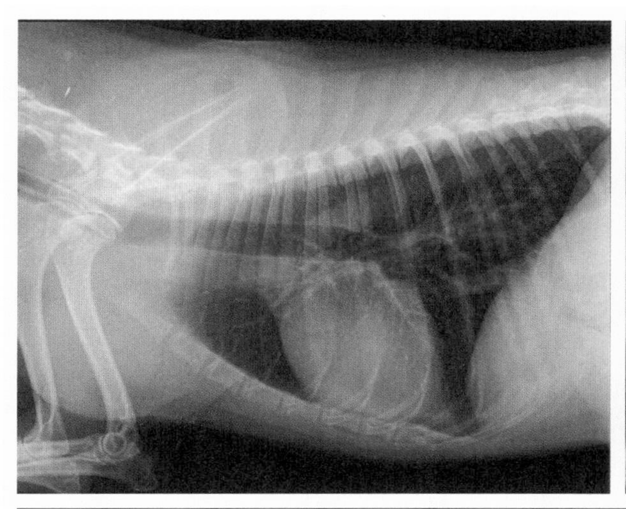

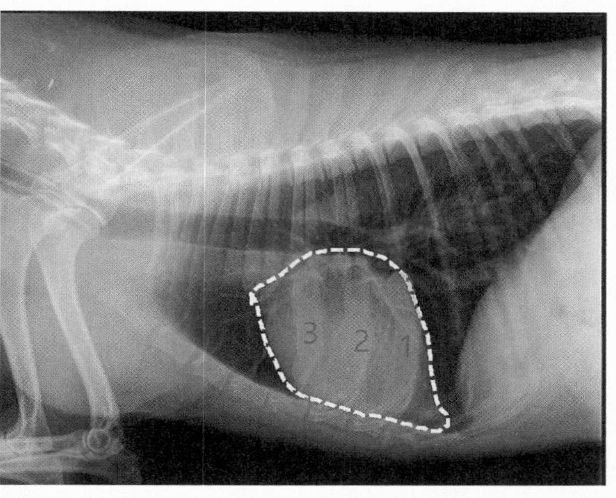

图 9–1　某犬的胸部侧位片。在评估心影大小的时候可用肋骨做参照。左右两图均为同一帧图像，其区别是作者在右图上用黄色虚线勾勒出了心影轮廓，用紫色线标注了肋骨。该犬的心影在 3.5 肋间，表明心影大小在正常范围内

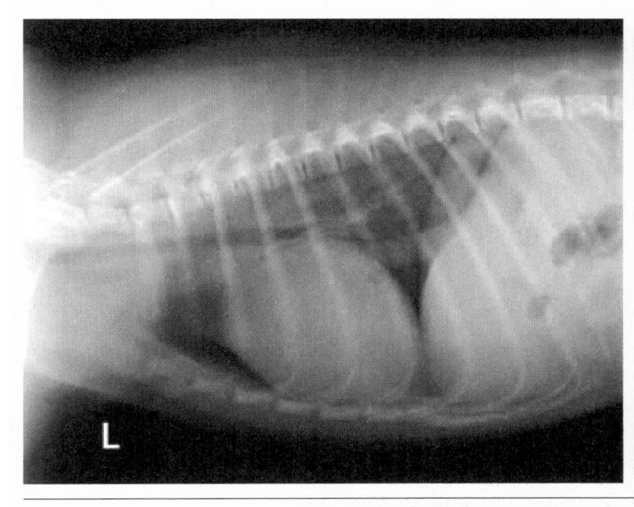

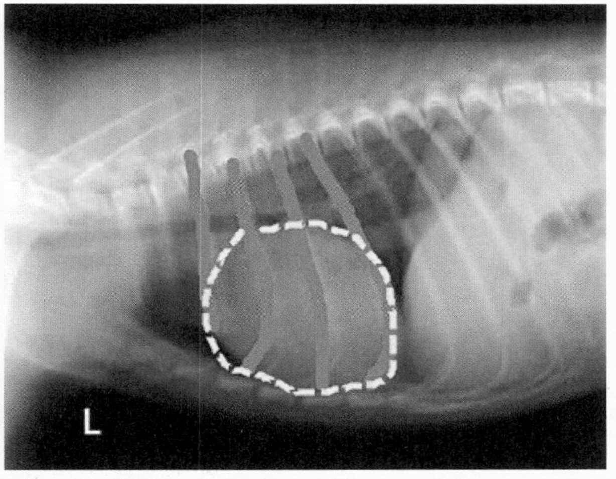

图 9–2　某犬的胸部侧位片。左右两图均为同一帧图像，其区别是作者在右图上用黄色虚线勾勒出了心影轮廓，用紫色线标注了肋骨。从图上可以看出，该犬的心影大小达到了 4 个肋间，评估结果为心影偏大

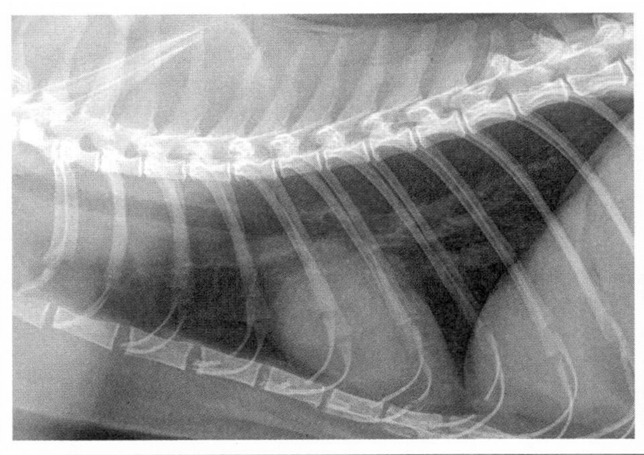
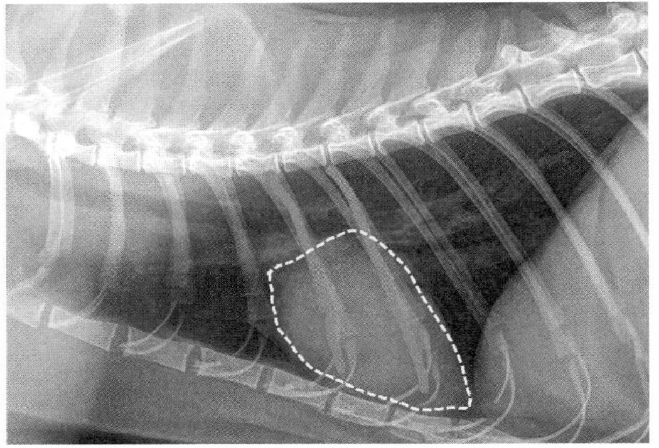

图 9-3　某猫的胸部侧位片。在评估心影大小的时候可用肋骨做参照。左右两图均为同一帧图像，其区别是作者在右图上用黄色虚线勾勒出了心影轮廓，用紫色线标注了肋骨。该猫的心影在 2.5 肋间，说明心影大小在正常范围内

3. 椎体心脏积分法

虽然肋骨法比较简单、明了，但不是特别精确，比较而言，用椎体心脏积分法（vertebral Heart Scale, VHS）来评估犬猫心影大小的精确度更高。其方法是用心影长轴与胸椎第 4 与第 8 椎体的比值 + 心影短轴与胸椎的比值结果作为判别标准。图 9-4 是用椎体心脏积分法评估心影大小的示例，其 VHS 为 10.2，相对比较正常，如果是采用肋骨法评估，心影大小在 4 个肋间，属于轻度偏大。由此可见，用两种不同的方法进行评估，得出的结论会存在差异。通常而言，猫的正常椎体心脏积分是 7.2 ~ 7.8，犬的正常椎体心脏积分是 9.2 ~ 10.2，如果犬的椎体心脏积分大于 10.5，提示心脏增大，但也有例外情况，某些犬种（如英国斗牛犬）的脊椎心脏积分虽然达到 12 分左右，但并不存在患有心脏疾病的迹象。所以不能仅凭测量结果轻易做出定论，最可靠的策略是将临床检查与测量结果相结合进行综合判断。

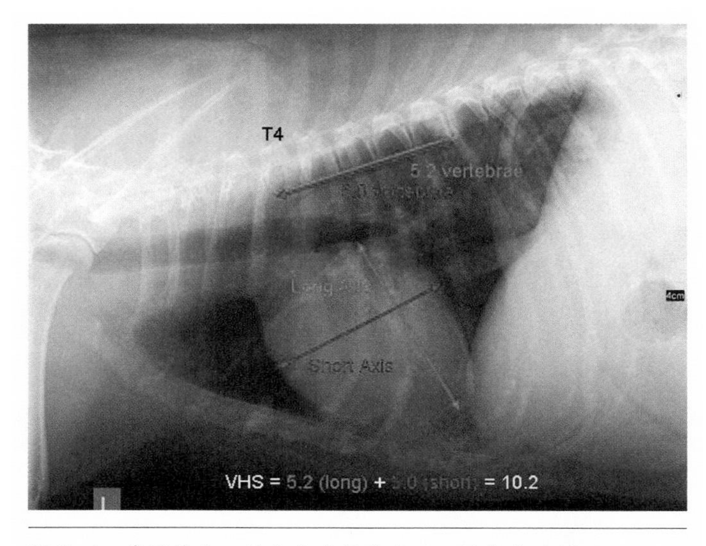

图 9-4　采用椎体心脏积分法评估犬只心脏大小示例

4. 如何判别犬猫心影是否增大

即便在犬猫的胸部X光片上看到心影增大的迹象，也需要进一步检查、甄别，以免导致误诊。下列情况值得关注。

①是否存在心脏真性肥大，如犬肥大性心肌病等。

②是否存在心包疾病，如心包积液等。

③是否存在膈心包疝等。

只要发现心影增大，都应进一步鉴别是否存在心包疾病、心包疝，很多临床医生由于太过注重心脏疾病而忽略了心包疾病和心包疝的诊断。图9-5为某猫的胸部X光片，图中可以看到一个非常大的心影，这个时候就需要进一步诊断是心脏真性增大，还是因为心包疾病或膈心包疝所导致。通过心脏彩超检查，最终确认该猫实为膈心包疝，肝脏进入心包。作者对该猫做了开胸手术修补，术后X光片显示，心影明显变小（如图9-6）。该病例的详细情况将在第十四章中详述。

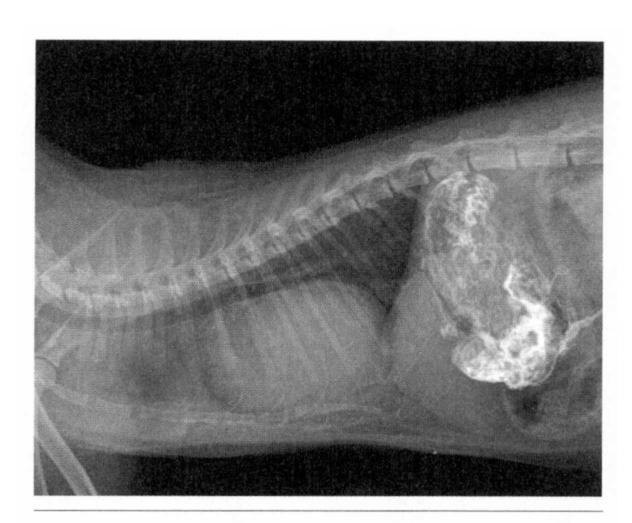

图9-5　某猫胸部X光片显示心影增大，后经心脏彩超诊断，确诊为膈心包疝

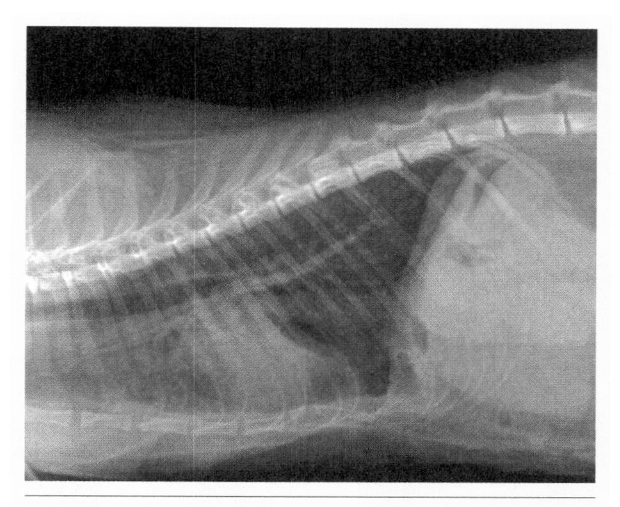

图9-6　某猫手术后的胸部X光片。该猫与图9-5为同一只猫，经彩超诊断，确认为膈心包疝，疝内容物为肝脏，据该猫术后胸部X光片显示，心影大小恢复正常

5. 犬猫胸部X光片上心脏各解剖部位的投射位置

在犬猫胸部X光片上，临床医生应熟练掌握心脏各解剖部位各自的投射位置。为了方便大家记忆，作者在这里用“钟面法”，具体解析了在犬猫胸部X光片上心脏各解剖部位的投射位置（如图9-7）。在侧位胸部X光片上（如图9-8），也可以评估左心或右心肥大。

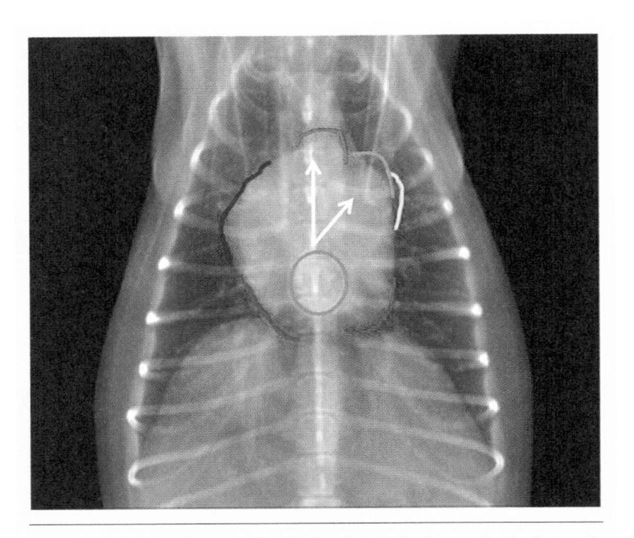

图 9–7 用“钟面法”解析犬猫胸部 X 光片上心脏各解剖部位的投射位置示例（背侧胸部 X 光片）。11:30 ～ 12:30 点是主动脉弓（红色）；1:00 ～ 2:00 点是主肺动脉（橙色）；2:00 ～ 3:00 点是左心耳（黄色）；4:00 ～ 5:00 点是左心室（绿色）；6:00 点是左心房（浅蓝色）；7:00 ～ 8:00 点是右心室（蓝色）；9:30–11:30 点位置是右心房（紫色）

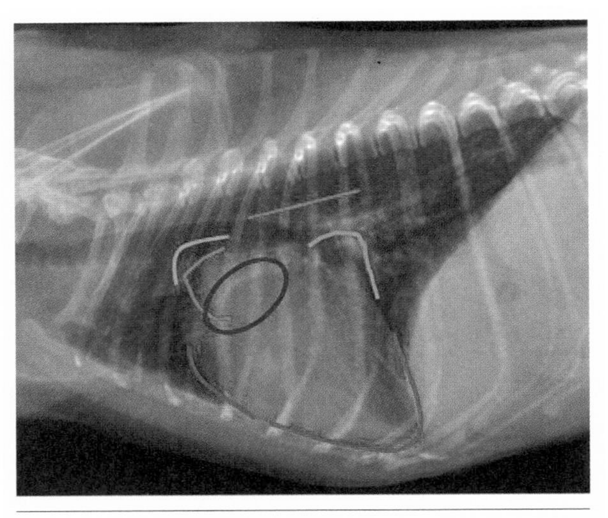

图 9–8 某犬的侧位胸部 X 光片。图上的生理结构有：主动脉弓（红色）、主肺动脉（橙色）、左心室（绿色）、左心房（浅蓝色）、右心室（蓝色）、右心房（紫色）

第三节 | 犬猫心脏的真性增大

犬猫心脏的真性增大可细分为左心增大、右心增大和全心增大。

1. 左心房增大

①可在侧位片发现心影尾侧变直。

②在肺门区域会出现不可透性增高。

③可见气管上抬：当左心房增大的时候，会推动背侧的气管、支气管往椎体方向上抬；如果出现淋巴结肿大，通常会压迫气管，导致气管上抬。

在犬猫腹背位或背腹位 X 光片上，可看到如图 9–7 中浅蓝色圆圈标注区域的不可透性明显增加（在图像上变得更亮）。此外，在犬猫正位胸部 X 光片上，也能见到其不可透性增加（如图 9–10）。

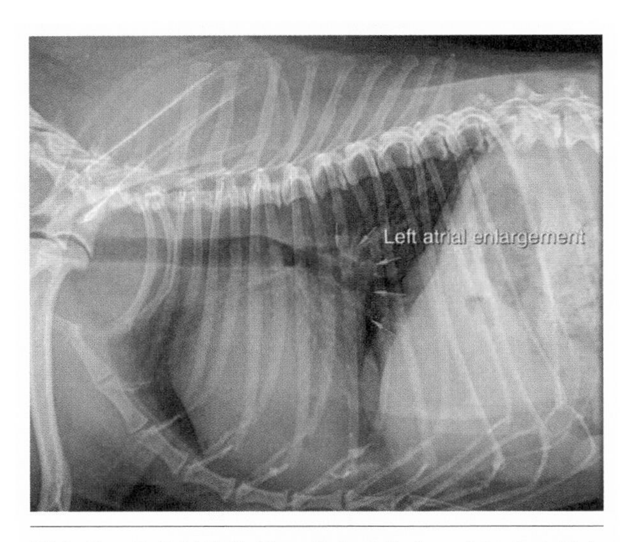

图 9–9 某犬侧位胸部 X 光片可见左心房肥大（图中粉红色箭头所示区域为左心房）

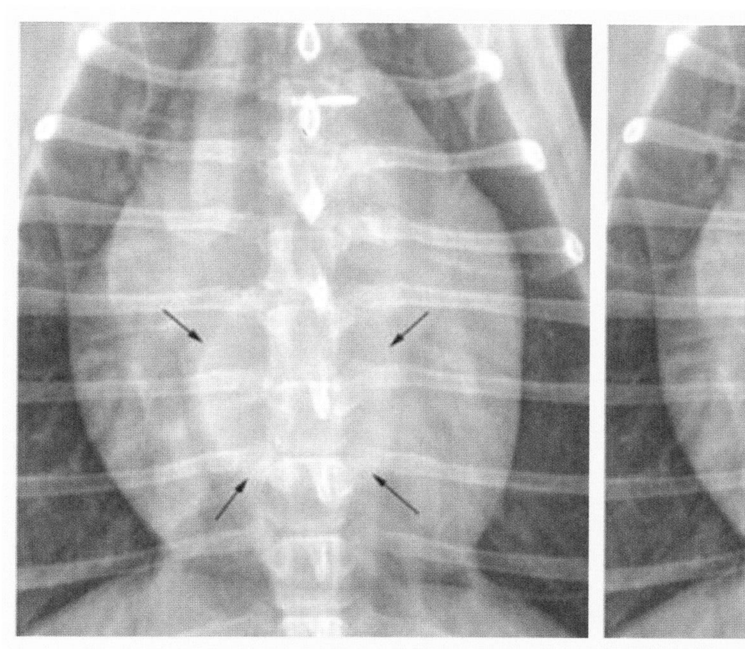

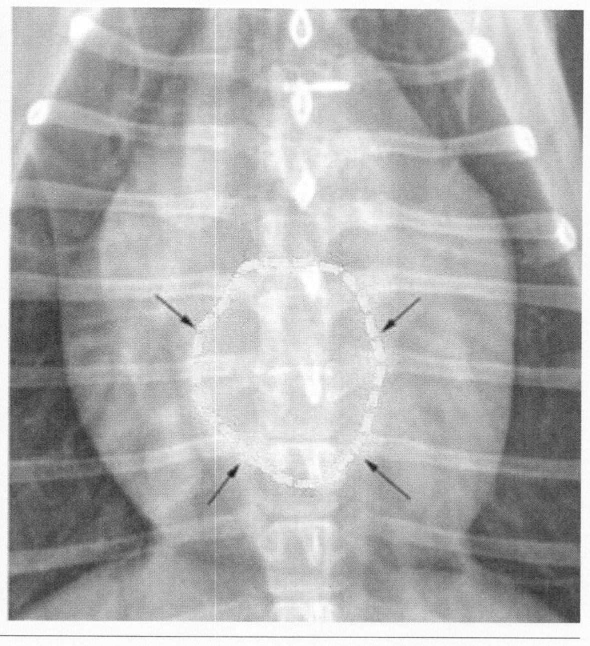

图 9–10　左右两图相同，均为某犬的同一帧正位胸部 X 光片，其区别是作者在右图上做了标注，在黄色虚线勾勒出的左心房区域，可明显看到不可透性增加（在左图上可看出该区域的图像更亮）

必须强调的是，当气管、支气管疾病区域出现淋巴结增大的情况时，也会出现如图 9–10 中黄色虚线区域不可透性增加的现象。

甄别技巧之一：淋巴结病变不会导致该区域气管、支气管在正位片移位，如果左心房肥大，会在正位片上看到气管、支气管移位。

甄别技巧之二：当出现左心房肥大的时候，可看到非常清晰的轮廓。

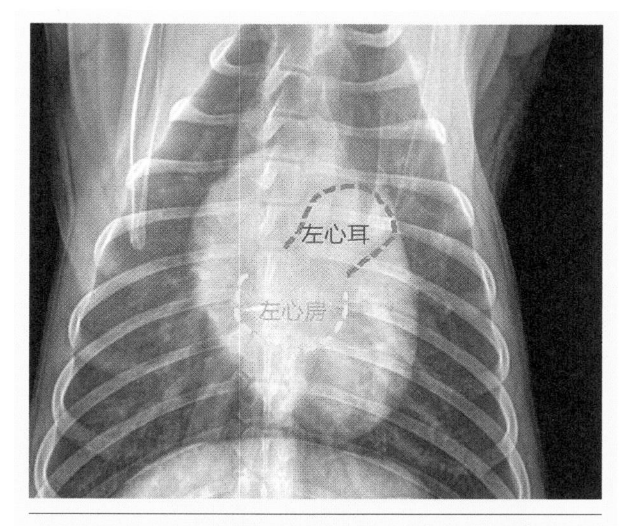

图 9–11　某犬的胸部正位片。在正常情况下，左心耳是从左心房向上延伸，左心耳卧在心影上（紫色虚线勾勒区域为左心耳，黄色虚线勾勒区域为左心房）

2. 左心耳增大

左心耳是左心房的一部分（如图 9–11），如果出现左心房特别肥大的情况（如图 9–12），也会导致左心耳增大。一旦左心耳增大，在犬猫正位胸部 X 光片的 2:00 ~ 3:00 点区域，便可看到向外凸起或不可透性增高（如图 9–7）。

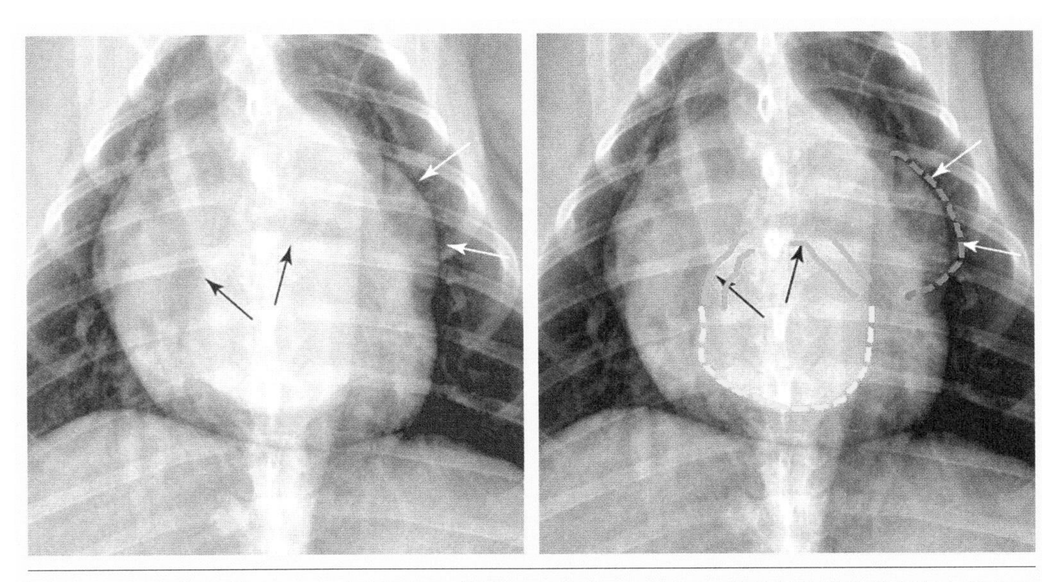

图 9–12　左右两图相同，均为某犬左心房明显肥大的同一帧 DV 片，其区别是作者在右图上用彩色线条做了具体标注。从图中可见，扩大的左心房导致了主支气管的轴向位移（左图中的黑色箭头，右图中的绿色线条）；心脏轮廓的左侧也有一个凸起（右图紫色虚线位置为肥大的左心耳）；黄色虚线位置是肥大的左心房

3. 左心室增大

如果左心室增大，在侧位片上可看到心脏在长轴上会变长；如果右心室增大，可看到心脏在短轴上会变宽，气管会向背侧移位（如图 9–13）。

如果左心室增大，在正位片上的心影边缘不容易辨认出心尖（如图 9–14）。

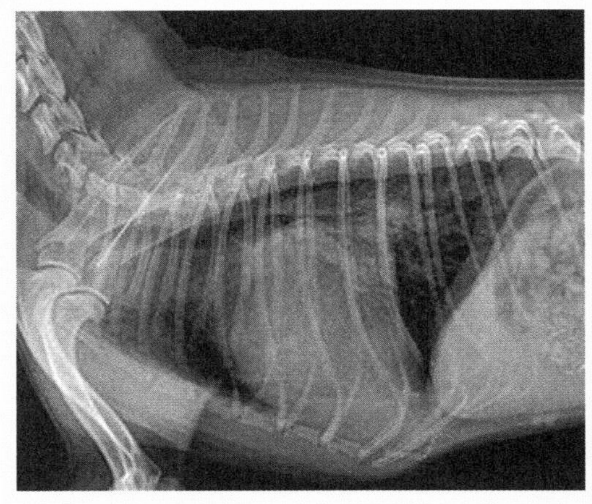

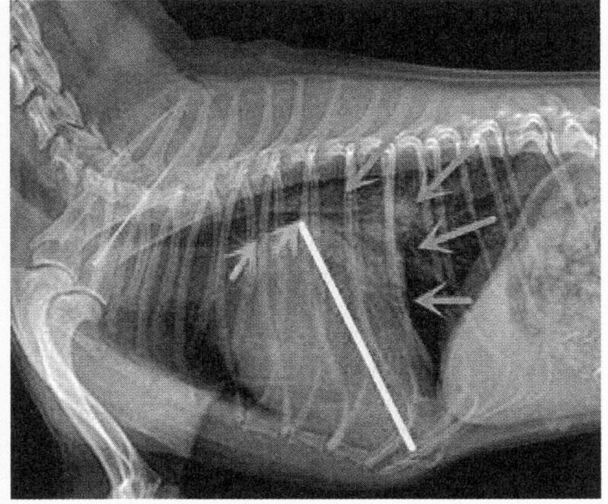

图 9–13　左右两图相同，均为某犬的同一帧胸部侧位 X 光片，其区别是作者在右图上用彩色线条标注了病变部位。从图上可见，由于左心室肥大，从而导致心脏在长轴上变长（黄色直线位置）、左心耳增大不可透性增加（蓝色箭头指向位置）、气管上抬（橘色箭头指向位置）

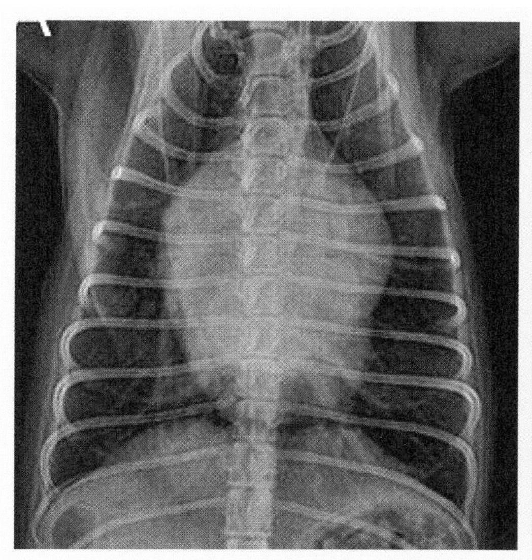
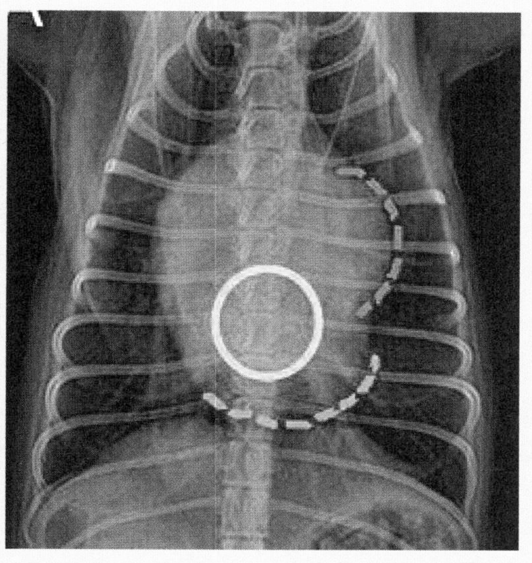

图9-14　左右两图相同，均为某犬的同一帧胸部正位X光片，其区别是作者在右图上用黄色圆圈勾勒出了肥大的左心房，用紫色虚线勾勒出了肥大的左心耳，用绿色虚线勾勒出了肥大的左心室。由于左心室肥大，导致正位X光片上的心尖图像丢失，使正常的尖形变成了钝圆形（右图绿色虚线位置）

4. 右心房增大

总体而言，如果右心肥房大，心脏会在短轴上加长，让心脏变宽；如果左心房肥大，心脏会在长轴上变长，让心脏变高（如图9-15）；当右心房肥大的时候，在胸部侧位X光片上，可见前背部不可透性增加或者凸起（如图9-16），而在胸部正位X光片上（腹背位或者背腹位），也可见不可透性增加或凸起（如图9-17）。

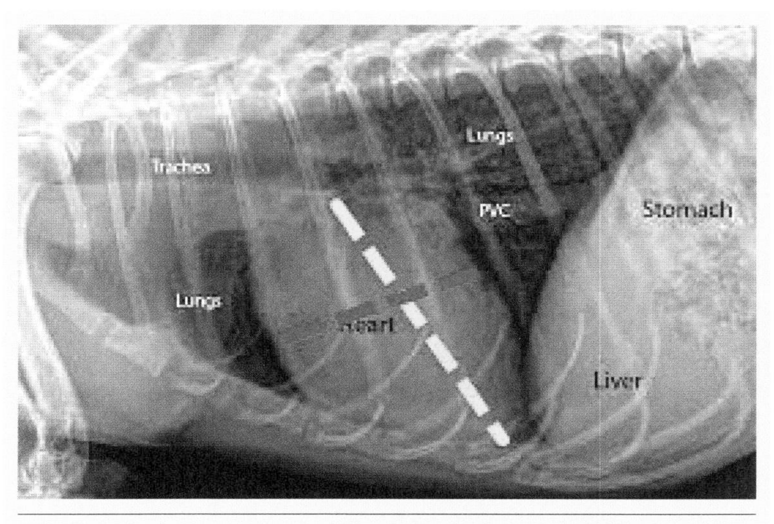

图9-15　如果左心房增大，心脏会在长轴长增长（黄色虚线），让心脏变高；如果右心房增大，心脏会在短轴上增长，让心脏变宽（蓝色虚线）

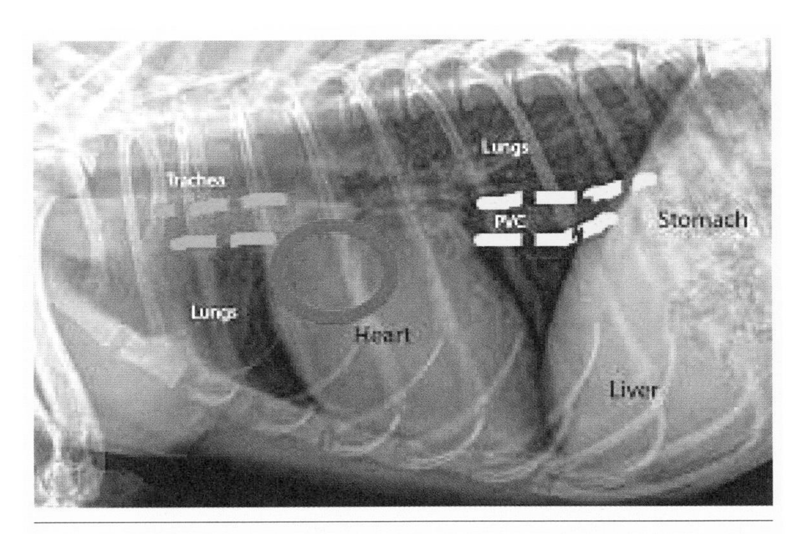

图 9–16　如果右心房肥大，会造成右心房（蓝色圆圈区域）不可透性增加或向外凸起。黄色虚线是后腔静脉；橘色虚线是前腔静脉

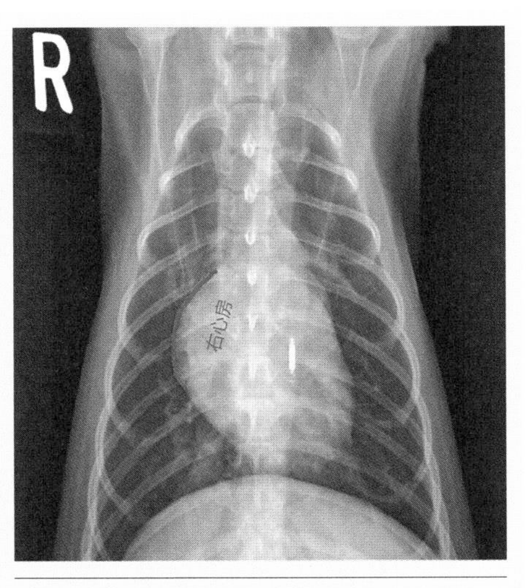

图 9–17　如果右心房肥大，会在胸部正位 X 光片上 9:30 ～ 11:30 点的位置看到右心房（蓝色线条区域）不可透性增加或凸起

5. 右心室增大

一旦出现右心室增大，将在胸部侧位X光片上看到心脏与椎骨的接触面有所增大，出现类似于躺卧的“睡觉心”（如图 9–18）。

如果我们在心脏基部与心尖之间画一条假想线，这条线将会把心脏分为左右两个部分，颅侧部分通常占据 2/3 的位置，一旦超过这个范围，则说明右心室增大（如图 9–19）。此外，右心室肥大在胸部正位 X 光片上的典型图像是呈翻转的“D”字形（如图 9–20）。

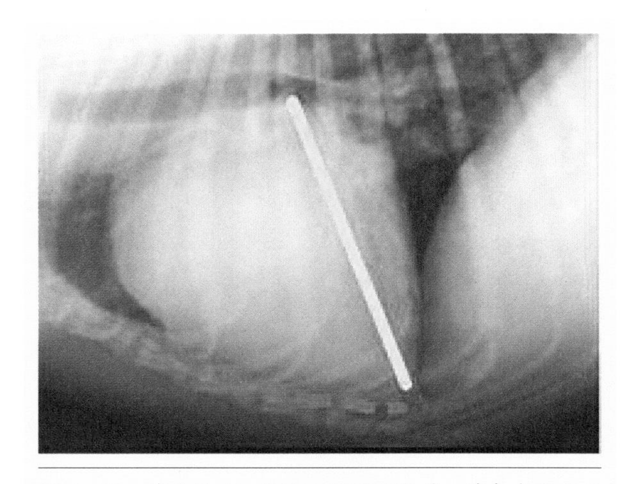

图 9–18　某犬的右心室肥大胸腔侧位片。蓝色虚线所示心脏与胸骨柄的接触面有所增加，心脏犹如处于躺卧的睡觉状态；黄色实线是从心脏基部到心尖的连线，正常情况下，颅侧部分的面积应该是尾侧部分的两倍，但该病例已超过 4 倍，这些信息都提示该犬患有右心室肥大

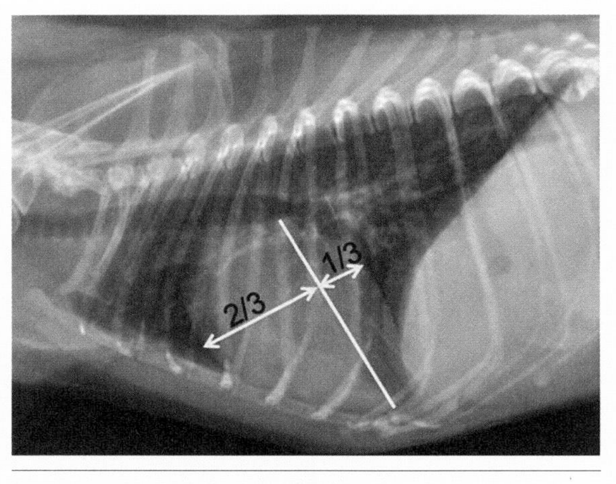

图 9–19　正常犬只的侧位胸部 X 光片。如果从心脏基部到心尖画一条假想线，在正常犬只中，心脏部位的 2/3 应该在这条线的颅侧(靠近头部)，1/3 在尾侧(靠近尾部)

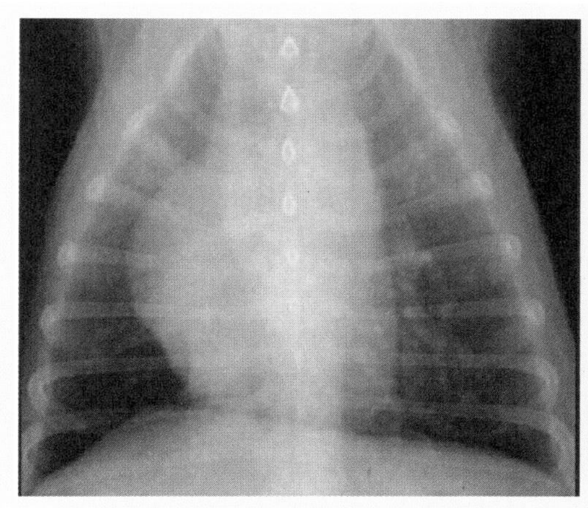
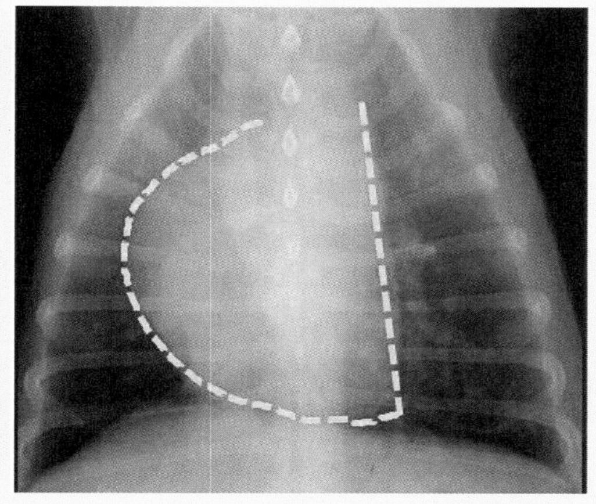

图 9-20　左右两图相同，均为某犬同一帧胸部正位X光片，其区别是作者在右图上用用黄色虚线勾勒出了心脏的边缘轮廓。在图上，我们可以清晰地看到由于该犬右心室肥大而致心脏呈翻转的“D”字形

第四节丨犬猫心包积液的胸部X光片诊断

如果出现心包积液，在犬猫胸部正位和侧位X光片上都能看到大而圆的球状心影（如图9-21），其心脏背侧尾端边缘也会非常清晰而圆滑（如图9-22、图9-23）。在这里必须强调的是，由心包积液导致的心影扩张，其边缘与左心房或左心耳肥大导致的症状有明显区别，应注意观察二者的不同之处。

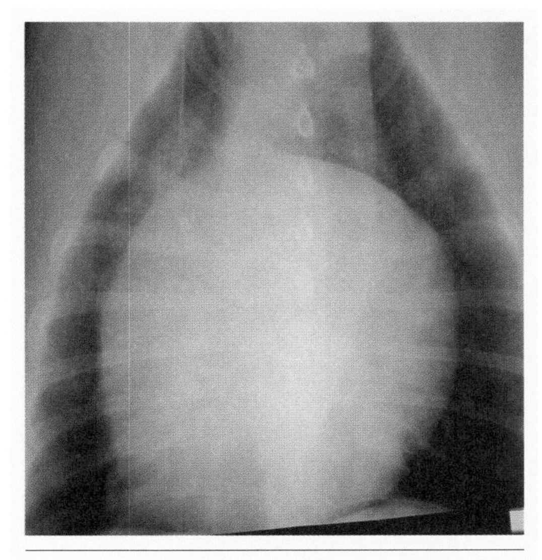

图 9-21　某犬心包积液的胸部正位X光片，可看到非常圆的球状心影

出现心包积液的时候心包压力增大，进而导致右心室首先发生塌陷。出现右心衰后可能会出现胸水、前腔静脉扩张、肝脏肿大、腹水等现象。此外，出现心包积液的时候，还可观察到肺部血管变小。

必须强调的是，如果在胸部X光片上看到一个非常大的心影，一定要注意鉴别是心脏的真性肥大，还是由心包积液、心包疝等心包疾病所引起。为了避免误诊，可采用心脏彩超进一步鉴别。

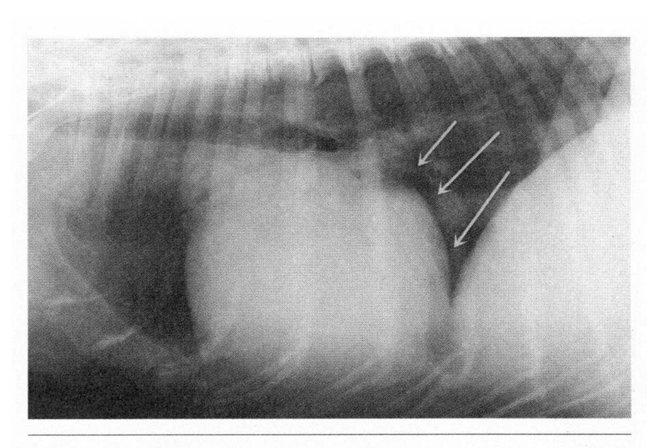

图 9–22 某犬心包积液的胸部侧位 X 光片，绿色箭头指向的心影背侧尾端边缘清晰而圆滑

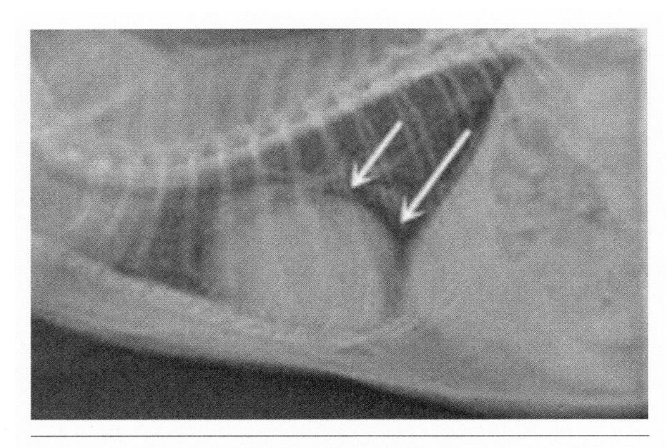

图 9–23 某猫心包积液的胸部侧位 X 光片，黄色箭头指向的心影背侧尾端边缘清晰而圆滑

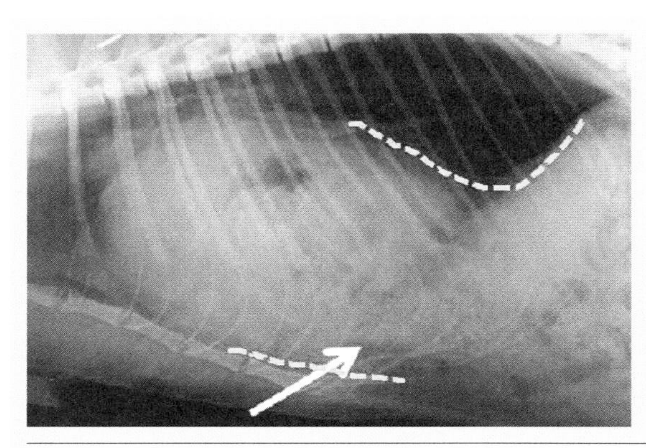

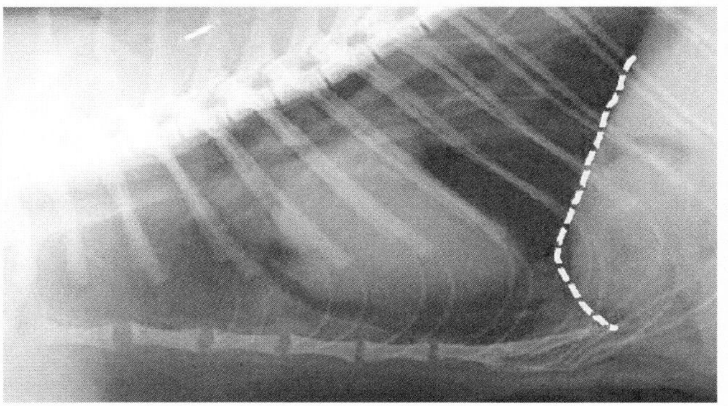

图 9–24 某猫膈心包疝手术修复前后的 X 光片。左图为术前，可看到心影非常大，白色箭头为肠，黄色虚线勾勒出膈与心影连在一起；右图是把进入心包的肠、腹部器官复位并修补好膈后的胸部 X 光片，在右图黄色虚线处可看到清晰的膈

第五节 | 犬猫肺动静脉的胸部 X 光片评估

1. 犬猫胸部 X 光片的解剖细节

由于心血管系统是一体的，因此，在评估心脏的时候千万不要忘记评估血管。在犬猫胸部 X 光片上，除了能看到心脏和肺，还有许多细微的解剖结构，比如颅纵隔、气管、降主动脉、后腔静脉、肺动脉、肺静脉左侧分支、右肺动脉、右肺静脉、右心房、右心室、左心房、左心室、右膈膜支柱、左膈膜支柱及心包内的脂肪等（如图 9–25、图 9–26）。

2. 犬猫肺动脉和肺静脉的识别

（1）犬猫肺动脉和肺静脉的位置

在犬猫胸部侧位 X 光片上心脏的颅侧缘，首先看到的是支气管，在支气管的两侧是肺静脉和肺动脉（如

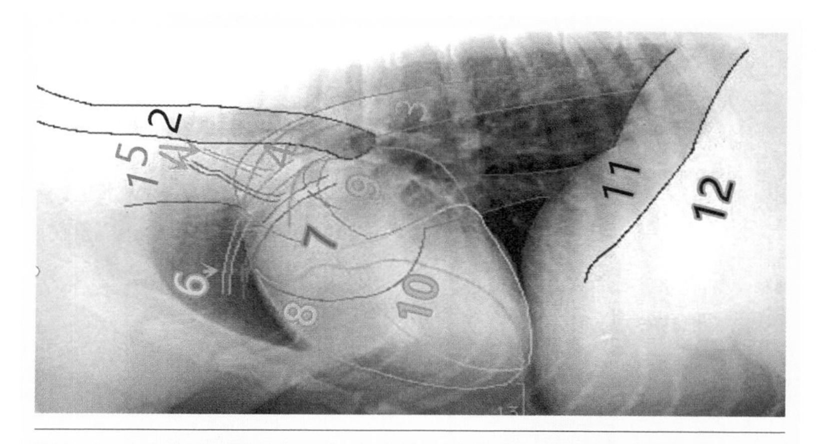

图 9–25　某犬胸部侧位 X 光片的解剖结构：1. 颅纵膈；2. 气管；3. 降主动脉；4. 后腔静脉；5. 肺动脉（粉红色），肺静脉左侧分支（蓝色）；6. 右肺动脉（粉红色），右肺静脉（蓝色）；7. 右心房；8. 右心室；9. 左心房；10. 左心室；11. 右膈膜支柱；12. 左膈膜支柱；13. 心包内的脂肪

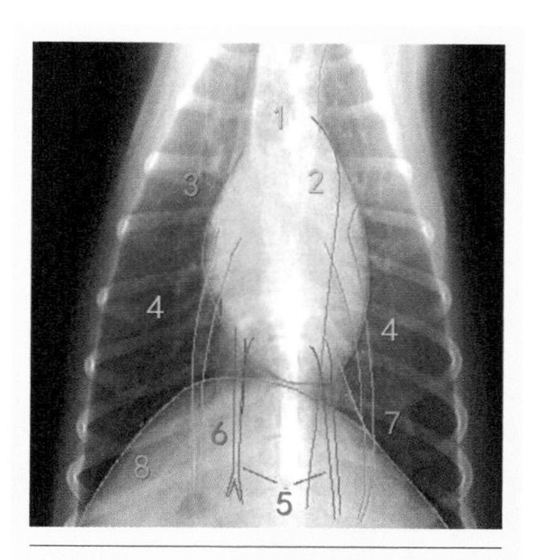

图 9–26　某犬胸部正位 X 光片的解剖结构：1. 颅纵膈；2. 主动脉左侧缘；3. 心影；4. 肺动脉（浅粉色）；5. 肺静脉（蓝色）；6. 后腔静脉；7. 心脏膈韧带；8. 横膈膜

图 9–25），肺静脉在支气管的腹侧，肺动脉在支气管的背侧。在犬猫胸部正位 X 光片上，肺静脉在心脏尾侧，肺动脉在外侧，肺静脉在内侧（如图 9–26）。

（2）评估犬猫肺动脉及肺静脉的重要性

因为不同类型的心脏疾病，会导致肺动脉、肺静脉的不同改变，可大致归纳为以下几种表现：①肺动脉直径增大；②肺静脉直径增大；③肺静脉、肺动脉直径都增大；③肺动脉、肺静脉直径都减少。

（3）犬猫肺动脉增粗的常见原因

犬猫肺动脉增粗，通常会提示肺动脉高压的存在，导致肺动脉高压的主要原因包括以下几方面：①心丝虫病（如图 9–27、图 9–28）；②肺动脉血栓；③肺动脉狭窄；③右心肥大。

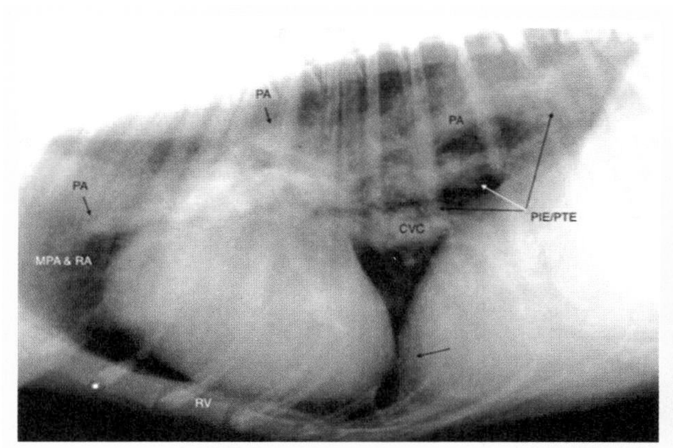

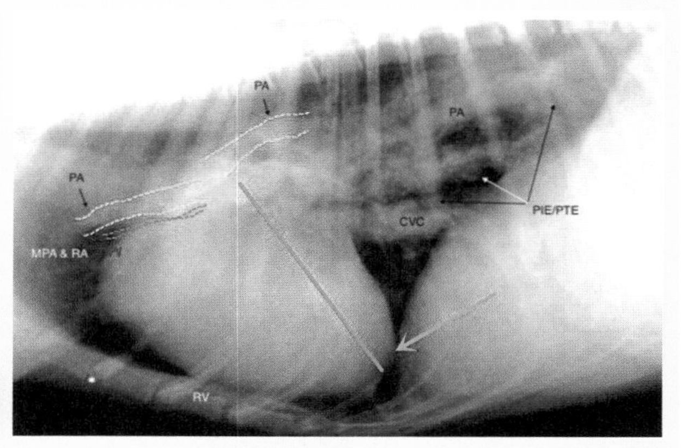

图 9–27　左右两图相同，均为某犬心丝虫病的同一帧胸部侧位 X 光片，其区别是作者在右图上用彩色线条做了具体标注。从图上可看出，肺动脉（黄色虚线）较肺静脉（紫色虚线）明显增粗，还可见心尖部向背侧升高（绿色箭头位置），以及颅侧比尾侧明显增大（通过从心脏基部到心尖的橘色线进行判断）。图中：MPA 为肺主动脉，RA 为右心房，RV 为右心室，PA 为肺动脉，PIE/PTE 为肺浸润伴嗜酸性粒细胞 / 肺血栓栓塞症，CVC 为后腔静脉

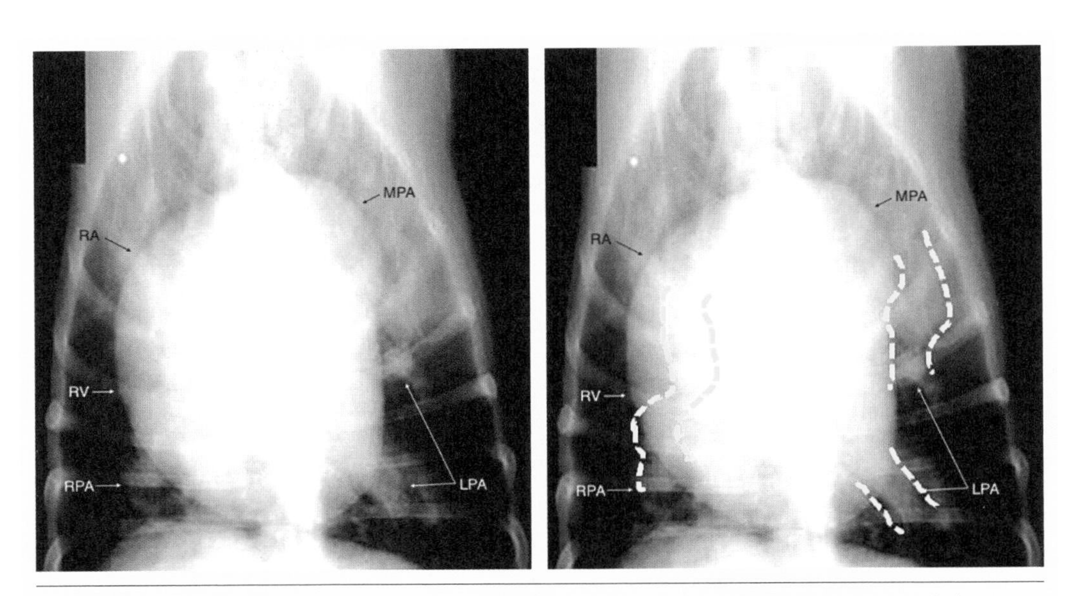

图 9-28　左右两图相同，均为某犬心丝虫病的同一帧胸部正位 X 光片，其区别是作者在右图上用黄色虚线勾勒出了扩张完全的肺动脉。图中可看出因中度至重度右侧心脏增大而产生的翻转“D”字形外观，以及主肺动脉区域隆起，左尾肺动脉增大。图中：MPA 为肺主动脉，RA 为右心房，RV 为右心室，RPA 为右肺动脉，LPA 为左肺动脉

（4）犬猫肺静脉增粗的常见原因

导致犬猫肺静脉增粗的主要原因，是二尖瓣关闭不全及左心扩张。

如果在犬猫胸部侧位 X 光片上看到左心扩张，心脏沿长轴“长高”，气管、支气管分叉口变狭窄，气管上抬，在“钟面法”的 1：00 ~ 3：00 点区域出现很大的不可透性凸起等异常情况，就需通过胸部侧位 X 光片的心脏颅侧缘去查看肺静脉。

在正常犬猫的胸部 X 光片上，其肺动脉和肺静脉的直径投影大小差不多，肺动脉仅比肺静脉略微粗一点。如果出现二尖瓣关闭不全及左心扩张等疾病，就很可能导致肺静脉增粗（如图 9-29）。

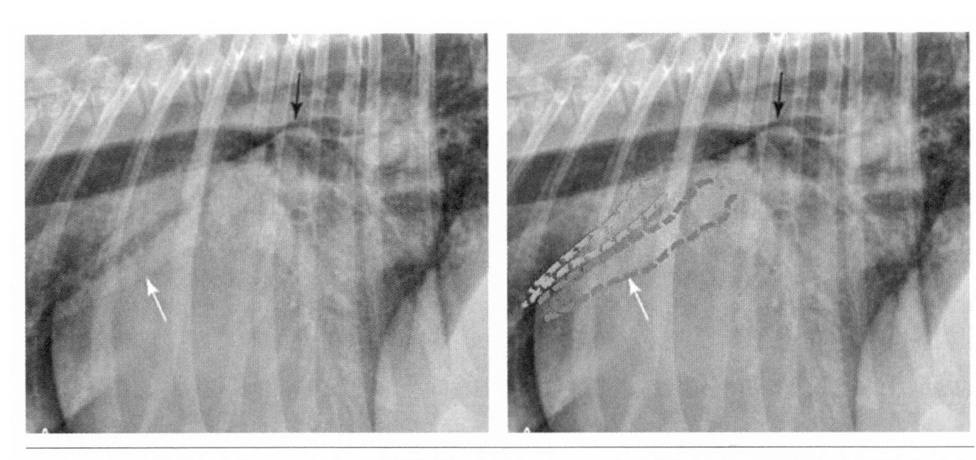

图 9-29　左右两图相同，均为某犬肺静脉增粗的同一帧胸部侧位 X 光片，其区别是作者在右图上用彩色虚线勾勒出了肺动脉（橘色虚线）和肺静脉（紫色虚线）。该犬患有左心肥大，黑色箭头区域可见凸出的左心及被挤压狭窄的气管、支气管分叉处

（5）犬猫肺动脉及肺静脉同时增粗或变细的常见原因

在犬猫出现肺部过度循环的情况下，肺动脉和肺静脉通常都会增粗。犬猫胸部侧位X光片的心脏颅侧，是评估其肺动脉和肺静脉的最佳位置，对此，可参见前文中的图9-25，在该图中，标识为序号“5和6”的粉色线条为肺动脉，蓝色为肺静脉。在侧位X光片的膈椎三角区表现为不可透性增高。

伴随肺部过度循环，可能发现以下几处典型的左心肥大特征：气管上抬，气管、支气管分叉口变窄，非常大的左心房（左心耳），心脏在长轴方向上变长，即所谓“心脏变高”。

如果出现动脉导管未闭（PDA）的情况，会增加肺部循环过度，在X光片上，可看到肺动脉和肺静脉同时增粗的现象。

肺动脉及肺静脉同时变细的情况，通常出现在有低血容量、失血、脱水、右心到左心分流、法洛四联症等病症的情况下。

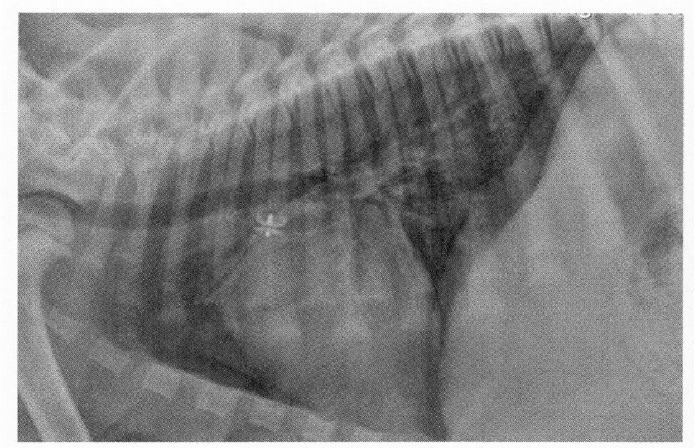
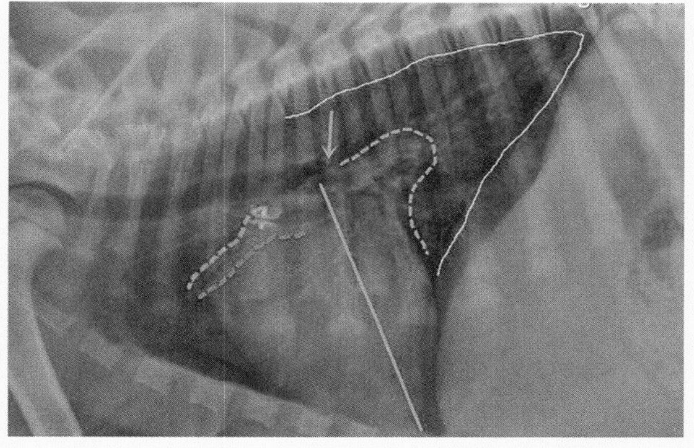

图9-30　左右两图相同，均为某犬肺动脉、肺静脉同时增粗的同一帧胸部X光片，其区别是作者在右图上用彩色线条及箭头标注了病变部位。在该侧位片的颅侧，可看到增粗的肺动脉（橘色虚线勾勒了肺动脉外侧边缘）和增粗的肺静脉（紫色虚线勾勒了肺静脉的外侧边缘）；在该侧位片的膈椎三角区，可见不可透性增高（黄色实线区域）。观察图上心影，可发现典型的左心肥大特征：气管上抬，气管支气管分叉口变窄（绿色箭头），非常大的左心房扩张（绿色虚线），心脏在长轴变长即“心脏变高”（绿色实线）

第六节丨犬猫左心衰与右心衰的胸部X光片特征

当犬只出现左心衰病变时，会首先出现肺静脉充血，随着病程的发展，左心衰会出现肺水肿。肺水肿最初表现为间质型，然后在气管外周形成水肿，最后至肺泡浸润。所以，在犬的胸部X光片上，肺水肿会表现为间质型、气管型和肺泡型几种不同的类型。即使是同一只犬，在左心衰发展的不同阶段，也会呈现出不同的类型，当肺水肿比较严重的时候，可能是肺泡型，当肺水肿被控制后，又可能显示为间质型。肺水肿的图像非常典型，在 X 光片上可见边界模糊，状如云雾。

犬只的肺水肿病变位置是在胸部侧位片的膈椎三角区及肺门位置。在胸部正位片上，表现为从肺门周围向尾侧区域扩散（如图 9–31），症状比较典型，也容易判断。就犬猫的心脏疾病而言，猫与犬的区别很大。猫不等同于小型的犬，猫的肺水肿症状在 X 光片上可表现不同的形态，既可能出现局灶型、弥散型，也可能出现在背侧或腹侧，通常与胸水同时发生，所以，在 X 光片上判断猫的左心衰更为困难。

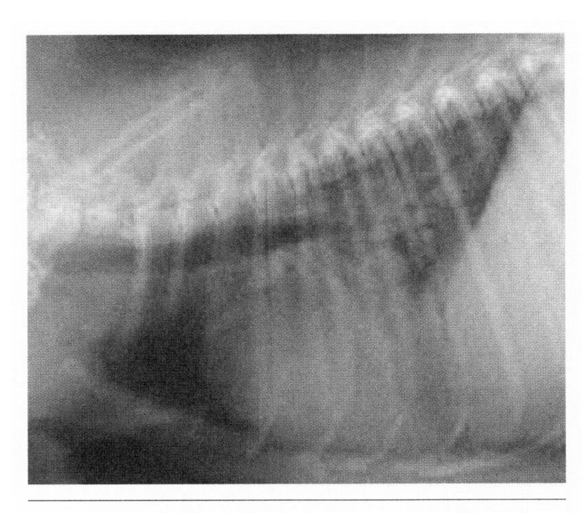

图 9–31　某犬的胸部侧位 X 光片。在膈椎三角区及肺门位置可见心源性肺水肿症状。此外，在该 X 光片上，还可见左心肥大的特征

当犬猫出现右心衰的时候，可看到右心扩张、后腔静脉扩张、肝脏肿大、静脉扩张及腹水，有些还会有胸腔积液；如果左心衰和右心衰同时出现，可能会看到胸水（关于右心肥大的 X 光片特征，可参见本章第三节）。

第七节｜犬类二尖瓣退行性疾病的 X 光片特征

二尖瓣退行性疾病是小型犬只最为常见的心脏疾病之一，在做心脏彩超诊断前，应先做胸部 X 光片。犬类二尖瓣退行性疾病在胸部 X 光片上的特征，主要表现在以下几个方面：①左心肥大（参见本章第三节）；②有些病例可能存在右心房肥大；③肺静脉充血扩张（参见本章第五节）；④出现左心衰的时候会伴有肺水肿。

第八节｜犬猫扩张型心肌病的 X 光片特征

在大型犬只中，容易出现扩张型心肌病，其中有些品种更容易患上此病。在 20 世纪 80 年代，猫的扩张型心肌病也很多，其原因大多是由营养因素所导致，现在猫的扩张型心肌病已经很少了。扩张型心肌病在犬猫胸部 X 光片上的特征，主要表现在以下几个方面：①心脏整体增大；②肺静脉充血扩张；③肺水肿或胸腔积液。

第九节丨猫肥厚型心肌病的 X 光片特征

在临床上，猫的肥厚型心肌病比较常见，其最佳的方法诊断是心脏彩超，但在做心脏彩超前，最好先拍胸部 X 光片。必须要知道的是，猫的肥厚型心肌病不会产生很大的心影，很多时候都在正常范围内，通过 X 光片诊断比较困难。如果猫因肥厚型心肌病引发生了左心房扩张，在 X 光片上能看到左心房肥大。如果当猫因肥厚型心肌病导致左心房和右心房同时增大的情况，但心室没有发生变化，那么，在胸部正位 X 光片上会出现“情人心”（如图 9–32）的特征。猫一旦患上肥厚型心肌病，很多时候会出现胸水、肺水肿的症状。

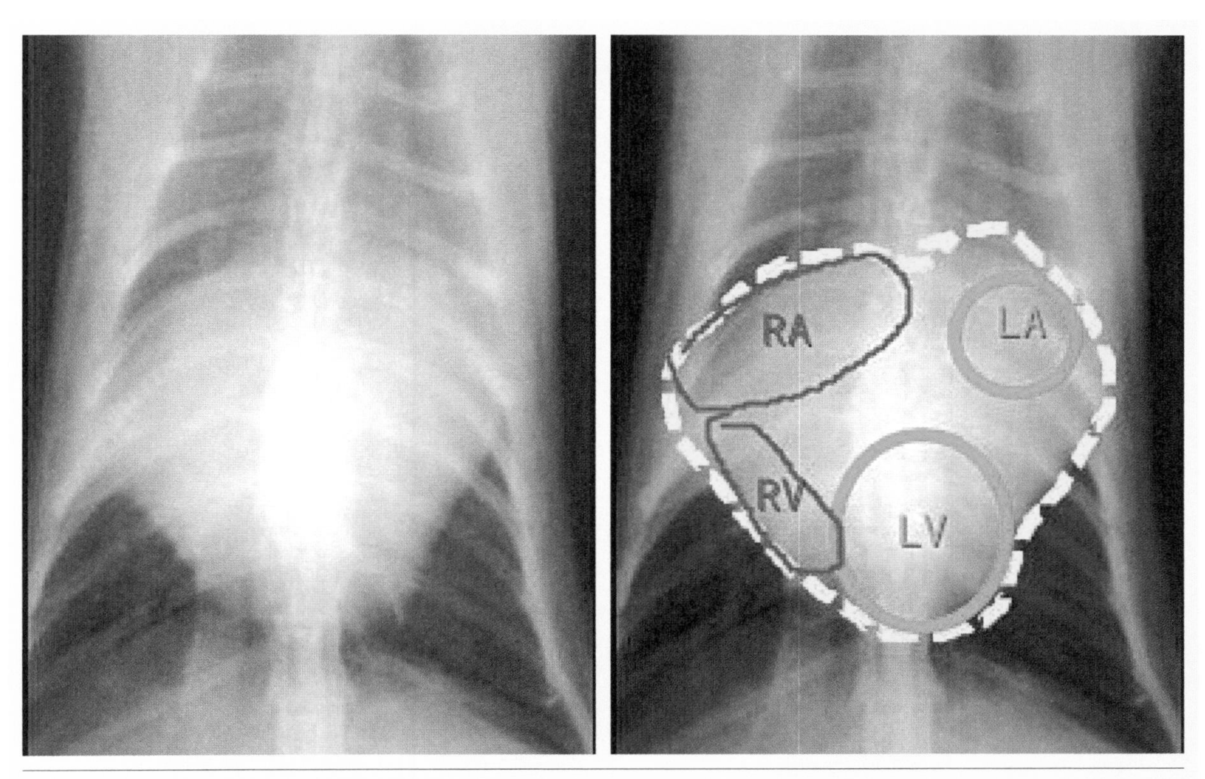

图 9–32　左右两图相同，均为某猫肥厚型心肌病的同一帧胸部正位 X 光片。其区别是作者在右图上对病变部位作了明确标注。该猫因患有肥厚型心肌病而导致左心房和右心房同时增大，但是心室没有变化，在胸部正位 X 光片上可见“情人心”（黄色虚线勾勒部分）。图中：LA 为左心房，LV 为左心室，RA 为右心房，RV 为右心室

第十节 | 犬猫心丝虫病的 X 光片特征

犬猫心丝虫病在全球范围内都比较常见，心丝虫病主要以预防为主，一旦在犬猫心脏内出现大量成虫寄生的状况，其预后都比较差。患有心丝虫病的犬猫，通常会在胸部的 X 光片上表现出如下特征：①右心肥大；②主肺动脉扩张；③外周肺动脉扩张、弯曲；④可继发过敏性肺水肿及肺泡间质型混合浸润；⑤可发生右心衰，心影呈翻转的“D”字形，以及后腔静脉扩张、肝脏肿大、腹水等（参见前文图 9-27、图 9-28）。

第十一节 | 犬类动脉导管未闭（PDA）的 X 光片特征

动脉导管未闭（PDA）是犬类常见的一种先天性心脏病，通常会在听诊的时候发现异常心音，一旦发现这种现象，应先拍胸部 X 光片，再做心脏彩超予以诊断。犬类动脉导管未闭（PDA）X 光片的主要特征是：①降主动脉扩张；②肺动脉扩张；③左心肥大；④肺循环过度。

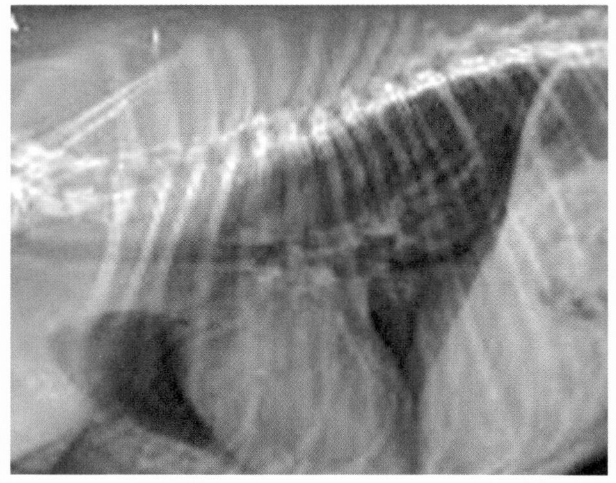
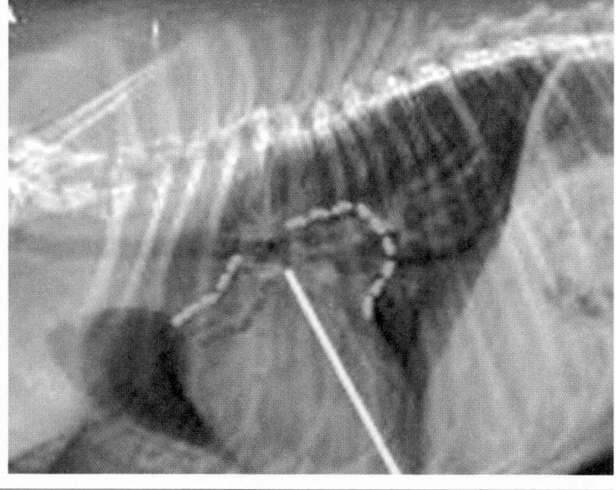

图 9-33　左右两图相同，均为某犬动脉导管未闭的同一帧胸部侧位 X 光片，其区别是作者在右图上用彩色线条标注了动脉导管未闭的症状特征：心脏长轴变长（黄色实线）、气管上抬（紫色箭头）、左心房增大（绿色虚线）、肺动脉（橘色虚线）和肺静脉（蓝色虚线）扩张

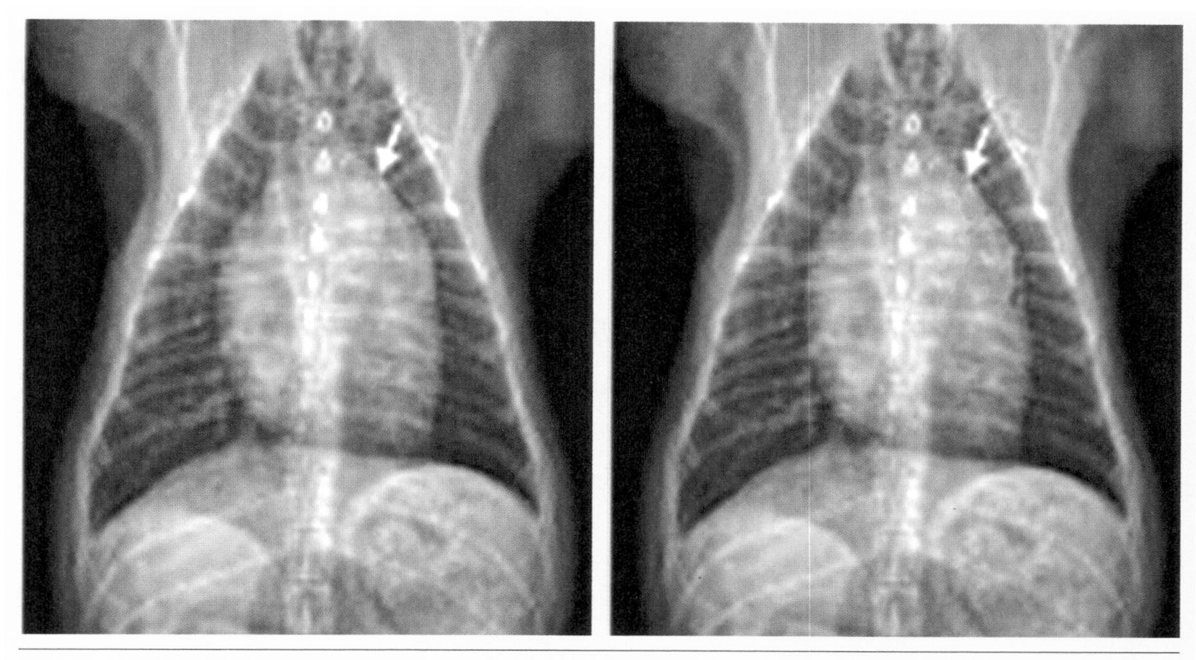

图 9-34　左右两图相同，均为某犬动脉导管未闭的同一帧胸部正位 X 光片，其区别是作者在右图上用彩色虚线标注了扩张的肺主动脉边缘（蓝色区域）和扩张的主动脉边缘（橘色虚线）

第十二节｜犬猫肺动脉狭窄的胸部 X 光片特征

肺动脉狭窄也是犬猫常见的心脏疾病之一，但值得注意的是，犬猫肺动脉狭窄的胸部 X 光片，跟患有心丝虫病的胸部 X 光片有很多相似的特征，如肺动脉扩张、心脏呈翻转的“D”字形，其原因就在于这两种疾病都会出现右心扩张的典型症状。

犬猫肺动脉狭窄在其胸部 X 光片上的主要特征有：①肺动脉扩张（与心丝虫相同）；②右心扩张，心脏呈翻转的“D”字形（与心丝虫相同）；③肺动脉血管正常（不同点：心丝虫病血管异常）；④侧位片心尖部有抬升（与心丝虫相同）。

第十三节｜犬猫心脏疾病胸部 X 光片的判断技巧

对犬猫心脏疾病的胸部 X 光片一定要仔细分析，除了要遵循前文有关犬猫胸部 X 光片的一系统具体判读技巧外，针对犬猫的心脏病问题，还须掌握如下要领和步骤：

①第一步：观察是否存在心脏肥大，如果有肥大，要评估是左心肥大、右心肥大还是全心肥大。

②第二步：评估与心脏连接的血管情况，特别是肺动脉、肺静脉。

③第三步：评估肺部情况，观察是否存在肺水肿。这里必须强调的是，猫的肺水肿呈现为多样性，而犬的肺水肿却具有典型特征。

④第四步：如果是右心衰，要评估后腔静脉、肝脏肿大及腹水情况等。

⑤第五步：列出鉴别诊断结果，根据相关信息进一步判别是否出现了心衰症状，如果有，应判断出是什么类型的心脏疾病。

在完成上述流程后，应进一步用心脏彩超观察心脏细节，对心脏疾病做出更为详细、准确的诊断。

在这里必须强调的是，虽然心脏彩超对诊断犬猫的心脏疾病具有非常优越的敏感性和特异性，但仍然不能跳过胸部 X 光片这一环节直接做心脏彩超，因为心脏彩超的优势，是反映心脏内部结构的腔室、瓣膜及血流动力学等信息，而胸部 X 光片还能反映是否存在肿瘤、团块、肺水肿等其他情况。

第十章

犬猫二尖瓣退行性病变的诊断

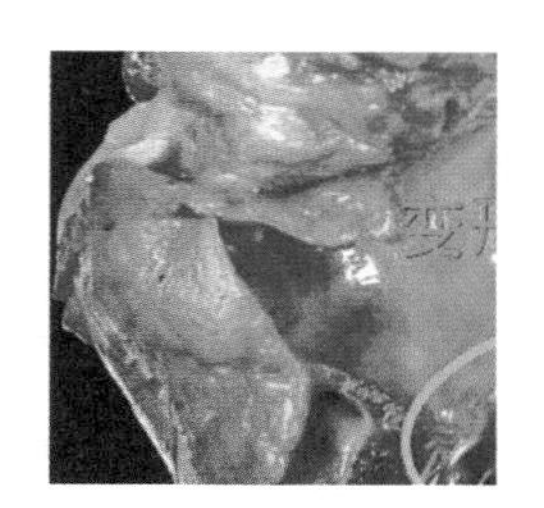

在临床上，犬猫的退行性瓣膜疾病有很多名字，例如黏液瘤性瓣膜变性、黏液瘤性转化、黏液样变性、心内膜炎、慢性瓣膜疾病和变性瓣膜疾病等。事实上，这些不同名称的疾病，其实都是指向同一个疾病——二尖瓣退行性疾病。

在临床上，犬猫的瓣膜疾病非常常见，有些瓣膜疾病是先天性的，虽然某些犬猫在出生的时候就已存在瓣膜狭窄，但更多的瓣膜疾病是后天造成的。犬猫的获得性瓣膜疾病，通常是由退化性或感染性所引起。个别比较少见的犬猫瓣膜疾病，在其病理发展过程有肿瘤形成。

二尖瓣退行性疾病是犬类最为常见的心脏疾病之一，具体表现为因瓣膜变性而导致的二尖瓣关闭不全，这种情况可导致心脏容量增大而出现心脏扩张，在某些情况下，还可引起充血性心力衰竭，由于左心房扩大压迫主支气管引起咳嗽，是比较显著的临床症状。

犬猫感染性心内膜炎是一种罕见的获得性瓣膜疾病，相对而言，犬类的感染性心内膜炎比猫多见，且多见于中年大型犬。犬猫感染性心内膜炎的临床症状与败血症、血栓栓塞和充血性心衰有关。

第一节｜犬猫二尖瓣退行性病变的发病率

二尖瓣退行性病变是一种获得性疾病，也是犬类最为常见的心血管疾病，在老年犬中的患病率最高。在 13 岁及以上年龄的犬只中，大约 30% 可检测到患有退行性瓣膜疾病的临床症状。在 9 岁及以上年龄的犬只中，大约 58% 可发现晚期退行性瓣膜疾病，如果包括轻微的病变的案例，13 岁以上犬只的患病率将超过 90%。

二尖瓣退行性疾病可影响到任何品种的犬只，但最常见于小型犬种，如小型贵宾犬、查尔斯猎犬、波梅拉尼亚犬、约克夏犬、吉娃娃犬等，其中尤以查尔斯猎犬的患病率最高，很多查尔斯猎犬在年轻时就有临床表现。据临床观察，公犬比母犬的患病率更高，但猫中并不常见。

第二节丨犬猫二尖瓣退行性病变的病理特征

一般来说，犬猫二尖瓣退行性疾病的病理特征，多表现为瓣膜小叶结节状扭曲及腱索增厚（如图 10–1）。随着疾病病程的发展，这些结节在数量、大小和并发症方面都有所增加。有些甚至会出现小叶收缩，小叶的自由边缘向内卷向心室心内膜等，严重时，这些异常症状会阻止瓣膜小叶的接合，从而导致二尖瓣关闭不全。

二尖瓣退行性病变的组织学特征是黏多糖沉积在瓣膜小叶的海绵层内，瓣膜纤维化也是特征之一，但不是主要的组织学特征。二尖瓣退行性病变是一种无菌的退化性疾病，与心内膜炎没有已知关系，炎症浸润也不存在。

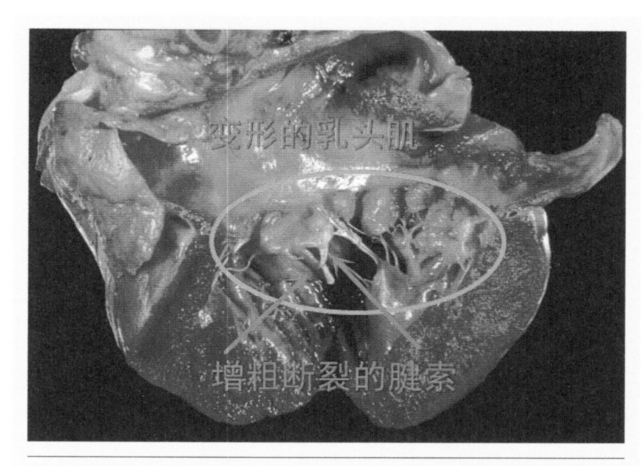

图 10–1　某犬的心脏解剖图。图上紫色箭头指向的两条腱索不仅增粗而且出现断裂，绿色圈内可见增粗、变形的乳头肌，在瓣膜小叶边缘还出现了少量结节，由此反映了该病最初的病理变化状况

第三节丨犬猫二尖瓣退行性病变的发病机理

导致犬猫二尖瓣退行性病变的确切原因目前尚不明了，从现象上看，患有软骨发育不良的犬猫容易出现二尖瓣退行性病变。此外，因为二尖瓣退行性病变与支气管软化症和椎间盘疾病等并发症有关，所以有人认为，二尖瓣退行性病变是犬猫系统性结缔组织疾病的一种表现。

最新证据表明，在引起二尖瓣退行性病变的发病机理中，血管活性肽内皮素可能起到了不容忽视的作用。与健康幼犬的二尖瓣组织相比较，二尖瓣退行性小叶具有更高密度的内皮素受体。此外，内皮素受体的密度与二尖瓣退行性病变的严重程度也密切有关。

除上述原因外，发生二尖瓣退行性病变也可能跟品种的遗传基因有关。据现有证据表明，犬猫罹患二尖瓣退行性病变的趋势并不受孟德尔遗传定律的影响，而是一种多基因特性。在骑士国王查尔斯猎犬中，其父母年龄和心杂音强度的状态是心杂音发生率的重要决定因素。由此看来，犬猫二尖瓣退行性病变的发生年龄具有遗传性。

第四节 | 犬猫二尖瓣退行性病变的病理生理学

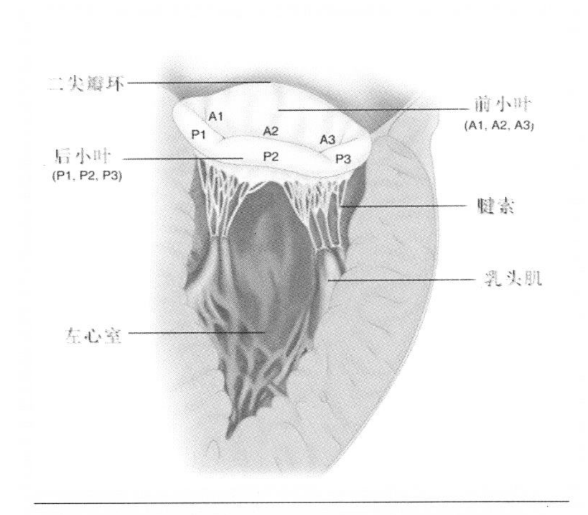

图 10–2　二尖瓣的解剖结构。二尖瓣由二尖瓣小叶（包括前小叶和后小叶），二尖瓣纤维瓣环，腱索和左心室乳头肌组成

二尖瓣（如图 10–2）是由二尖瓣小叶、二尖瓣纤维瓣环、腱索和左心室乳头肌组成。两个二尖瓣小叶被称为中隔（前）小叶和尾侧（后）小叶。

在健康情况下，二尖瓣小叶是薄薄的半透明结构，通过腱索与左心室乳头肌相连；两个左心室乳头肌从左心室的尾部（自由）壁向二尖瓣延伸；二尖瓣小叶的基底附着在纤维性左房室的瓣环上，被称为二尖瓣环。

二尖瓣瓣膜的关闭和启动是一个被动的过程：在收缩早期，当左心室压力超过左心房压力时，二尖瓣小叶被迫关闭。在正常个体中，腱索的束缚作用是防止小叶脱垂或弯曲进入左心房。正常的二尖瓣小叶吻合完整，通过瓣膜口的回流血很少或没有。正常的二尖瓣能确保整个左心室的血液通过主动脉排出，当二尖瓣闭合不全时，左心室每搏量的一部分会通过二尖瓣回流孔喷射到左心房，形成反流。

当二尖瓣出现退行性病变时，二尖瓣反流可能是轻度的，对机体的负面影响很小，如果二尖瓣反流很严重，则会导致严重的后果，如左心房扩张、左心衰、肺水肿等严重问题。二尖瓣反流的严重程度，主要取决于反流口的大小，以及左心房和左心室收缩压之间的关系，临床上可通过施用血管扩张剂来进行控制。如果二尖瓣反流导致左心房压力升高，也可能导致左心房扩张。

二尖瓣反流导致舒张末期压力升高和容量过载，从而导致心室扩张。这种类型的过度膨胀，其壁厚和腔室尺寸的比率大致保持不变，被称为偏心性肥大。

严重的二尖瓣反流会增加左心室充盈压，从而导致左心房压力增加并升高肺静脉压，并可引发肺水肿。

由二尖瓣反流引起的左心衰，其临床症状包括虚弱、晕厥、咳嗽和呼吸困难。咳嗽是一种中枢介导反射，大多数咳嗽受体位于大呼吸道。在小型犬中，由二尖瓣病变导致的咳嗽可由以下任何原因引起：①液体充满肺泡时出现肺水肿；②左心房扩大压迫主支气管；③通过刺激肩胛旁（J）受体介导的反射。这些受体与肺毛细血管有关，对肺内压的增加很敏感。

这里需要重点强调的是，临床宠物医生必须认识到，如果没有出现肺水肿，咳嗽则可能与二尖瓣退行性病变有关。在这种情况下，咳嗽是心脏疾病的表现之一，但不是心力衰竭的迹象。区别这种症状很重要，它对充血性心力衰竭的诊断具有重要的预后和治疗意义。

第五节丨犬猫二尖瓣退行性病变的临床表现

在患有二尖瓣退行性病变的犬只中，大多数都没有临床症状，多半都是在接受常规保健或非心脏疾病治疗过程中，偶然发现心脏杂音，并进一步经过心脏彩超检查，才发现患有这种疾病。

在二尖瓣退行性病变的临床表现逐渐明显的情况下，咳嗽通常是犬只主人首先观察到的临床症状。由支气管压迫引起的咳嗽，通常表现为干咳和剧烈咳嗽；当咳嗽是由肺水肿或充血引起时，通常会出现诸如运动过度、呼吸急促等其他症状。通常情况下，与肺水肿相关的咳嗽能咳痰，在患有重度肺水肿的犬中，有时能观察到粉红色泡沫样痰液。

晕厥是一种短暂的意识丧失，通常与大脑血液灌注的急剧下降有关，这也是部分患有二尖瓣退行性病变犬只的临床症状之一。当心脏增大导致心律失常时，二尖瓣退行性病变可导致犬猫晕厥。此外，当二尖瓣反流影响到每搏量的输出，使心输出量不能充分满足运动的生理需求时，也可能导致犬猫的运动性晕厥。但兴奋时出现的晕厥或伴随阵发性咳嗽，则可由反射介导的心动过缓突然发作所引起。

与心脏功能下降导致的其他临床症状，还包括呼吸急促、运动不耐受和腹水引起的腹胀等，事实上，很多宠物的主人是因为发现这些症状才带宠物来就诊。

第六节丨犬猫二尖瓣退行性病变的超声检查

心脏彩超检查，对于犬猫二尖瓣病变的诊断，具有快速、直观的优势，且没有任何侵入性。二尖瓣退行性病变在心脏彩超上的异常表现主要有以下一些特征。

如果存在左心房扩张，将在右侧 4 腔心长轴切面上看到扩张的左心房（如图 10–3），在右侧短轴 LA/Ao 切面上可同样看到扩张的左心房（图 10–4）。此外，在左侧切面上也可观察到左心房是否存在扩张。如果左心房扩张到一定程度，还会导致左心室扩张（如图 10–5）。

患有二尖瓣退行性疾病的犬猫，其二尖瓣小叶通常会比正常情况明显增厚（如图 10–6），并能在收缩期观察到小叶脱垂到左心房内（如图 10–7），而且二尖瓣的垂脱情况在动态视频中表现得更为明显，甚至可以看到晃动的垂脱部位。受到影响的小叶，其回声一般比较均匀，结节状增厚表现为弥散性。相比之下，感染性赘生物通常是局部性的，可能表现出单独的运动，并且比瓣膜小叶具有更多或更少的回声。此外，三尖瓣小叶也会经常受到影响，尽管很少像二尖瓣那样明显。

另外，在某些二尖瓣退行性病变的超声二维图上，还能发现二尖瓣强回声钙化灶、腱索增粗等现象（如图 10–8）。

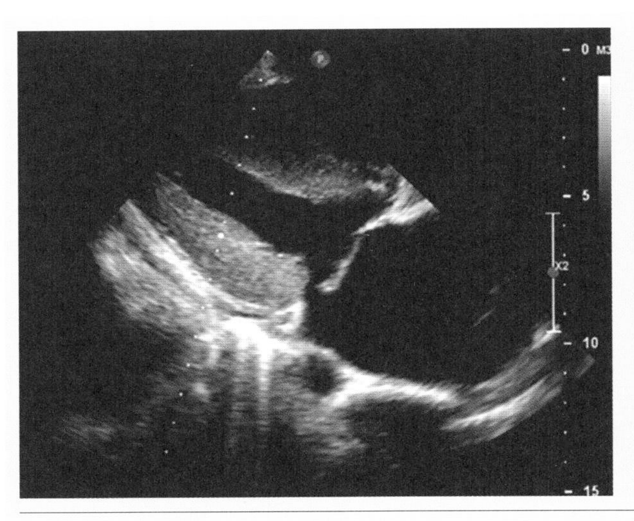

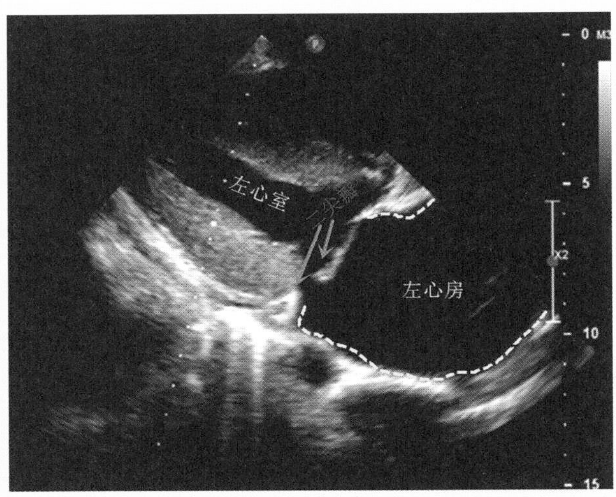

图 10–3 左右两图相同，均为某犬同一帧右侧 4 腔心长轴左心房扩张图，其区别是作者在右图上，用黄色虚线勾勒出了增大的左心房。从图上可看到该犬左心室腔变小，已处于收缩状态，二尖瓣前叶和后叶处于关闭状态，但前叶和后叶间有空隙，如果显示彩色血流，应该看到因为二尖瓣闭合不全导致的反流

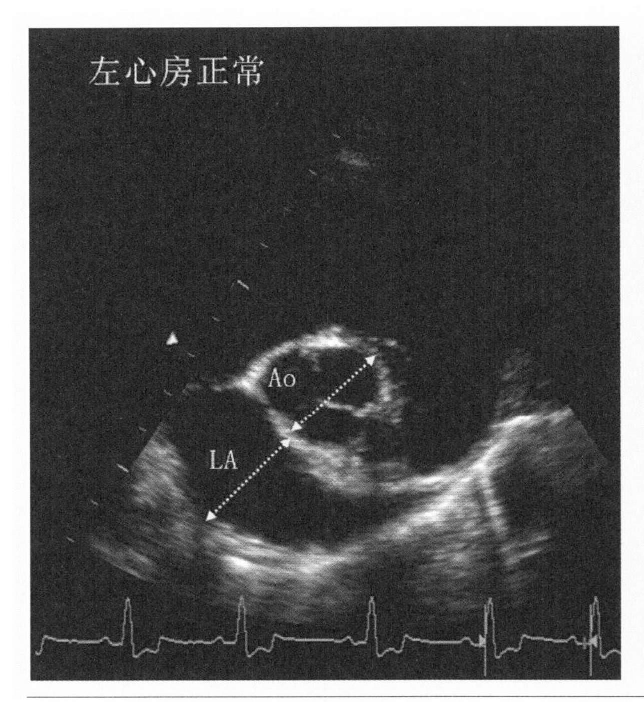

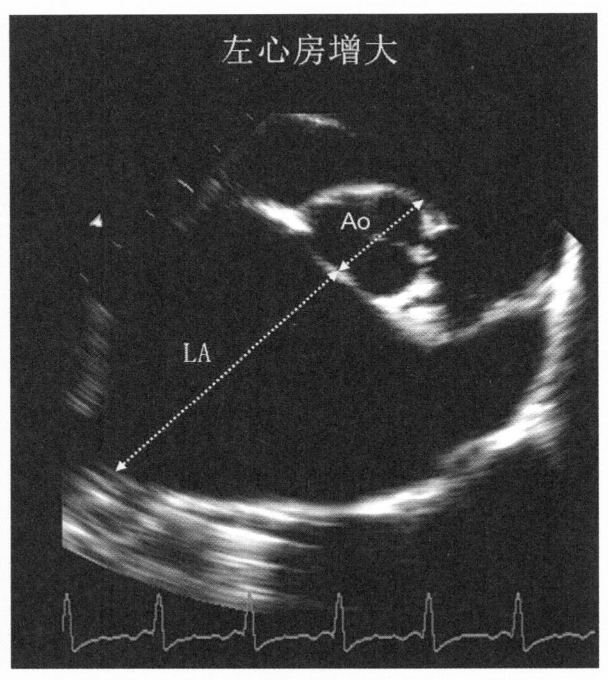

图 10–4 正常和异常左心房的彩超对比图。左右两图均是从右侧胸壁肋骨心脏短轴声窗得到的检查结果，左图是左心房正常情况下的 LA/Ao 比值，其正常比值为 1 ～ 1.5，本病例中的 LA/Ao 比值为 1；右图是由于二尖瓣退行性疾病导致的左心房增大，在该切面上，可看到左心房明显增大，其 LA/Ao 比值到达 2.4 左右。在该图上，LA 为左心房，Ao 为主动脉

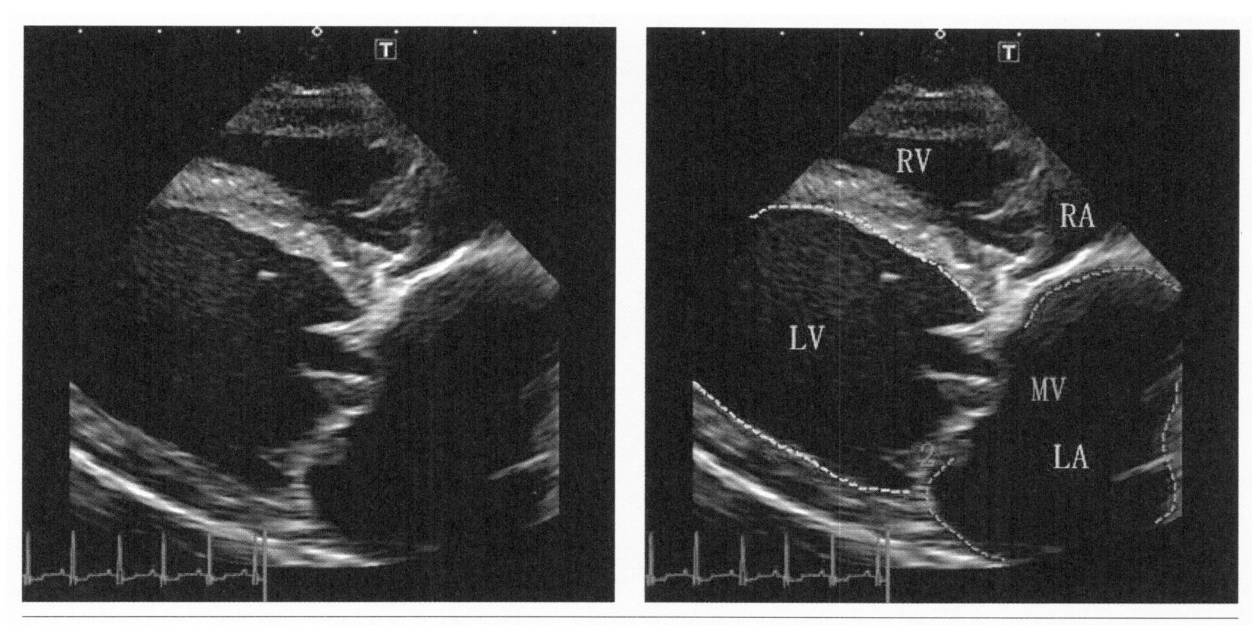

图10–5　左右两图相同，均为某犬因患二尖瓣退行性疾病导致的左心室扩张示例，其区别是作者在右图上，用黄色虚线勾勒出了扩张的左心室，用紫色虚线勾勒出了扩张的左心房，还可见二尖瓣前叶和后叶均发生了变形。图上：1为二尖瓣前叶，2为二尖瓣后叶，LA为左心房，LV为左心室，RA为右心房，RV为右心室

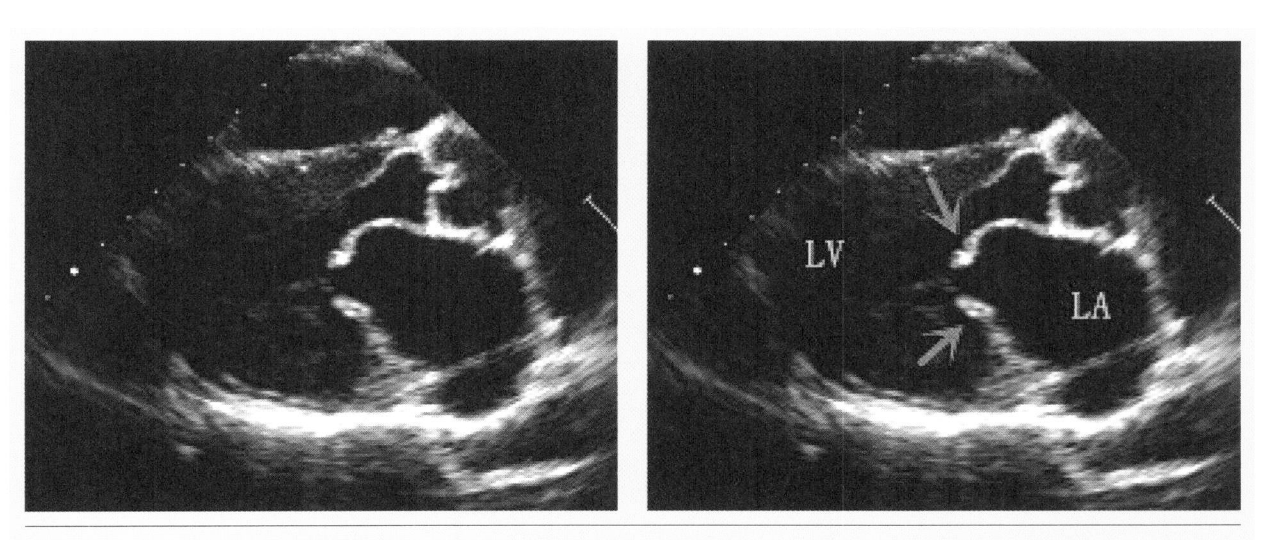

图10–6　左右两图相同，均为某犬同一帧右侧胸壁肋骨旁5腔心长轴声窗图像，其区别是作者在右图上，用紫色箭头标注了增厚与变形的二尖瓣前叶和后叶。图上：LA为左心房，LV为左心室

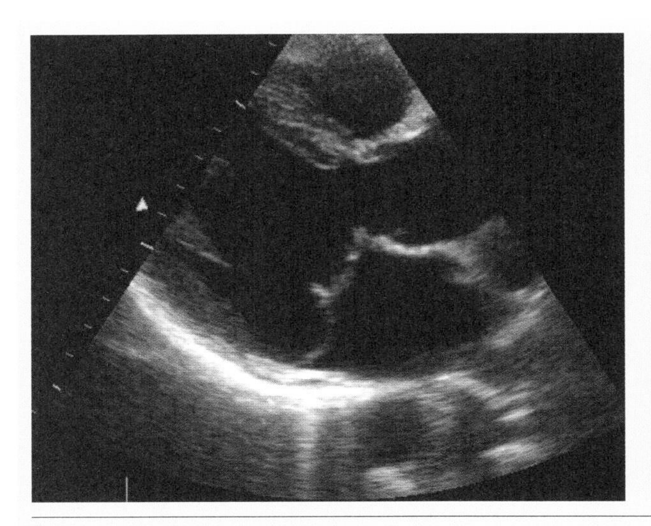

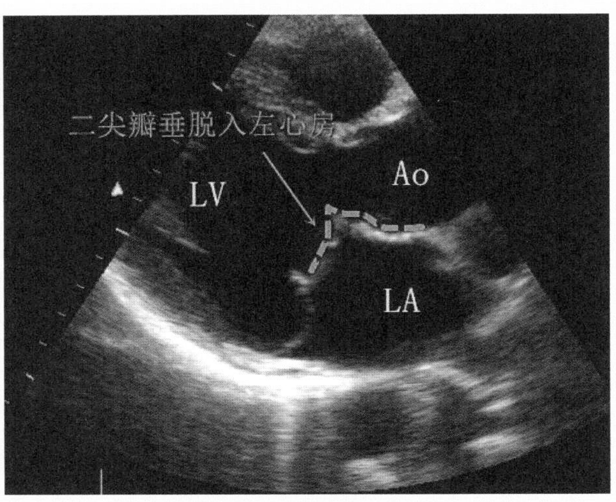

图 10-7　左右两图相同，均为某犬同一帧右侧胸壁肋骨旁 5 腔心长轴声窗图像，其区别是作者在右图上，用紫色虚线勾勒出了进入左心房中垂脱的二尖瓣。图上：LA 为左心房，LV 为左心室，Ao 为主动脉

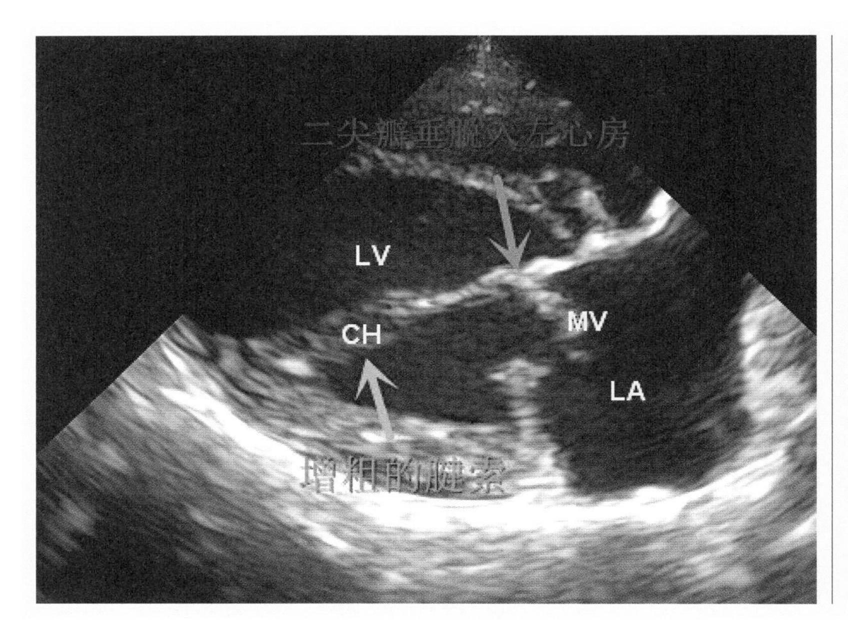

图 10-8　某犬的右侧胸壁肋骨旁 4 腔心声窗图像，该犬因患二尖瓣退行性病变而导致心脏腱索增粗及二尖瓣垂脱。图中紫色箭头指向的是二尖瓣变形及垂脱位置，绿色箭头指向的是腱索增粗位置

患有二尖瓣退行性疾病的犬猫，当瓣膜反流表现为中度或重度时，如果心肌功能正常，施加在左心室上的负荷条件将发生改变，在 M 超下，左心室的运动状态会形成高动力性或低动力性这两种对比鲜明的运动曲线（如图 10-9、图 10-10）。

患有二尖瓣退行性病变的犬猫，其心脏的射血相位指数会相应（如分数缩短）升高。当存在瓣膜反流时，由于心室能够将血液喷射到左心房的低压储器中，因此心室排空的阻抗会降低。此外，与瓣膜反流相关的舒张末期心室伸展增加了心室收缩力，M 超有助于发现左心室的高动力性。

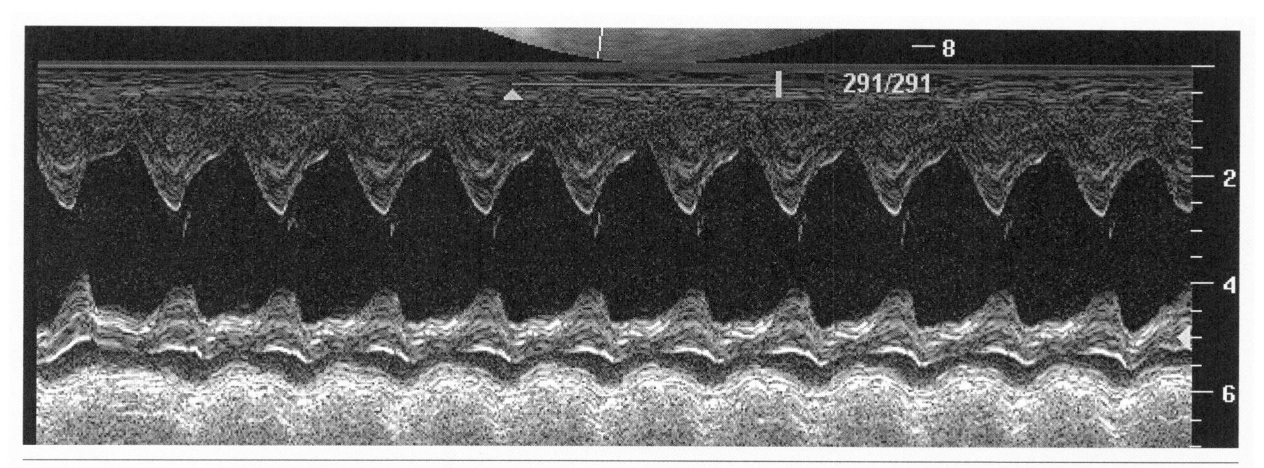

图 10–9　某犬左心室 M 超高动力性示例。该犬因为患有严重的二尖瓣退行性病变，从而导致严重的二尖瓣反流。在该左心室 M 超切面二维图上，其高动力性的曲线特征非常明显

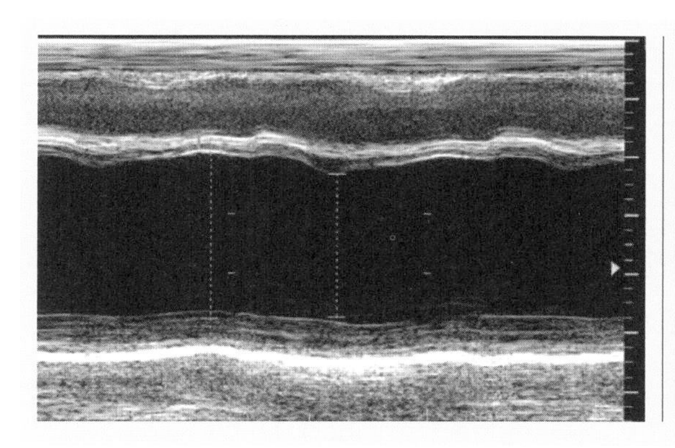

图 10–10　某犬左心室 M 超低动力性示例。该犬因患扩张性心肌病，在该左心室 M 超切面二维图上，左心室的运动曲线极不明显，基部几乎成了一根直线，其低动力性的曲线特征非常明显

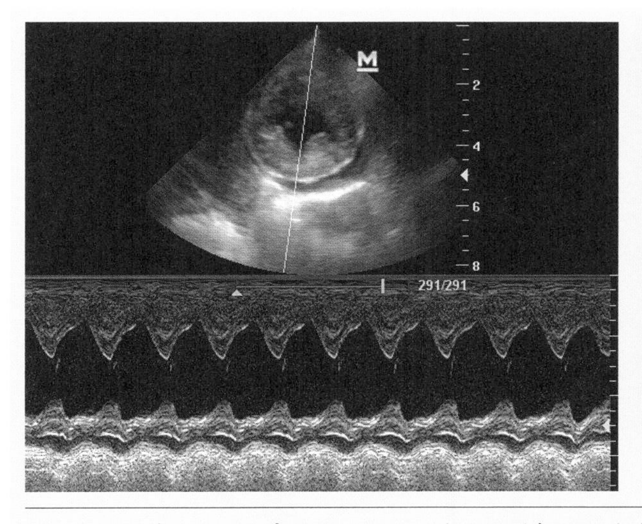

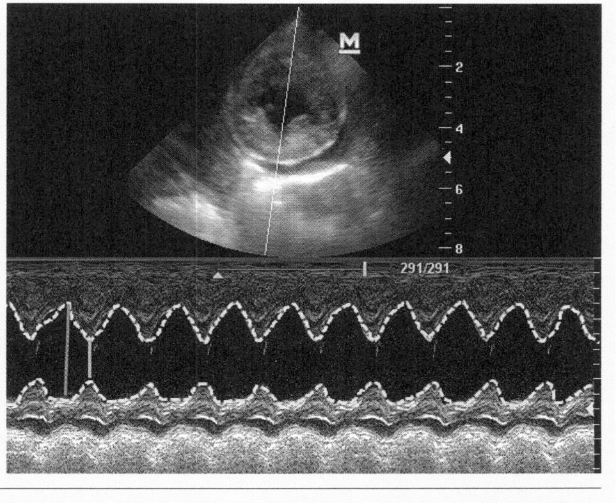

图 10–11　某犬左心室高动力性示例。左右两图相同，均为某犬同一帧左心室 M 超切面二维图，其区别是作者在右图上用黄色虚线勾勒出了左心室内壁的运动曲线，紫色直线标注的是左心室舒张期内径，绿色直线标注的是左心室收缩期直径。该犬的左心室短轴缩短指数（FS）为 54%，已明显升高（犬的 FS 正常范围值为 25% ~ 40%）

本书前文讲到，多普勒心脏彩超可用于评估血流速度、方向和特征，所以，收缩期左心房内血流紊乱的多普勒证据，也可作为二尖瓣反流的证据（如图 10–12）。此外，也可用连续波多普勒测量二尖瓣反流的血流速度（如图 10–13）。

患有二尖瓣退行性病变的犬猫，当每搏输出量受到反流或收缩衰竭的严重影响时，其主动脉血液流出速度的降低是显而易见的，正常的主动脉血流速度是 90 ～ 120 厘米 / 秒，如果低于此范畴值，可视为因二尖瓣疾病导致左心室收缩功能受损后的主动脉血流速度下降（如图 10–14）。

关于犬猫二尖瓣退行性病变的诊断，最重要的一点，是应把心脏彩超评估与临床症状结合起来进行综合判断。

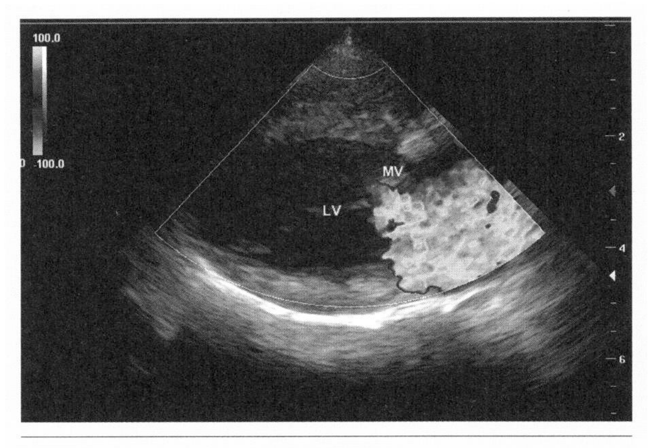

图 10–12　在某犬右侧胸壁肋骨旁 4 腔心长轴位置所获的二尖瓣反流彩色多普勒画面。该犬因患二尖瓣退行性疾病，从而导致二尖瓣区域血流紊乱，表现为二尖瓣反流

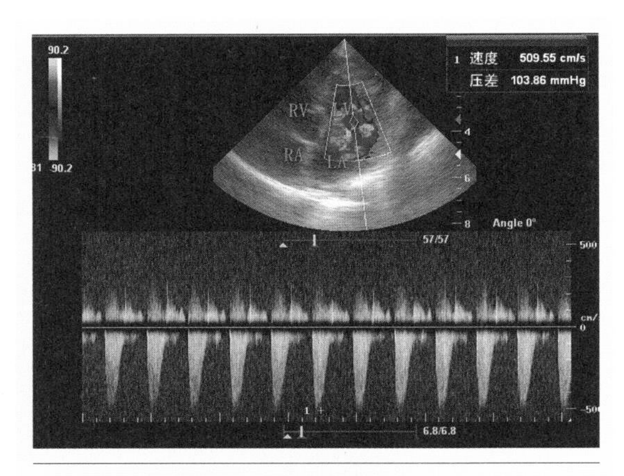

图 10–13　某犬二尖瓣反流的连续波多普勒血流速度示例。本图与图 10–12 为同一犬只，在发现二尖瓣反流症状后，作者又在左侧胸壁肋骨旁 4 腔心位置，用连续波多普勒测量了二尖瓣的反流速度为 509 厘米 / 秒

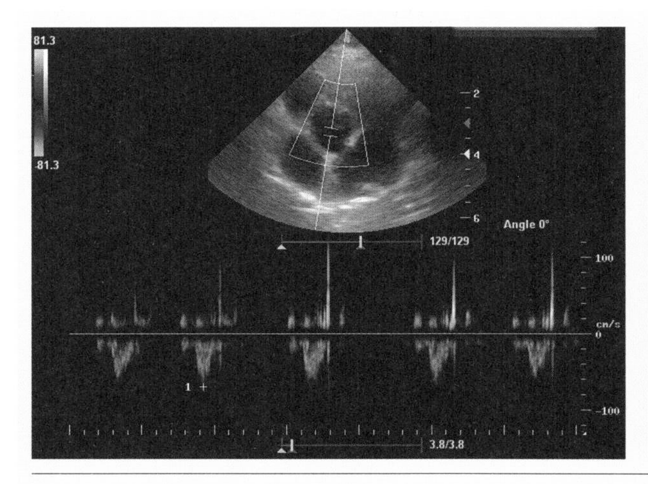

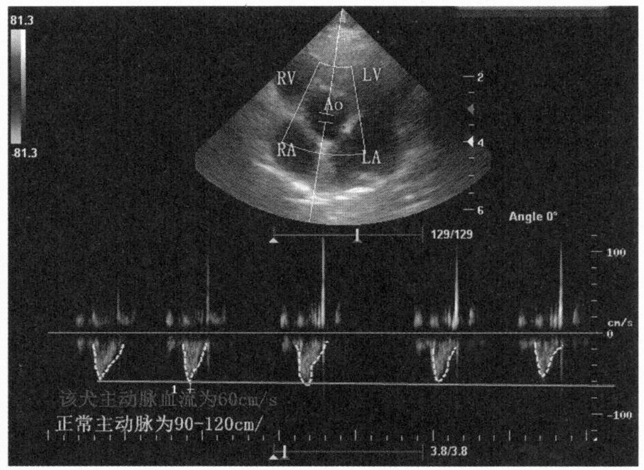

图 10–14　左右两图相同，均为某犬同一帧左侧胸壁肋骨旁的主动脉流出图，其区别是作者在右图上，用黄色虚线标注了主动脉的血流状况，紫色实线提示该犬主动脉的血流速度只有 60 厘米 / 秒，与主动脉正常的血流速度（90 ～ 120 厘米 / 秒）相比，其血流速度明显偏低。图上：LA 为左心房，LV 为左心室，RA 为右心房，RV 为右心室

表 10–1　犬猫二尖瓣反流的心脏超声检查要点

在心脏超声检查中，可能会出现以下现象中的一种或多种症状
①左心房扩张（LA/Ao 值增加）
②左心室扩张
③二尖瓣变形垂脱
④二尖瓣小叶强回声结节
⑤腱索增粗或腱索断裂
⑥二尖瓣反流
⑦左心室运动增强，表现为高动力性
⑧左心室 M 超声表现为收缩分数增高
⑨在中度或重度瓣膜反流中，短缩分数如果正常或者轻度低于正常都提示收缩期心肌功能障碍
⑩当每搏输出量受到反流或收缩衰竭的严重影响时，主动脉血液流出速度的降低可能较为明显

第七节丨犬猫二尖瓣退行性病变的治疗

1. 亚临床（“无症状”）二尖瓣退行性病变的治疗

无临床症状二尖瓣退行性病变的另一种说法叫亚临床（“无症状”）二尖瓣病变。就目前而言，尚无确切证据能够证明国际上现有的治疗方案，能够减缓亚临床二尖瓣退行性病变的发展进程。针对犬猫二尖瓣退行性病变，其最理想的治疗方案，是期望能够预防或逆转黏液瘤变性，但不幸的是，能达到这个治疗目标的药物疗法尚无确切定论。

临床宠物医生希望通过药物治疗来降低二尖瓣反流或改变心室的变大过程，从而达到改善亚临床二尖瓣退行性病变预后的目的。尽管有证据表明，血管紧张素转换酶（ACE）抑制剂，对无症状心室功能障碍的预后有良好作用，但血管紧张素转换酶抑制剂在亚临床二尖瓣退行性病变中的疗效很有限。目前，世界上有两个临床实验证明，依那普利能延缓亚临床二尖瓣退行性病变导致心力衰竭的发展进程。

如果人类患有二尖瓣退行性病变，通常都是采用手术方法进行治疗，患有二尖瓣退行性病变的人类无症状者，是否可通过药物达到治疗目前，目前仍有争议。患有二尖瓣功能障碍的人和患有二尖瓣退行性病变的犬猫之间，其病理学及生理学到底存在哪些差异，还有待进一步研究。

在患有明显左心房扩大和肺静脉扩张的犬猫病例中，可采用血管紧张素转换酶抑制剂进行治疗，即便是长期使用，也没发现会对机体造成显而易见的危害。此外，使用血管紧张素转换酶抑制剂，对治疗犬猫高血压、肾病等其他老年病也有一定的帮助。

就犬猫亚临床二尖瓣退行性病变的治疗手段及效果而言，可大体归纳为以下几个要点：

①目前没有任何证据能证明药物可以减缓犬猫亚临床二尖瓣退行性病变的发展进程。

②据现有研究表明，血管紧张素转换酶抑制剂可延缓由亚临床二尖瓣退行性病变继发的肺水肿进程。

③目前的研究结果表明，长期使用血管紧张素转换酶抑制剂，没发现会对机体造成明显的有害影响。

④血管紧张素转换酶抑制剂对治疗犬只高血压、肾病等其他老年病有所帮助。

2. 由左心房增大压迫气管导致咳嗽的治疗

一些患有二尖瓣退行性病变的犬只会出现咳嗽，这种现象可能是由于左心房扩大压迫主支气管所致。这种类型的咳嗽，可在肺水肿形成之前出现。

如果存在左心房扩大，将在 X 光片上显示出心脏轮廓增大，并有左心房明显增大的迹象。此外，还可能发现主支气管明显变窄，以及肺静脉时有扩张，但肺间质和肺实质外观正常。

对于犬只咳嗽症状的判断，必须重视的一点，是要认清原发呼吸道疾病，如气管塌陷、慢性支气管炎等，上述疾病在患有二尖瓣退行性病变的群体中很常见。大部分犬只在没有左心房扩大的情况下，不会出现与二尖瓣反流相关的临床症状。当通过影像学检查，确认咳嗽原因是由气道压迫所致，而不是源于肺水肿时，此刻使用氢可酮或布托啡诺这类镇咳药物是合理的，也可考虑配合使用血管扩张剂，这样做能降低全身血管阻力，在二尖瓣反流情况下可降低反流分数，也可潜在地降低左心房和肺静脉压力，并能减小左心房尺寸，从而缓解左心房对气管的压迫，减缓咳嗽。此外，也可考虑采用中医针灸治疗，作者在临床上对很多患有心脏病的犬只进行针灸治疗，效果都非常明显。

呋塞米利尿剂能有效增加尿量，对缓解这类咳嗽症状也有一定疗效。但目前国际上有不少学者认为：只有当血管紧张素转换酶抑制剂联合镇咳药不能改善临床症状时，才可考虑加入呋塞米。

就左心房增大压迫气管导致咳嗽（不是肺水肿）的治疗手段及效果而言，可大体归纳为以下几个方法：可使用氢可酮或布托啡诺等镇咳药，可考虑针灸治疗，可使用血管扩张素，可使用血管紧张素转换酶抑制剂，如果采用血管紧张素转换酶抑制剂联合镇咳药不能改善临床症状时，可考虑加入呋塞米，可以考虑肼屈嗪或氨氯地平，但要预防全身性低血压，如果上述治疗手段均无效，应考虑咳嗽不是由心脏疾病所导致，可能存在其他病因。

3. 由二尖瓣退行性病变导致心衰的治疗

人的二尖瓣反流可通过手术治疗，但犬只因二尖瓣退行性病变引起的心力衰竭，通常只能采用药物治疗。

由二尖瓣反流引起的充血性心力衰竭，会造成病犬左心室充盈压（预负荷）过高，并伴有静脉压增大，从而导致组织液流入肺间质和肺泡，最终形成肺水肿。因此，采用利尿剂或增加静脉容量能力的药物（如硝酸甘油）是治疗上述病症的主要手段。硝酸甘油常用于病犬暴发性水肿的短期治疗，也偶尔作为晚期疾病的辅助治疗。呋塞米是宠物医生在临床上最为常用的利尿剂，可口服或胃肠外给药。利尿剂能减少预负荷，降低心室充盈压，对水肿也有明显的治疗作用。但过度利尿可导致与低心排血量综合征、肾前性氮质血症和电解质紊乱相关的低血压。在大多数由二尖瓣退行性病变引起的充血性心衰病例中，呋塞米能迅速、有效地缓解症状。如果患有二尖瓣反流和呼吸窘迫的病犬，用了利尿剂后没有明显效果，应考虑有可能不是因充血性心衰导致的咳嗽。

大多数因二尖瓣反流而出现肺水肿的病犬，几乎都需要用利尿剂终身治疗。对于因二尖瓣退行性病变而导致充血性心衰的病犬，应适度限制食盐的摄入。

血管紧张素转换酶抑制剂在改善因二尖瓣退行性病变导致充血性心衰中的益处已经得到证实，因此，血管紧张素转换酶抑制剂和呋塞米的联合使用，已成为犬猫因二尖瓣退行性病变所致充血性心衰的标准治疗方法。

匹莫苯丹可用于治疗由扩张型心肌病或房室瓣功能不全引起的轻度、中度和重度充血性心衰症状。匹莫苯丹是一种“非扩张药”，具有复杂的药理特性，它能抑制磷酸二酯酶，并促成血管扩张和变力状态的增加。另外，匹莫苯丹还可增加心肌收缩对有效钙的敏感性。据有关试验证明，匹莫苯丹和呋塞米的临床疗效，并不逊于由呋塞米和血管紧张素转换酶抑制剂组成的常规疗法，对于某些临床变量来说，匹莫苯丹甚至优于血管紧张素转换酶抑制剂。将匹莫苯丹与血管紧张素转换酶抑制剂，共同用于患有心脏瓣膜疾病的病犬，其效果尚未在迄今已发表的试验结果中提及。因此，匹莫苯丹最适合加入疾病的常规治疗阶段是有待研究的。哪怕是使用了呋塞米和血管紧张素转换酶抑制剂，病情恶化时使用匹莫苯丹也是合理的。当病犬因二尖瓣退行性病变导致严重心力衰竭时，同时使用血管紧张素转换酶抑制剂、匹莫苯丹和呋塞米作为初始治疗手段可能是切实可行的治疗手段。

值得注意的是，在患有轻度二尖瓣退行性病变的比格犬中，长期口服匹莫苯丹比接受贝那普利治疗的情况更严重。据一些统计数据和临床病例报告显示，在某些情况下，匹莫苯丹可能会加速退行性瓣膜病变的发展，匹莫苯丹也许并不适用于亚临床二尖瓣退行性病变的治疗。

对于房性心动过速造成心律的失常，特别是因心房颤动导致二尖瓣退行性病变复杂化时，临床上通常会使用地高辛，但地高辛在正常窦性心律充血性心衰犬猫治疗中的作用仍存有争议。

就二尖瓣退行性病变导致犬猫心衰的治疗手段及效果而言，可大体归纳为以下几个要点：

①人体的二尖瓣反流可通过手术治疗，但犬类因二尖瓣退行性病变引起的心力衰竭，则只能采取药物治疗。

②利尿剂是临床治疗犬猫肺水肿的常用药物，急性期可以2 ~ 6毫克/千克体重静脉给药，如果没有改善，可每2 ~ 4小时给药一次。但过度利尿可导致与低心排血量综合征、肾前性氮质血症和电解质紊乱相关的低血压，如果肺水肿已得到控制，应减少利尿量。

③大多数心衰犬猫需要终身服用利尿药，维持剂量为 1 毫克 / 千克体重，每天两次。

④血管紧张素转换酶抑制剂和呋塞米的联合使用，已成为治疗犬猫二尖瓣退行性病变所致充血性心衰的标准方法。

⑤如果第④条方案效果不佳，可以考虑添加匹莫苯丹。

⑥由房性心动过速造成心律失常，特别是因心房颤动使二尖瓣退行性病变复杂化时，临床上通常会使用地高辛（每 12 小时 0.22 毫克 / 平方米口服）。

★由二尖瓣退行性病变引起充血性心衰的神经内分泌调节药物

①血管紧张素转换酶抑制剂：该药是治疗犬猫二尖瓣退行性病变引起心力衰竭的标准用药之一。血管紧张素转换酶抑制剂不仅能舒张血管，还可保护心脏免受因肾素—血管紧张素系统（RAS）激活所带来的有害影响。

②醛固酮（如螺内酯）：可减缓心肌纤维化的发展，还能抑制肾素—血管紧张素系统（RAS）激活所引起的不良后果。螺内酯作为一种醛固酮受体拮抗剂，其保钾利尿的功能，对犬猫因二尖瓣退行性病变所致的严重充血性心衰具有一定的辅助疗效，并可延长其生存期。

③ β 受体阻滞剂：美托洛尔、阿替洛尔、卡维地洛等 β 受体阻滞剂，虽然能降低犬猫因心力衰竭而致的死亡率，但对心脏功能有负面影响，故应谨慎使用，必须从非常低的剂量开始，并在几周内滴定至有效剂量或目标剂量。卡维地洛作为一种第三代 β 受体阻滞剂，具有扩张血管、降低外周血管循环阻力的作用，特别适用于犬猫二尖瓣退行性病变的治疗。当心脏彩超显示犬猫存在心肌功能障碍时，可考虑使用卡维地洛或其他同类药物，如美托洛尔、阿替洛尔等。

4. 晚期二尖瓣反流致严重充血性心力衰竭的治疗

对于需要高剂量呋塞米以改善充血症状的犬猫，可考虑采用将呋塞米、噻嗪类药物与保钾利尿剂（如螺内酯）联合使用的三联利尿剂疗法。此疗法，既可发挥三种不同利尿剂的协同作用，又可使用较低剂量的其中某个单品药物。此外，使用保钾利尿剂（如螺内酯）还可抑制与某些高剂量环利尿剂（如呋塞米）相关的副作用。

第八节 | 犬猫二尖瓣退行性病变的预后

二尖瓣退行性病变的预后取决于诸多因素。事实上，患有二尖瓣退行性病变的犬猫，其中的大部分皆死于非心脏疾病。在最初没有非心脏疾病的情况下，伴有咳嗽、晕厥，以及左心房扩大等影像学特征的犬猫，最后都会发展为心衰。一旦出现心衰症状，通常已是晚期，即使采用姑息疗法，其存活率也仅能以月为单位进行衡量，存活时间多半为 8 ~ 14 个月。

第十一章

犬类心肌病的超声诊断及治疗

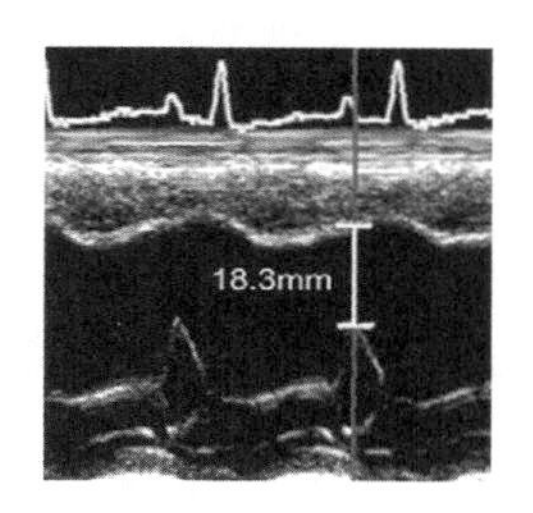

心肌病是指伴有心肌功能障碍的原发性心肌疾病。继发于毒素、营养缺乏、内分泌疾病和感染因子的心肌疾病，通常称为“继发性心肌病”。

犬中最为常见的原发性心肌病是扩张型心肌病，其特征是进行性心室扩张和心肌收缩力丧失，肥厚型心肌病等其他形式的心肌病在犬中很少见。扩张型心肌病多见于成年大型犬，尤其是杜宾犬、爱尔兰猎狼犬、苏格兰猎鹿犬和大丹犬。扩张型心肌病的重要特征是存在无症状期或隐匿期，在此期间很难诊断。

患有心肌病的拳师犬，具有独特的病理生理学、临床表现和自然病史，因此，这种疾病常常被描述为致心律失常性右心室心肌病（ARVC）。室性心律失常猝死的现象，在服用抗反转录病毒药物的拳师犬中非常多，比慢性充血性心力衰竭更常见。由营养缺乏引起的继发性心肌病，大多出现在中小体型的品种中，尤以美国可卡犬最具代表性。此外，在葡萄牙猎犬中可看到一种非常致命的幼年扩张型心肌病。

第一节 | 犬类的扩张型心肌病

1. 流行病学调查

据作者在德国求学期间统计，每600例转诊病犬中，便有2 ~ 6只被确诊患有扩张型心肌病。在某些犬种中，扩张型心肌病的患病率非常高，大约25%的爱尔兰猎狼犬、50%的雄性杜宾犬和33%的雌性杜宾犬患有扩张型心肌病，虽然患病年龄普遍以6 ~ 8岁居多，但在3岁和12岁的犬中诊断出扩张型心肌病也并不罕见。据有关统计数据表明，公犬患上扩张型心肌病的比例似乎更高，其中尤以杜宾犬的患病率最为突出。

2. 犬类扩张型心肌病的发展进程

犬类扩张型心肌病的发展进程主要体现在如下两个不同阶段：

（1）无症状隐匿期

此阶段没有明显的临床症状，但肌阵挛或电势异常普遍存在，具体表现为左心室和心房增大、心肌收缩力降低、心室期前收缩。无症状隐匿期的持续时间跨度很大，可持续数月至数年。在此阶段，随着病程的发展，病犬会出现进行性心脏扩大和心律失常的趋势，并伴随着临床症状的出现而结束。大约40%的杜宾犬，在该阶段并没有任何临床症状的情况下而出现心源性猝死。

（2）显性临床期

在此显性临床期，病犬往往会出现不同的临床症状，如充血性心力衰竭、晕厥、运动和活动不耐受、室性早搏、室性心动过速和心房纤维性颤动等，由此导致的心律失常现象很常见。

在此显性临床期，病犬会因晚期充血性心力衰竭而死亡，其中，比例高达 50% 的杜宾犬会突然死亡，许多患有晚期心力衰竭的病犬，由于遭受慢性呼吸窘迫、严重的活动不耐受、厌食和体重持续减轻的不可逆转而被迫选择安乐死。

3. 犬类扩张型心肌病的临床症状

（1）无症状隐匿期

①无症状隐匿期的常见临床症状，主要表现为心脏收缩期存在轻度杂音、心律不齐、脉搏不足。

②无症状隐匿期偶然的临床症状，主要表现为舒张期中等强度心杂音、心音强度降低、股动脉搏微弱、颈静脉扩张或搏动。

（2）显性临床期

显性临床期的病史应包括运动不耐受、紧张、嗜睡、厌食、呼吸困难、咳嗽等情况。其常见临床症状，主要表现为中度收缩期心脏杂音、心律不齐、脉搏不足、呼吸急促呼吸困难、支气管水泡音增加、心音强度降低、腹水。

第二节丨犬类扩张型心肌病的超声检查

在临床上，对犬类扩张型心肌病的基本检查应包括心电图、胸部 X 光片及心脏彩超等。从功能上讲，心脏彩超具有量化心脏增大或收缩等作用，虽然普通超声二维灰阶心动图对扩张型心肌病无症状隐匿期的早期变化并不特别敏感，但 M 超对该病的早期诊断却有所帮助。

在病程早期，尽管许多病犬明显存在室性心律失常的现象，但在心脏彩超上却显示为正常。

有文献表明，心脏彩超对诊断隐匿性扩张型心肌病是最有效的标准检查方法，但要注意不同犬种的参考值。比如杜宾犬左心室的舒张末直径大于 46 毫米，或左心室收缩末直径大于 38 毫米，可视为患有早期扩张型心肌病的症状；在爱尔兰猎狼犬中，如果左心室舒张期内径大于 61.2 毫米，左心室收缩期内径大于 41 毫米，缩短分数小于 25%，则可被定义为扩张型心肌病。

随着扩张型心肌病从隐匿性阶段发展到显性阶段，心脏彩超将有助于发现心脏扩大，以及评估心肌的收缩能力和继发的二尖瓣反流。如果将心脏彩超与 X 光片结合使用，则更有助于决定从何时开始治疗最佳。

处于扩张型心肌病隐性期晚期阶段或显性期的病犬，通过心脏彩超检查，通常可发现如下异常症状：

①中度至重度左心室和心房增大（如图 11–1）。

②左心室壁和室间隔收缩运动减少，表现为低动力性（如图 11–2）。

③继发于二尖瓣环扩张的轻度至中度二尖瓣反流。

④主动脉瓣收缩期不能完全打开。

⑤主动脉血流速度降低。

⑥ EPSS 增加（正常值小于 6 毫米）（如图 11–3）。

总体而言，犬类扩张型心肌病（DCM）最有价值的超声诊断依据是左心扩张、左心室低动力性和 EPSS 增加，这几个关键要素，在临床诊断中，必须引起宠物医生的高度重视。

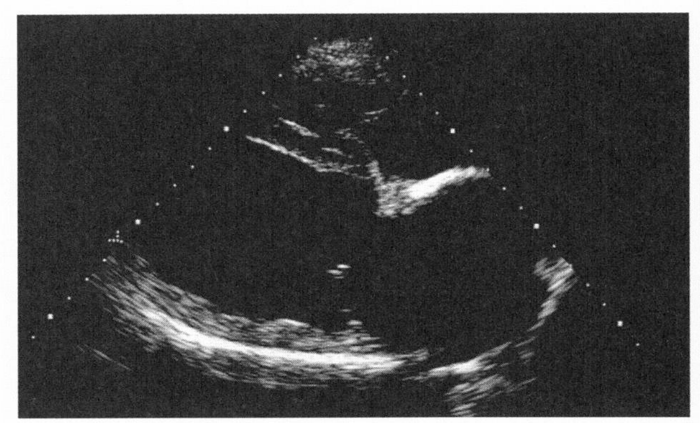

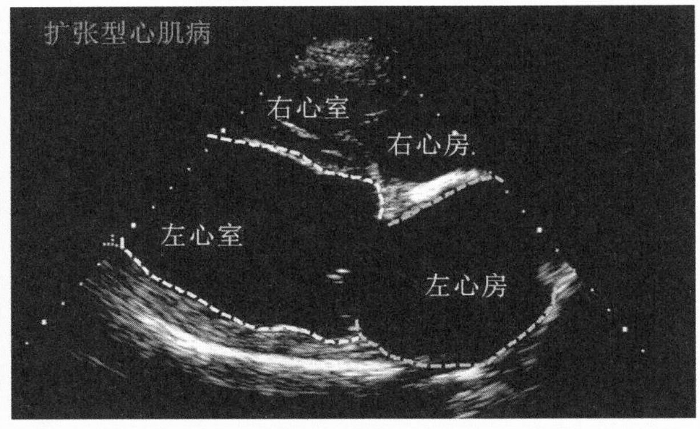

图 11–1 左右两图相同，均为某犬右侧胸壁肋骨旁 4 腔心的同一帧心脏彩超图像，其区别是作者在右图上用黄色虚线勾勒了扩张的左心室，用绿色虚线勾勒了扩张的左心房

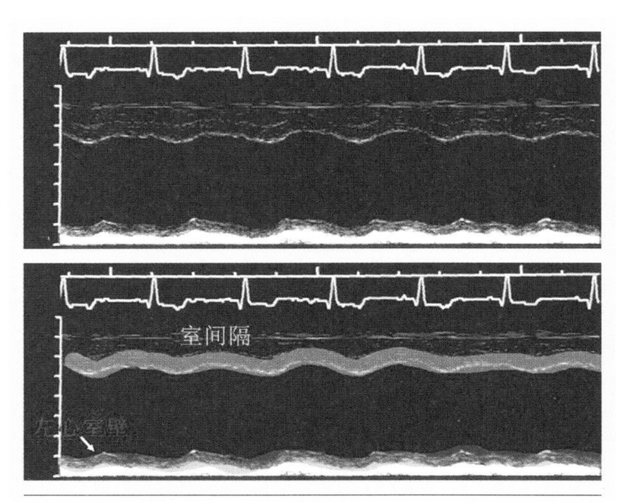

图 11–2 上下两图相同，均为某犬左心室扩张型心肌病的同一帧 M 超心动图，其区别是作者在下图中用黄色粗线标注了室间隔的运动曲线（室间隔收缩运动减少），用紫色粗线勾勒了左心室壁的运动曲线（箭头指向壁收缩运动减少）

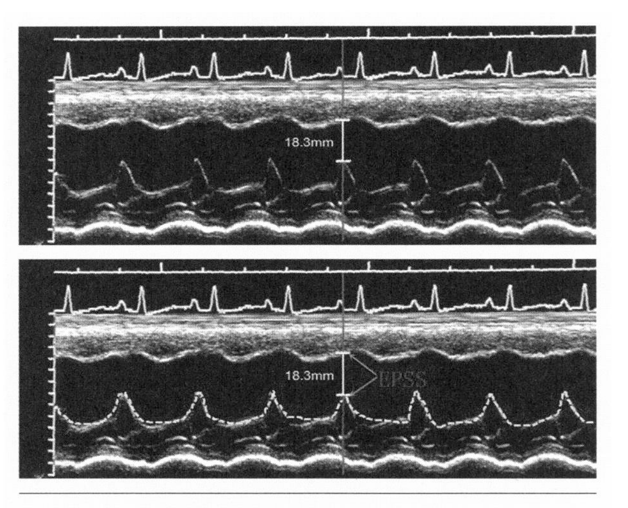

图 11–3 上下两图相同，均为某犬左心室扩张型心肌病和二尖瓣的同一帧 M 超心动图，其区别是作者在下图中用黄色虚线勾勒了二尖瓣的运动曲线，并明确标注了该犬间隔分离的 E 点（EPSS）值为 18.3 mm，明显高于正常水平，提示为左心室扩张

概括来讲，在犬类扩张型心肌病的超声诊断中，比较突出的异常症状，主要表现在以下几个方面：

①左心房扩张。

②左心室扩张。

③严重者会出现全心扩张。

④二尖瓣反流。

⑤ M 超可发现左心室低动力性（运动曲线减弱）。

⑥ FS 降低。

⑦ EPSS 增加（正常低于 0.6 cm）。

⑧左心室舒张期末期内径增加。

⑨左心室收缩期末期内径增加。

⑩主动脉血流速度降低。

第三节丨犬类扩张型心肌病的治疗

扩张型心肌病的标准治疗方案，包括使用利尿剂、正性肌力药物和血管紧张素转换酶抑制剂。心室心律失常和心房颤动需要使用特定的抗心律失常药物。最近，在临床上已经使用了 β 受体阻滞剂和联合正性肌力血管扩张药。此外，采取何种治疗手段，还取决于心肌疾病的种类、发展阶段，以及充血性心力衰竭或心律失常的状态。

1. 无症状隐匿期扩张型心肌病的治疗

对犬类无症状隐匿期扩张型心肌病的治疗，既是机遇也是挑战，在这一阶段开始治疗，将有助于减缓疾病进展，建议使用血管紧张素转换酶抑制剂、β 受体阻滞剂和螺内酯。无症状隐匿期通常考虑前面提到的三种药物，血管紧张素转换酶抑制剂（如贝那普利或雷米普利）是有益的，螺内酯主要用于有症状的扩张型心肌病犬。

由于拳师犬和杜宾犬猝死的发生率很高，因此，根据动态心电图的发现，通常需要对无症状的病犬进行抗心律失常治疗。针对患有室性心动过速或阵发性室上性心动过速的病犬，可采用索他洛尔（每 12 小时 1.5 ～ 2.0 毫克 / 千克体重）、美西律（每 8 小时 5 ～ 8 毫克 / 千克体重）和阿替洛尔（每 12 小时 0.3 ～ 0.4 毫克 / 千克体重）的组合给药方式。

关于犬类无症状隐匿期扩张型心肌病的治疗措施，可大致归纳为以下几个具体要点：

①建议使用血管紧张素转换酶抑制剂、β 受体阻滞剂和螺内酯。

②由于心律不齐容易导致猝死，因此建议采用动态心动图监控，以确定是否存在心律不齐。

③患有室性心动过速或阵发性室上性心动过速的病犬，可采用索他洛尔、美西律和阿替洛尔的组合给药方式。

2. 充血性心力衰竭的治疗

充血性心力衰竭会对病犬造成严重的生命威胁，通过强利尿剂、血管扩张剂（如硝酸甘油氯化钠注射液）和正性肌力药物（如多巴胺或多巴酚丁胺）的治疗，可使病情得到一定程度的缓解。静脉或肌内注射呋塞米（2 ~ 6 毫克 / 千克体重），对于有胸腔积液或腹腔积液的病犬，如果病犬已出现胸腔积液或腹腔积液的临床表现，应先抽取胸腔积液和腹腔积液，这样做，将快速改善病犬的呼吸功能并减轻痛苦。

当采用利尿药物非肠道给药（皮下注射或静脉注射）时，作用持续时间约为两小时，因此，如果病犬的呼吸频率和呼吸困难程度在这段时间内没有得到有效改善，应给予额外的剂量。在治疗最初的 12 小时内，要给予足够的呋塞米，这样做有助于病犬的康复。

除了给予药物治疗外，还应通过监测病犬的呼吸频率、尿量和体重来评估利尿剂的治疗效果。

为了进一步确认造成肺水肿的原因，以及对治疗无反应的病犬进行评估，在治疗开始后 12 ~ 24 小时内应进行 X 光片检查。

存在严重肾功能减弱的病犬，需要降低药物剂量和减少给药频率。硝酸甘油氯化钠注射液［2 ~ 5 微克 /（千克体重・分钟）］虽然是一种非常有效的血管扩张剂，但硝酸甘油氯化钠注射液可导致严重低血压，使用时需要监测血压。此外，静脉注射多巴胺（2 ~ 10 微克 / 千克体重 / 分钟）或多巴酚丁胺［5 ~ 15 微克 /（千克体重・分钟）］等正性肌力药物，有助于改善心脏输出量，如果剂量过高，可能会加重室性心律失常或引起窦性心动过速。

危及生命的快速室性心律失常多伴有临床症状，如虚弱、晕厥、低血压、黏膜变白等，静脉注射利多卡因先［静脉推注，剂量为 2 毫克 / 千克体重；然后维持输液，剂量为 40 ~ 80 微克 /（千克体重・分钟）］或普鲁卡因胺［静脉推注，先期剂量为 6 ~ 8 毫克 / 千克体重，其后的维持剂量为 20 ~ 40 微克 /（千克・分钟）］通常均有效。

由于拳师犬和杜宾犬均存在猝死的高发生率，在这些犬种中，采取积极的抗心律失常治疗更有必要，特别是对以前曾经历过晕厥的病犬而言更为重要。一旦病情稳定，可口服索他洛尔或联合使用美西律和阿替洛尔。

关于犬类充血性心力衰竭的治疗措施，可大致归纳为以下几个具体要点：

①通过强利尿剂、血管扩张剂和正性肌力药物治疗，可使病情得到缓解。

②静脉或肌内注射呋塞米，每 2 小时给药一次，直到呼吸频率和呼吸困难程度得到改善，如果在 12 小时内没有改善，则意味着预后不良。

③硝酸甘油氯化钠注射液是一种非常有效的血管扩张剂，但要预防出现低血压。

④静脉注射多巴胺或多巴酚丁胺等正性肌力药物，有助于改善心脏输出功能，如果剂量过高，会加重

室性心律失常或引起窦性心动过速。

⑤室性心动过速多伴有虚弱、晕厥、低血压、黏膜变白等临床症状，采用利多卡因或普鲁卡因胺紧急治疗通常有效。

⑥患有室性心动过速的病犬，平常可口服索他洛尔或联合使用美西律和阿替洛尔。

3. 急性心力衰竭病犬病情稳定后的口服药物治疗

通过对急性心力衰竭的紧急治疗，可让 75% 左右病犬的症状得到有效缓解。在 48 小时内，大多数病犬的临床症状都能得到显著改善，如果超出这一时间范围的难治性病犬，则预后很差。随着病犬症状的改善和病情的逐步稳定，静脉给药可逐渐减少，并采取口服药物。在此期间，应继续监测病犬的水合状态、体重、食欲、呼吸、电解质和肾功能等情况的变化。

一旦病犬的呼吸频率和呼吸困难程度得到改善，静脉注射呋塞米应停止，而改用口服呋塞米（典型口服剂量为：每 8 ~ 12 小时 1 ~ 2 毫克 / 千克体重）。硝酸甘油、多巴胺或多巴酚丁胺在 12 ~ 24 小时内逐渐减少，用血管紧张素转换酶抑制剂（依那拉普利每 12 小时 0.5 毫克 / 千克体重，或贝那普利每 24 小时 0.5 毫克 / 千克体重）、地高辛（每 12 小时 0.003 毫克 / 千克体重）或匹莫苯丹（每 12 小时 0.25 毫克 / 千克体重）代替。

地高辛和血管紧张素转换酶抑制剂潜在的副作用是厌食、呕吐等，出现这些情况，需要停药 3 ~ 5 天。在房颤病犬中，用地高辛治疗的紧迫性更强，可以首先开始使用地高辛，然后在 5 ~ 7 天内再加入血管紧张素转换酶抑制剂。

利多卡因或普鲁卡因胺在 24 小时内应逐渐减少，逐渐更换为索他洛尔（每 12 小时 1.5 ~ 2.5 毫克 / 千克体重），或美西律（每 8 小时 5 毫克 / 千克体重），或阿替洛尔（每 12 小时 0.3 ~ 0.4 毫克 / 千克体重）。

过度使用 β 受体阻滞剂（如索他洛尔或阿替洛尔），可能会导致急性心力衰竭，需要逐渐调节给药剂量。同时还要注意钠的摄入，膳食钠的限制量为 40 ~ 70 毫克 /100 千卡 *。

关于急性心力衰竭病犬病情稳定后的口服药物治疗措施，可大致归纳为以下几个具体要点：

①利尿剂静脉给药改为口服呋塞米。

②硝酸甘油、多巴胺或多巴酚丁胺在 24 小时内逐渐减少，用血管紧张素转换酶抑制剂、地高辛或匹莫苯丹代替。

③利多卡因或普鲁卡因胺应在 24 小时内逐渐减少，并由索他洛尔、美西律或阿替洛尔代替。

4. 心力衰竭难治性案例及其他可选方案

如果心力衰竭难治性病犬对普通利尿剂没有明显效果，可考虑结合其他药物进行治疗。

在可用药物中，其中的氢氯噻嗪（每 12 ~ 48 小时，1 ~ 4 毫克 / 千克体重）是一种中度强效利尿剂，主要作用于远曲小管，半衰期比呋塞米长，将它与呋塞米合用，可根据情况逐渐增加用量。此外，氢氯噻

* 1 千卡 =4.166 千焦。

嗪也以与等量螺内酯（每 12 ～ 24 小时，2 ～ 4 毫克 / 千克体重）联合使用。

对于右心衰竭或心输出量严重减少的病犬，可皮下注射匹莫苯丹，当以这种方式给药时，呋塞米的每日总剂量可适度减少。患有末期扩张型心肌病的病犬，通常伴有食欲不振和体重减轻的症状，有时会使用类固醇（如司坦唑醇，每 12 小时服用 1 ～ 2 毫克），但这种治疗方式的长期安全性值得研究。在常规治疗中加入匹莫苯丹（每 12 小时，0.25 毫克 / 千克体重），通常有助于控制心力衰竭，并有助于改善难治性心力衰竭病犬的食欲和行为等生理状况。

关于犬猫难治性心力衰竭的药物治疗措施，可大致归纳为以下两个基本要点：

①如果普通利尿剂没有明显疗效，可采取氢氯噻嗪 + 呋塞米 + 螺内酯联合用药。

②对于右心衰竭或心输出量严重减少的病犬，可皮下注射匹莫苯丹。

5. 晚期扩张型心肌病伴心房颤动的治疗

患有晚期扩张型心肌病的病犬，通常会伴生心房颤动的症状，巨犬（如丹麦大型犬、爱尔兰猎狼犬）的房颤发生率明显高于杜宾犬和拳师犬。快速心率（＞ 180 bpm）的心房颤动会加重充血性心力衰竭和低心输出量，治疗的目标是减慢心率。如果心率低于 150 次 / 分钟就算有效控制了。地高辛（每 12 小时，0.003 毫克 / 千克体重）、地尔硫䓬（每 8 小时，0.5 ～ 2.0 毫克 / 千克体重）、阿替洛尔（每 12 小时，0.25 ～ 1.0 毫克 / 千克体重）这三种药物中的任何一种，均可用于降低心率。

在大多数情况下，地高辛是优选，因为该药具有增加正性肌力的作用。如果地高辛不能单独控制心率，则应添加地尔硫䓬或阿替洛尔，但必须引起重视的是，地尔硫䓬与阿替洛尔联合给药，一旦剂量过大，会产生心动过缓、心脏传导阻滞和低血压的不良反应。

关于犬类晚期扩张型心肌病伴心房颤动的治疗措施，可大致归纳为以下几个基本要点：

①地高辛、地尔硫䓬、阿替洛尔这三种药物可用于治疗房颤。

②地高辛是优选，但不建议静脉注射，因为容易产生毒性。

③如果阿替洛尔与地尔硫䓬联合给药剂量过度，会产生心动过缓、心脏传导阻滞和低血压的不良后果。

④对于因室性心动过速而需要立即控制心率的病犬，可尝试口服地高辛或静脉注射地尔硫䓬。

⑤如果心率低于 150 次 / 分钟就算控制有效了。

6. 扩张型心肌病的其他药物治疗

在犬类扩张型心肌病的治疗上，除了采取利尿剂、血管紧张素转换酶抑制剂和匹莫苯丹联合用药外，其他药物对扩张型心肌病的治疗也用一定的作用。

① β 受体阻滞剂：β 受体阻滞剂（如美托洛尔、卡维地洛）除了可应用于心律失常的治疗外，还有利于减缓心脏扩大和收缩功能障碍的进展。β 受体阻滞剂的副作用，主要包括心动过缓、低血压和充血性心力衰竭。

在临床上，美托洛尔的初始剂量为每 12 小时 0.1 ~ 0.2 毫克 / 千克体重（po），然后在 4 ~ 8 周内，逐渐调整至每 12 小时 0.4 ~ 0.8 毫克 / 千克体重（po）；卡维地洛的初始剂量为每 12 小时 0.1 毫克 / 千克体重（po），随后在 4 ~ 8 周内，逐渐调整至每 12 小时 0.5 毫克 / 千克体重（po）。

②钙增敏剂：钙增敏剂（如匹莫苯丹）可增加心脏收缩功能，同时减少细胞钙超载、心肌耗氧量和心律失常的形成。作为一种具有联合血管扩张特性的药物，匹莫苯丹可显著改善患有严重扩张型心肌病犬只的生活质量。匹莫苯丹多用于严重病犬，通常与利尿剂、血管紧张素转换酶抑制剂和地高辛联用，其给药剂量为每 12 小时 0.25 毫克 / 千克体重（po）。

③醛固酮拮抗剂：醛固酮拮抗剂（如螺内酯）可用作轻度利尿剂，其更重要的作用，是能降低醛固酮在心肌和血管系统中的增殖，此外，还可促进交感神经活动和压力感受器功能的正常化。在犬只患有严重心脏病的情况下，仅用血管紧张素转换酶抑制剂尚不足以抑制醛固酮的产生，而在心力衰竭的病犬中，螺内酯的使用可有效提高其存活率。由于螺内酯具有降低醛固酮在心肌和血管系统中的抗增殖作用，因此，在心肌病的隐匿阶段和早期阶段使用也有益。螺内酯通常与氢氯噻嗪联合用于患有严重心脏病的犬只，其用量为每 12 小时 1 ~ 2 毫克 / 千克体重（po）。

④氨基酸：某些患有扩张型心肌病的品种（如美国可卡犬），会存在氨基酸缺乏现象，通常的改善方式为口服给药或拌在食物中。

⑤牛磺酸补充剂及 L– 肉碱：对于血浆牛磺酸含量浓度偏低的病犬，可适当增补牛磺酸补充剂（可卡犬每 12 小时 500 毫克，po），建议同时补充 L– 肉碱（可卡犬每 12 小时服用 1 克）。在患有左心室扩张和收缩功能障碍的拳师犬中，大都存在 L– 肉碱缺乏症，对此，可补充 L– 肉碱（每 8 ~ 12 小时 50 毫克 / 千克体重，po）。就患有心律失常且没有左心室扩张（这是最为常见的表现）的拳师犬而言，补充 L– 肉碱的有效价值尚待探讨。对有症状改善的犬只，可减少或停用常规抗心力衰竭药物（如呋塞米、血管紧张素转换酶抑制剂、地高辛等），但牛磺酸和（或）L– 肉碱的补充应继续。

⑥鱼油补充剂：患有心脏病的犬只，通常伴有循环细胞因子升高和能量产生的改变，这两者都可导致心力衰竭综合征的出现，如体重减轻、肌肉萎缩和食欲不振等。鱼油补充剂可降低白细胞介素浓度，有助于改善心脏恶病质。

⑦辅酶 Q10：辅酶 Q10 是线粒体呼吸运输链的一部分，具有改善和预防心血管疾病、提高心肌功能，增加心力衰竭存活率等功能，补充辅酶 Q10 可有效提高病犬的生活质量。

第四节丨犬类扩张型心肌病的预后

从隐匿性扩张型心肌病发展到症状性扩张型心肌病的进程变化很大，时间甚至长达数年，在此阶段，建议进行一系列心脏彩超和心电图检查，因为猝死极可能发生在病程的隐匿阶段，这一现象在拳师犬和杜宾犬中尤其突出，必须引起高度重视，一旦出现充血性心力衰竭等临床症状，长期预后一般都很差。

大体来看，杜宾犬的中位存活时间为 3 ~ 4 个月，其他品种为 5 ~ 6 个月，如果存活期已超过 7 个月，其一年期存活率为 10% ~ 15%。从临床现象来看，预后差多与房颤、双心室充血性心力衰竭和发病时年龄小（小于 5 岁）有关。尽管整体存活率令人沮丧，且很难评估每只犬的具体表现，但还是应该对患有暴发性心力衰竭的病犬进行积极的静脉注射治疗，并在治疗 24 ~ 72 小时后进行深一步的评估。

引起犬类原发性扩张型心肌病的病因目前尚不清楚，可能是由多种原因所致，从不同犬种患有不同扩张型心肌病的现象来看，很可能存在遗传、家族性、免疫介导、传染性、毒性或营养性等多种因素。比如，患有致心律失常性右室心肌病（ARVC）的拳师具有异常的钙循环，这在人类某些类似的心肌病中也能检测到。

大量统计数据表明，β 受体阻滞剂和匹莫苯丹的联合使用，对治疗患有扩张型心肌病的病犬很有帮助。虽然这些药物在减缓病理性心室重塑和提高存活率方面有效，但在提高生活质量或运动耐量方面的作用则相对较小。相比之下，匹莫苯丹虽然没有被证明能提高人类的存活率，但对提高犬只的生活质量，却表现出明显的效果。在有症状的扩张型心肌病犬中，联合使用匹莫苯丹和 β 受体阻滞剂，匹莫苯丹的正性肌力作用，可以增加成功滴定的可能性和对 β 受体阻滞剂的耐受性，从而达到提高病犬生活质量和延长寿命的目的。

第五节 | 犬类肥厚型心肌病的治疗

肥厚型心肌病（HCM）是一种不太常见的犬类心肌疾病，反而在猫中很常见。肥厚型心肌病的特点是特发性左心室肥厚，可导致心力衰竭或猝死。如果肥厚性心肌病还同时伴有二尖瓣收缩前运动和左心室流出道梗阻，则特指为肥厚性梗阻性心肌病。

肥厚型心肌病主要出现在年轻雄性犬中（通常小于 3 岁），由此表明，遗传是导致犬肥厚型心肌病的病因之一。与肥厚型心肌病相关的左心室肥大，可以是对称的（即室间隔和左心室后壁的影响相等）或不对称的（在人体中，室间隔通常比后壁受到的影响更大）。从临床现象来看，大多数肥厚型心肌病病犬表现为对称的左心室肥大。严重的左心室肥厚，会导致舒张功能障碍、左心房扩大、心力衰竭和心律失常。

据临床观察，虽然大多数患有肥厚型心肌病的病犬，多年来一直都无症状表现，但猝死率似乎比充血性心力衰竭更常见。其诊断途径主要是通过评估是否存在心脏杂音或心律失常开展，而心脏彩超是首选的诊断方法（图像特征可参照猫肥厚型心肌病的超声诊断）。

治疗药物是采用 β 受体阻滞剂——阿替洛尔（每 12 ~ 24 小时 0.5 ~ 1.0 毫克 / 千克体重）来消除疾病的梗阻症状，从而减轻由双输尿管引起的心力衰竭，并抑制心律失常。

第十二章

猫的心肌病超声诊断技巧及治疗

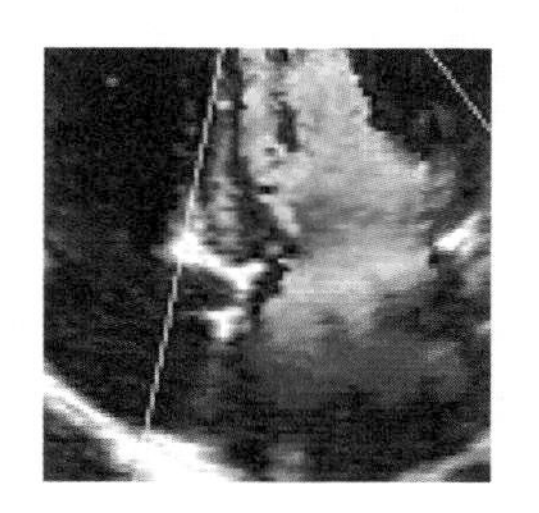

心肌病指的是由不同原因导致的心脏肌肉疾病，其主要异常症状位于心脏的肌肉组织内（心肌）。心肌病通常分为原发性心肌病和继发性心肌病，其中，原发性心肌病包括扩张型心肌病、肥厚型心肌病等。原发性心肌病表示心肌疾病不是继发于瓣膜疾病、心包疾病、冠状血管疾病、全身性或肺动脉高压等，而是因心肌本身出现的问题所引起。

第一节｜猫的心肌病分类

猫的心肌病可根据其形态学外观进行分类，在每个分类中，均可看到广泛的形态学特征和临床表现，但却很难将猫的心肌病简单或明确地归入其中的某一类别。此外，由于心肌病在猫中非常常见，所以，由其他原因导致的心脏病，会常常被误判为心肌病中的一种，这种状况在临床上很常见。

1. 猫的原发性心肌病种类

①肥厚型心肌病（HCM）。

②特发性扩张型心肌病（DCM）。

③限制性心肌病（RCM）。

④未分类的心肌病（UCM）。

⑤致心律失常性右心室心肌病（ARVD）。

2. 引起特异性与继发性心肌病的主要原因

①营养缺乏（牛磺酸缺乏）。

②新陈代谢失调（甲状腺功能亢进、肢端肥大症）。

③浸润性病变（肿瘤形成、淀粉样变性）。

④炎症（毒素、免疫反应、感染因子）。

⑤遗传基因（HCM、扩张型心肌病）。

⑥有毒物质激发（阿霉素、重金属）。

第二节丨猫的心肌病临床表现

临床上很多患有心肌病的猫都没有明显的临床表现，特别是患有肥厚型心肌病的猫，虽然很多都没有任何临床表现，但却存在直接猝死的现象。总体而言，患有心肌病的猫，可能会出现以下一些临床症状：

①呼吸困难、呼吸急促。

②身体状况差、虚弱、嗜睡。

③运动不耐受、厌食。

④急性后肢麻痹或瘫痪，偶尔有前肢瘫痪。

⑤很少咳嗽，咳嗽是犬只患有心脏病的常见症状，但在患有心脏病的猫中却很少见，猫的症状是出现张嘴呼吸。

⑥猝死。

第三节丨猫的心肌病检查

胸部X光片和心电图不一定会提示心脏疾病，但是，在做心脏彩超前，先拍摄胸部X光片是不可或缺的必要流程，因为胸部X光片可帮助验证病猫是否存在肺部本身的问题，是否存在气管问题，或因哮喘、

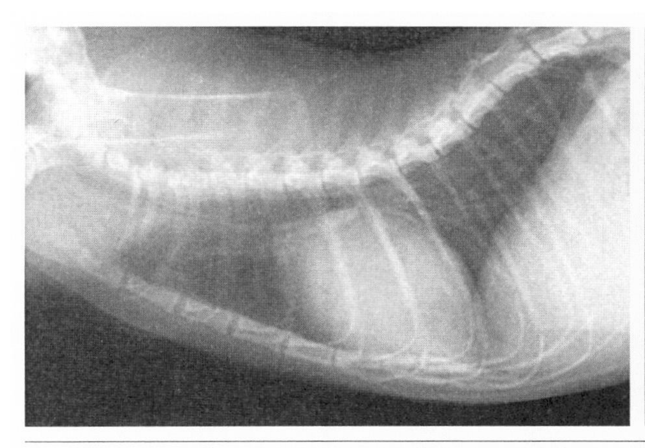

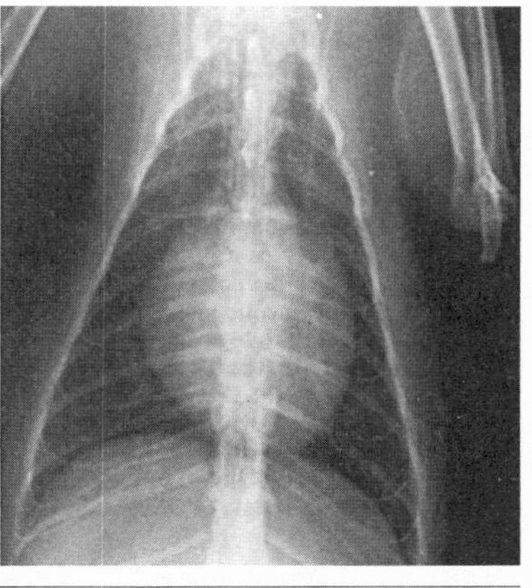

图12–1　左右两图均为同一只猫的胸部X光片，在左图侧位X光片上可见扩张的心脏，后经心脏彩超诊断，确认为扩张型心肌病，在右图正位X光片上，可见明显扩张的心脏

心脏增大和心脏功能障碍所引起的并发症等，例如肺静脉充血、肺水肿、大静脉增大、胸腔积液等（如图 12-1）。

之所以会一直强调在做心脏彩超前应先做X光片，是因为X光片有助于帮助临床宠物医生排查如下问题，如肺部感染、肺部肿瘤、肺部异物（X线不可透异物）、肺部扭转、气管疾病、哮喘、心脏增大，以及由心脏功能障碍引起的并发症（肺静脉充血、肺水肿、大静脉增大、胸腔积液）等。

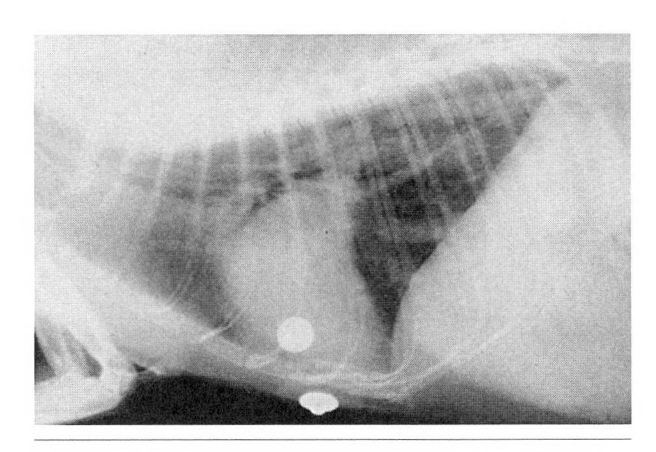

图 12-2　某猫肥厚型心肌病的侧位X光片。图上显示该猫明显存在左心房扩大、肺静脉充盈和肺水肿症状

第四节 | 猫的肥厚型心肌病彩超诊断及治疗

1. 猫的肥厚型心肌病简介

猫的肥厚性心肌病（HCM），是一种可导致猫心脏肌肉壁增厚的疾病（如图 12-3）。这种疾病在缅因猫、布偶猫、英国短毛猫、斯芬克斯猫、沙特尔猫和波斯猫中最为普遍。在一些患有这种疾病的猫中，甚至发现了几种心脏病。尽管引起这一疾病的病因尚未明确，但许多临床病例表明，遗传因素在其中起到了比较重要的主导作用。

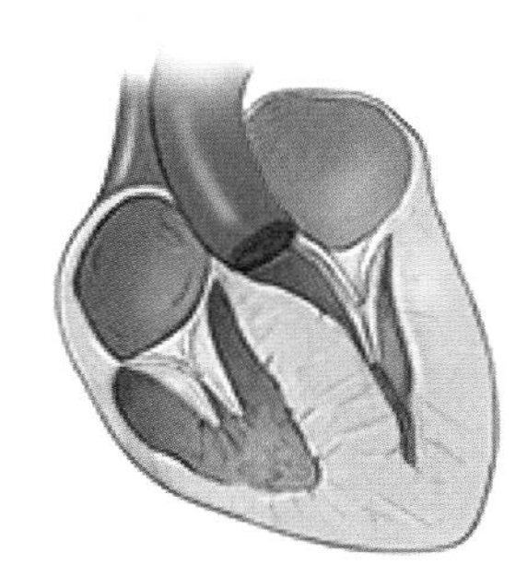

图 12-3　猫的正常心肌（左）和肥厚型心肌病的心肌（右）对比示意图。从右图上可见，肥厚型心肌病的左心室肌肉明显增厚，左心室腔变小，导致舒张期左心室不能正常舒张，左心房血液无法正常流入左心室，当左心室泵血的时候，便没有充足的血液泵入全身，从而降低心脏的工作效率，甚至还会在身体的其他部位产生异常症状

虽然肥厚性心肌病对猫的影响和预后存在很大差异，但正确的诊断和有效的治疗，可以减少或延缓由肥厚性心肌病所导致的其他并发症，并提高其生活质量。

患有肥厚性心肌病的猫，会招致心脏左心室心肌增厚，并进而引起心室容积减少，这些变化会导致心脏快速跳动，氧气需求量增加，甚至引起心肌缺氧。心肌缺氧的后果会造成心脏细胞死亡，使心脏功能恶化而致心律失常。

此外，较低的血液泵送效率，也会促使血液回流到心房和肺部，从而引起充血性心力衰竭的发展或心脏血凝块的形成。

2. 猫肥厚型心肌病的临床症状

患有肥厚型心肌病的猫，其临床症状主要表现在以下几个方面：

①无任何临床表现：有些猫虽然患有肥厚型心肌病病，但临床上却没有任何症状。

②张嘴呼吸：部分患有肥厚型心肌病的猫，平常没有任何异常，但在紧张、洗澡或新环境中会有张嘴呼吸的表现。

③心衰迹象：部分患有肥厚型心肌病的猫，会表现出充血性心力衰竭的迹象，如呼吸困难或急促、张口呼吸和嗜睡等，尤其是当液体积聚在肺部或肺部周围时，就会出现这些症状。

④形成血栓：肥厚型心肌病的严重潜在威胁之一是在心脏中形成血凝块，这些血凝块会随着血液流动而阻塞身体其他部位的血管，从而形成血栓栓塞。血凝块的负面影响取决于它所在的位置，在患有肥厚型心肌病的猫中，血凝块最常见的恶果是阻碍血液向后肢流动，并引起急性后肢疼痛，可造成后肢瘫痪甚至坏死。对肥厚型心肌病的正确诊断和治疗，将有助于降低病猫临床症状的严重程度和血栓栓塞形成的可能性。

⑤猝死：在临床上，有些没有任何肥厚型心肌病症状的猫会直接猝死，有些猫虽然通过心脏彩超检测出心脏问题，但没有表现出任何临床症状，即便如此，也要明确告之宠物主人，该猫随时都有猝死的风险。

3. 猫肥厚型心肌病的彩超诊断

在对肥厚型心肌病病猫进行彩超诊断的过程中，一旦发现下面中的任何一种现象，不但要考虑肥厚型心肌病存在的可能性，同时还要联系其他疾病进行综合诊断。

①乳头肌肥厚（如图 12-4）。

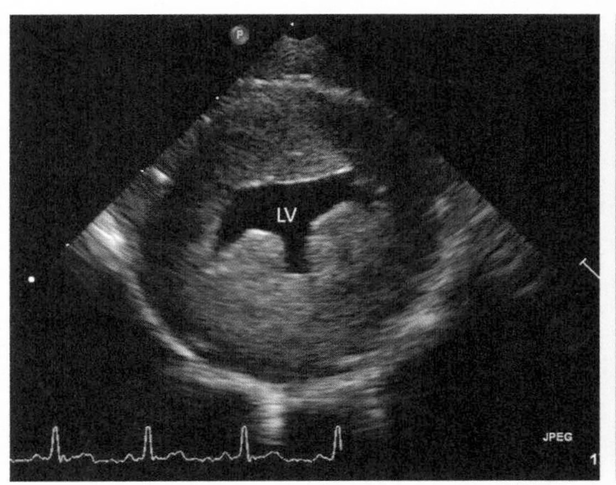

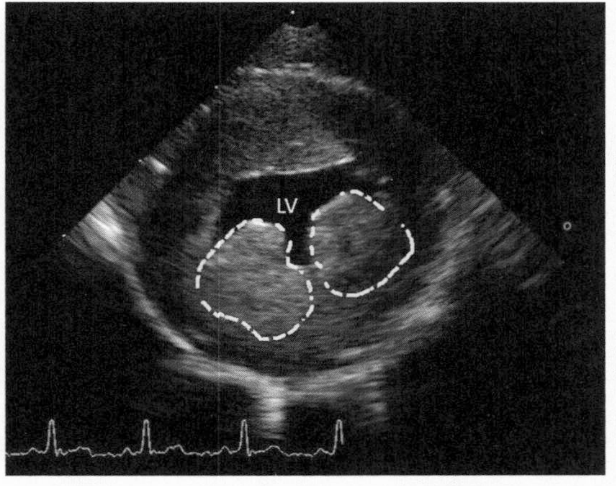

图 12-4　左右两图相同，均为某猫右侧胸壁肋骨旁短轴声窗乳头肌增厚的同一帧图像，其区别是作者在右图上用黄色虚线勾勒了增厚的乳头肌

②左心室壁明显增厚超过 7 毫米（如图 12–5）。

③左心室腔向心性变小。

④左心房扩大（如图 12–6）。

值得注意的是，并不是每个患有肥厚型心肌病病猫的左心房都会扩张，如果左心房扩张（LA/Ao）比值超过 1.6，则容易出现呼吸加快的症状，以作者长期积累的临床经验判断，一旦该比值超过 1.8，则说明已发展到肺水肿的程度（如图 12–6）。

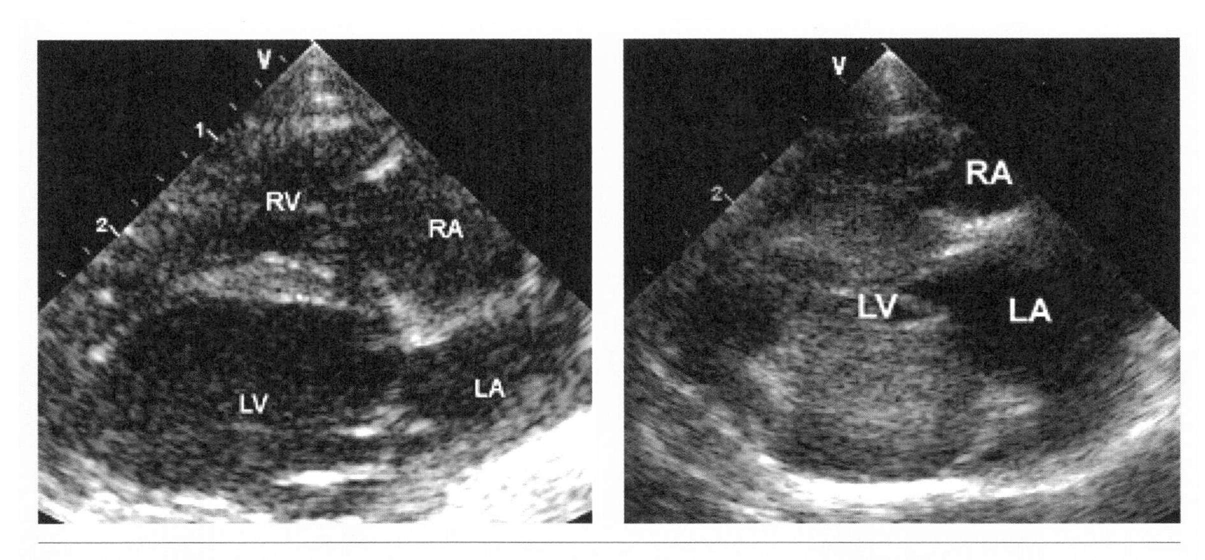

图 12–5　正常左心室和左心室室壁增厚对比图。左图的左心室（LV）比较正常，右图的左心室（LV）向心性增厚，且左心室腔变小，同时可见左心房扩张

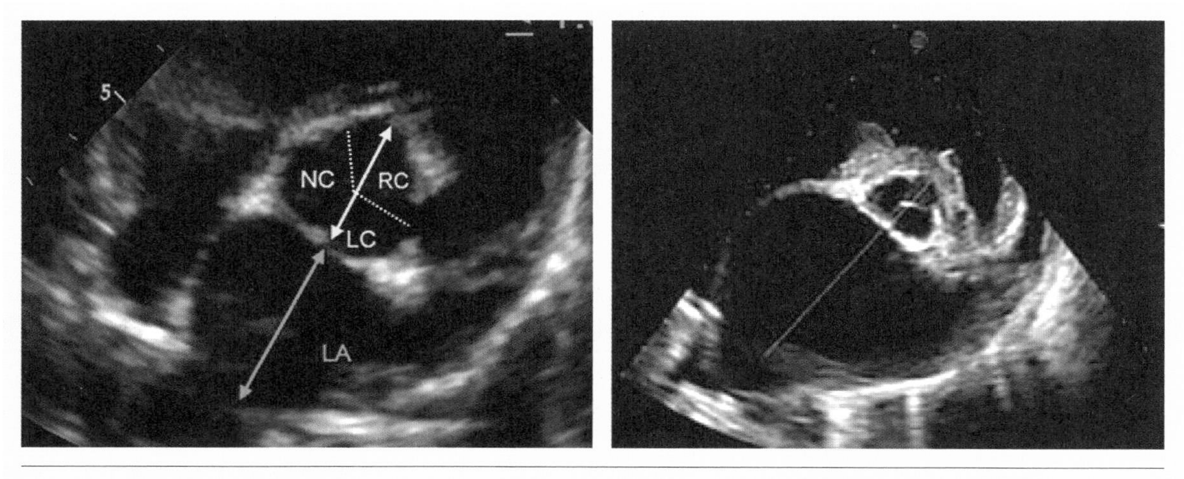

图 12–6　LA/Ao 的比值测量。左图为比较正常的心脏，LA/Ao 的比值通常低于 1.6；右图为左心室（LA）扩张的心脏，该病例的 LA/Ao 比值已经达到 2.3，意味着已经形成了肺水肿

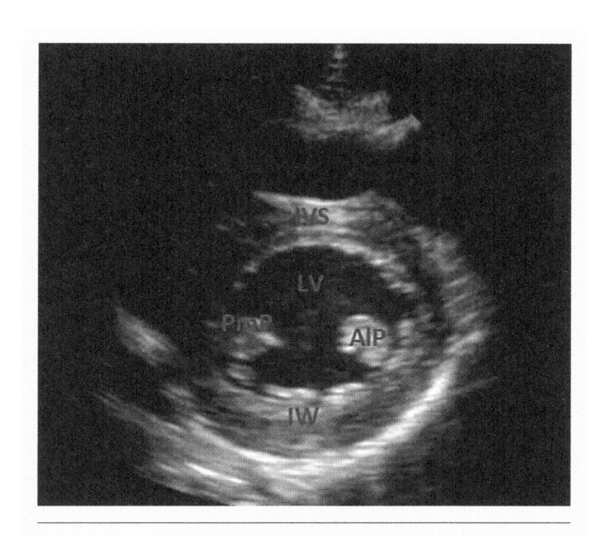

图 12-7　乳头肌增厚图像。图中：IVS 为室间隔，LV 为左心室腔，AIP 和 PMP 分别为前后乳头肌，IW 为左心室自由壁

由肥厚型心肌病引起的心肌肥大，既可以是全左心室性肥厚，影响左心室壁的所有区域，也可以是区域性或节段性的。节段型可影响室间隔或自由壁，主要影响心尖或乳头肌（通常是邻近的自由壁），乳头肌肥大可能是这种疾病的唯一表现，如图 12-7 中的病例，该猫心脏的其他区域都没有增厚，只是乳头肌发生了变化，这种情况在临床上很容易漏诊，所以，在做超声检查的时候一定要注意观察和分析。

对猫肥厚型心肌病的诊断，应通过几个不同的二维心脏彩超切面，并从最厚的那一个或多个区域测量舒张期的壁厚予以认定。仅凭单一的 M 超，很可能会错过对心肌局部增厚的判断，除非它是由二维视图引导的。

⑤左心室舒张末期或收缩末期尺寸可能正常或减小，并可能出现收缩末期心室腔闭塞（如图 12-8）。

⑥左心室舒张末期压力增加，有时在左心耳或其附属部分会出现血栓。

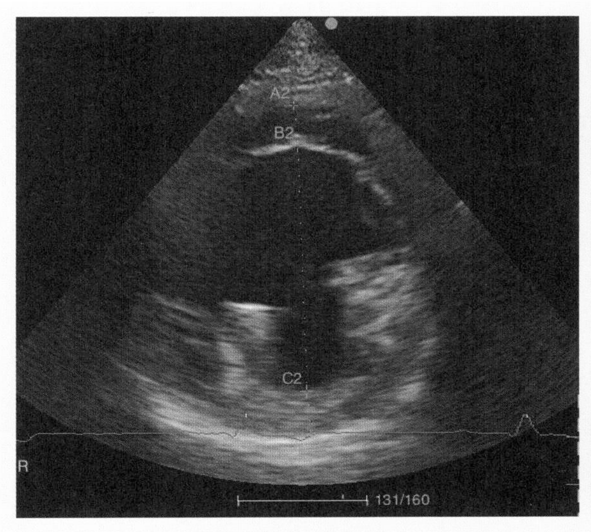

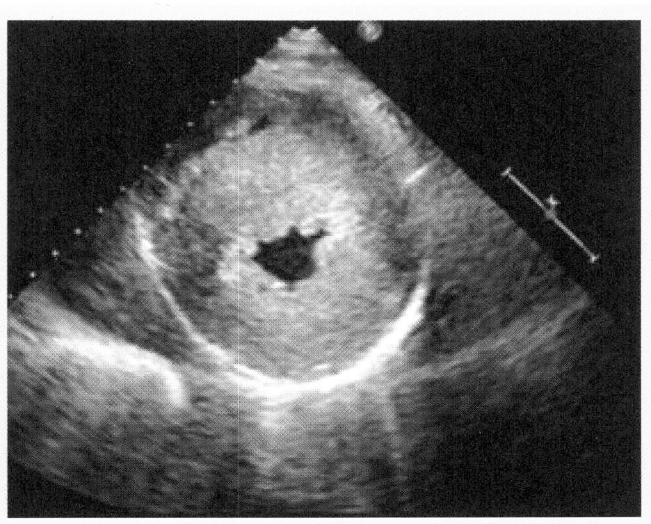

图 12-8　左心室腔对比图。上图为比较正常的左心室腔，下图为肥厚型心肌病的左心室腔。从图中可以看出，肥厚型心肌病的左心室向心性变小

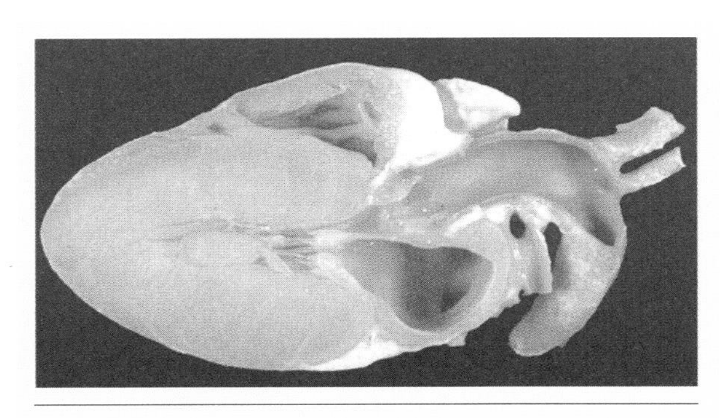

图 12–9　猫肥厚型心肌病的心脏解剖图。从该图上可看到二尖瓣进入左心室流出道

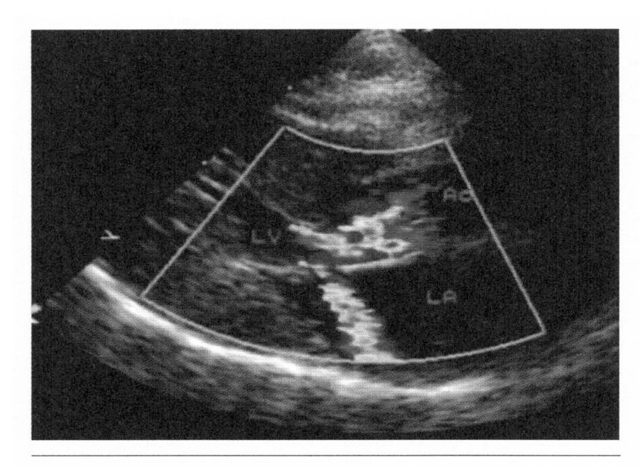

图 12–10　二尖瓣收缩期向前运动（SAM）。从图上可看到两条来自左心室流出道的湍流射流，其中一条回流到左心房；另一条投射到主动脉

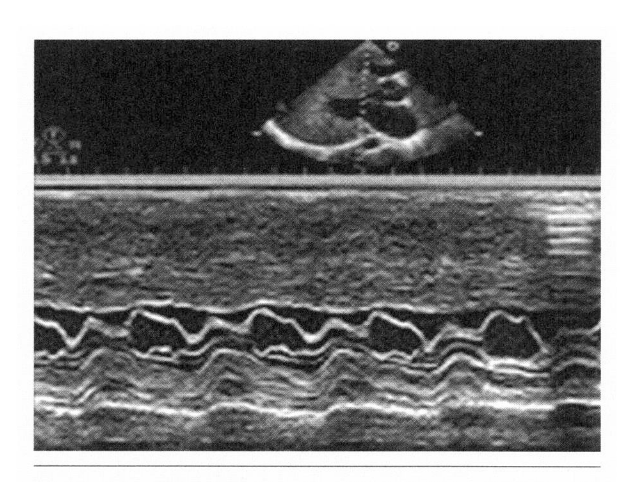

图 12–11　某猫肥厚型心肌病的二尖瓣 M 超图像。该图显示了二尖瓣的前收缩运动状况，图上可见二尖瓣在收缩早期向室间隔移动，并在舒期开始前不久返回正常位置，还可见 E 峰速度和 A 峰速度的改变

⑦经彩色多普勒检查，二尖瓣收缩期会向前运动（SAM）。

在正常情况下，当左心室处于收缩的时候，二尖瓣应该是闭合的，一旦出现 SAM 征，会导致二尖瓣叶在收缩期向前移动，此时，二尖瓣会提前打开进入左心室流出道，导致左心室流出道受阻（如图 12–9）。二尖瓣 SAM 征可通过二维超声或更为常见的彩色血流检查来识别（如图 12–10）。

⑧利用频谱多普勒检查主动脉瓣下狭窄区域的压力梯度变化。压力梯度的变化与 SAM 的严重程度相关，虽然并非所有患有肥厚型心肌病的猫都存在 SAM，但大多数患有严重肥厚型心肌病的猫都可能有 SAM，哪怕一些猫在没有任何心室室壁增厚的证据之前，只要当它们的乳头肌增厚或变长，就会发展成 SAM。一旦存在 SAM，则会影响到左心室流出道，导致压力升高。

⑨左心室舒张期功能障碍：使用多普勒组织成像技术、心室流量和舒张时间测量，可检测到患有严重肥厚型心肌病病猫的舒张功能障碍，也可观察到左心室自由壁和二尖瓣环早期舒张壁的运动减少状况。

⑩评估 E 波和 A 波：患有肥厚型心肌病的猫，会导致其峰值 E 波速度降低，峰值 A 波速度增加，等容舒张时间延长，早期流入减速率降低（如图 12–11）。

表 12-1 猫肥厚型心肌病的心脏彩超诊断要点

一旦在超声诊断中发现下面任何一种情况，就要考虑是否肥厚型心肌病，同时还要鉴别是否存在其他疾病
①乳头肌肥厚
②左心室壁明显增厚（如果舒张期厚度超过 6 mm，则要考虑肥厚型心肌病）
③左心室腔向心性变小
④左心房扩大
⑤左心室舒张末期或收缩末期尺寸可能正常或减小，并出现收缩末腔闭塞
⑥左心室舒张末期压力增加，有时在左心耳或其附属部分会出现血栓
⑦彩色多普勒检查二尖瓣 SAM
⑧主动脉瓣下狭窄区域的压力梯度发生改变
⑨左心室舒张期出现功能障碍
⑩峰值 E 波速度降低，峰值 A 波速度增加

4. 猫肥厚型心肌病的治疗措施

目前没有证据表明药物会改善猫肥厚型心肌的发展进程，在没有出现心衰症状前，用药与不用药，对猫肥厚型心肌病的病程发展都不会产生明显的差异化。

在临床上，可用于猫肥厚型心肌病的主要药物有地尔硫革、阿替洛尔、贝那普利和依那普利，这几样药通常都用于患有轻度至重度肥厚型心肌病但又没有出现心衰的病猫。

由于许多患有轻度至中度肥厚型心肌病的猫尚未发展到严重的程度，要让猫的主人在猫的余生中每天给猫服用心脏病药是非常困难的，所以许多宠物医生认为，只有在治疗期间或一些主人要求治疗他们宠物的情况下才开药。

因此，当一只猫被诊断出肥厚型心肌病时，宠物医生必须向每一个宠物主人把情况解释清楚，并让猫的主人根据他们的愿望和生活方式做出明智的决定。因为目前没有任何干预措施可以改变疾病的发展进程，所以在这个阶段如果没有治疗授权，就不要轻举妄动。

在临床上，肾上腺素能 β 受体阻滞剂（阿替洛尔）和钙通道阻滞剂（地尔硫革），这两类口服药物均可用于改善肥厚型心肌病病猫的左心室充盈和心脏功能。阿替洛尔为每片 25 毫克的片剂，用量为每 12 小时口服 6.25 ～ 12.5 毫克 / 只。地尔硫䓬是目前临床首选的钙通道阻滞剂，可有效减轻水肿的形成和减少心室壁厚，其用量为每 8 小时口服 7.5 毫克。

5. 猫肥厚型心肌病的预后

猫肥厚型心肌病的预后，通常基于临床表现、心内压力升高的心脏彩超证据及对治疗的反应。因此，关于预后的判断，主要是基于临床经验的推测。

轻度至中度心肌肥大，且无左心房增大的无症状猫，通常具有良好的长期预后，存活时间为 4 ～ 6 年。

具有明显心室壁增厚和左心房增大的无症状病猫，不仅患上心力衰竭的风险更高，而且还存在并发血栓栓塞性疾病的风险。

一般来说，患有心力衰竭的猫大多预后不良，其中位生存期约为 3 个月。如果出现心力衰竭，但对治疗有良好反应的猫，在长时间内的生存表现相对比较良好。据临床观察，出现主动脉血栓栓塞的猫基本上预后不良，其中位生存期约为两个月，但在血栓栓塞性休克中存活下来的猫，在长时间内的生存表现反而相对比较良好，只不过这些猫随时都处于血栓栓塞复发的高风险中。

对患有肥厚型心肌病的猫而言，应始终警惕发生猝死的可能性，遗憾的是，目前对猝死的确切发生率尚不清楚。事实上，有些猫在患上肥厚型心肌病后并没有任何症状，猝死成了第一个也是唯一的临床症状。

第五节 | 猫限制型心肌病的彩超诊断及治疗

1. 猫限制型心肌病的定义及特点

与患有肥厚型心肌病的猫相比，得限制性心肌病（RCM）的猫比较少见。限制性心肌病的基本特征，体现为心脏壁放松的“受限”能力，也就是心脏的主要泵室（心室）不能充分打开，既不能接受来自“心房”血管的血液，也不能让血液向前流动，这与猫的其他心脏病形成了鲜明对比。心脏变得太虚弱，不能正常收缩的特征是舒张期充盈严重受损，心室僵硬度增加，左心室尺寸和收缩功能相对正常。

猫的限制型心肌病主要表现为两种类型——心内膜型和心肌型。

①心内膜型：这种类型的心肌病主要是与严重的心内膜心肌瘢痕形成有关，这种情况可导致左心室腔中远端部分闭塞，甚至涉及二尖瓣。尤其是炎性浸润的存在，可能提示心内膜炎的存在。

②心肌型：这种类型的心肌病表现为更为广泛的心肌纤维化。

上述两种类型的心肌病，都可能导致心房扩张或轻度左心室肥厚，但不到肥厚型心肌病的程度，还可能造成轻度收缩功能障碍，但还没到扩张型心肌病的收缩障碍程度。

2. 猫限制型心肌病的彩超诊断要点

要想对猫的限制型心肌病予以明确诊断，需要借助心脏超声诊断技术的支持。心脏超声检查可提供心脏大小、结构和功能状况等信息，还能发现左心房扩张及左心室舒张受限。患有限制型心肌病的猫，通过心脏超声检查，其心室的泵送能力通常看起来都比较正常，但因心室不能放松，所以并不能接收来自心房的血液。另外，在有些病例中，还可看到瘢痕组织横跨左心室，导致其不能适当放松。

患有猫限制型心肌病的猫，其左心室壁存在轻度增厚的可能，但通常不会达到肥厚型心肌病的厚度。此外，病猫的左心室腔也可能轻度增大，但不会达到扩张型心肌病那样的程度。二尖瓣E峰速度、A峰速度的增加也是其症状之一（如图12-12、图12-13）。

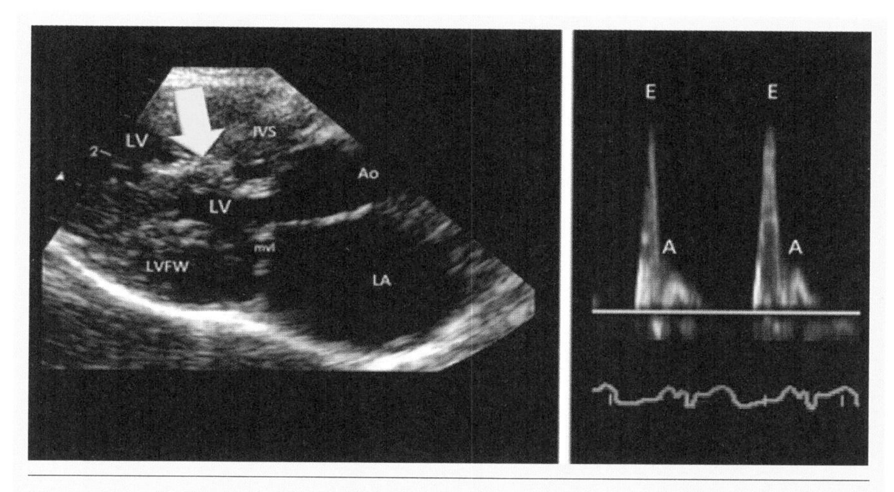

图12-12　左图为某猫右侧长轴胸骨旁5腔心二维图。这只患有心内膜型限制性心肌病的猫，其室间隔（IVS）和左心室游离壁（LVFW）之间存在巨大的桥接瘢痕（箭头）；右图为频谱多普勒检查图像，显示了典型的限制性充盈模式，其特征为E：A比值增加（=4.6）。图中：Ao为主动脉，LA为左心房，LV为左心室，LVPW为二尖瓣小叶

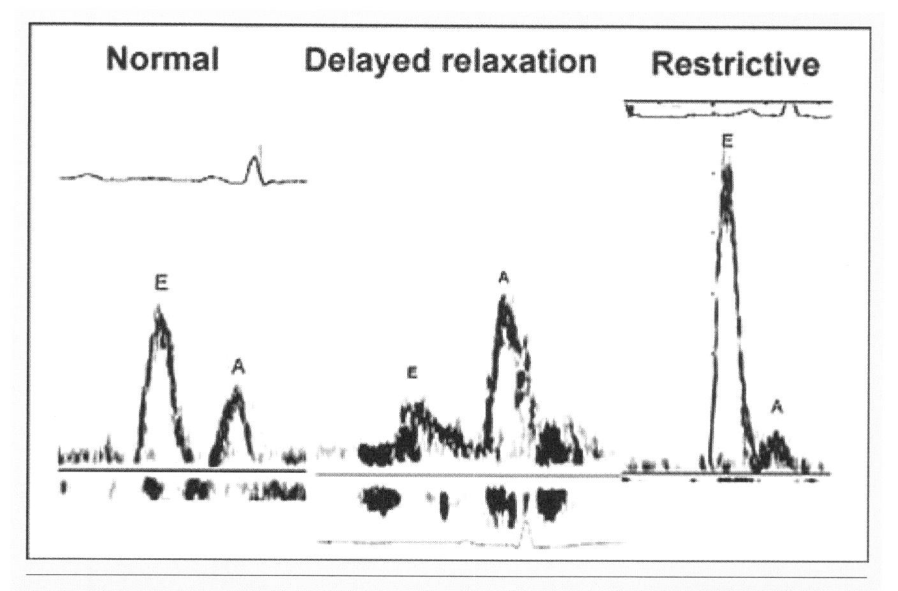

图12-13　E峰与A峰关系示意图。“Noraml”下方为对应的正常舒张期充盈，包括舒张期开始时的早期快速充盈（“E”波），以及与心房收缩相关的另一波跨心室血流（“A”波）。通常情况下，大多数充盈发生在舒张期开始时；“Delayed relaxation”下方显示的是，当左室舒张延迟时，充盈向舒张末期移动，从而产生更大的A波；Restrictive下方显示的是，当左心压力增高或左心室僵硬时（如“限制性充盈”），会出现早期充盈增强（较大的E波），但血流突然减速

表 12-2　猫限制型心肌病的彩超诊断要点小结

①左心房扩张
②左心室舒张受限（左心室僵硬）
③左心室尺寸可能正常或者轻度增大
④左心室壁厚度可能轻增加，但达不到肥厚型心肌病的程度
⑤二尖瓣 E 峰、A 峰增加

3. 猫限制型心肌病的治疗措施

目前尚无确切证据表明药物能非常有效地延缓猫限制型心肌病的病程发展。即便如此，药物的使用仍然很有必要，针对猫限制型心肌病的常用药物，主要包括 β 受体阻滞剂、钙通道阻断剂及血管紧张素转换酶抑制剂。如果出现充血性心力衰竭，呋塞米类药物往往会与血管紧张素转换酶抑制剂一起使用，有时也会与 β 受体阻滞剂或钙通道阻滞剂一起使用。

第六节｜猫扩张型心肌病的彩超诊断及治疗

1. 猫扩张型心肌病简介

猫的扩张型心肌病并不常见，反而在大型犬中更容易出现。在 20 世纪 80 年代中期之前，扩张型心肌病是宠物猫中最为常见的心脏疾病之一，其原因大多与牛磺酸缺乏有关。

如果猫出现与扩张型心肌病相关的症状，必须首先排除继发于其他原因导致的心肌衰竭，如先天性或获得性左室容量负荷过重，以及可能导致心肌衰竭的毒性、缺血性、营养缺失或代谢问题等原因，以确定是否为特发性扩张型心肌病。

据临床观察，大部分患有扩张型心肌病的猫都没有早期症状，有些会突然出现急性充血性心力衰竭或系统性血栓栓塞的症状。

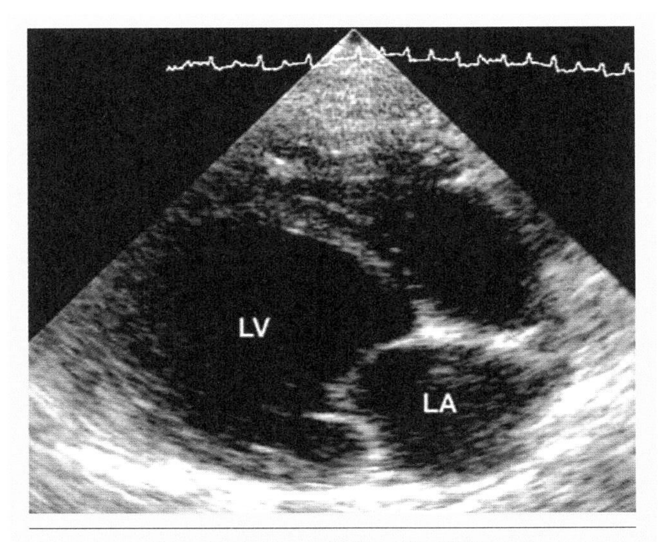

图 12-14　某猫扩张型心肌病的心脏二维切面图，可见左心室明显扩张

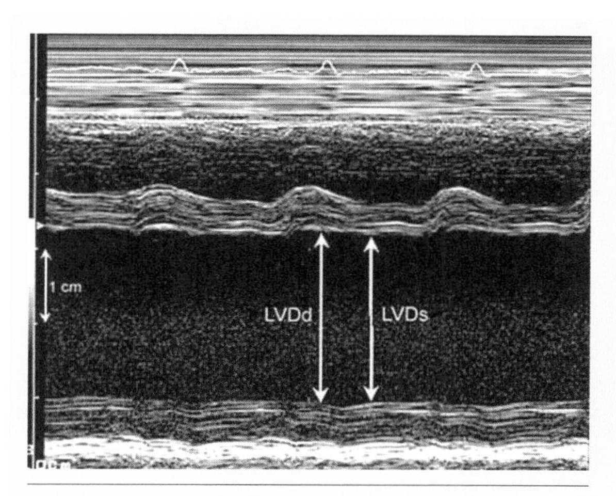

图 12-15　某猫扩张型心肌病左心室 M 超，可见左心室明显扩张，室间隔及左心室自由壁收缩能力下降

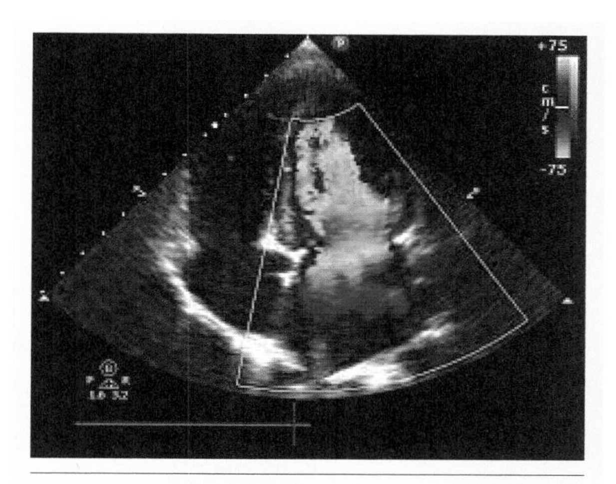

图 12-16　某猫扩张型心肌病左侧 4 腔心彩色多普勒心脏彩超图。出现在二尖瓣区域的马赛克血流，提示该猫存在二尖瓣反流

2. 猫扩张型心肌病的彩超诊断特征

①左心室扩张（如图 12-14），或左右心室都出现扩张，致使心脏出现类似球形的现象。

②收缩功能降低（如图 12-15），这一特征可通过 M 超来进行评估（缩短分数小于 30%，左心室收缩末期直径大于 12 毫米），有时只能看到游离壁或隔膜的运动功能减退。

③可能出现心包积液。

④在彩色多普勒心脏彩超上，可经常看到二尖瓣反流（如图 12-16）和三尖瓣反流。

3. 猫扩张型心肌病的治疗与预后

对于由扩张型心肌病引起的急性充血性心力衰竭，应首先控制充血性心衰；由牛磺酸缺乏引起的心肌衰竭，需及时补充牛磺酸。

因常规体检而发现心脏杂音或存在心音疾驰节奏，并被确诊为无症状扩张型心肌病的猫，在出现充血性心衰或低输出量心力衰竭迹象之前，可能会存活数年。

第七节｜猫的未分类心肌病（UCM）

1. 猫的未分类心肌病简介

目前，国际上对猫的心肌病还有另外一种分类，叫作“UCM”，指的是“未分类心肌疾病”。据近年来的临床观察，有些猫存在明显的心脏异常，甚至发展到心力衰竭，就其特征来看，并不符合以往任何公认的心脏疾病分类，不知道这些病例是否代表一个单一的疾病类别，既不清楚这些病猫是先天性还是获得性疾病，也不清楚这些猫是原发性心肌疾病还是继发性疾病，因此，便将这些难以归类的心脏疾病暂时定义为“未分类心肌病（UCM）”。

2. 未分类心肌病的临床表现

跟其他某些心肌病一样，在未分类心肌病发展之初，几乎也没有任何临床表现，但随着病程的发展，也可能会出现心衰的症状。在胸部X光片上，通常表现为严重的左心房或双心房扩大。当出现充血性心衰时，肺水肿比胸腔积液更常见，尽管两者都可以观察到。

3. 未分类心肌病的彩超诊断要点

从定义的性质来看，未分类心肌病在心脏彩超上看到的发现变化很大，最为一致的特征，是在心脏彩超上可见左心房严重扩张，左心室的大小通常都比较正常或仅轻度扩张。

在一些病猫的隔膜或左室游离壁中，可观察到多种类型的轻度局部心肌肥厚，有些猫会出现右心扩大及心室收缩指数轻度降低等症状。

在大多数受影响的猫中，通过频谱多普勒和彩色血流多普勒检查，可见二尖瓣或三尖瓣存在轻微及中度反流，有些病猫可在其左心房内观察到血栓。

总结

①猫的肥厚型心肌病比较常见，在猫的心脏病中所占比例最大。

②未分类心肌病的发生频率有增长的趋势，目前对这种心肌病的病因、病理生理学、治疗手段的效果和预后均知之甚少。

③在继发性心肌疾病中，只有营养性（对牛磺酸有反应的）扩张型心肌病和甲状腺毒性心脏病可以任何频率出现。这两种心肌疾病都能对恰当的治疗手段产生显著效果。除此之外，其他继发性心肌疾病很少发生，也很少了解。

④由于相关的临床诊断结果往往重叠，从而让最终的精确诊断变得困难。

⑤总体来看，心脏彩超仍是目前最为可靠的诊断手段，可以明确区分猫的不同心肌疾病。

第十三章

犬猫先天性心脏病的超声诊断及治疗

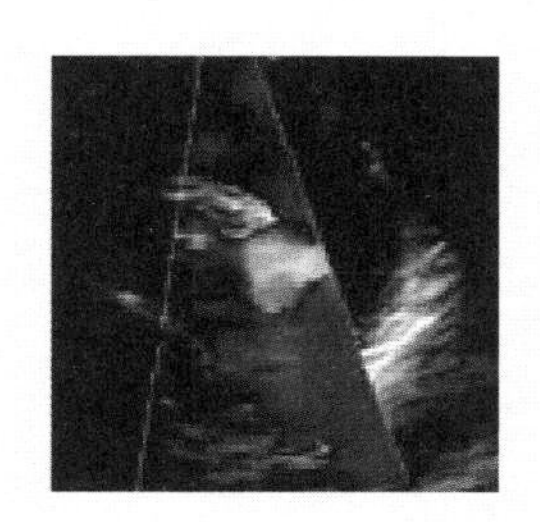

第一节｜犬猫先天性心脏病简介

1. 犬类的先天性心脏病

据统计，犬类先天性心脏病的发病率为 6%，相当于每 15 只犬中就有一个先天性心脏病病例，也许实际发生率更高，因为一些由其他缺陷导致新生犬只死亡的病例并未计入其中。

犬类最为常见的先天性心脏缺陷包括动脉导管未闭（PDA）、肺动脉狭窄（PS）、肺动脉瓣下狭窄（SPS）、主动脉狭窄（AS）、主动脉瓣下狭窄（SAS）、室间隔缺损（VSD），房间隔缺损（ASD）和法洛四联症（TOF）。大型犬中不太常见的先天性心脏缺陷包括二尖瓣发育不良、房间隔缺损、三尖瓣发育不良、三房心和二尖瓣狭窄。罕见的先天性心脏缺陷包括永久性动脉弓、三尖瓣狭窄、右心室发育不全、右心室双出口和大血管转位。表 13-1 是犬类容易发生的心脏病，其中包括先天性心脏病。

表 13-1　犬类的常见心脏病

犬种	病种
阿富汗猎犬	扩张型心肌病
比格	肺动脉狭窄、室间隔缺损
比熊	动脉导管未闭、二尖瓣退行性疾病
波士顿	二尖瓣退行性疾病、扩张型心肌病、心包积液
拳师犬	主动脉瓣下狭窄、肺动脉狭窄、房间隔缺损、扩张型心肌病、右心室心律不齐性心肌病
牛头梗	二尖瓣狭窄、主动脉瓣下狭窄、二尖瓣关闭不全
吉娃娃	动脉导管未闭、肺动脉狭窄、退行性瓣膜疾病
松狮	肺动脉狭窄、室间隔缺损
可卡	动脉导管未闭、肺动脉狭窄、退行性瓣膜疾病、扩张型心肌病、窦房结综合征
可利犬	动脉导管未闭
腊肠犬	退行性瓣膜疾病、二尖瓣垂脱、窦房结综合征、动脉导管未闭
英国斗牛犬	肺动脉狭窄、法洛四联症、室间隔缺损、主动脉瓣下狭窄、二尖瓣发育不良、永久性动脉弓

续表

犬种	病种
英国牧羊犬	扩张型心肌病
德牧	主动脉瓣下狭窄、二尖瓣发育不良、永久性动脉弓、室性心律不齐、感染性心内膜炎、扩张型心肌病、动脉导管未闭
金毛	主动脉瓣下狭窄、二尖瓣发育不良、三尖瓣发育不良、扩张型心肌病、犬X-肌营养不良症、特发性心包积液、右心房血管瘤（心包积液）
哈士奇	室间隔缺损
拉布拉多	三尖瓣发育不良、动脉导管未闭、肺动脉狭窄、扩张型心肌病、特发性心包积液、右心房血管瘤（心包积液）
泰迪（贵宾）	动脉导管未闭（玩具泰迪和迷你泰迪）、退行性瓣膜疾病、室间隔缺损、房间隔缺损（巨型贵宾犬容易发生）
博美	动脉导管未闭，退行性瓣膜疾病，窦房结综合征
巴哥犬	房室阻隔
萨摩耶	肺动脉狭窄、主动脉瓣下狭窄、房间隔缺损
西施犬	室间隔缺损、退行性瓣膜疾病
约克夏	动脉导管未闭、退行性瓣膜疾病
西高地梗	肺动脉狭窄、室间隔缺损、法洛四联症、退行性瓣膜疾病

2. 猫的先天性心脏病

猫的先天性心脏病不如犬中常见，其发病率为0.02% ~ 0.10%，且无品种和性别差异。

猫中最为常见的先天性心脏缺陷包括二尖瓣发育不良、三尖瓣发育不良、动脉导管未闭（PDA）、室间隔缺损（VSD）、主动脉狭窄（AS）、法洛四联症（TOF）和心内膜弹力纤维增生症。猫中较不常见的先天性心脏缺陷包括永久性动脉弓、肺动脉瓣狭窄、房间隔缺损（ASD）、三尖瓣狭窄和右心室发育不全。表13-2中所列，是猫中相对常见的心脏病。

表13-2　猫的先天性心脏病

常见的先天心脏性疾病	二尖瓣发育不良、三尖瓣发育不良、动脉导管未闭、室间隔缺损、主动脉狭窄、法洛四联症、心内膜弹力纤维增生症
不常见的先天性心脏疾病	永久性动脉弓、肺动脉瓣狭窄、房间隔缺损、三尖瓣狭窄、右心室发育不全

第二节｜动脉导管未闭（PDA）的彩超诊断

1. 动脉导管未闭（PDA）简介

在胎儿的血液循环中，动脉导管用于将母体的氧合血分流到主动脉，从而绕过无功能的肺。在胎儿出生后，再通过血管收缩让该导管闭合，最终退化为动脉韧带，如果出现动脉导管未闭合的情况，则被称为“动脉导管未闭（PDA）”（如图13-1、图13-2）。

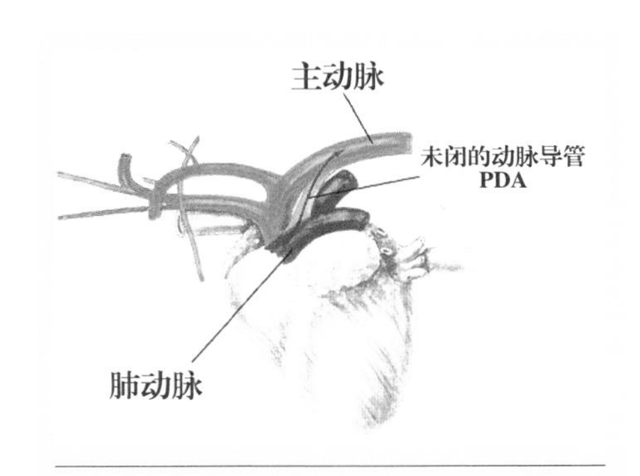

图 13-1　动脉导管未闭（PDA）示意图。图中黄色部分为肺动脉和主动脉之间的一根异常血管

2. 犬猫动脉导管未闭（PDA）的临床表现及诊断

大多数存在动脉导管未闭的犬猫都没有任何临床症状，看起来就是一只非常健康的小犬、小猫，往往都是在宠物医院进行常规检查时，才发现存在心脏杂音。随着病情的发展，心力衰竭可能会随之而来，包括呼吸急促、咳嗽、虚弱和运动不耐受等。

心脏杂音是血液以湍流方式通过心脏产生的声音，宠物医生可以用听诊器听到。如果该杂音可能提示动脉导管未闭（因动脉导管未闭产生的杂音非常独特），那么就需通过其他检查手段来证实是否存在动脉导管未闭的可能性。

常用的检查手段包含胸部 X 光片、心电图及心脏彩超。拍胸部 X 光片是为了评估心脏大小、形状及肺部情况；心电图描绘了心脏的电势活动模式和心律（心律不齐）；心脏彩超则是判别动脉导管未闭的首选检查方法，通过显示在屏幕上的心脏内部图像，可以观察到主动脉和肺动脉之间实时的异常血流情况。

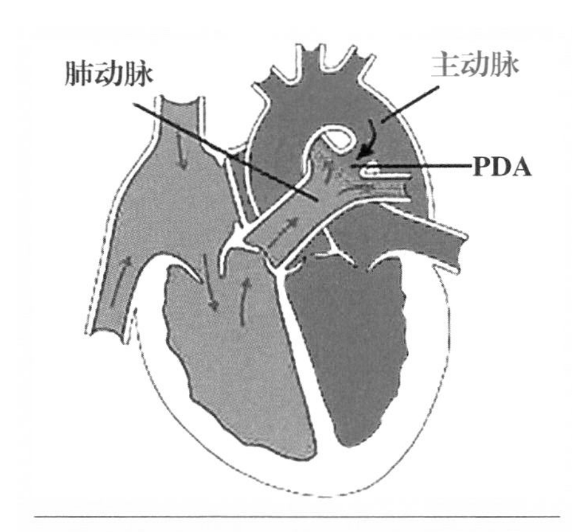

图 13-2　心脏示意图。图中黑色箭头指向动脉导管未闭所在位置

3. 动脉导管未闭（PDA）的类型

（1）从左向右分流

血液从左心室出来进入主动脉，本来是到达身体其他部位的肌肉、大脑、肠道的血液，经过主动脉和肺动脉没有闭合的动脉导管直接到肺部，增加了肺部循环，导致肺部血液量增加，而后又从肺部回到左心房和左心室，如此反复循环。这种额外的血液循环，既增加了肺部负担，也增加了左心房的体积，在超声图像上，

通常能看到左心房的体积比正常状态大，由此导致的肺水肿，通常被称为左侧充血性心力衰竭（CHF）。

（2）从右向左分流

血液从右向左分流的现象比较罕见，一旦出现这种情况，则意味着血液从肺动脉通过没有闭合的导管进入主动脉，然后流到身体的其他部位。

采用搅动盐水造影心脏彩超检查技术，将搅动的盐水注入外周静脉，可用于确定从右向左分流动脉导管未闭的情况是否存在。

4. 犬猫动脉导管未闭（PDA）的彩超检查

心脏超声技术对犬猫动脉导管未闭的诊断非常重要，通过心脏超声检查，可发现如下一些病理特征：

①心脏的左侧容量呈现出容量过载状态。

②左心房扩张。

③左心室舒张期内径改变。

④左心室壁运动可能存在正常或高动力性现象。

⑤在某些情况下，可看到导管（如图 13–3）。

⑥可发现异常血流情况（如图 13–4、图 13–5）。

⑦有些病例会出现肺动脉高压。在肺动脉高压和分流的病例中，往往还会出现右心室明显增大和主肺动脉增大的现象。

5. 犬猫动脉导管未闭（PDA）治疗

总体而言，犬猫动脉导管未闭的药物治疗效果非常有限，最为切实可行的措施是采用手术治疗。

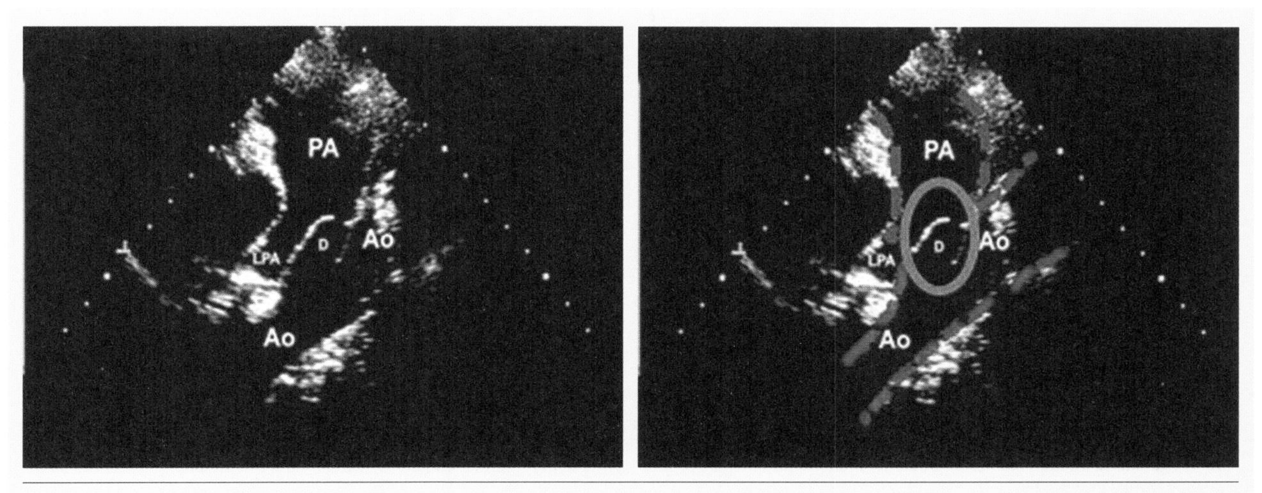

图 13–3　左右两图相同，均为某犬同一帧动脉导管未闭的二维超声图像，其区别是作者在右图上用彩色线条勾勒出了主动脉（红色虚线）、肺动脉（蓝色虚线）、动脉导管未闭（紫色圆圈）。从图上可见，在主动脉 Ao 和肺动脉 PA 之间出现了一个异常开口“D”

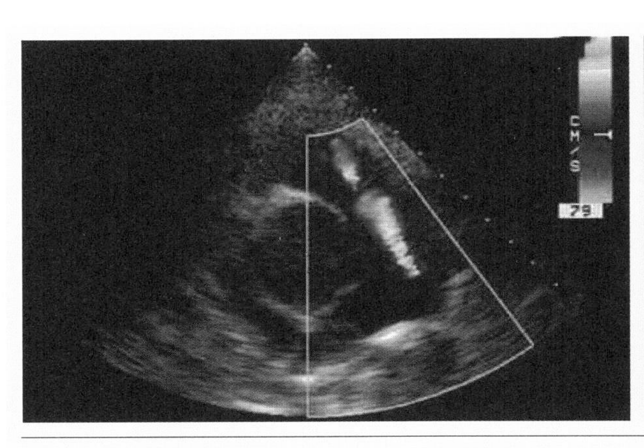

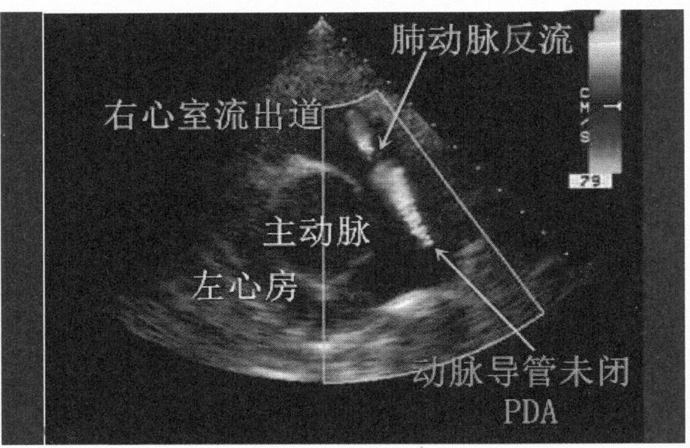

图 13-4　左右两图相同，均为某犬同一帧右侧胸骨旁短轴动脉导管未闭（PDA）的心脏彩超图像，其区别是作者在右图上标注了肺动脉瓣及动脉左右分支切面上的两个异常血流，右图上面是肺动脉反流（蓝色箭头），下面为动脉导管未闭的（PDA）血流信号（绿色箭头）

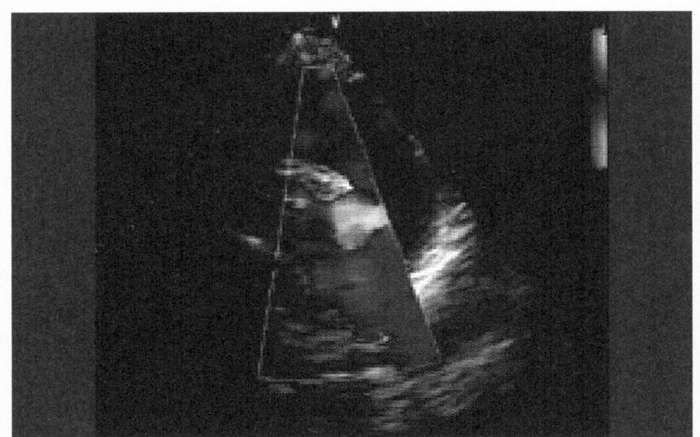

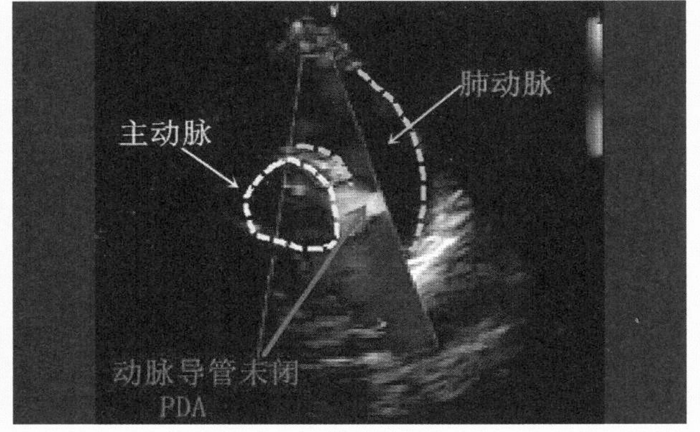

图 13-5　左右两图相同，均为某犬同一帧右胸壁肋骨旁短轴动脉导管未闭的心脏彩超图像，其区别是作者在右图上用黄色虚线标注了主动脉区域，用绿色虚线标注了肺动脉区域，红黄湍流是在主动脉和肺动脉之间通过动脉导管未闭部位分流的异常血流

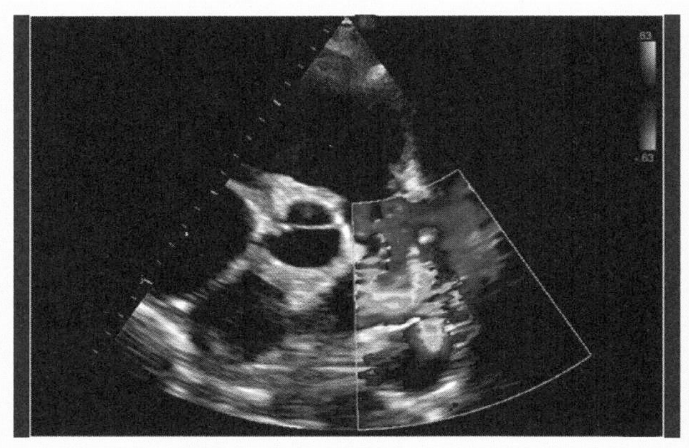

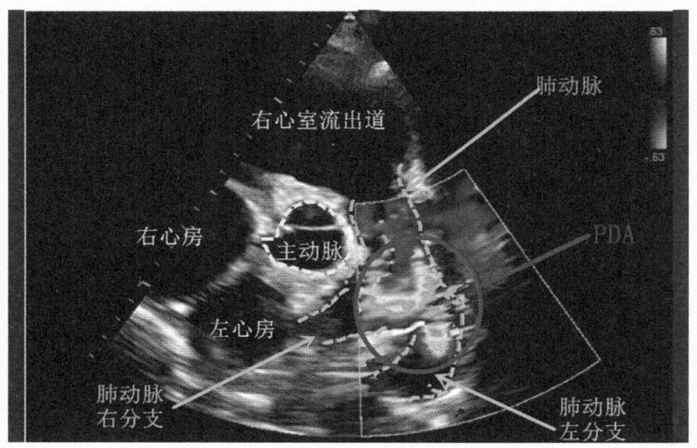

图 13-6　左右两图相同，均为某犬动脉导管未闭的心脏彩超图像，取自右侧胸壁肋骨旁短轴主动脉、肺动脉及肺动脉分支切面，其区别是作者在右图上用黄色虚线标注了主动脉区域，用绿色虚线标注了肺动脉区域，蓝色虚线为左右肺动脉分支，紫色圆圈为异常血流，紫色箭头为动脉导管未闭所在位置

第三节 | 犬猫主动脉狭窄（AS）的彩超诊断

1. 犬猫主动脉狭窄（AS）简介

主动脉狭窄（AS）是指左心室流出道在瓣下（纤维环或肌肉）、瓣膜或瓣膜上水平变窄或缩小（如图 13-7）。猫中存在主动脉瓣膜狭窄和瓣膜上狭窄的情况，而瓣下型（主动脉瓣下狭窄）则是犬中最为常见的形式。由于这种缺陷位于主动脉半月瓣正下方的纤维或纤维环本身，故该狭窄会阻碍左心室排空。

一些犬猫会表现出与二尖瓣前叶收缩期前向运动相关的动态主动脉瓣下狭窄，这种情况多出现在患有主动脉瓣或主动脉瓣下狭窄、肥厚性心肌病、二尖瓣发育不良和其他导致室间隔肥厚的犬猫中。

主动脉狭窄会使一些犬种（如拳师犬、斗牛犬、金毛猎犬）的左心室流出道尺寸轻度减小，并导致瓣膜血流速度略微升高，但不存在其他结构异常。

2. 犬猫主动脉狭窄的临床表现

大部分患病犬猫通常都没有明显的临床症状，一般都是在常规体检发现心脏杂音时，才怀疑有心脏问题，再通过进一步的心脏彩超检查，最终确认为主动脉狭窄。犬猫主动脉狭窄的临床症状，主要表现为发育不良、运动不耐受、虚弱、昏厥、呼吸困难、猝死。

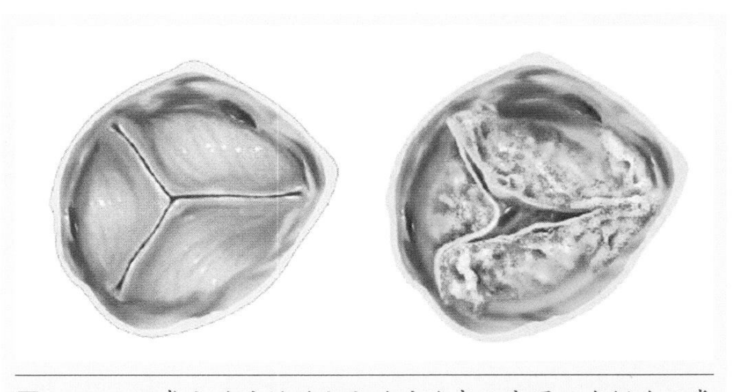

图 13-7　正常主动脉瓣膜和主动脉狭窄示意图。左侧为正常的主动脉瓣，右侧为狭窄的主动脉瓣

3. 犬猫主动脉狭窄的超声诊断

心脏超声诊断是评估犬猫主动脉狭窄、主动脉瓣下狭窄和狭窄分级最为敏感的无创诊断方法。借助心脏超声二维图，能够清晰地看到主动脉的狭窄部位。主动脉狭窄可继发心脏变化，如临床上比较常见的狭窄后方扩张等（如图 13-8、图 13-9）。

大多数患有主动脉狭窄的犬猫中，都存在左心室明显增厚的现象，在一些狭窄症状严重或已发展到心脏病晚期的病例中，其乳头肌和心肌将表现为回声增强（变亮），意味着已继发钙沉积、缺血和（或）纤维化（如图 13-10）。

犬猫主动脉狭窄及主动脉下狭窄的超声诊断要点，主要体现在以下几个方面：

①在二维图上可看到狭窄部位。

②狭窄区域存在后方扩张。

③左心室壁增厚。

④二尖瓣瓣膜有强回声。

⑤狭窄区域附近出现湍流。

⑥通过频谱多普勒心脏彩超，可测量到狭窄区域血流。

采用多普勒心脏彩超，可测量到通过主动脉狭窄处的血流速度，并提供与病情轻重程度相关的可靠数据。借助主动脉狭窄处的血流速度（米 / 秒）值，并通过修正的伯努利方程，可比较容易地计算出主动脉狭窄处的压力梯度（单位为“毫米汞柱”）。压力梯度的高低，可反映出主动脉狭窄的不同程度，并据此分

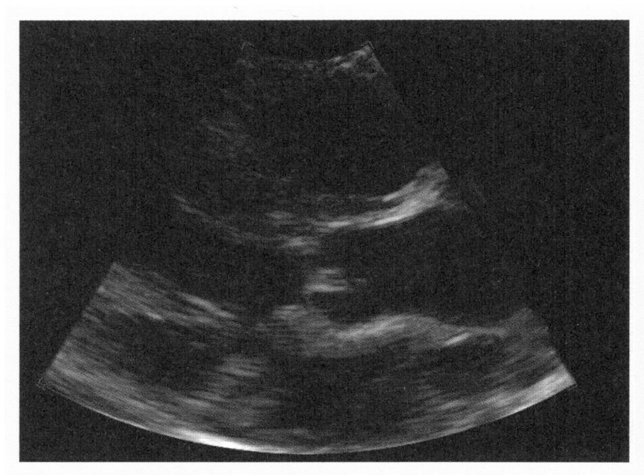

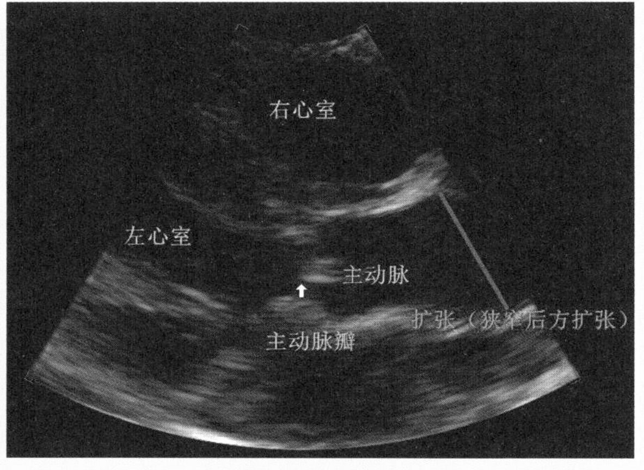

图 13-8　左右两图相同，均为某犬同一帧右侧胸壁肋骨旁左心室流出二维图，其区别是作者在右图上用白色箭头标注了主动脉狭窄位置，用蓝色直线提示了狭窄后方扩张

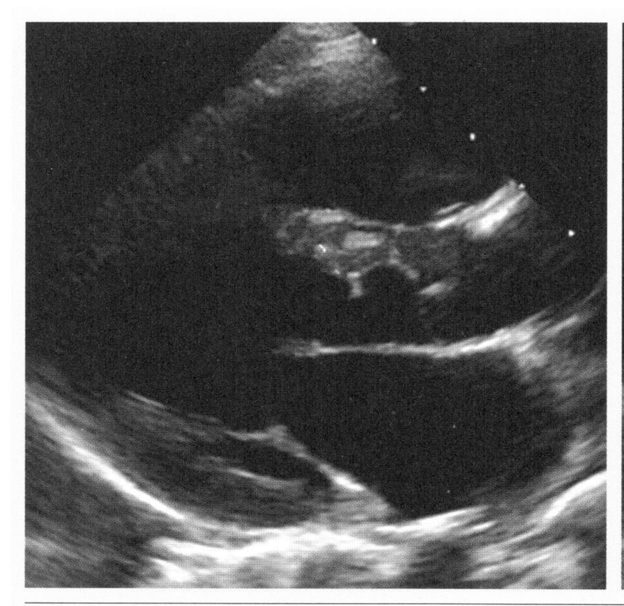

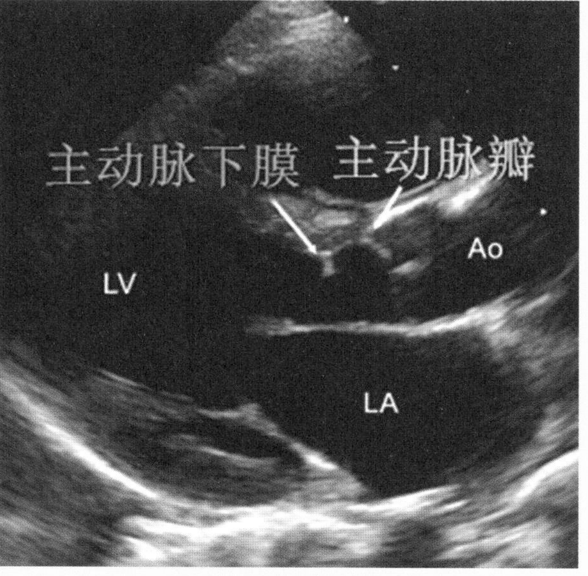

图 13-9　左右两图相同，均为某犬同一帧右侧胸壁肋骨旁 5 腔心主动脉流出图，其区别是作者在右图上用白色箭头标注了主动脉瓣膜下狭窄位置。图中：LA 为左心房，LV 为左心室，Ao 为主动脉

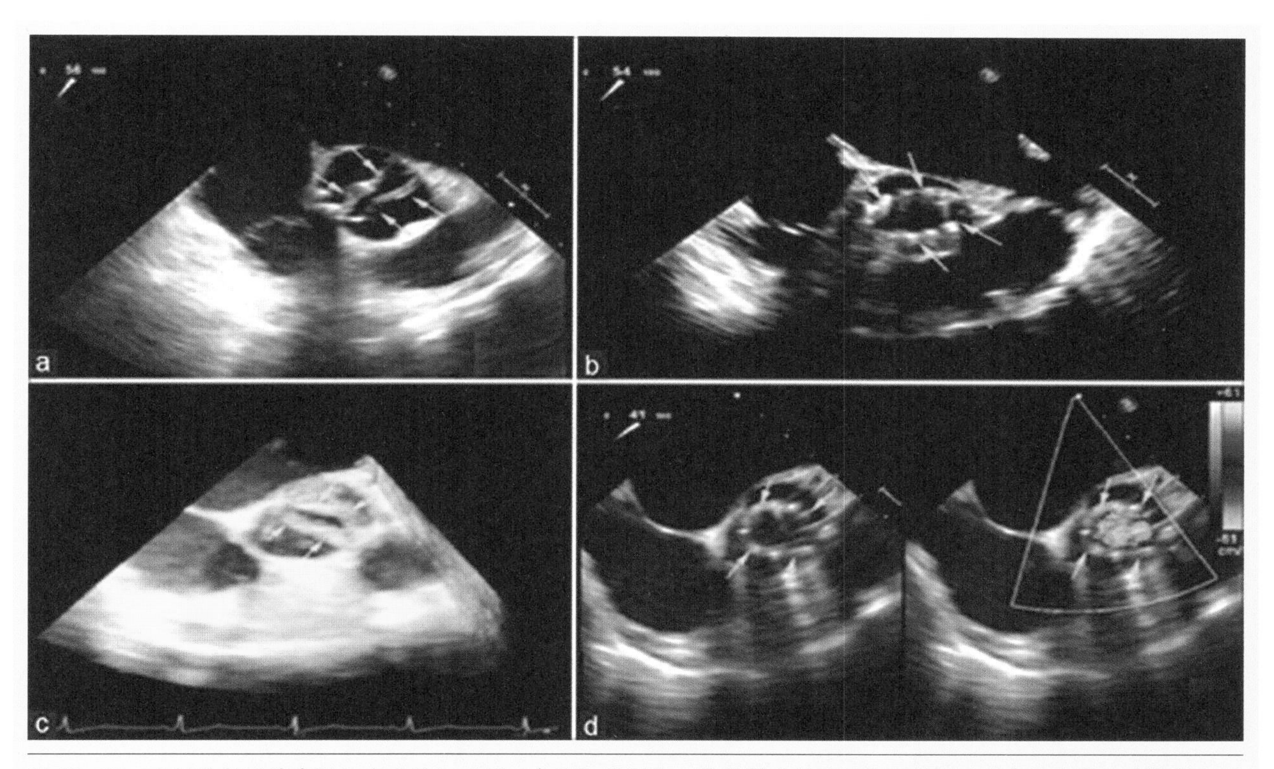

图 13-10　右侧胸部肋骨旁短轴主动脉切面图。在该切面图上，黄色箭头所示的主动脉瓣狭窄部位具强回声结节。图中：a 为主动脉闭合不全；b 为打开时候的情况；c 为 4 维超声；d 为彩超血流图，可看到从主动脉瓣膜流出的湍流

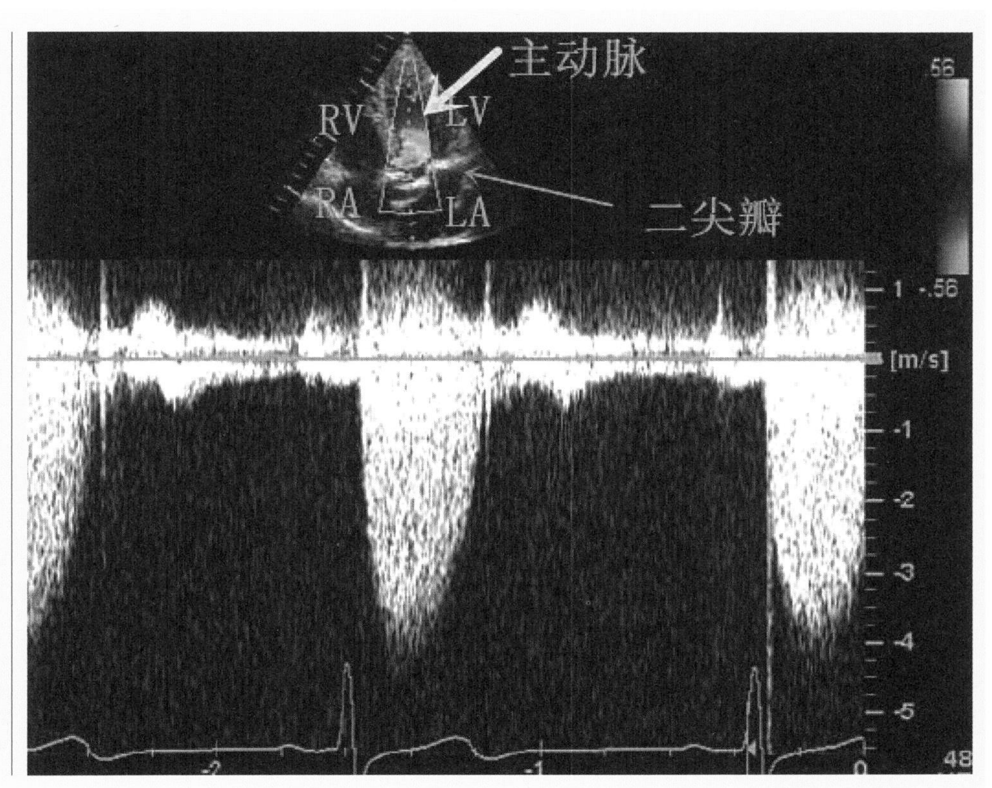

图 13-11　本图是在左侧胸壁肋骨旁主动脉流出图上检测到的主动脉狭窄。先是在黄红蓝血流区域发现异常湍流，再用连续波多普勒测得血流速度为 4 米 / 秒，然后根据压力方差公式计算出压力梯度为 96 毫米汞柱，属于中等狭窄的范畴。必须注意的是，很多宠物医生生容易将这个图像所反映的症状误判为二尖瓣反流，因此，作者特别用紫色箭头标出了二尖瓣的位置，以示彩色血流的采样框不在二尖瓣区域。图中黄色箭头指向的主动脉，提示存在异常湍流，说明存在高速血流，从而判断出主动脉狭窄

为如下三级：压力梯度小于 80 毫米汞柱的为轻度狭窄；处于 80 ~ 100 毫米汞柱的为中度狭窄；大于 100 毫米汞柱的为严重狭窄（如图 13–11、图 13–12）。

先是在黄红蓝血流区域发现异常湍流，再用连续波多普勒测得血流速度为 5.99 米 / 秒，然后根据压力方差公式计算出压力梯度为 144 毫米汞柱。本病例属于主动脉严重狭窄的病例，很容易在情绪激动的时候出现昏厥，甚至猝死。

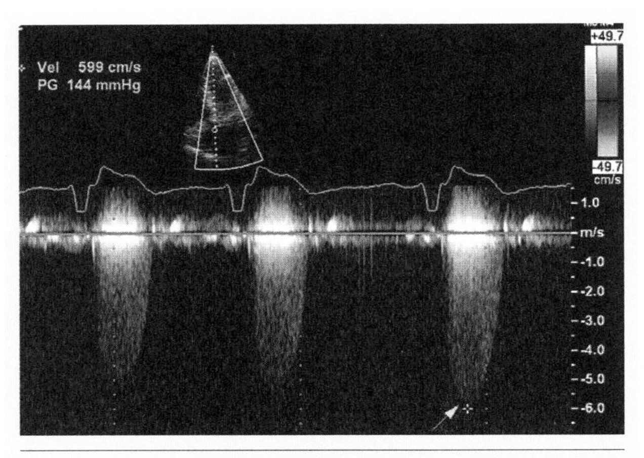

图 13–12　本图是在左侧胸部肋骨旁主动脉流出图上检测到的主动脉狭窄

4. 主动脉狭窄的治疗方式

目前，就主动脉狭窄或主动脉下狭窄的治疗，主要采取外科手术和口服药物治疗两种方式。但必须明确的是，据相关统计数据表明，手术或药物治疗的平均存活时间没有明显差异。

（1）外科手术

主动脉轻度狭窄（低梯度）不需要手术，只有主动脉严重狭窄并导致阻塞性疾病，甚至出现晕厥等临床症状，而且是不存在可逆心肌损伤的情况下，才应考虑手术。

球囊瓣膜成形术可有效缓解流出道梗阻，这种技术的手术创伤比矫正术低得多，因为它只需插入动脉导管，而不是开胸手术。经球囊瓣膜成形术治疗后，压力梯度值可显著降低 50%，尽管短期（2 ~ 3 个月）效果良好，但对长期生存似乎并没有显著的益处。

（2）药物治疗

如果不做手术可考虑药物控制，β 受体阻滞剂（如普萘洛尔、阿替洛尔）可用于降低心肌耗氧量，对降低心律失常频率有一定的好处。在出现充血性心力衰竭的严重病例中，使用各种心脏药物、利尿剂、低盐饮食和静养等方式进行治疗也会有一定的帮助。

第四节｜犬猫肺动脉狭窄的彩超诊断

1. 犬猫肺动脉狭窄简介

肺动脉狭窄（PS）是犬类第三种最为常见的先天性缺陷（如图 13–13）。根据肺动脉狭窄发生的不同位置，可分为如下三种形态：

①肺动脉瓣瓣膜狭窄。

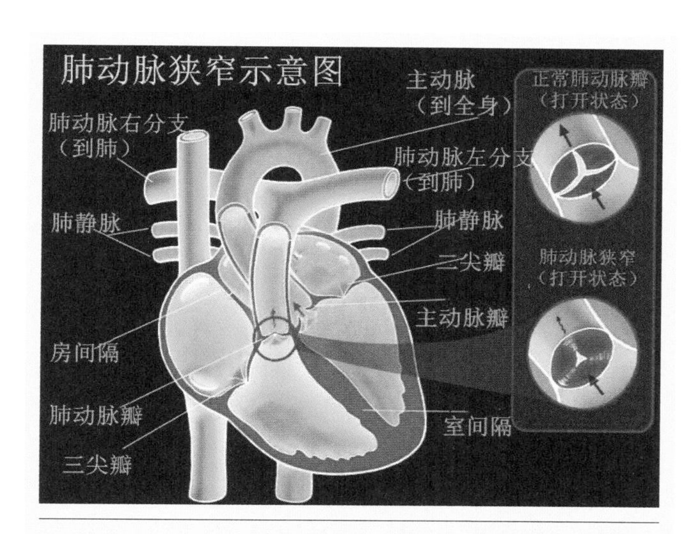

图 13–13　右侧上方小图为正常肺动脉瓣示意图；右侧下方小图为异常肺动脉瓣示意图；左侧大图为心脏的 4 个腔室及肺动脉示意图

②肺动脉瓣膜膜下狭窄。

③肺动脉瓣膜膜上狭窄。

肺动脉狭窄的后果与阻塞的严重程度成正比，其主要临床表现是继发右心室压力超负荷。

由于右心室流出道受阻，瓣膜性肺动脉高压在血流动力学上会导致狭窄瓣膜上的压力梯度增大，因此，病变的严重程度与压力梯度的大小直接相关。

一旦出现肺动脉狭窄，右心室肥大几乎总是相伴而生，只不过右心室的肥厚程度，会因肺动脉的狭窄程度而呈现出不同的差异。

湍流的出现，与穿过狭窄肺动脉瓣膜的血流速度加快有相，也是引起主肺动脉段狭窄后扩张的原因。

导致肺动脉瓣膜病变的原因，多与瓣膜小叶融合、瓣膜器官发育不良有关或两者兼有。

根据右心室肥大的严重程度，除了固定的肺动脉瓣膜狭窄外，还会出现动态漏斗狭窄。

2. 犬猫肺动脉狭窄的临床表现

①无症状：患有轻度或中度肺动脉狭窄的犬猫，通常都无症状表现，与正常状态无异。

②昏厥：出现阵发性、睡眠性、呼吸暂停、呼吸困难和疲劳现象，是因继发低心排血量所引起，而运动诱发的晕厥，则是由狭窄瓣膜限制心输出量所导致，在患有严重肺动脉狭窄的犬只中，大约 35% 会出现临床症状。

③右心衰：可能出现代偿失调和右心衰竭迹象。

④发绀：发绀可出现在患有从右向左分流卵圆孔未闭，或同时存在房间隔缺损及室间隔缺损的犬只身上。

⑤室性心律失常：与主动脉瓣下狭窄相似，心室严重肥大可导致心肌缺氧和室性心律失常。

3. 犬猫肺动脉狭窄的彩超诊断要点

心脏彩超对诊断犬猫肺动脉狭窄及定级均非常准确，通过超声诊断，可发现如下几种临床症状：

①右心室壁及室间隔肥厚。

②右心室扩张。

③右心室容量过载，内压增加。

④室间隔扁平。由于右心室内压力增加的原因，将导致室间隔扁平（如图 13–14、图 13–15）。

⑤右心室流出道受阻（如图 13–16）。

⑥肺动脉瓣尖增厚且不运动。在瓣膜狭窄的情况下，将出现肺动脉瓣尖增厚且不运动的现象，这种情况在动态视频中比较容易发现。

⑦肺动脉瓣或狭窄区域出现马赛克状湍流（如图 13–17）。

⑧肺动脉狭窄后扩张通常可见（如图 13–18）。

与确定犬猫主动脉的狭窄程度相似，借助多普勒超声技术，也可通过计算肺动脉狭窄处的压力梯度来确定病情的严重程度，压力梯度值小于 50 毫米汞柱的为轻度；处于 50 ~ 80 毫米汞柱之间的为中度（如图 13–19），大于 80 毫米汞柱的为重度（如图 13–20）。

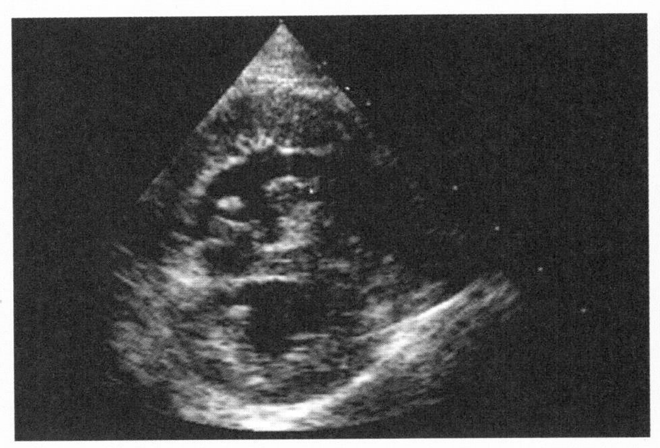

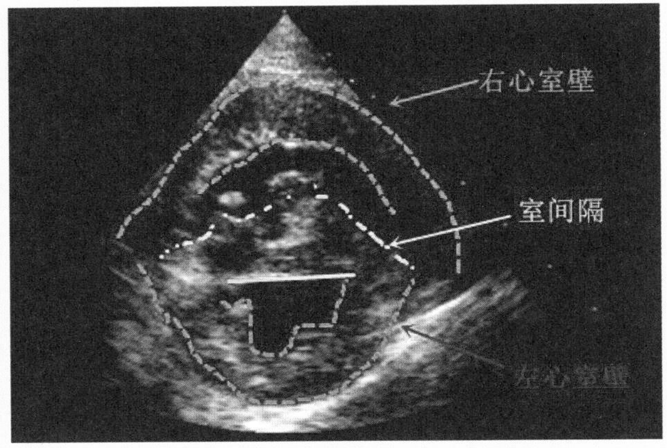

图 13–14　左右两图相同，均为某犬右侧胸壁肋骨旁短轴的同一帧切面二维图，其区别是作者在右图上用黄色直线标出了扁平的室间隔，用黄色虚线勾勒了室间隔的边缘，用紫色虚线勾勒了左心室壁，用橘红色虚线勾勒了右心室壁。因为该犬患有严重肺动脉狭窄，从而导致右心室严重增厚，室间隔增厚和轻度扁平

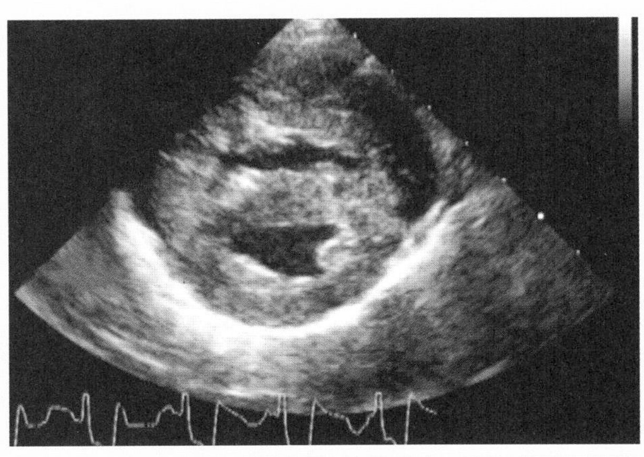

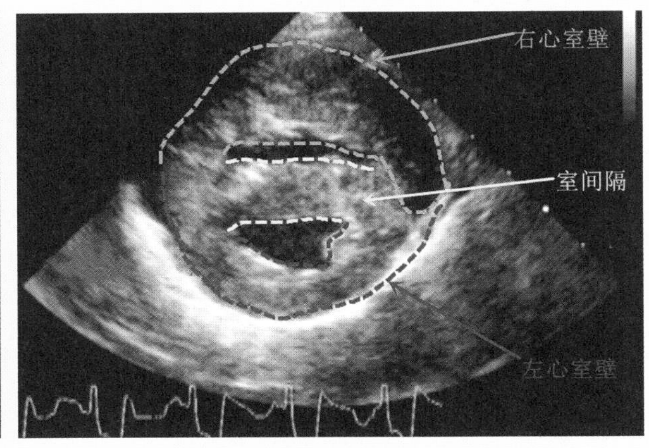

图 13–15　左右两图相同，均为某犬右侧胸壁肋骨旁短轴（蘑菇图）的同一帧切面二维图，其区别是作者在右图上用黄色长箭头指明了严重扁平的室间隔，用橘红色虚线勾勒了右心室壁，用紫色虚线勾勒了左心室壁。由于该犬患有严重的肺动脉狭窄，从而导致右心室内压力增加，并压迫室间隔至扁平

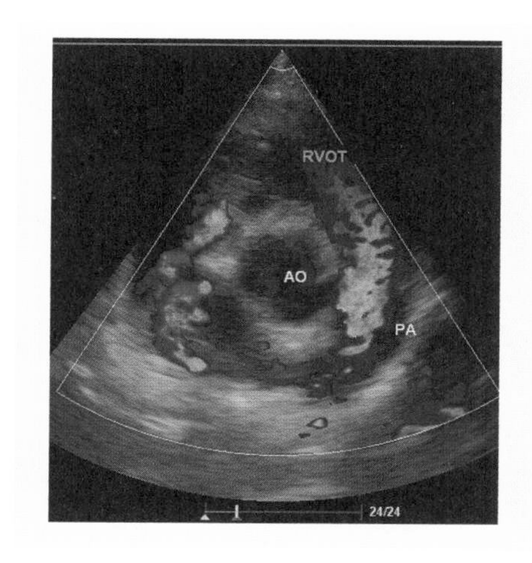

图 13-16　右心室流出道正常血流与异常血流对比。左图为右心室流出道的正常血流情况，右图为右心室流出道受阻后的异常血流情况，可见马赛克湍流。图中：RVOT 为右心室流出道，MPA 为主肺动脉，Ao 为主动脉，RA 为右心房

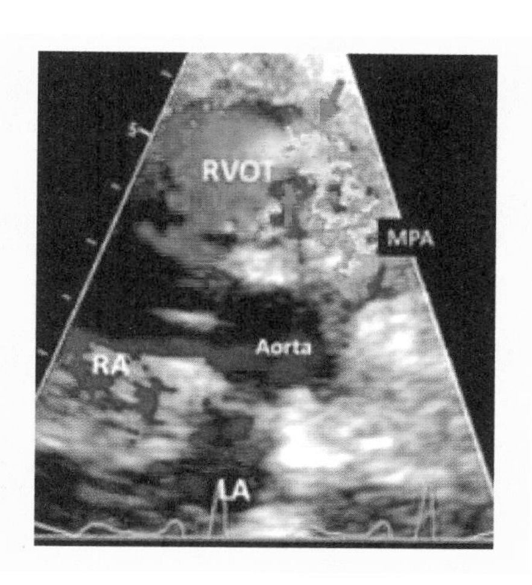

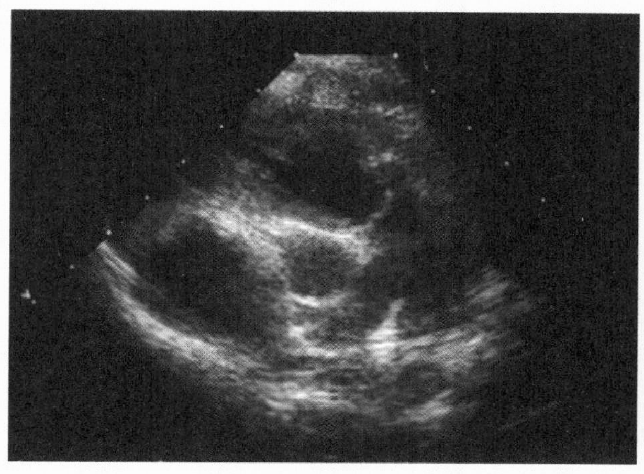

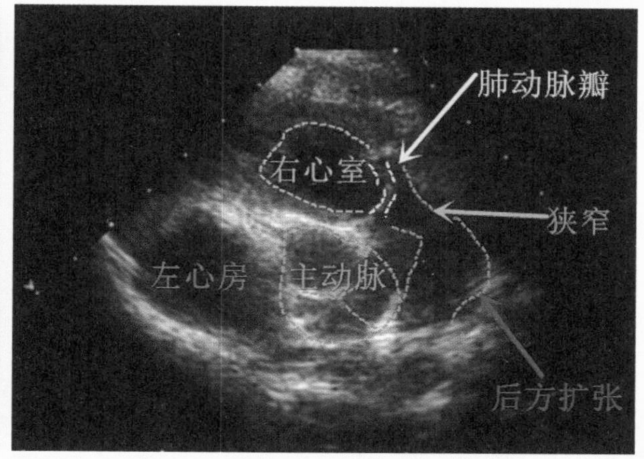

图 13-17　左右两图相同，均为某犬右侧胸壁肋骨旁短轴的同一帧切面二维图，其区别是作者在右图上用黄色虚线标出了肺动脉瓣，用绿色箭头标注了肺动脉瓣狭窄位置，用紫色箭头标注了狭窄后方扩张

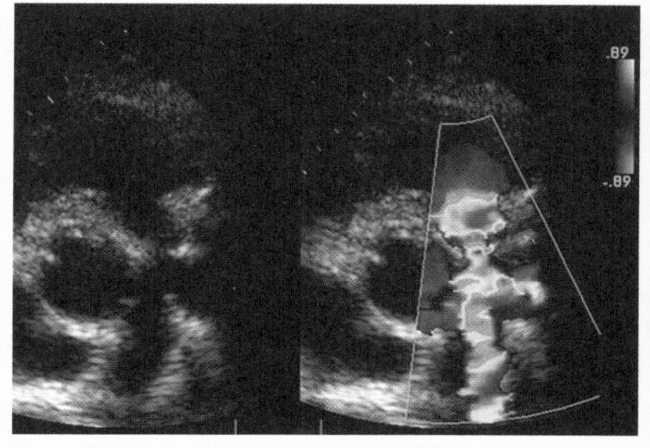

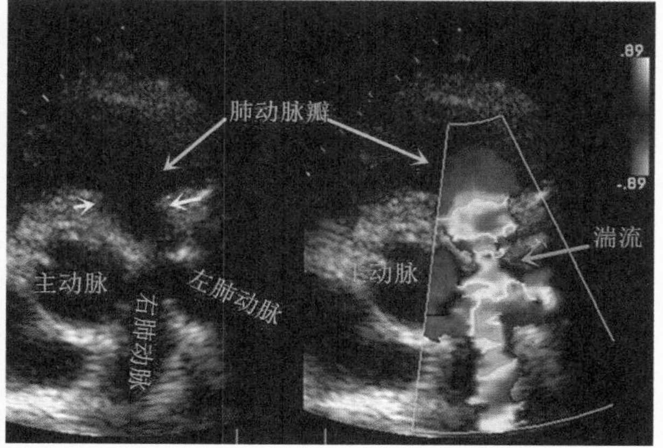

图 13-18　左右两图相同，均为某犬右侧胸壁肋骨旁短轴的同一帧肺动脉狭窄二维图及彩色血流图，其区别是作者在左图中用黄色箭头标注了狭窄的肺动脉瓣，用紫色箭头标出了因肺动脉狭窄而导致的湍流，用蓝色箭头标出了肺动脉瓣。在该切面图上，还可看到肺动脉及肺动脉分支

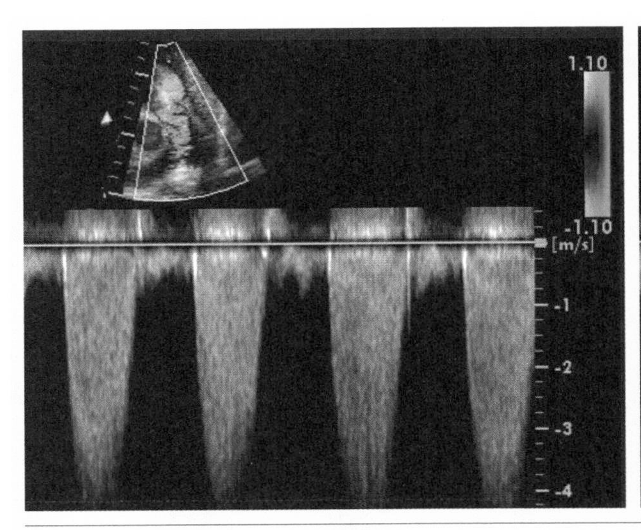

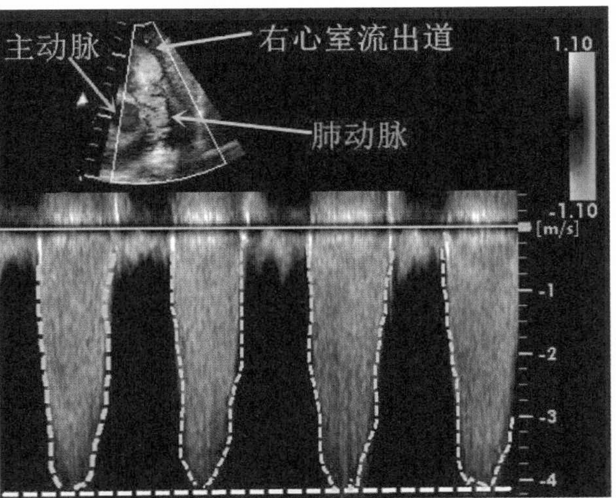

图 13-19　左右两图相同，均为某犬右侧胸壁短轴切面同一帧连续波多普勒图像，其区别是作者在右图上用绿色虚线标注了因肺动脉狭窄导致的高速血流，用黄色虚线提示了其血流速度为 4.2 米 / 秒，用压力方差公式计算出其压力梯度为 70.56 毫米汞柱，属于中等狭窄病例

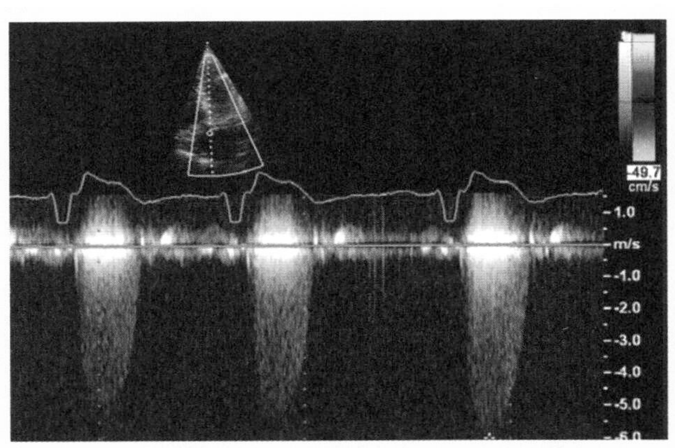

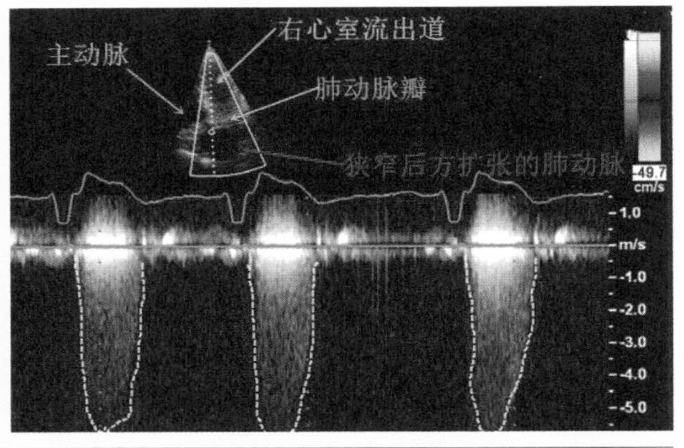

图 13-20　左右两图相同，均为某犬右侧胸壁短轴切面同一帧连续波多普勒图像，其区别是作者在右图上用紫色箭头标出了狭窄后方扩张，用黄色虚线提示了其血流速度为 6 米 / 秒，用压力方差公式计算出其压力梯度为 144 毫米汞柱，属于严重狭窄病例

4. 犬猫肺动脉狭窄的治疗

犬猫肺动脉狭窄的治疗需求和预后，主要取决于病情的严重程度，轻度狭窄病例（压力梯度小于 50 毫米汞柱，射血速度小于 3.5 米 / 秒）不需要治疗且预后良好；中等狭窄（压力梯度在 50 ~ 80 毫米汞柱间）应密切跟踪，定期监测病情进展；严重狭窄（压力梯度大于 80 毫米汞柱，射血速度超过 4.5 米 / 秒）可采取开胸手术或球囊瓣膜成形术进行治疗，预后一般都很差。

（1）开胸手术

手术矫正方法主要取决于狭窄类型及严重程度。室上性心动过速，可通过导管绕过狭窄部位来缓解；瓣膜或瓣下肺动脉瓣修复，可通过肺动脉切开术来完成；补片移植技术对患有瓣膜性肺动脉高压的年轻犬猫相对有效。

（2）球囊瓣膜成形术

所谓球囊瓣膜成形术，是将一根特制的心脏导管经过引导穿过狭窄的瓣膜，再对位于导管末端的气囊进行充气，通过这种方式来扩大瓣膜直径。从临床效果来看，在瓣膜较薄且无瓣环发育不良的情况下，球囊瓣膜成形术最为有效。

通常情况下，球囊瓣膜成形术能显著降低压力梯度值，对 60% ~ 70% 的患病犬猫均有改善，但对生存的长期影响尚不明确。

球囊瓣膜成形术主要用于中度至重度狭窄的患病犬猫，尤其是存在晕厥和（或）运动能力下降等症状的患病犬猫。虽然球囊瓣膜成形术能有效降低压力梯度，但却伴有导致动态瓣下（颞下颌关节）梗阻加重的风险。

（3）药物治疗

在患有肺动脉狭窄的犬猫中，如果存在右侧充血性心力衰竭的症状，应先治疗心衰。口服 β 受体阻滞剂（阿替洛尔的用量为每 12 小时 0.25 ~ 1.5 毫克 / 千克体重），可减少心肌耗氧量并抑制室性心律失常，通常用于中度至重度右心室肥大的患病犬猫。

第五节丨犬猫室间隔缺损的彩超诊断

1. 犬猫室间隔缺损简介

室间隔位于左心室和右心室之间，分为肌部和膜部，大部分由心肌构成，称为室间隔肌部，在靠近主动脉起点的心脏底部逐渐变细为膜状，称为室间隔膜部，由此构成左右心室的共同内侧壁。室间隔缺损（室间隔缺损）系心室隔膜在胎儿期发育不全所致的一种常见先天性心脏病（如图 13–21），可发生在隔膜的任何区域，但最常见的部位是位于膜部（如图 13–22）。

室间隔缺损可作为孤立的缺陷出现，也可与动脉导管未闭、心房分离等其他并发缺陷共存，亦可构成法洛四联症等先天性复合心脏畸形的一部分。

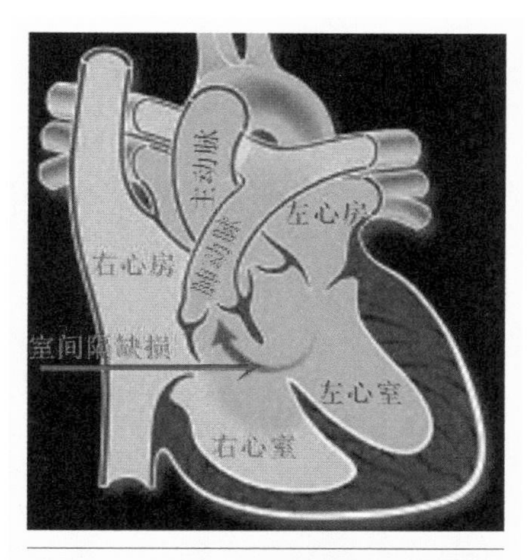

图 13–21　室间隔缺损示意图。左右心室之间出现的这个缺损，就是室间隔缺损

在左右心室压力正常的情况下，血液是从左向右分流，因为左心室收缩压大约是右心室收缩压的五倍，用压力方差的公式反推回去，这里的血流速度应该是在 5 米 / 秒左右（如图 13–23）。

在患有典型室间隔缺损（VSD）的犬猫病例中，大部分血液会从左心室分流到右心室流出道或进入肺动脉，这种分流状况将造成肺循环、左心房和左心室的负荷严重超载。程度较轻的室间隔缺损，通常没有血流动力学意义，尽管这些缺损有可能增加患上心内膜炎的风险，但在某些情况下，小缺损会自动闭合；中等程度的缺损，会导致严重分流，通常会出现临床症状（如图 13–24）；程度非常严重的缺损，可能会造成左心室和右心室压力平衡的功能性单心室。

如果右心室的阻力增大（如肺动脉高压），右心室的压力也将成比例增加，从而减少分流容量，一旦右心室的压力超过左心室的压力，血液将从右向左分流，并可能出现躯干发绀的迹象。

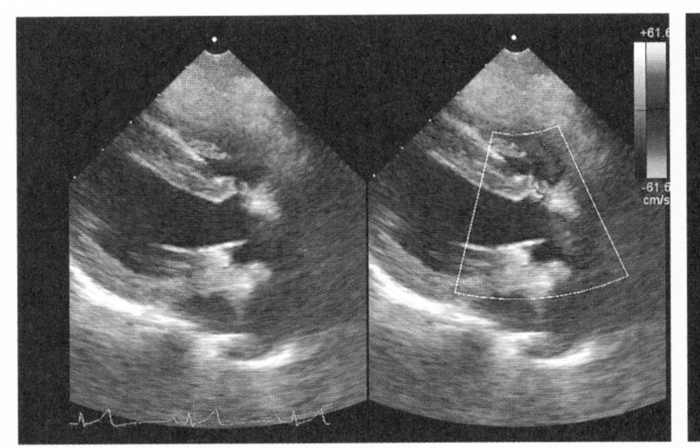
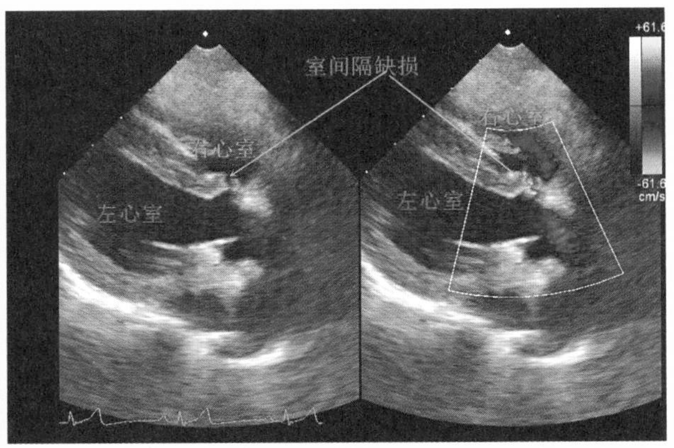

图 13–22　膜部室间隔缺损图像。左图是二维切面图，右图是彩色血流图。绿色箭头所示为室间隔缺损部位。在右图上，可看到从左心室流向右心室的红色血流。由于本病例的缺损程度比较小，所以对动物的日常生活影响不大

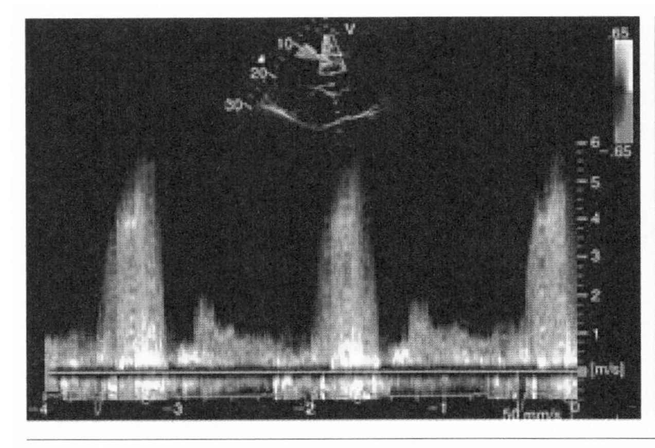
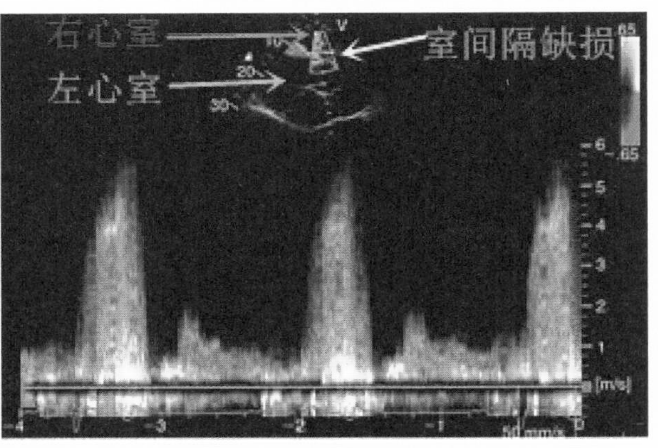

图 13–23　左右两图相同，均为某宠物同一帧右侧胸壁肋骨旁 5 腔心左心室流出图。在发现室间隔缺损后，再用连续波多普勒进行测量，从而得到由左心室通过室间隔缺损位置分流到右心室的血流速度为 5 米 / 秒

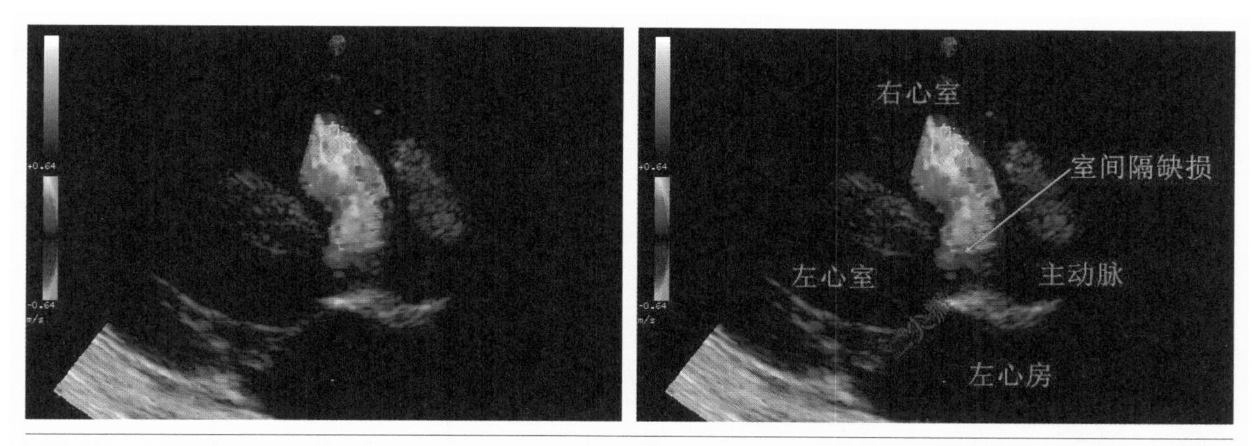

图 13-24　左右两图相同，均为某宠物同一帧右侧胸壁肋骨旁 5 腔心图像，其区别是作者在右图上用蓝色箭头标出了室间隔缺损部位，红色区域提示血液是从左心室通过缺损的室间隔分流到右心室，缺损程度比较严重

2. 犬猫室间隔缺损的临床症状

犬猫室间隔缺损的临床症状，在很大程度上取决于缺损的大小和心室压力，大多表现为以下几种情况。

①无临床症状：室间隔缺损程度较轻的犬猫，由于很少或几乎没有功能障碍，所以很难出现临床症状。

②左心衰：患有中度至重度室间隔缺损的犬猫，由于左心室的压力明显高于右心室，将导致血液从左心室流入右心室进入肺循环，增加了肺部到左心的血液流量，使得左心房和左心室的负荷严重超载，从而产生左心衰。

③躯干发绀：随着室间隔缺损病情的加重，在出现肺动脉高压的情况下，若肺循环阻力高于体循环时，血液将从右心室通过缺损部位到达左心室，从而出现躯干发绀的症状。

3. 犬猫室间隔缺损的超声诊断

犬猫的室间隔缺损，可通过常规心脏彩超进行诊断，通常能发现如下现象：

①发现缺损：在超声二维切面图上，可见到室间隔缺损部位（如图 13-22、图 13-25）。

②异常血流：通过彩色多普勒诊断，可发现异常血流（如图 13-22、图 13-26）。在临床上，有些病例的二维图已表明缺损情况的存在，但却见不到异常彩色血流，这种情况的出现，可能是因为缺损部位有膜覆盖，这样也能达到左右心室分隔的目的，通常情况下，这些犬猫多半也不会因为缺损而出现临床症状。

③左右心房扩张：由室间隔缺损导致的中度至重度分流，其典型表现还包括左心室和左心房扩张，以及 2D 心脏彩超显示的室间隔缺损。

④血液从右向左分流：通过盐水造影心脏彩超诊断技术，可确定是否存在从右向左分流的室间隔缺损病症。

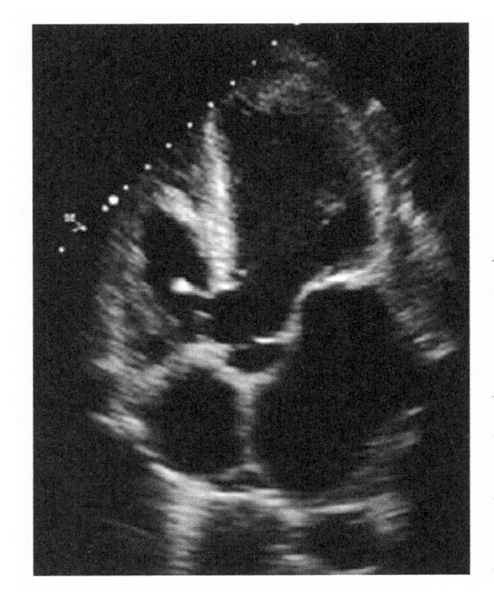

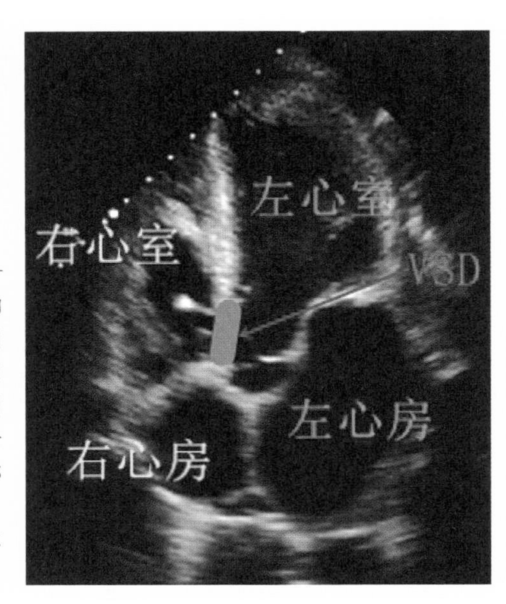

图 13-25　左右两图相同，均为某宠物同一帧左侧胸壁肋骨旁 4 腔心图像，其区别是作者在右图上用紫色线条和红色箭头标出了室间隔缺损部位（VSA）。在左图上，可看到左右心室存在不连续的缺损症状

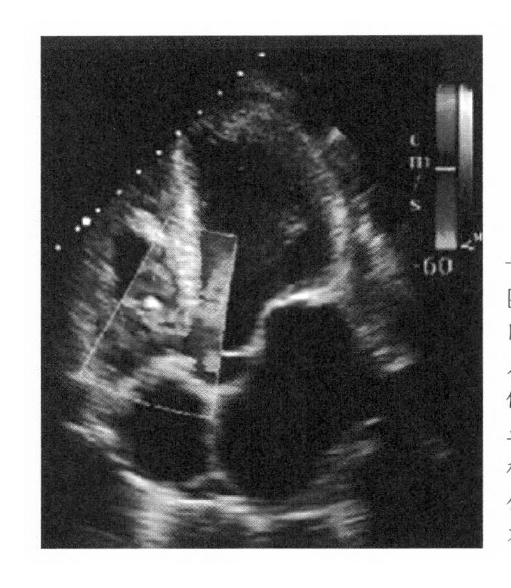

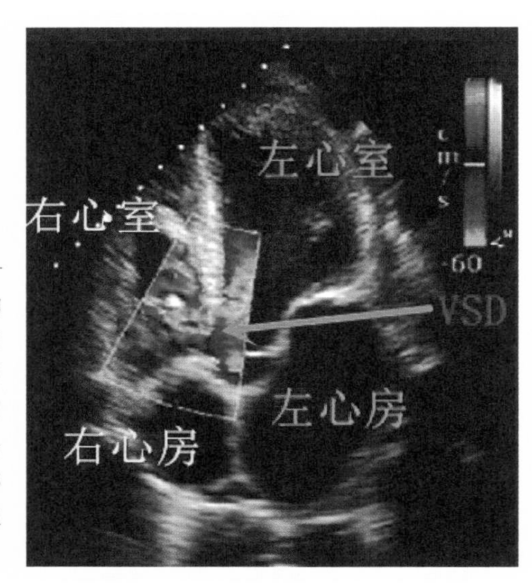

图 13-26　左右两图相同，均为某宠物的同一帧左侧胸壁肋骨旁 4 腔心图像，其区别是作者在右图血液湍流区用紫色箭头标明了室间隔的缺损部位，可看到左右心室存在不连续的缺损症状

4. 犬猫室间隔缺损的治疗及预后

犬猫室间隔缺损到底应采取什么样的治疗措施，主要取决于病情的严重程度。通常而言，轻度缺损不需治疗，有些可自行闭合，中等及严重程度的缺损可采取手术或药物治疗。

手术干预的适应证，包括存在较大的室间隔缺损、临床症状明显，或计算出的分流比大于或等于 3：1。一般来说，轻度缺陷或经手术矫正后的预后都较为良好；中度至重度缺损的预后情况，主要取决于分流容量是否得到有效改善。

（1）外科手术

就目前情况来看，犬猫室间隔外科修补术仅有极少数的科研团队可以做到，而且费用非常昂贵。分流情况的处理则可通过肺动脉环扎术来实现，这是一种促进右心室收缩压升高的技术。随着右心室压力的增加，分流容量将随之减少，从而达到让肺循环免受慢性容量超负荷影响的目的。

（2）口服药物

在不能选择手术治疗措施的情况下，可对因室间隔缺损而导致充血性心力衰竭的犬猫进行药物治疗，以达到控制心衰的目的。患有室间隔缺损的犬猫，应尽可能避免产生菌血症，同时还应保持口腔健康，注意减少心内膜炎的风险。

第六节｜犬猫房间隔缺损的彩超诊断

1. 犬猫房间隔缺损简介

房间隔缺损（ASD）是因房间隔在胚胎发育过程中出现异常，左右心房之间形成一个开放性孔洞，血流可通过卵圆孔从右心房向左心房分流。

房间隔缺损可单独发生，也可与其他类型的心脏疾病并存，所以，在犬猫身上很少被视为单一缺陷。据临床观察，房间隔缺损多在英国牧羊犬、杜宾犬、平克犬、萨摩耶犬等犬种中发生。

通常情况下，小的房间隔缺损会导致血液从左侧的高压向右侧的低压流动，而较大的缺陷会造成肺动脉压力增高，甚至使血液从两个方向或从右向左发生分流。从左向右分流，会引起右心房、右心室和肺循环血容量过载；而从右向左分流，则会使左心房血容量超载。血液从左向右分流，会形成肺循环过度，并进而推动肺血管阻力和肺动脉高压的增加，最终导致肺水肿、左心衰等。当心脏的右侧压力超过左侧时，右心室压力会升高，从而使分流从右心室反向流向左心室，使得缺氧的血液就此进入外周循环，发绀便是这种现象的直接表现。

房间隔缺损的发病率在犬中偏高，在猫中较低。患有轻度房间隔缺损的猫，很可能伴有心内膜垫缺损综合征。

2. 犬猫房间隔缺损的临床表现

据临床观察，犬猫房间隔缺损的临床症状，主要表现在以下几个方面：无临床症状、可能有运动不耐受、呼吸困难、晕厥、左心衰、发绀（血液从右向左分流）、腹水（右心衰）、水肿和胸腔积液。

3. 犬猫房间隔缺损的超声诊断

心脏超声诊断，对犬猫房间隔缺损的评估，具有非常重要的临床意义，具体表现在以下几个方面：

①通过超声二维切面图，可以直接看到左右心房的缺损状况。

②通过超声二维切面图，可发现右心房和心室扩张。

③通过彩色多普勒图像，可记录通过缺损部位的异常血流。

4. 犬猫房间隔缺损的治疗

小的房间隔缺损不需要特殊治疗，患病犬猫可以忍受这种缺损，所以，这类缺损通常都是在老年犬猫中偶然发现。

对于有较大缺损和明显容量超负荷的犬猫，可采用手术矫正或介入性闭塞缺损，但手术费用昂贵，且有很高的死亡风险。手术闭合缺损需要心肺旁路，并且会受到费用和可用性的限制，所以在临床上手术方案还没有普及。

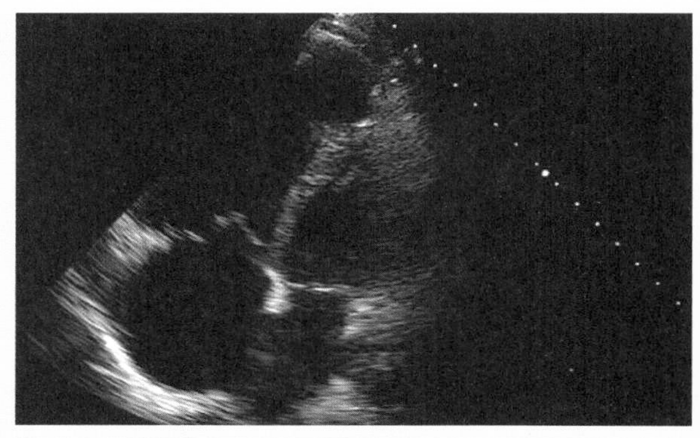

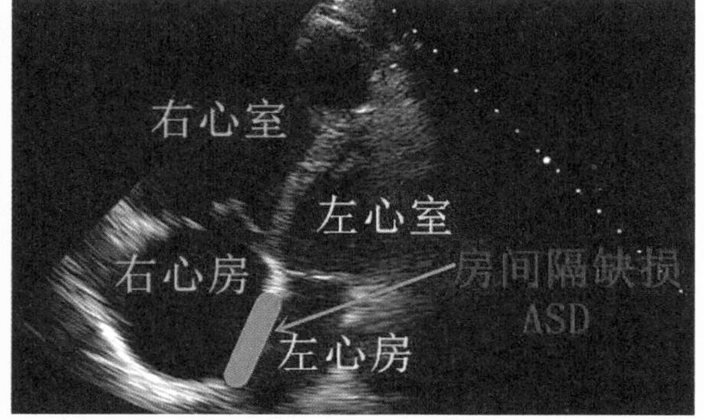

图 13-27　左右两图相同，均为某宠物的同一帧房间隔缺损二维切面图，其区别是作者在右图上用紫色线条标注了房间隔缺损部位

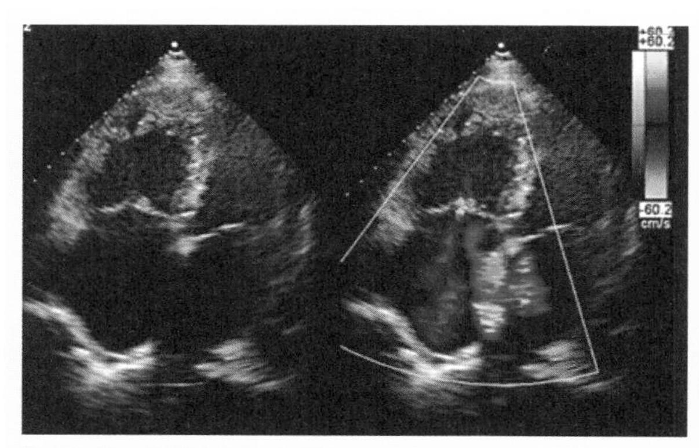

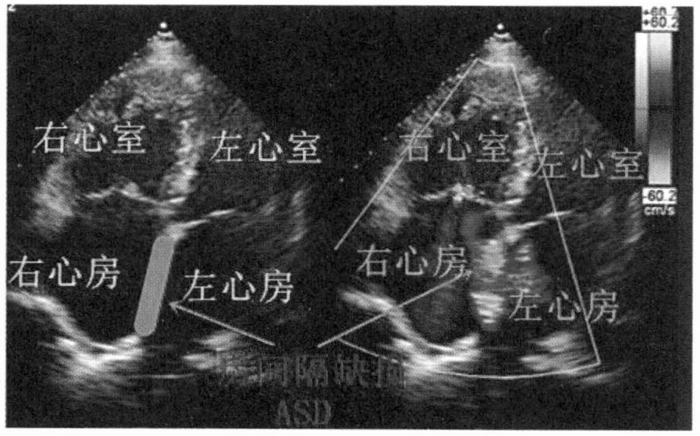

图 13-28　左右两图相同，均为某猫左侧胸壁肋骨旁 4 腔心同一帧彩色多普勒图像，其区别是作者在下图中，用紫色线条和箭头标注了房间隔缺损部位与血液的异常湍流部位

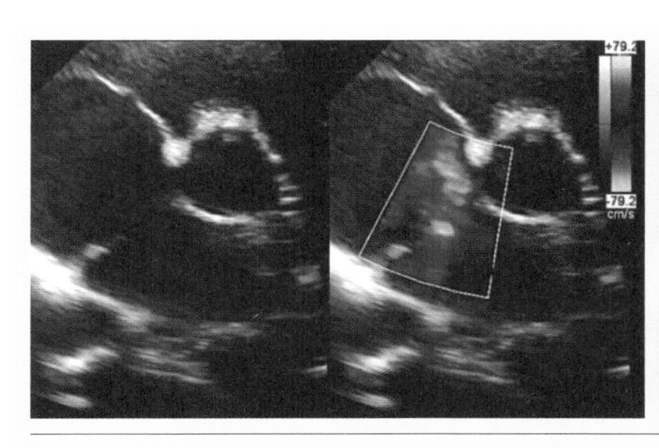

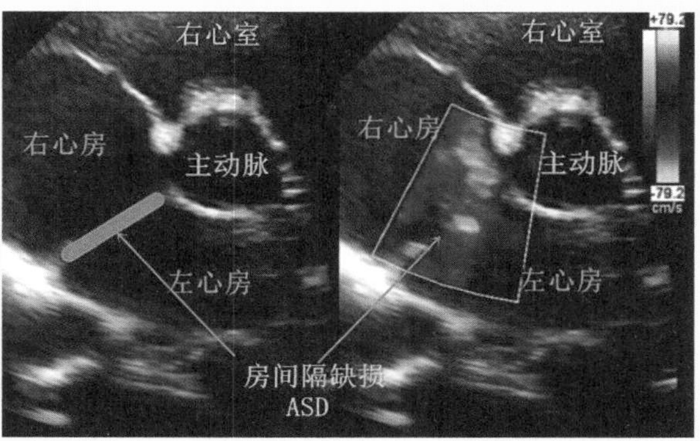

图 13-29　左右两图相同，均为某犬右侧胸壁肋骨旁短轴切面，其区别是，左右图的左侧均为二维图像，右侧为彩色多普勒图像。图中的紫色粗线为左右心房间缺损位置，紫色箭头所示为通过房间隔缺损位置的异常分流血液信号

第七节｜犬猫法洛四联症的彩超诊断

1. 犬猫法洛四联症简介

法洛四联症也是犬猫的先天性心脏缺陷之一，它包括四个特征：即肺动脉高压、室间隔缺损、右心室肥大和不同程度的主动脉骑跨（如图 13-30）。法洛四联症的血流动力学影响主要取决于肺动脉高压的严重程度和室间隔缺损（室间隔缺损）的大小。

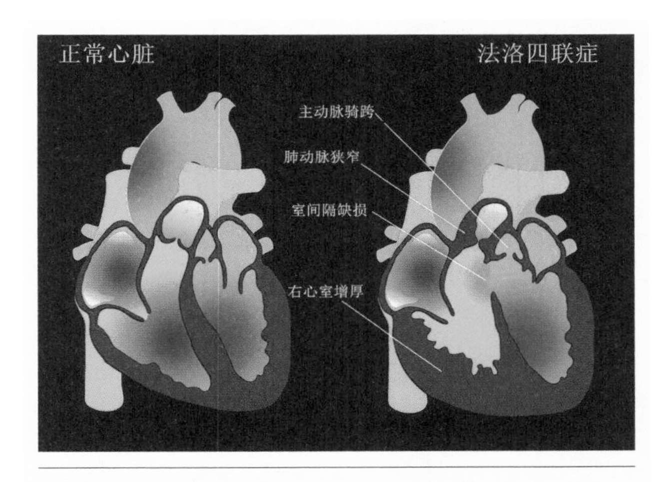

图 13-30　正常心脏和法洛四联症示意图

通过室间隔缺损的分流方向和大小，取决于右心室梗阻的程度，如果肺动脉脉压较小，右心室压力仅略微升高，那么，血液将主要从左向右分流。

当肺动脉高压严重时，右心室的压力将随之升高，从而导致血液从右向左分流，其后果包括肺血流量减少（出现疲劳和呼吸急促）和全身发绀（导致虚弱）。

由于静脉血分流到主动脉会导致低氧血症，肾脏被刺激释放促红细胞生成素。红细胞生成素的长期过量导致红细胞增多症。

与红细胞增多症相关的血液黏度增加可产生显著的血流动力学效应，导致血液淤积和毛细血管灌注不良，可能会导致癫痫发作。

2. 法洛四联症的临床症状与超声诊断

法洛四联症的临床症状，包括发育不良、运动不耐受、发绀、虚脱和癫痫发作。

通过心脏彩超诊断，可确认犬猫是否存在右心室肥大、肺动脉狭窄、室间隔缺损、主动脉骑跨（如图13-31），并据此最终判定是否患有法洛四联症。

3. 犬猫法洛四联症的治疗

法洛四联症的手术矫正不常见，因为死亡率较高，费用昂贵。

就药物治疗而言，β 受体阻滞剂可减弱右心室流出道梗阻，减少舒张系统的血管阻力，降低从右向左分流的幅度。

由法洛四联症引起的红细胞增多症，可通过定期放血来控制。当红细胞压积超过68%时，需要进行干预，最高可按20毫升/千克体重的剂量放血。

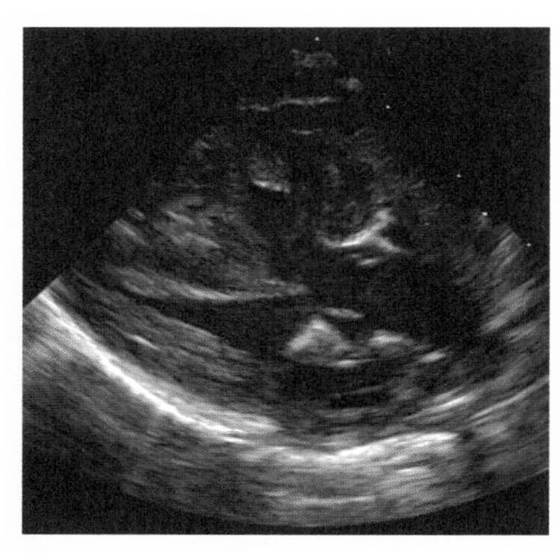

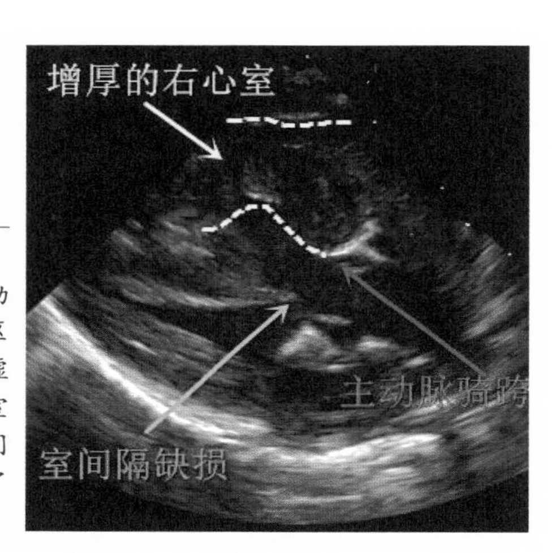

图13-31　左右两图相同，均为某猫同一帧右侧胸壁肋骨旁5腔心长轴图像，其区别是作者在右图中用黄色虚线勾勒出了增厚的右心室壁，用绿色箭头标出了室间隔缺损，用红色箭头指出了主动脉骑跨

第八节｜犬猫房室瓣膜发育不良的彩超诊断

1. 犬猫房室瓣膜发育不良简介

房室瓣膜发育不良，是犬和猫都有的心脏先天性畸形，这一生理缺陷，可导致一系列血流动力学改变，包括瓣膜反流、二尖瓣或三尖瓣狭窄、动态左心室流出道梗阻等。二尖瓣复合体的先天性畸形（二尖瓣发育不良），是猫中常见的先天性心脏病之一，在斗牛犬、蒙古犬和大丹犬等犬种也比较多见。此外，三尖瓣发育不良在拉布拉多寻回犬中存在遗传倾向。

二尖瓣发育不良最为常见的结果，是瓣膜功能不全和心脏收缩期血液回流到左心房。房室瓣膜复合体的任何部分（瓣叶、腱索、乳头肌）都可能出现畸形，通常还不止一个组件会出现缺陷，比如瓣膜小叶增厚，瓣膜结构与心室壁分离不完全，腱索缩短、延长、增厚和融合，以及乳头肌畸形等。

房室瓣膜复合体畸形可造成明显的瓣膜缺失。在涉及二尖瓣的情况下，慢性二尖瓣回流会导致左心室容量负荷超载，从而促使左心室和心房会与慢性退行性瓣膜疾病相同的方式扩张。当二尖瓣反流情况严重时，由于心输出量减少，会导致心力衰竭。左心室扩张会引起心律失常，而严重的心房扩大则会加大心律失常（如心房颤动）的风险。

在某些情况下，二尖瓣复合体畸形会导致一定程度的瓣膜狭窄和瓣膜功能不全。如果涉及三尖瓣复合体，且反流症状严重，其后继发心房和心室增大，以及全身静脉高血压和充血性心力衰竭将是可能的发展结果。

2. 犬猫房室瓣膜发育不良的临床症状

犬猫房室瓣发育不良的临床症状与病情的严重程度相关，具体表现为以下几点。

①无症状：有些轻度发育不良的病例没有任何临床表现。

②左心衰：如果二尖瓣受到影响，通常会表现出左心衰的迹象，如虚弱、咳嗽和运动不耐受等。

③右心衰：如果三尖瓣受到影响，通常会表现出右心衰的迹象，并伴有因腹水引起的腹胀。

3. 犬猫房室瓣膜发育不良的超声诊断

对房室瓣膜发育不良的犬猫进行超声诊断，通常会发现如下一些异常症状：

①二尖瓣复合体畸形，例如腱索融合、瓣膜小叶增厚和不动等。

②三尖瓣发育不良。

③左心房和左心室扩张。

④在多普勒心脏彩超上，会显示严重的二尖瓣反流。

⑤有可能存在二尖瓣狭窄。

⑥如果三尖瓣发育不良，将发现三尖瓣变形、右心扩张及三尖瓣反流等现象。

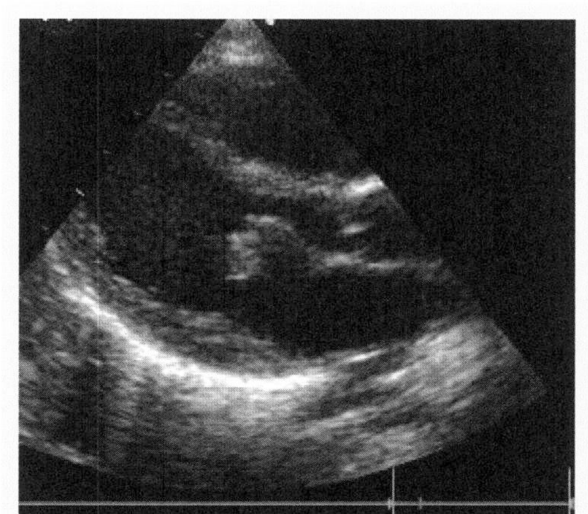

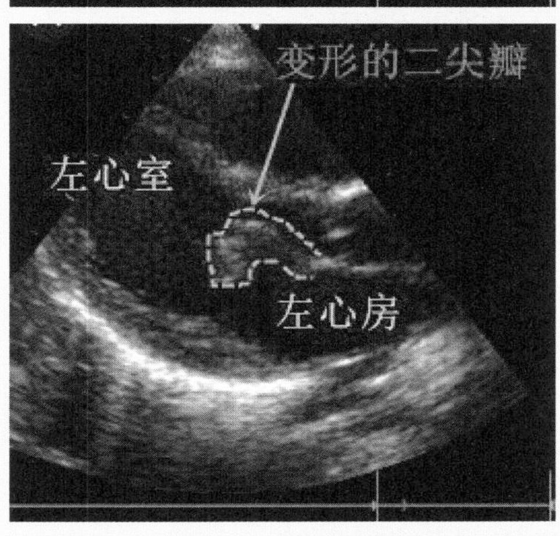

图 13-32　上下两图相同，均为某犬右侧胸壁肋骨长轴5腔心同一帧切面二维图，其区别是作者在下图上用绿色虚线勾勒出了变形的二尖瓣

4. 犬猫房室瓣膜发育不良的治疗与预后

症状轻微的房室瓣膜发育不良，可能几年内都不会出现临床症状；如果出现心衰等明显的临床症状，则要针对犬猫的充血性心力衰竭进行治疗。

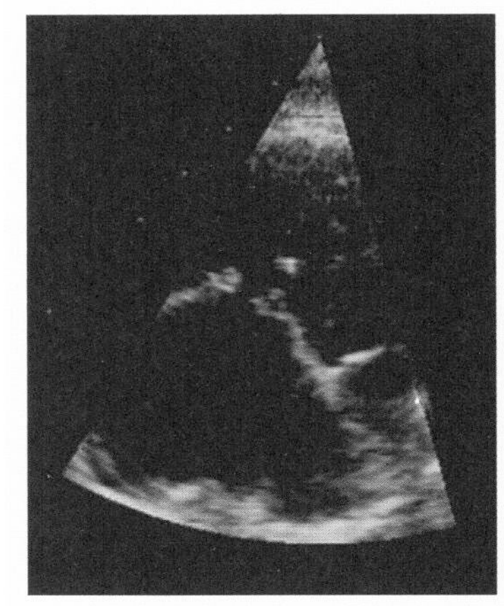

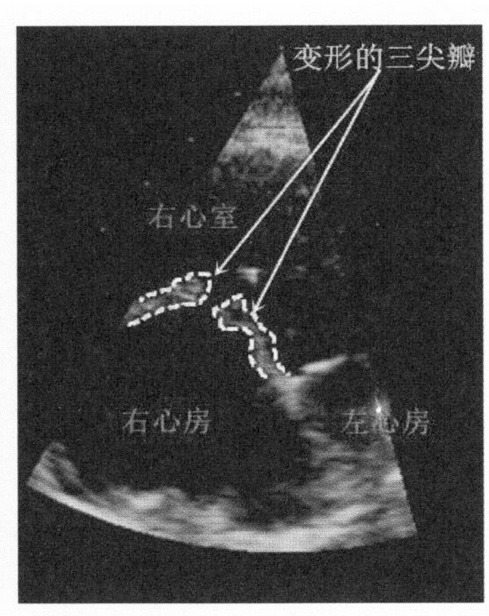

图 13-33　左右两图相同，均为某犬左侧胸壁肋骨 4 腔心长轴同一帧切面二维图，其区别是作者在右图上用黄色虚线勾勒出了变形的三尖瓣

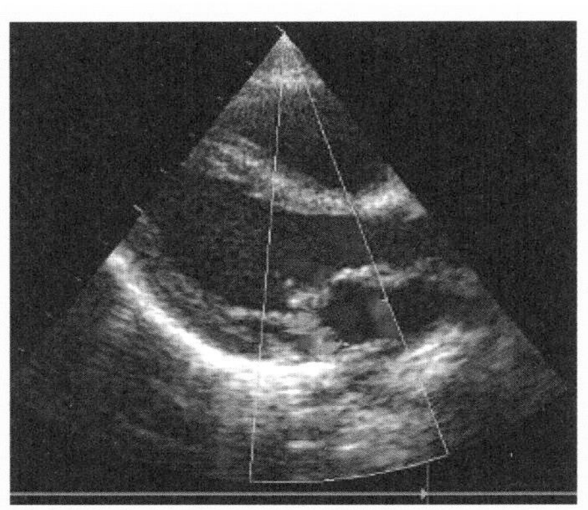

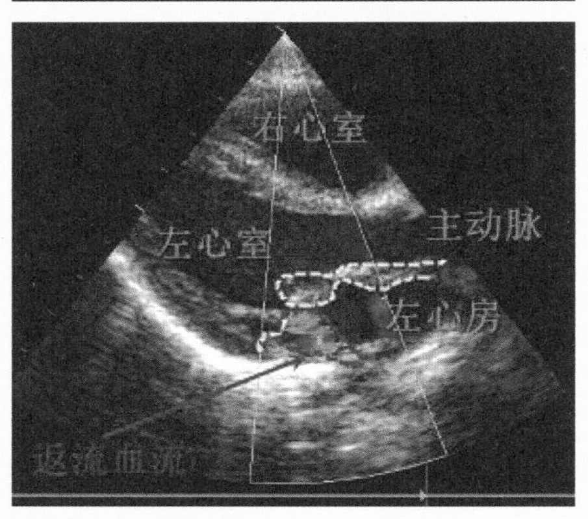

图 13-34　上下两图相同，均为某犬同一帧右侧胸壁长轴 5 腔心主动脉流出图，其区别是作者在下图上用黄色虚线勾勒出了变形的二尖瓣，用紫色虚线勾勒出了在二尖瓣关闭瞬间从左心室反流入左心房的血流情况

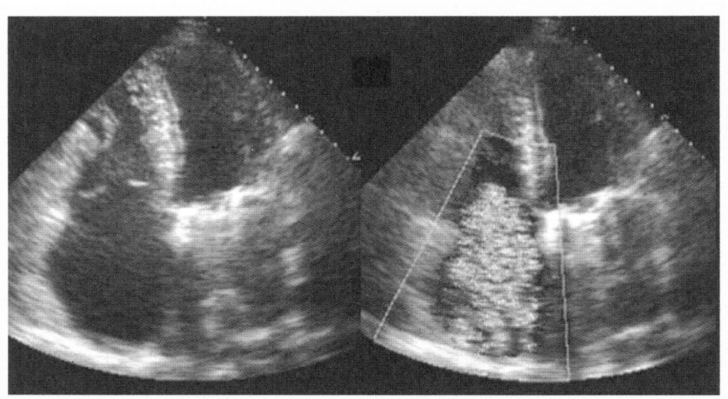

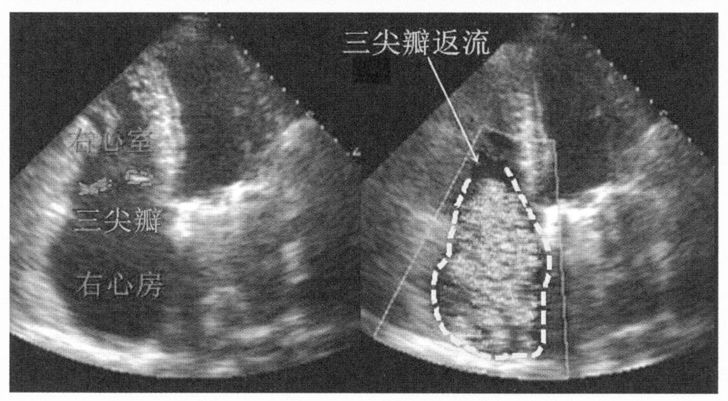

图 13-35　上下两图相同，均为某犬左侧胸壁肋骨旁 4 腔心二维图（左侧）和彩色多普勒心脏彩超图像（右侧），其区别是作者在下图中用紫色虚线勾勒出了发育不良的三尖瓣，用黄色虚线勾勒出了三尖瓣反流的异常血流情况

第十四章

犬猫心包疾病及心脏肿瘤彩超

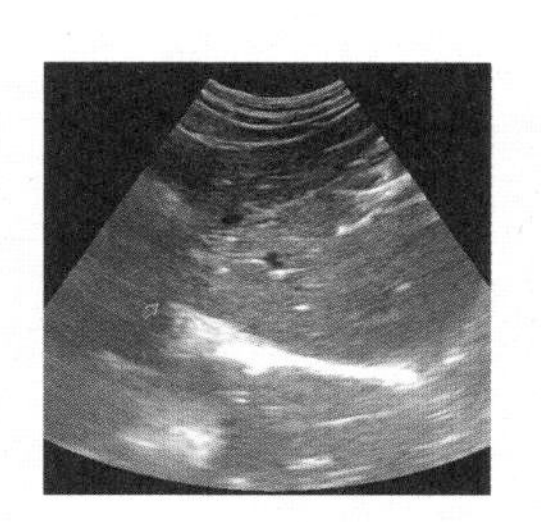

大多数犬猫的心包疾病与心包积液有关，由于心包囊内液体异常积聚，必将造成心脏受压，从而导致心脏压塞。

犬类的心包积液大多与心脏肿瘤息息相关。反之，犬类的心脏肿瘤大多与心包积液有关。因此，心脏压塞通常是犬只患有心脏肿瘤的主要临床表现。

猫的心包积液多由充血性心力衰竭所致。

第一节 | 犬猫心包积液的超声诊断

1. 犬猫心包积液简介

心包是包裹在心脏外面的一层薄膜，呈现为一个腔囊状结构。在心包和心脏壁的中间有浆液，能润滑心肌，使心脏在囊状结构里活动时不会跟胸腔产生摩擦而受伤。心包对心脏具有重要的保护作用，正常时能防止心脏过度扩大，以保持血容量的恒定，如果心包出现大量积液，则会影响心脏的正常舒张，从而限制心脏把血液输送到身体的其他部位，如果出现这种现象，就叫作心包积液（如图 14–1）。

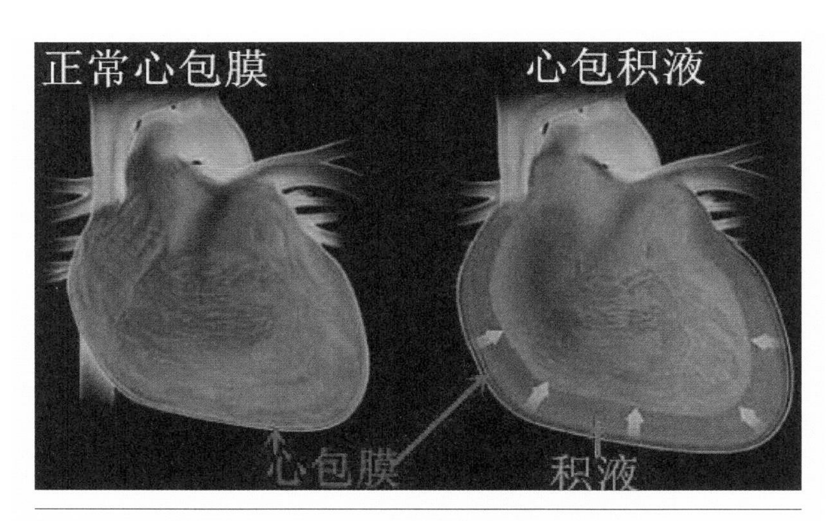

图 14–1　正常心脏和有心包积液的心脏示意图。紫色箭头为心包膜，红色箭头为心包内的积液

引起犬猫心包积液的主要原因，包括心脏底部出血、右心房肿瘤或特发性（原因不明）炎症；其他不太常见的原因，包括出血性疾病、细菌或病毒感染，以及心力衰竭、血液蛋白水平低下等。

2. 犬猫心包积液的超声诊断

超声诊断是确认犬猫心包积液最为敏感、准确的非侵入性评估方法。

①心脏周围无回声：如果存在心包积液，在超声诊断过程中，心脏周围将表现为无回声空间（如图14-2），心脏外周边界会出现清晰的黑色弧形，此无回声的黑色区域即为心包积液。心脏周围无回声是确认心包积液的重要指标。

②心脏壁可能出现假性肥厚或增厚：由于受到外部心包积液的压迫，可引起心脏壁假性肥厚或增厚。

③心脏自由壁倒置或塌陷：在整个心动周期中，右心房自由壁通常呈圆形，反映的是正常的右心房跨

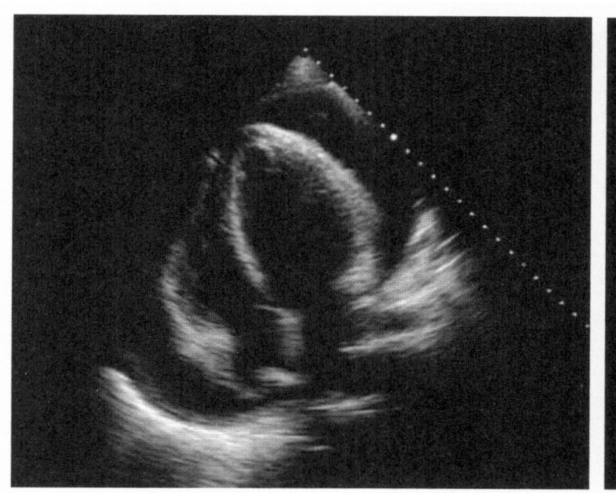

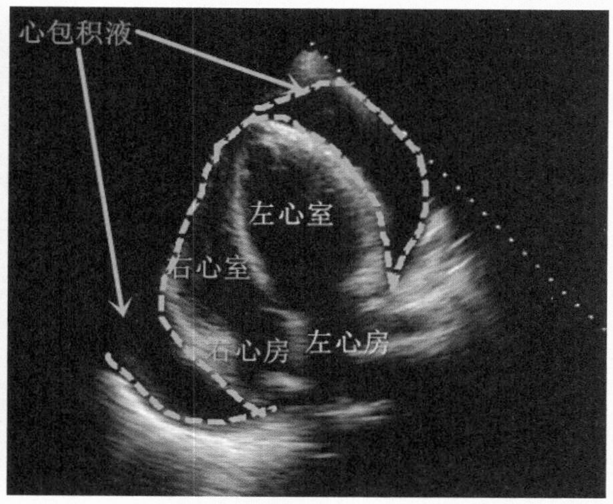

图 14-2　左右两图相同，均为某猫同一帧左侧胸壁肋骨旁 4 腔心切面二维图，其区别是作者在右图上用绿色虚线勾勒出了心脏外周的液性暗区，心脏外周清晰的黑色弧形无回声区域即为心包积液

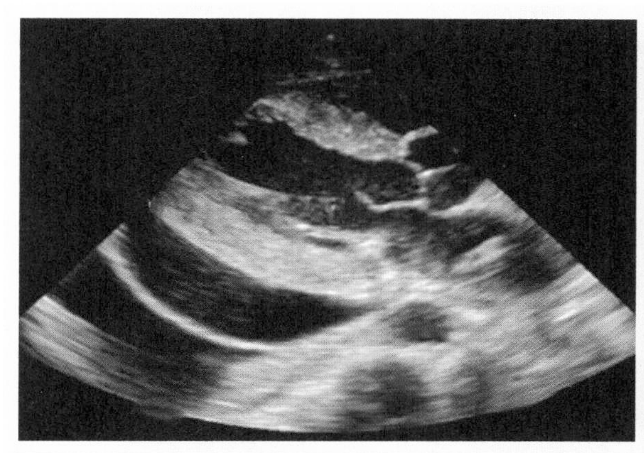

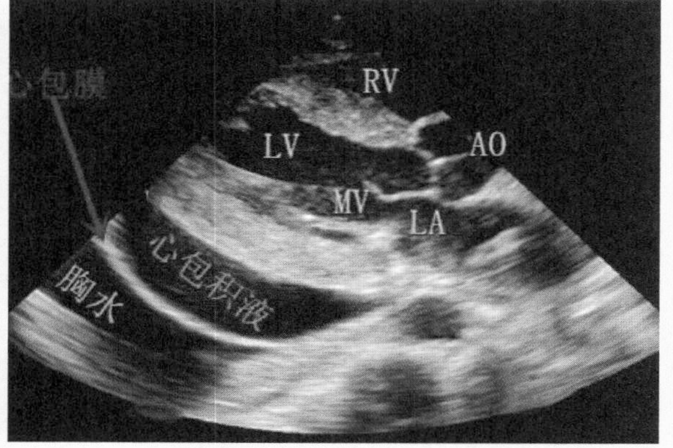

图 14-3　左右两图相同，均为某犬同一帧右侧胸壁肋骨旁 5 腔心长轴左心室流出图，其区别是作者在右图上标注了心脏的解剖结构及病变部位。图中紫色箭头指向的白色弧线是心包膜，心包膜内的无回声黑色区域为心包积液，心包膜外的黑色区域为胸水。图中：LA 为左心房，LV 为左心室，MV 为二尖瓣，Ao 为主动脉，RV 为右心室

壁正压。如果出现右心房自由壁倒置或塌陷，则意味着心内压力升高，这也是心脏压塞的心脏彩超证据（如图 14–4）。

④右心室自由壁向内运动：心脏压塞会导致右心室舒张功能衰竭，其特征是右心室自由壁向内运动（如图 14–5）及心脏自由壁塌陷，这是由于受到外周压力的挤压、填塞所致。这种情况会从右心室自由壁的短暂和局部凹陷，最后发展到右心室整个舒张期的完全闭塞（如图 14–5）。

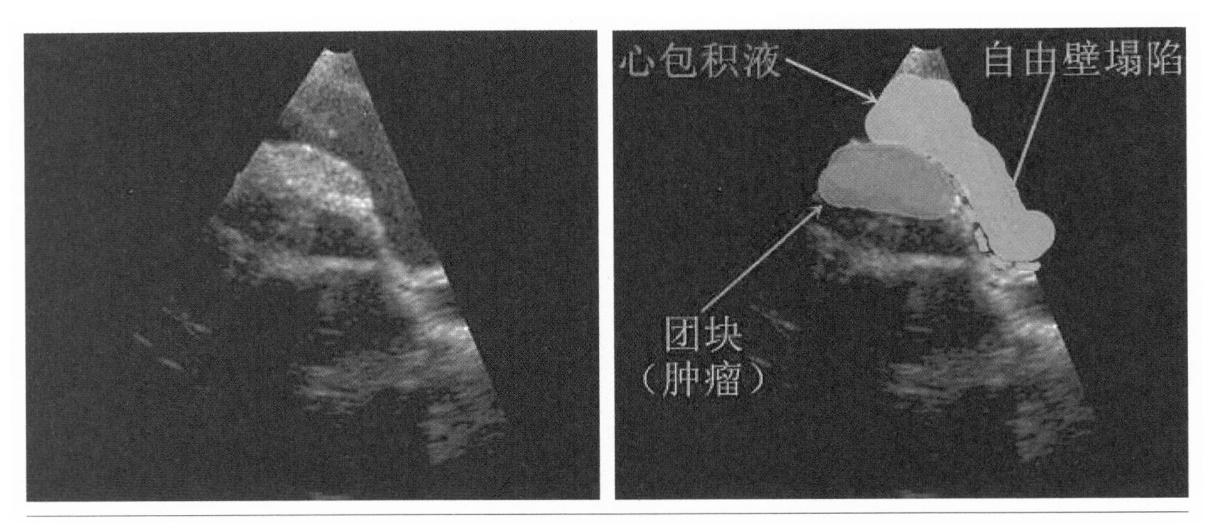

图 14–4　左右两图相同，均为某犬同一帧因心包积液导致心脏自由壁塌陷的二维超声切面图，其区别是作者在右图上用彩色线条对病灶位置做了明确标注

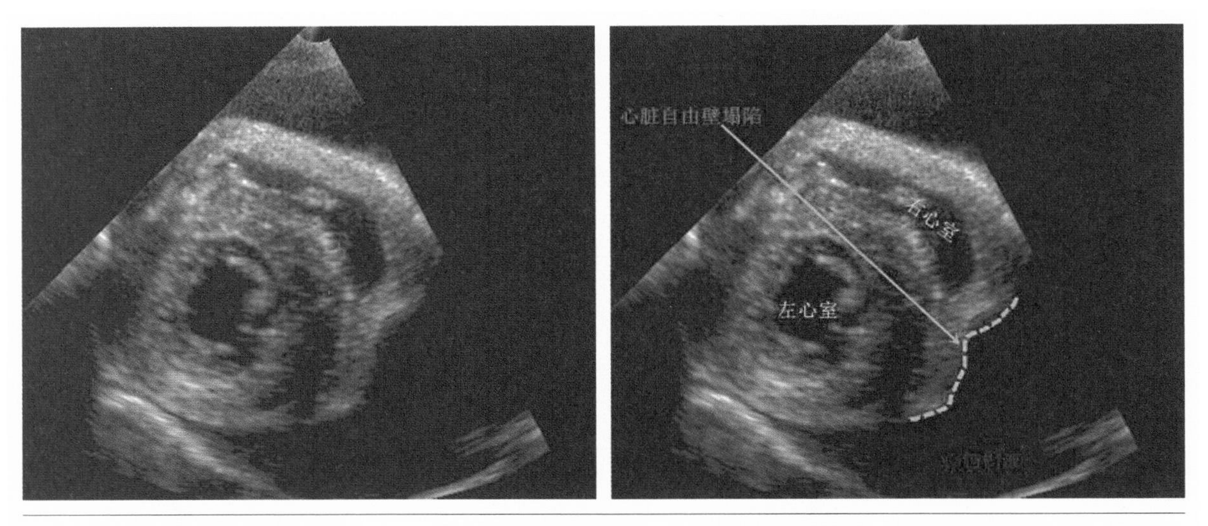

图 14–5　左右两图相同，均为某犬同一帧右侧胸壁肋骨旁短轴的二维超声切面图，其区别是作者在右图上用绿色虚线勾勒出了心脏自由壁塌陷的病变位置，以及因心包积液导致心脏自由壁向内运动的情况，心脏外周黑色暗区为心包积液

第二节丨犬猫心脏肿瘤的超声诊断

1. 犬猫心脏肿瘤简介

心脏肿瘤在犬类和猫中都不常见，通常情况均为偶然发现。其常见类型为血管肉瘤（HSA）、主动脉基部肿瘤（化学感受器瘤和副神经节瘤）、淋巴瘤和转移肿瘤。

2. 犬猫血管肉瘤的超声诊断

除了确认心包积液和心脏压塞的存在，超声检测也是诊断犬猫心包内肿块（如血管肉瘤和心脏基底肿瘤）的非侵入性方法。虽然肿瘤的最终确认，需要依靠组织病理学的介入，但超声检测可为判断犬猫心脏肿瘤的类型提供重要信息。

血管肉瘤常见于右心房或心房壁，如果血管肉瘤侵入心包，会随右心房或心房移动（如图 14–6），也可能突入至右心房腔，进而扩散到心脏底部和心包的其他区域，并累及右房室沟。血管肉瘤通常包含小的回声间隙，使肿瘤呈斑驳状或空洞状外观，有时也会呈现为囊性（如图 14–7）。

如果存在血管肉瘤，通常会在右侧胸骨旁长轴和短轴视图成像时表现出来，但这些肿瘤的体积可能很小，非常难以发现。由于在心动周期的不同阶段，肿瘤会随着右耳运动前后移动，因此，从左侧胸骨旁位置检查右心耳，对检测某些病例中的血管肉瘤具有一定的实用价值。

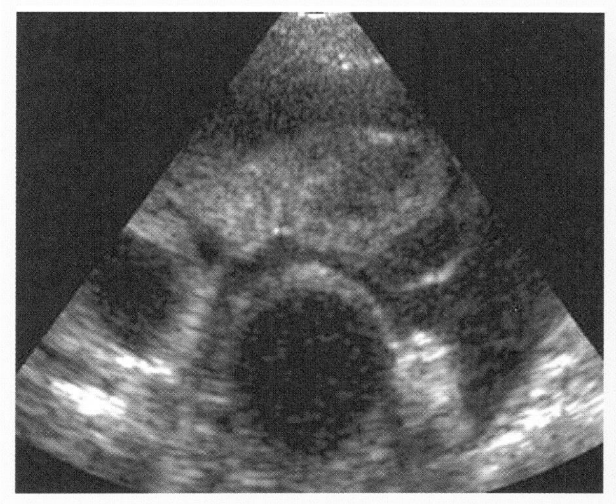

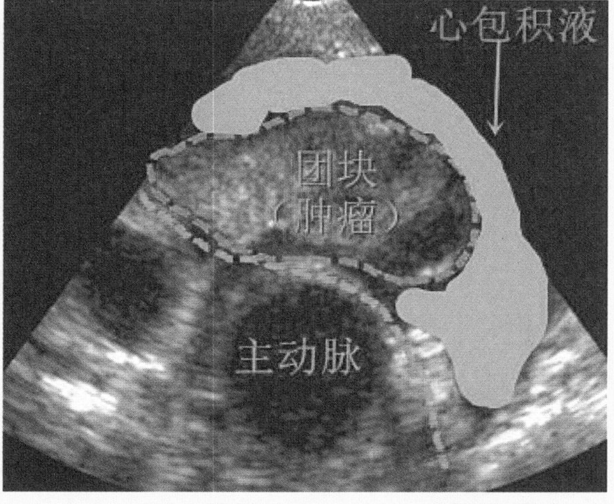

图 14–6　左右两图相同，均为某犬同一帧右侧胸骨旁短轴的二维超声切面图，其区别是作者在右图上用紫色虚线勾勒出了主动脉基部团块（最后确诊为血管肉瘤），用紫色虚线标注了右心耳的一个空洞和囊性肿块，绿色区域为心包

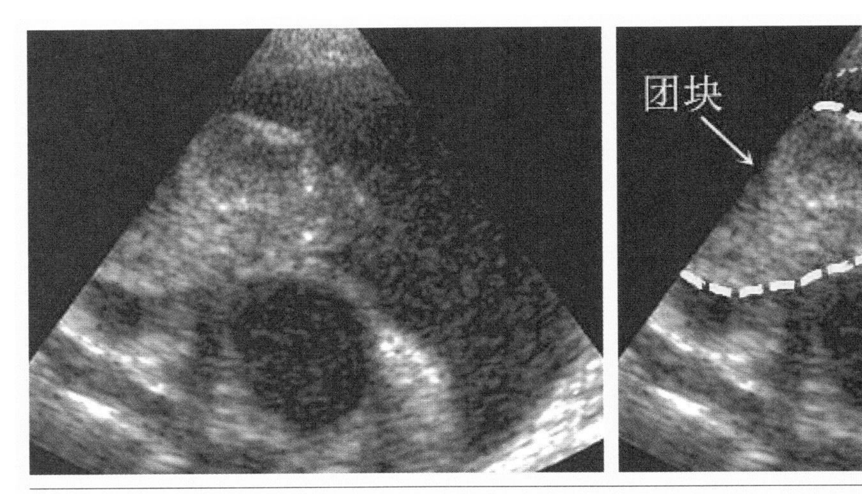

图 14–7　左右两图相同，均为某犬的同一帧二维超声切面图，其区别是作者在右图上用黄色虚线勾勒出了空洞囊性肿块，用绿色虚线勾勒出了心包积液的部位

3. 犬猫心脏基部肿瘤的超声诊断

犬猫的心脏基底肿瘤通常与升主动脉有关（如图 14–8），其形态包括附着在升主动脉上的小卵形结构，以及围绕于主动脉和主肺动脉的大型肿块（如图 14–9）。

在心脏彩超上，犬猫心脏基底肿瘤往往比血管肉瘤的回声更均匀，而血管肉瘤的回声更具多样化。犬猫心脏基底肿瘤通常与心包积液有关，但个别病例也会出现没有心包积液的现象。

心脏肿瘤在犬和猫中均很少见，也很难发现。心脏肿块虽然可通过心脏彩超来识别，但必须结合病理学判断，很多情况下，明确的诊断通常是在死后才获得。

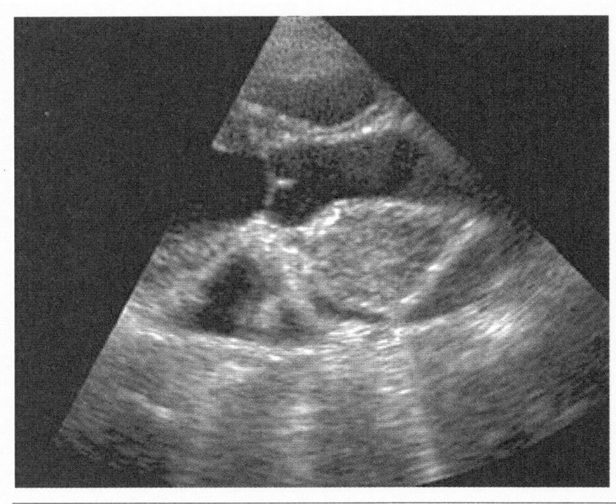

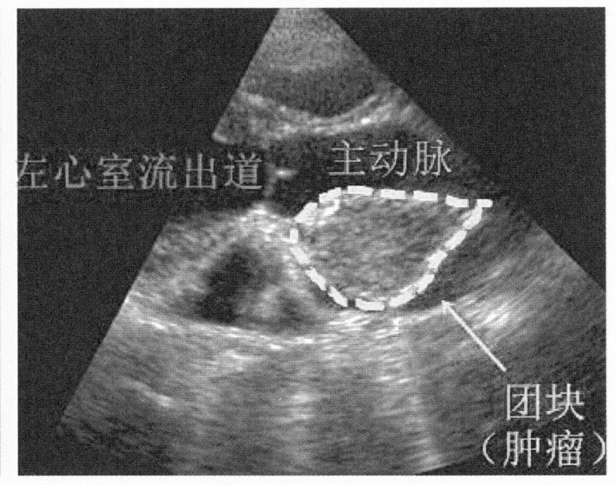

图 14–8　左右两图相同，均为某犬同一帧右侧胸壁肋骨旁 5 腔心左心室流出图，其区别是作者在右图上用黄色虚线勾勒出了团块所在部位

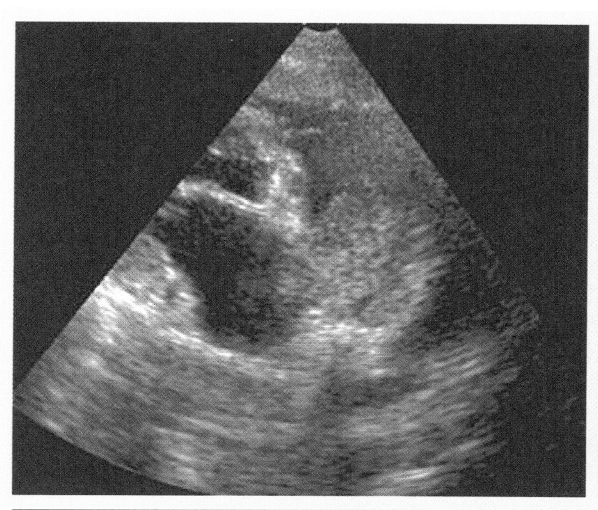

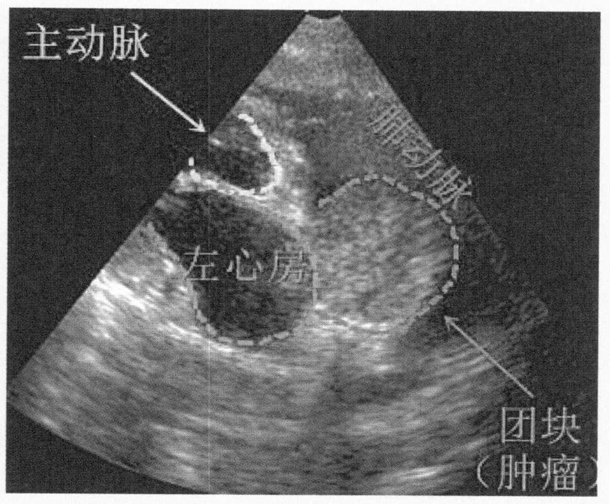

图 14-9　左右两图相同，均为某犬在其左颅胸骨旁声窗检测到的同一帧心脏底部肿瘤超声二维切面图，其区别是作者在右图上用紫色虚线勾勒出了大回声均质的肿块。图上显示肿瘤附着在主动脉的尾部，已经浸润到主肺动脉

犬猫心脏肿瘤的治疗方案非常有限，最好的手段莫过于手术和化疗（蒽环类），其中，心脏淋巴瘤对多种化疗方案有确切反应。不管诊断还是治疗，都需要对肿瘤出血和潜在的心律失常进行对症处理。

第三节丨犬猫膈心包疝的诊治案例

无论犬还是猫，由于外伤或先天发育异常，均可能出现膈疝，导致肝脏、肠管、胰腺等腹腔器官调入胸腔，有些还会进入心包，形成膈心包疝。

1. 猫的膈心包疝诊治病例分享

（1）基本信息

妮妮，布偶猫，雌性，7 个月。

（2）病史

该猫在经作者诊治之前，已在其他宠物医院进行

过胸腔 DR 影像学检查，发现这只猫的心影特别大（如图 14–10、图 14–11）。主人为此先后到过很多家宠物医院，有宠物医生生怀疑是扩张型心肌病或心包积液，主人给该猫服用了一个月的匹莫苯丹，再次通过胸腔 DR 影像学检查，发现心影还是很大，之前的症状并没有得到有效改善，后经其他宠物医生推荐，主人最终决定带该猫到作者所在的宠物医院进行心脏超彩诊断，以便进一步确诊。

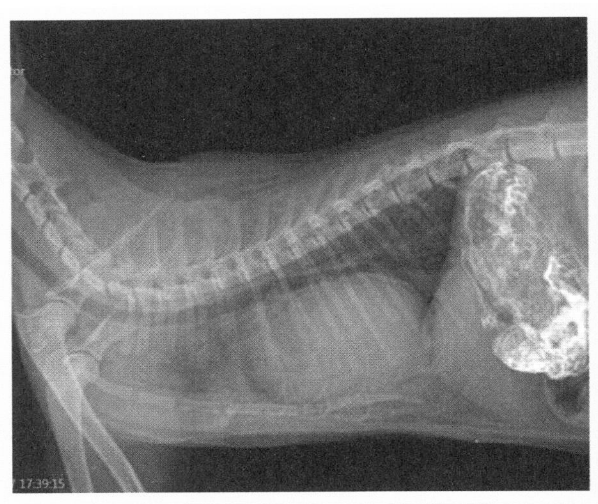

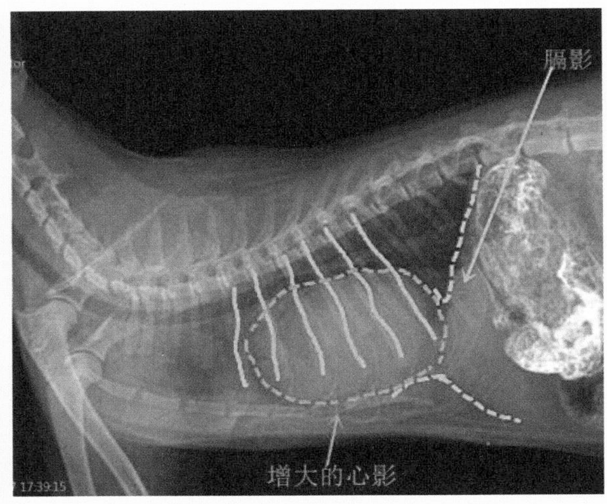

图 14–10　左右两图相同，均为“妮妮”胸部侧位的同一帧 DR 影像，其区别是作者在右图上用橘色虚线勾勒出了增大的心影。正常情况下，猫的心影大小不超过 2.5 根肋骨的位置，但该猫的心影面积已达到 6 根肋骨的宽度（绿色实线），此外，还可看到膈影（绿色虚线）不清晰，与心影融合

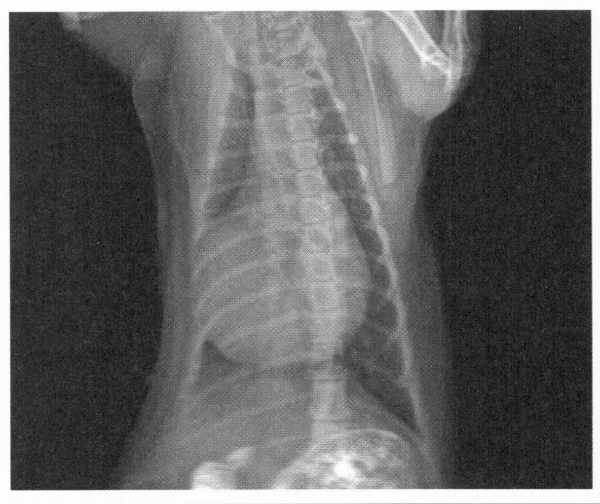

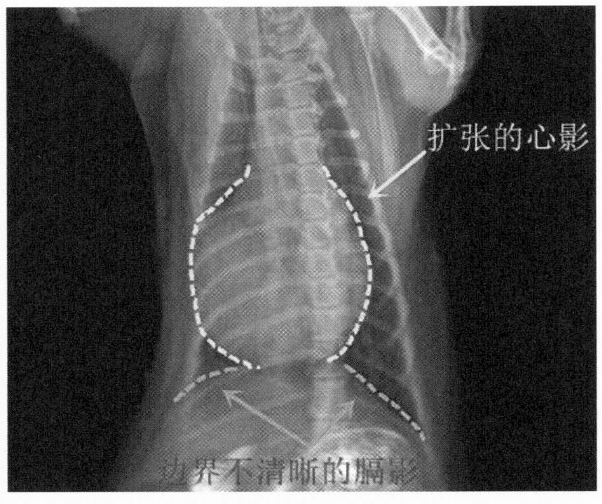

图 14–11　左右两图相同，均为“妮妮”胸壁正位的同一帧 DR 影像，其区别是作者在右图上用黄色虚线勾勒出了扩张的心影，用紫色虚线标注了边界欠清晰的膈影

（3）超声诊断

在上述诊断结果的基础上，作者对“妮妮”进行了心脏超声诊断，既没发现心包积液，也没发现扩张型心肌病，但却发现了造成“妮妮”心影增大的重要原因——膈心包疝，而且确认疝中的内容物是肝脏（如图 14-12、图 14-13）。

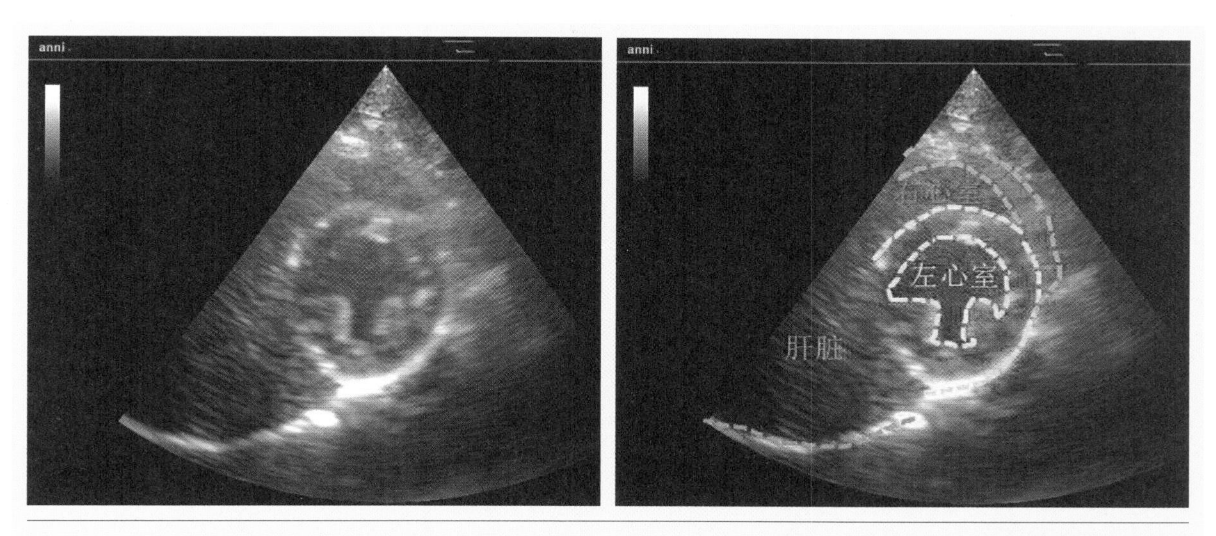

图 14-12　左右两图相同，都是“妮妮”膈心包疝的同一帧超声图像，均取自右侧胸壁肋骨旁短轴蘑菇图切面，其区别是作者在右图上用黄色虚线勾勒出了左心室，用绿色虚线勾勒出了右心室，用橘色虚线勾勒出了进入心包的肝脏

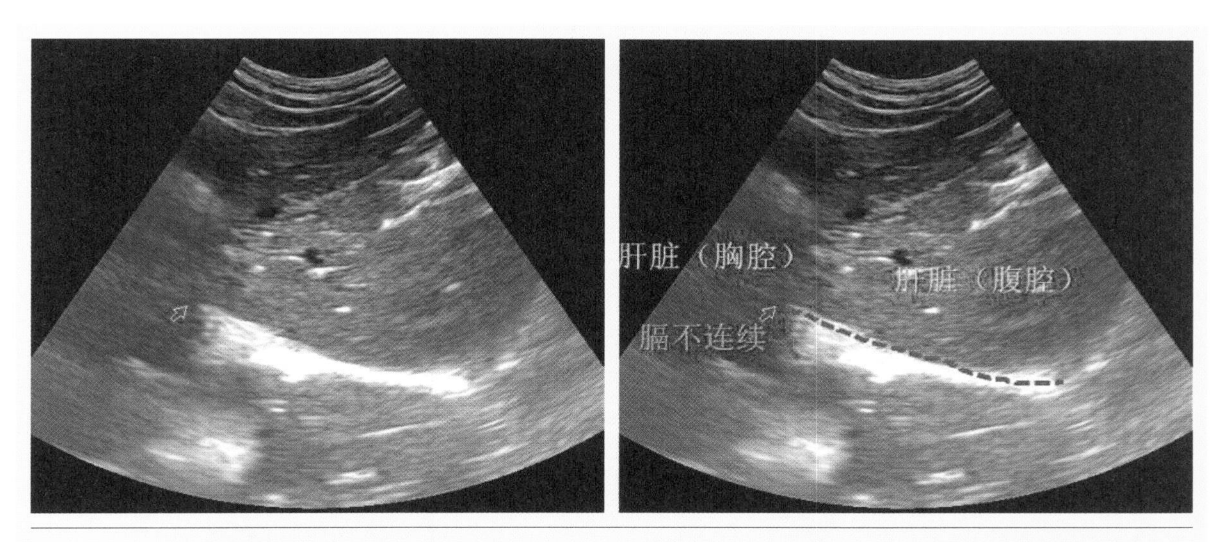

图 14-13　左右两图相同，均为“妮妮”腹部同一帧二维超声切面图，其区别是作者在右图上用蓝色虚线勾勒出了不连续的膈，在腹腔和胸腔都发现肝脏

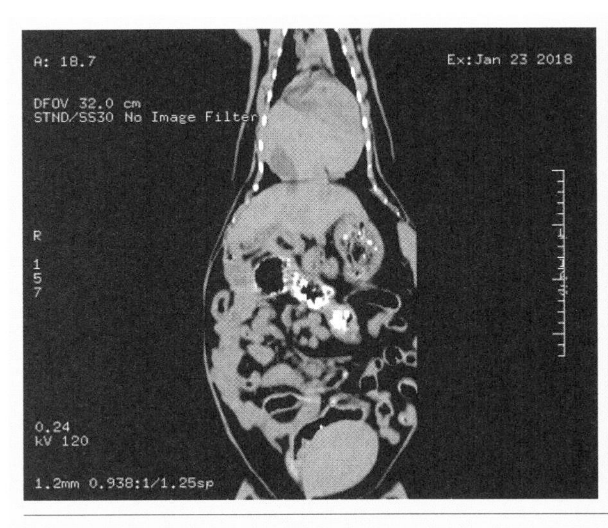

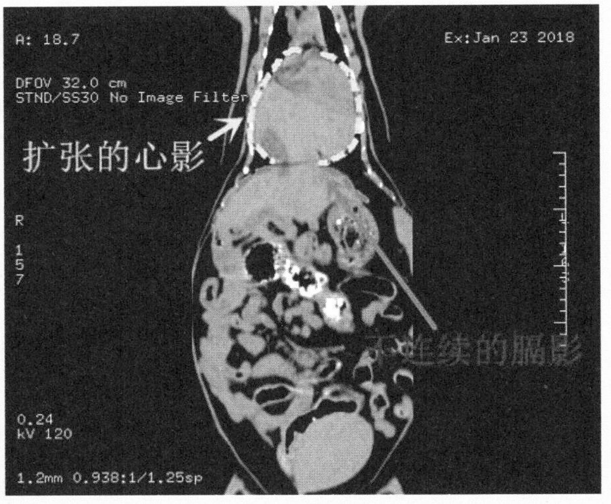

图 14–14　左右两图均为“妮妮”的同一张 CT 图像，其区别是作者在右图上用黄色虚线勾勒出了扩张的心影，用紫色虚线勾勒出了不连续的膈影（该图片由“妮妮”主人提供）

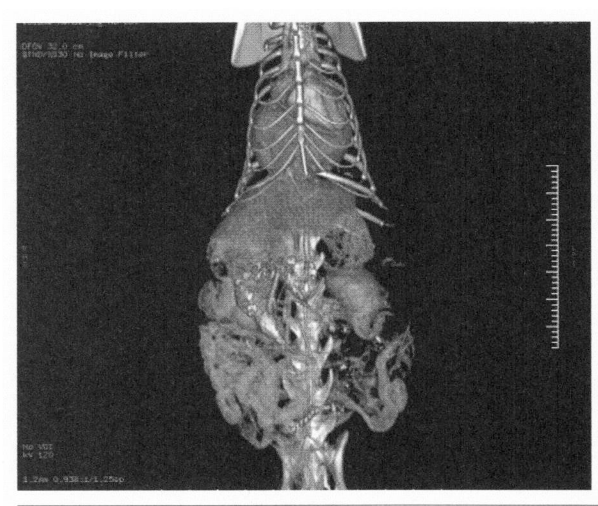

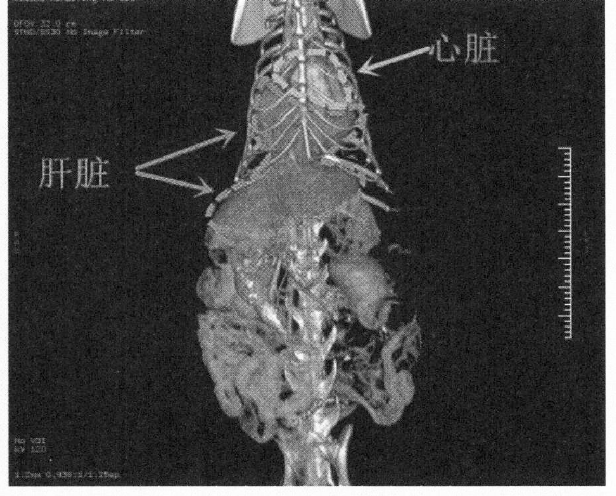

图 14–15　左右两图相同，均为“妮妮”的 CT3D 图像，其区别是作者在右图上用绿色虚线勾勒出了心脏，用紫色虚线勾勒出了腹腔中的肝脏及进入心包的肝脏，从图上还可清晰地看到肝脏通过膈疝进入心包

（4）CT 检查

鉴于这个重大发现，由此排除了扩张型心肌病和心包积液，可初步确认造成“妮妮”心影增大的原因为膈心包疝。作者建议主人带“妮妮”去成都华西动物医院做 CT 检查。经 CT 检查，最终证实了超声检查的结果（如图 14–14、图 14–15）。

（5）手术

作者对“妮妮”的膈心包疝进行了手术治疗（如图 14–16）。经术后 X 光片检查，心影恢复正常（如图 14–17、图 14–18），术

图 14–16　作者为“妮妮”进行手术治疗

后三年回访，“妮妮”的日常生活状态依然非常良好。

（6）总结

在临床上，犬猫心影增大，通常意味着常见的三大异常结果，即心包积液、扩张型心肌病和膈心包疝，当然也要考虑其他致病因素，如心包肿瘤等。

虽然心脏超声诊断是鉴别犬猫心包积液、扩张型心肌病、心包肿瘤及膈心包疝最快速、最简便的方法，但还是建议采用第二种影像学方式进行再次诊断，以确保万无一失，本病例就是在超声诊断的基础上，又经 CT 进行了再次确认。

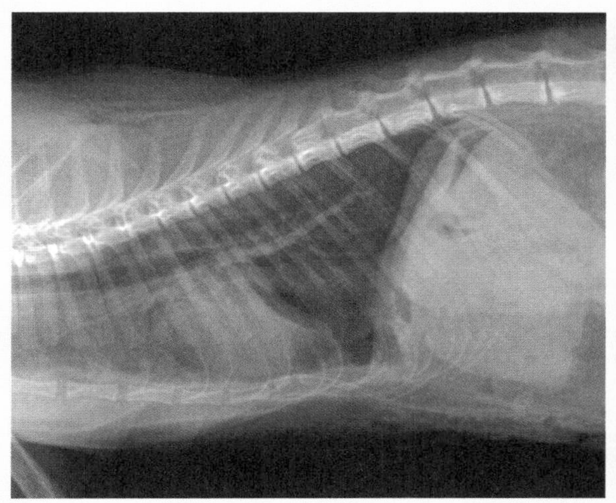
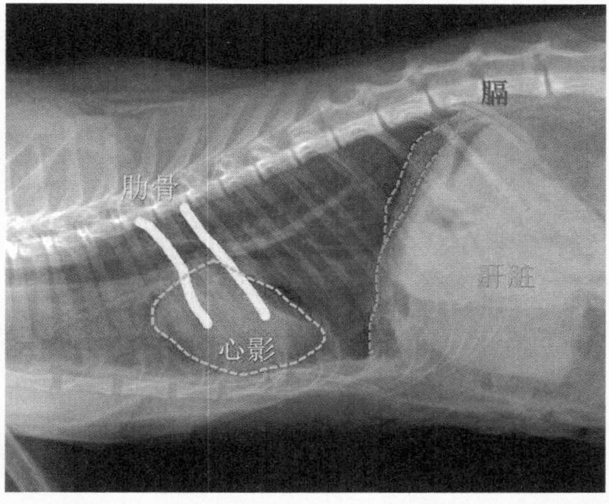

图 14–17　左右两图相同，均为“妮妮”手术后的同一帧胸部侧位片，其区别是作者在右图上用紫色虚线勾勒除了修补后的膈影，用黄色实线标注了肋骨（忽略了对侧肋骨），从图上可以看出，“妮妮”手术后的心影面积（绿色虚线）已恢复到 2.5 根肋骨大小的正常范围

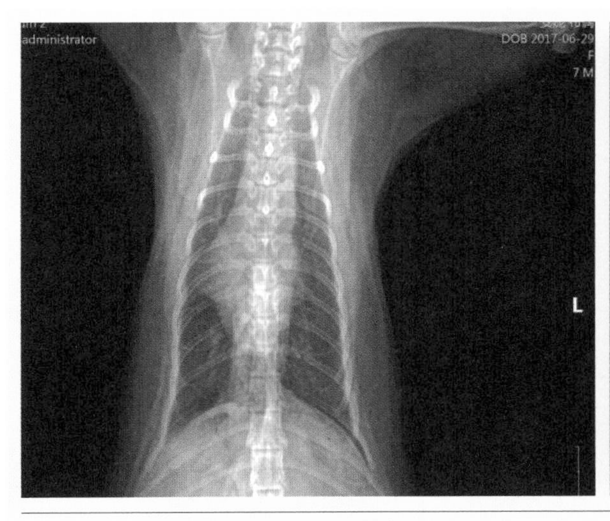

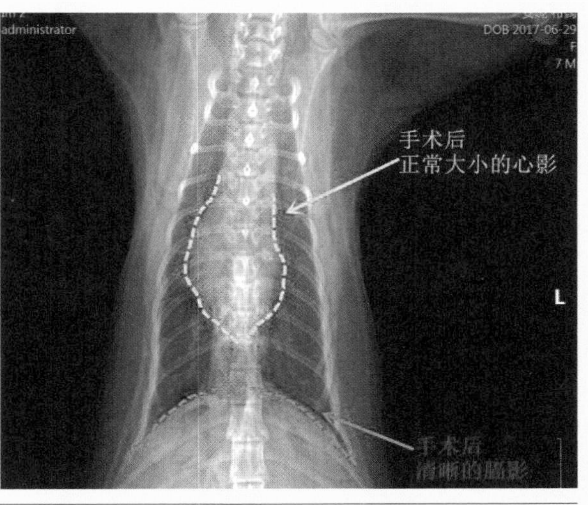

图 14–18　左右两图相同，均为“妮妮”手术后的同一帧胸部正位片，其区别是作者在右图上用紫色虚线勾勒出了膈影，用黄色虚线勾勒出了心影。从图上可以看出，经手术治疗膈心包疝后，心影面积已恢复到正常大小

2. 犬的膈心包疝诊治病例分享

（1）基本信息

旺仔，边牧，雄性，9 个月。

（2）病史

连续呕吐多日，当地宠物医院排查过细小病毒，确认为阴性，用了止吐药后没有效果，基本上两小时就会呕吐一次，后考虑为胰腺炎，经检查后为阳性，在按照胰腺炎的病症进行相关治疗后也没有效果，而且

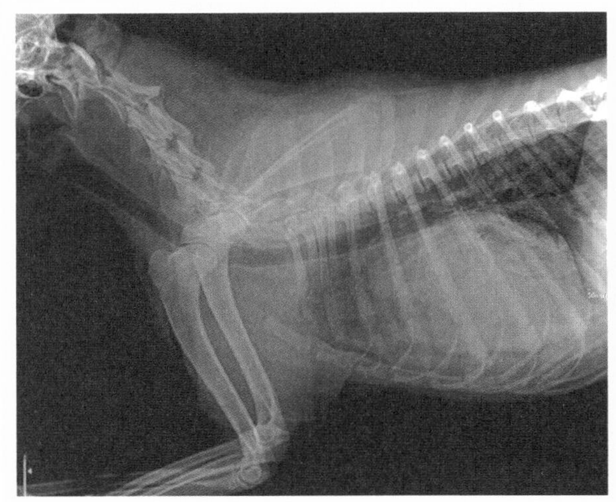

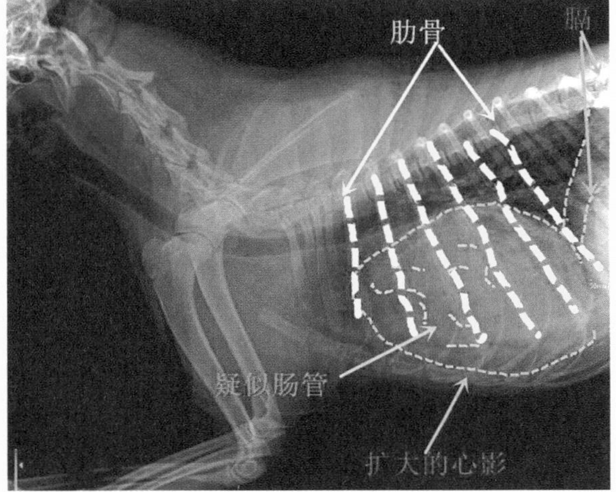

图 14-19　左右两图相同，均为“旺仔”同一帧胸部侧位片，其区别是作者在右图上用紫色虚线和紫色箭头勾勒出了扩张的心影和膈，用绿色虚线勾勒出了疑似肠管的影像，用黄色粗虚线勾勒出了肋骨位置。从图上可以看出，“旺仔”的心影大小已经超过了 6 根肋骨的面积（正常大小为 3.5 根肋骨）

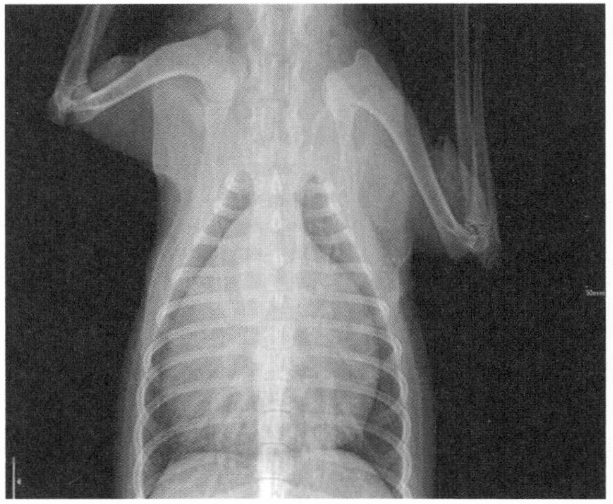

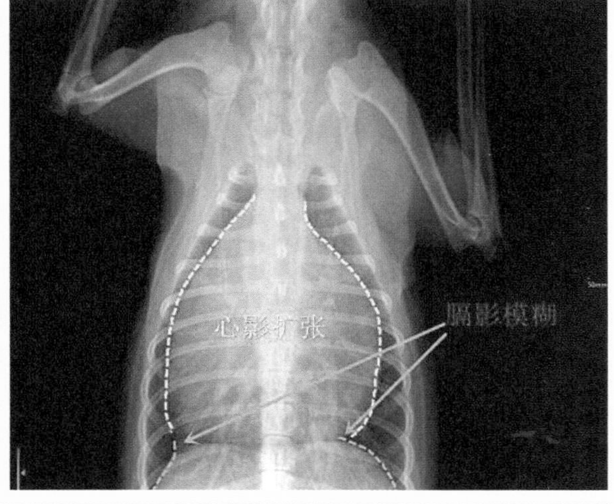

图 14-20　左右两图相同，均为“旺仔”同一帧胸部正位 X 光片，其区别是作者在右图上用黄色虚线勾勒出了扩张的心影，用紫色虚线勾勒出了膈

状态及其虚弱、精神沉郁，可见黏膜苍白，耳道黏膜偏黄、心率慢。后经某宠物医院胸部 X 光片检查，发现心影很大（如图 14–19、图 14–20），初步诊断为扩张型心肌病，最后转诊到作者所在宠物医院进行心脏彩超诊断。

（3）超声诊断

在对“旺仔”进行心脏超声诊断后，虽然排除了心包积液和扩张型心肌病的可能，却发现心脏周围出现了肠管（如图 14–21），从而提示该犬可能存在膈心包疝，疝的内容物为肠管。于是决定做钡餐检查，以此验证是否与心脏超声的诊断结果相吻合（如图 14–22）。

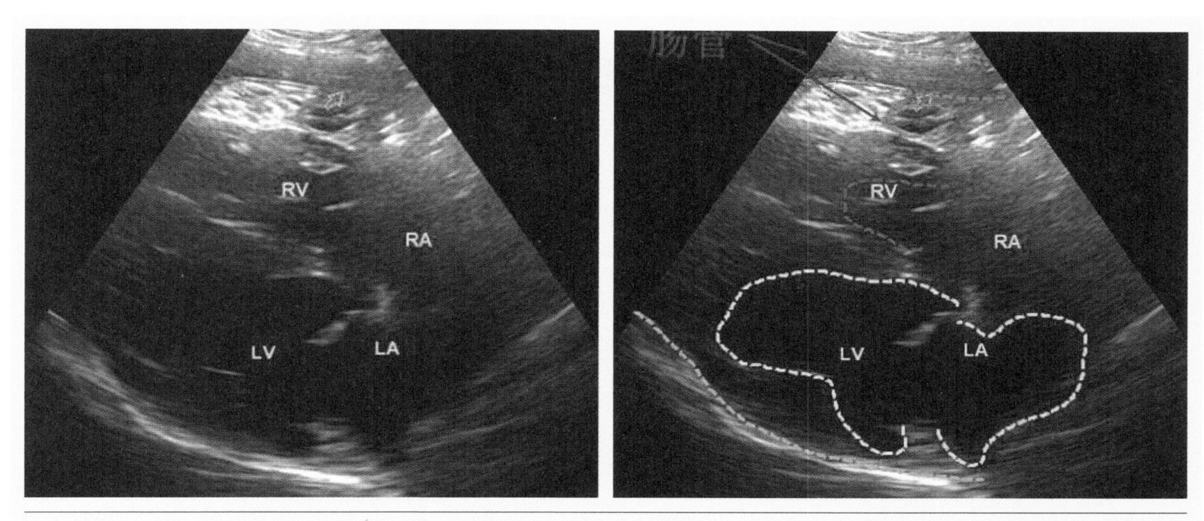

图 14–21　左右两图相同，均为“旺仔”右侧胸壁肋骨旁 4 腔心长轴的同一帧二维超声切面图，其区别是作者在右图上用黄色虚线勾勒出了左心房（LA）、左心室（LV），用蓝色虚线勾勒出了右心室（RV），用绿色虚线勾勒出了心包，用紫色虚线勾勒心包内肠管

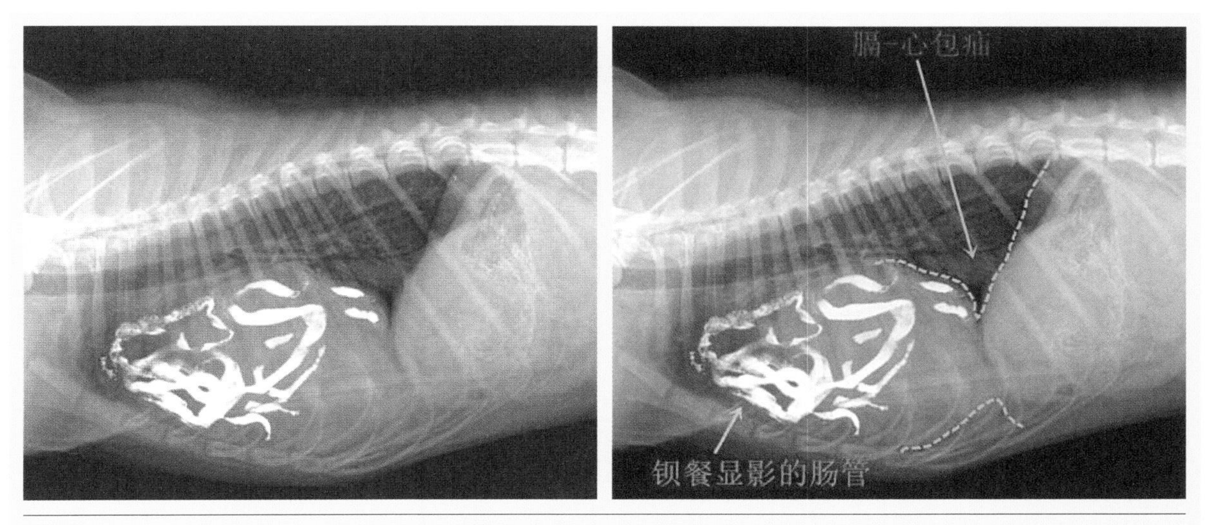

图 14–22　左右两图相同，均为“旺仔”胸部侧位同一帧钡餐胃肠道造影图像，其区别是作者在右图上用紫色虚线勾勒出了膈心包疝，白色弯曲为充满钡餐的肠道。通过钡餐胃肠道造影，再次验证了心脏超声诊断的结果是膈心包疝，疝的内容物是肠道

（4）总结

该犬发病前没有任何外伤，主人自己也不知道是什么原因导致该犬出现了膈心包疝。该犬在手术修复膈心包疝后，胃肠道问题及胰腺问题也自行治愈，究其原因，应该是胃肠道进入心包后牵扯到胰腺，导致胰腺发炎，并引起呕吐等胃肠道表现。

如果心脏超声诊断怀疑为膈心包疝，建议采用第二种影像学方式予以确认；如果疝容物是胃肠道，应做胃肠道钡餐造影快速排查；如果疝容物是肝脏、脾脏等胃肠道外组织，建议做其他影像学检查，例如上面“妮妮”的病例；如果做了膈心包疝修补手术后，动物依然还有胃肠道表现，应进一步排查可能引起胃肠问题的其他疾病。

在开胸手术闭合的时候，应尽量减少留在胸腔内的气体以减少气胸，本病例手术后虽然有气胸，但恢复情况非常理想（如图 14–23）。

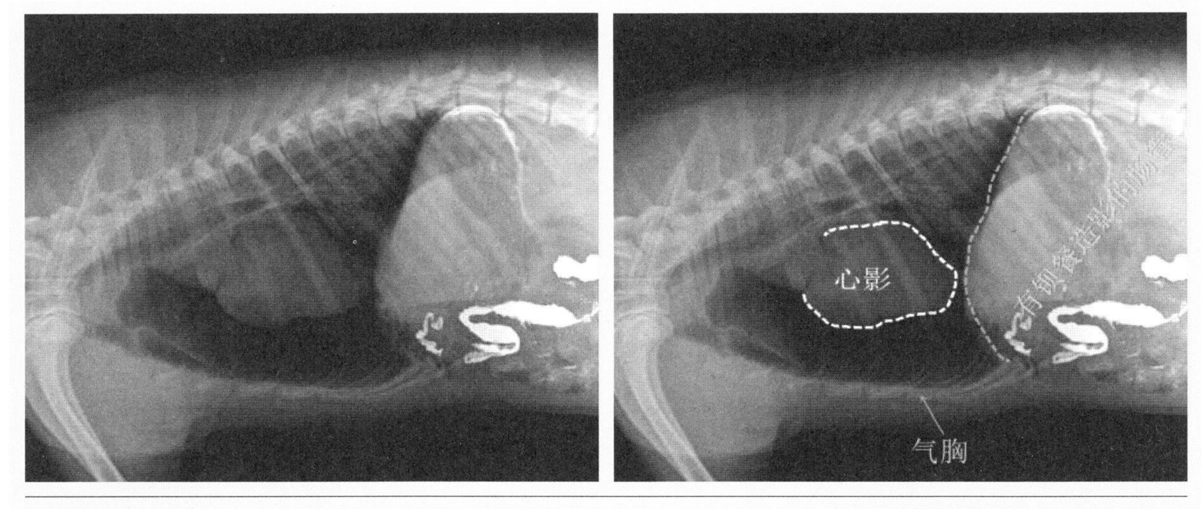

图 14–23　左右两图相同，均为“旺仔”膈心包疝术后的同一帧胸部侧位片，其区别是作者在右图上用紫色虚线勾勒出了清晰的膈影，用黄色虚线勾勒出了“减肥”后的心影。图上可见充满钡餐的肠管已回到腹腔，胸腔内的气体是在开胸手术后留下的

第十五章

犬猫心丝虫病的超声诊断

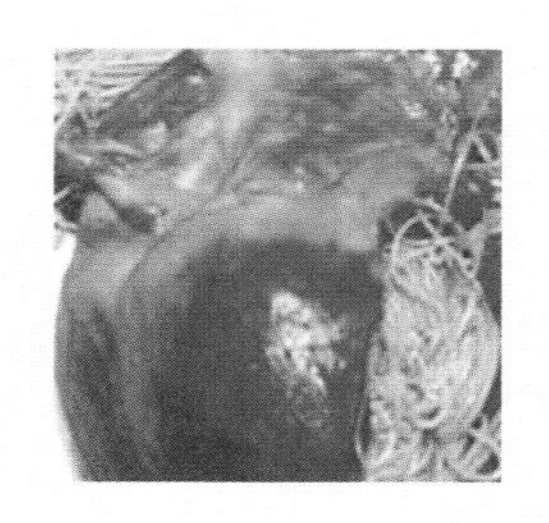

第一节｜犬猫心丝虫病简述

犬猫心丝虫病是经蚊子叮咬后染上的血液寄生虫病（如图 15-1），此病可感染任何年龄的犬只。但对猫而言，其感染心丝虫病的可能性小，大多与当地区域感染此病的犬只数量直接相关。由于猫的心脏较小，一旦罹患此病，其死亡率明显高于犬类。

心丝虫病会在犬猫心脏的右侧和肺部的大血管中传播。虽然猫不是典型的心丝虫宿主，其感染率明显低于犬，但据有关数据统计，感染心丝虫病的流浪猫也高达 14%。因为此病的传播途径为蚊子，所以，长期生活在室内的宠物猫也不能完全避免。由于心丝虫的成虫是寄生在心脏内，因此会造成心脏疾患，从而给犬猫的身体健康带来严重威胁。

图 15-1　患有心丝虫病的犬，在其死亡后进行解剖，可看到心脏里的大量成虫

第二节｜犬猫心丝虫病的临床表现

犬猫心丝虫病的临床症状，多与以下几个主要因素有关：成虫数量、感染持续时间、宿主与寄生虫之间的相互作用。通常以呼吸系统症状最为突出。

1. 犬类心丝虫病的常见症状

患有中度和晚期心丝虫病的病犬会出现运动不耐受、咳嗽和呼吸困难等症状。病情严重时，会发生咯血，这是由肺血栓栓塞所引起。如果出现急性呼吸困难和肺部影像学浸润增加的现象，可继发自发性蠕虫死亡。

患有心丝虫病的病只可能出现晕厥症状，这种情况多与严重的肺动脉疾病和肺动脉高压有关。如果病犬出现中心静脉压升高的迹象，则表明该病犬存在严重的肺动脉高压，并伴有明显或不明显的右侧充血性心衰，全身体检应包括颈静脉搏动、扩张的颈静脉、肝肿大和腹水。

病犬出现血红蛋白尿的现象，通常都发生在与后腔静脉综合征（即成虫阻塞后腔静脉引起的急性溶血危象）相关的情况下。此外，在因红细胞损伤引起溶血的情况下，偶尔也会发生这种现象。

2. 猫心丝虫病的常见症状

同样是心丝虫病，猫的临床症状却不同于犬。猫中的常见症状主要是呕吐、虚脱或晕厥、哮喘样综合征、咳嗽、猝死，偶尔有中枢神经系统症状。

猫心丝虫病的常见临床症状，通常出现在感染早期，当年轻成虫到达肺动脉时会再次出现。

由心丝虫病所引起的严重肺部并发症和死亡，最有可能发生在心丝虫成虫死亡之时，无论是自发性死亡还是因注射杀虫剂而死亡。因自发性心丝虫死亡及血栓栓塞所引起的猝死现象，在猫中比犬中更常见。

哮喘症状是猫类心丝虫病的常见表现，通常在感染后 3 ~ 4 个月出现。

呕吐是猫的一种常见症状，通常与进食无关，呕吐物可能包括食物，但黏液和胆汁是其主要成分。猫的呕吐和咳嗽会增加怀疑该病的可能性。

当心丝虫迁移至大脑时，偶尔会出现神经系统症状，通常表现为癫痫发作。

第三节丨犬猫心丝虫的超声诊断

在诊断犬猫心丝虫病的时候，要联合使用实验室检查、胸部 X 光片与心脏彩超这几种手段。利用二维心脏彩超，可检测到右心室和肺动脉增大的迹象，偶尔可在右心室、主肺动脉和左右肺叶动脉中检测到心丝虫（如图 15–2），而且心脏彩超对抗原阴性的猫特别有用（如图 15–3）。

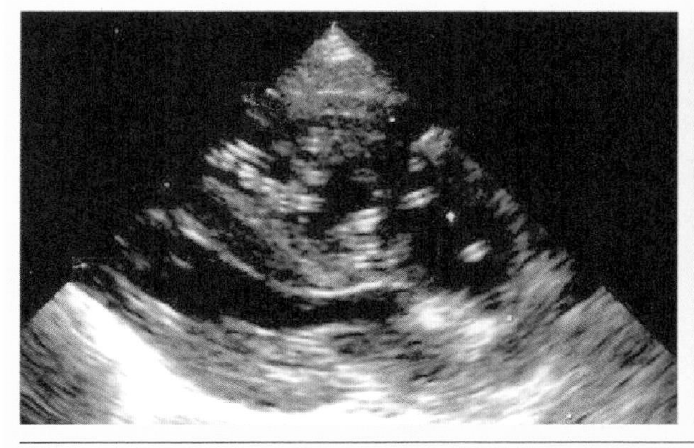

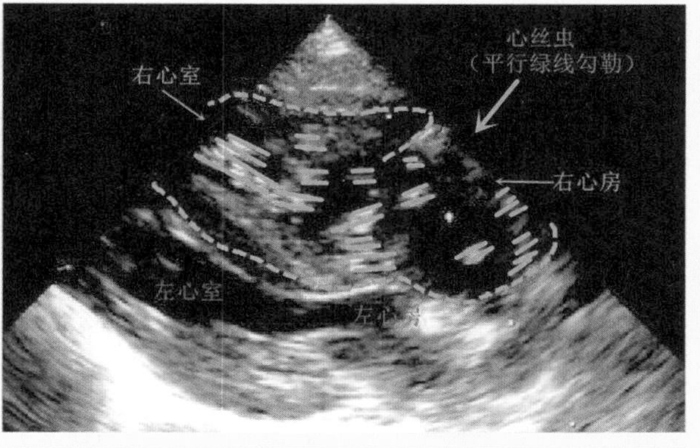

图 15–2　左右两图相同，均为某犬同一帧右侧胸部肋骨旁 4 腔心长轴超声二维切面图，其区别是作者在右图中用绿色平行线勾勒出了右心室和右心房里的可见成虫，用天蓝色虚线勾勒出了扩张的右心房和右心室。在此图上，成虫表现为平行的亮线，中间为低回声区

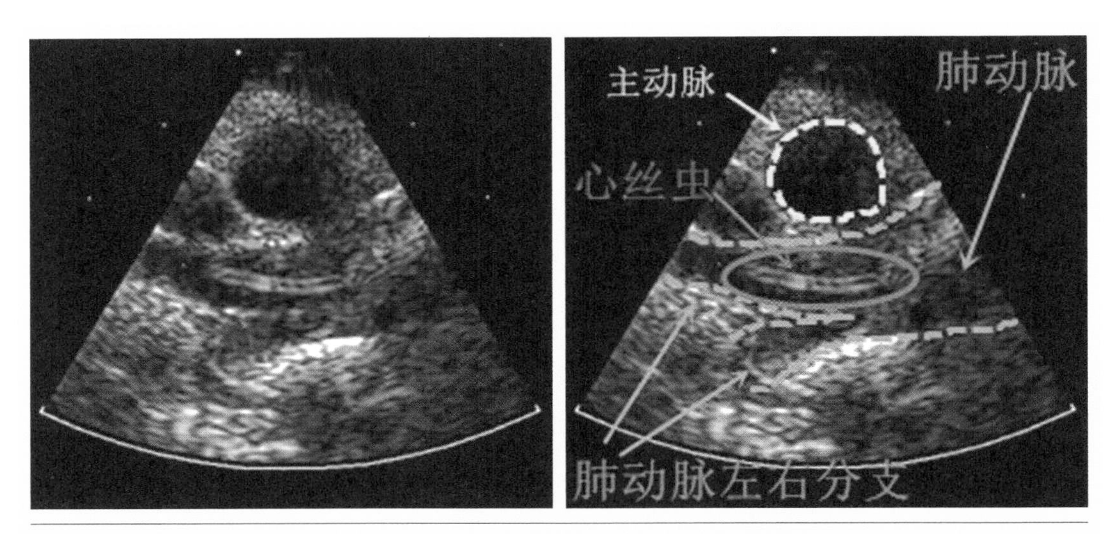

图 15-3 左右两图相同，均为某猫同一帧右侧胸壁肋骨旁短轴二维超声切面图，其区别是作者在右图中用紫色圈出了肺动脉分支里的心丝虫

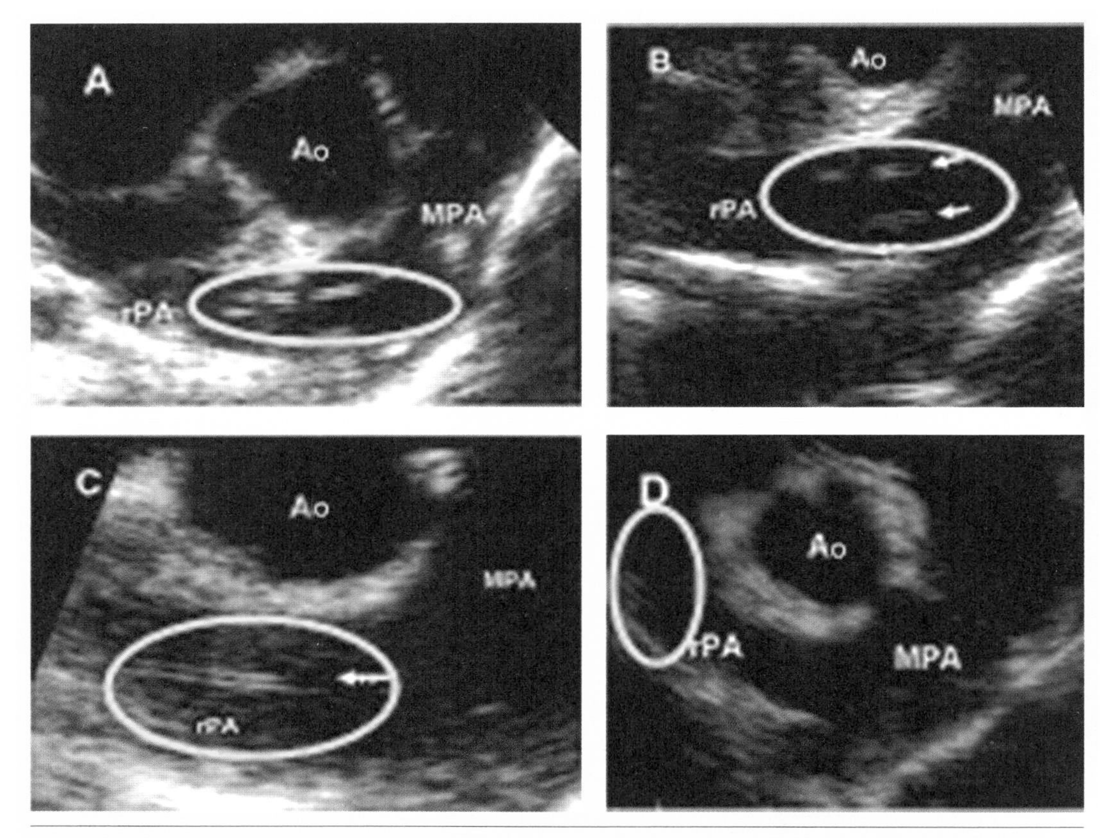

图 15-4 某猫右侧胸壁肋骨旁短轴的二维超声切面图，黄色椭圆形圆圈标注了心丝虫的超声影像。图 A 在右侧肺动脉分支中发现成虫；图 B 发现两个成虫；图 C 在肺动脉右侧分支处发现一个成虫；图 D 在肺动脉右分支处发现成虫。图中：rPA 为肺动脉右侧分支，MPA 为肺主动脉，Ao 为主动脉

在心脏彩超下，患有严重心丝虫病的犬猫，可能会出现右心室偏心性肥大、室间隔扁平、左心房和左心房负荷不足、主肺动脉段和主动脉扩张，以及高速三尖瓣反流和搏动性反流等症状特征，后两项症状的存在，则表明存在肺动脉高压。

第四节丨犬猫心丝虫病的治疗及预后

就犬猫心丝虫病而言，预防比治疗更重要，一旦出现心丝虫，特别是在心脏中存在大量成虫，预后都非常差。治疗的目标是以最小的药物毒性杀死所有的成年心丝虫，其原则是必须避免因死亡心丝虫引起严重的肺血栓栓塞。服用米尔贝霉素（Interceptor）药物，可在 6 ~ 8 个月内逐渐消除微丝蚴。

犬用心丝虫成虫杀虫剂 Immitide 不能给猫服用，否则会导致猫的主要器官衰竭，如肝衰竭、肾病综合征和严重肾衰竭等。此外，患有右侧心衰和黄疸的犬只也不能使用 Immitide 杀虫剂。

患有心丝虫慢性感染且负担较轻的老年犬，其心丝虫病病理可能是非进展性的。对于患有一类感染且为低水平抗原血症的犬只，大多不需要采取成虫杀虫剂治疗，但随着时间的推移，这类病例的肺部损伤可能会继续，为此，可在 16 ~ 30 个月的时间内，按照标准预防剂量每月服用伊维菌素（heartgard，Merial）将成虫逐渐杀死。

对于因患心丝虫病而导致哮喘的猫，可用泼尼松龙（1.0 ~ 2.0 毫克 / 千克体重）进行治疗，连续用药 10 天，然后逐渐减少剂量。猫之所以不能使用 Immitide，是因为每条死亡的心丝虫都会引起肺血栓栓塞，如果多条心丝虫同时死亡，则会导致肺血栓栓塞的严重后果。

由于心丝虫病的预后都非常差，所以，定期采用药物预防，特别是在蚊子比较多的季节就显得尤为重要。可选用的预防药物主要有以下几种：

（1）伊维菌素

伊维菌素是一种有效的预防药物，每月一次，剂量为 6 ~ 12 微克 / 千克体重。有一种伊维菌素加吡嗪酰胺的咀嚼制剂（heartgardplus），是一种有效的心丝虫预防剂，也可控制蛔虫和钩虫感染，在推荐剂量下，药物的不良反应很小。

（2）米尔贝霉素

米尔贝霉素是一种犬猫心丝虫病预防剂，剂量为 0.5 ~ 0.99 毫克 / 千克体重，每月一次。虽然该药在防止微丝蚴方面不如伊维菌素有效，但它具有控制钩虫、蛔虫和鞭虫感染的功效。预防性注射一剂，可在 24 小时内杀死大多数微丝蚴，如果微丝蚴浓度高，很可能出现不良反应。

（3）莫西克汀

莫西克汀局部溶液配方（好处有多种）也是一种犬猫心丝虫预防剂，每月一次，可控制跳蚤、钩虫、蛔虫、鞭虫和耳螨。

第十六章

犬猫胸腹部聚焦创伤超声

从20世纪90年代初开始，聚焦创伤超声技术（英文为Focused Assessment Traumawith Sonography，简称FATS）逐步在人类临床医学中得到广泛运用，并已成为评估胸腹部穿透性损伤患者胸腔出血、腹腔出血等危急重症的首选诊断方法。

目前，聚焦创伤超声技术在宠物领域的运用尚处于起步阶段。研究表明，聚焦创伤超声在诊断和处理犬猫胸腔、腹腔器官损伤方面，具有非常好的临床运用价值，尤其是对创伤严重的犬猫而言，由于需要连续监控出血情况，还需对可识别的游离液体进行定量监控，在这种情况下，聚焦创伤超声技术的运用就展现出了非常重要的临床意义。

第一节 | 运用聚焦创伤超声诊断犬猫胸腔液体和气体

1. 简介

通过胸部聚焦创伤超声技术在检测气胸（PTX）的准确性、敏感性和特异性，以及检测胸膜、胸壁和心包内损伤的临床试验，其最终结果表明，聚焦创伤超声技术对气胸检测的灵敏度和特异性可超过胸部X光片95%。由此证明，胸部聚焦创伤超声技术可作为犬猫钝性和穿透性创伤的一线筛查手段。

目前，聚焦创伤超声技术在宠物临床上的应用，已经突破了仅限于检查外伤的范畴，并广泛应用于快速排查住院犬猫威胁生命和潜在隐患的高危情况和并发症，如胸腔积液、血胸、脓胸和气胸等，通过这些必要的检查，可快速了解患病犬猫的机体状况，并据此快速、准确地制订出合理的治疗方案。

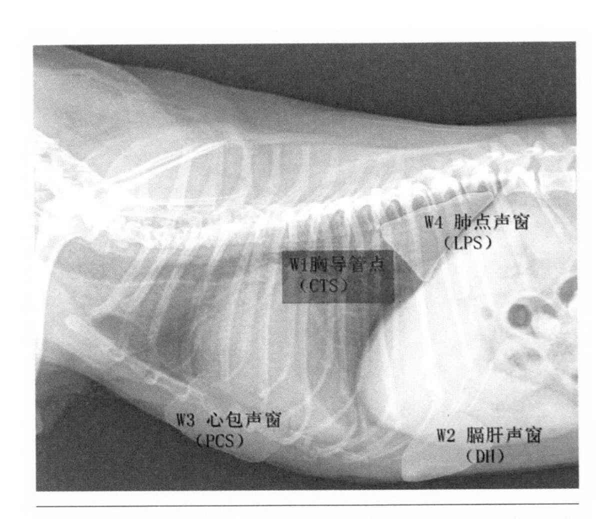

图16-1 犬猫胸部聚焦创伤超声检查的七个常用声窗：W1为胸壁导管点声窗（CTS），左右胸部各一个声窗；W2为膈肝声窗（DH），一个声窗；W3为心包声窗（PCS），左右各一个声窗；W4为肺点声窗（LPS），左右各一个声窗

2. 犬猫胸部聚焦创伤超声的声窗位置

犬猫胸部聚焦创伤的超声检查，主要包括以下七个常规扫描的点或区域（如图16-1）：

①胸壁导管点声窗（CTS）：左右胸部各一个声窗，可用于排查气胸和肺部疾病（如图 16–2）。

②心包声窗（PCS）：左右各一个声窗，可用于检查胸膜和心包是否存在液体。右侧声窗可用于评估容量状态和评估主动脉 / 左心房比率，对于评估患有左侧心力衰竭或心脏病的犬猫也很重要（如图 16–3）。

③膈肝声窗（DH）：一个声窗，可观察心包和胸膜情况，此位比心包膜声窗更有优势，是因为该声窗是通过肝脏和胆囊进入到胸膜和心包空间（如图 16–4）。

④肺点声窗（LPS）：左右各一个声窗，此点是观察气胸的最佳位置（如图 16–5）。

3. 犬猫胸部聚焦创伤超声检查的前期准备和体位

通常而言，需要进行胸部聚焦创伤超声检查的犬猫都是急症，由于时间紧急，可不用刮毛，只需用酒精和耦合剂将毛发分开，能让探头与皮肤接触即可。

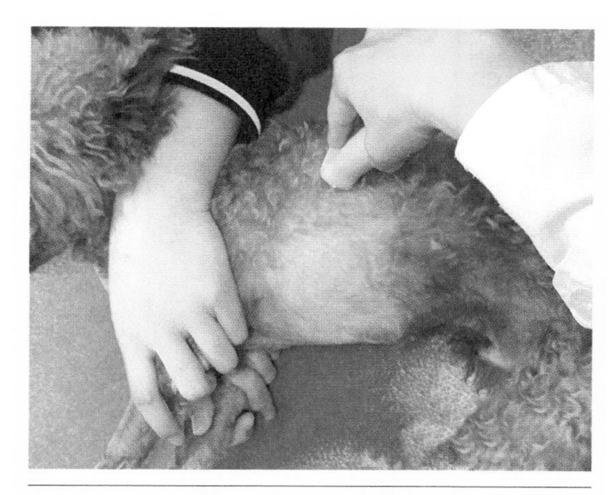

图 16–2 胸壁导管点声窗（左右各一个）

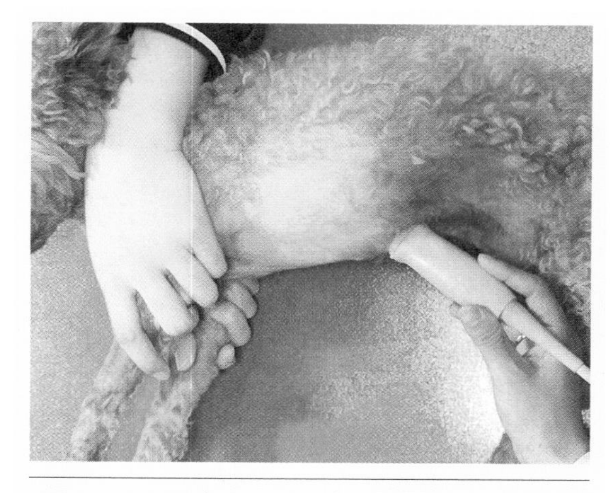

图 16–4 膈肝声窗（一个声窗）

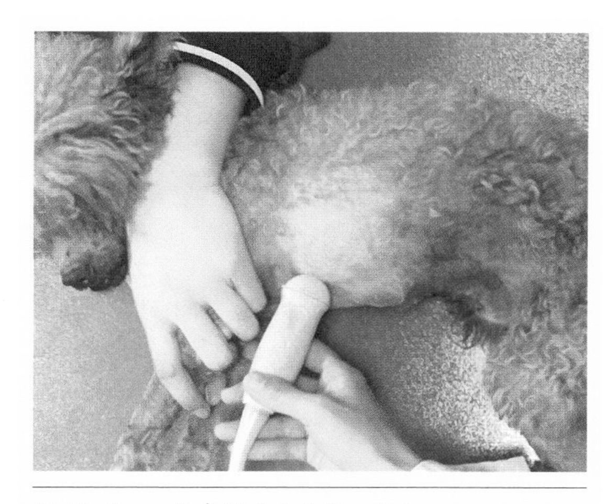

图 16–3 心包声窗（左右各一个）

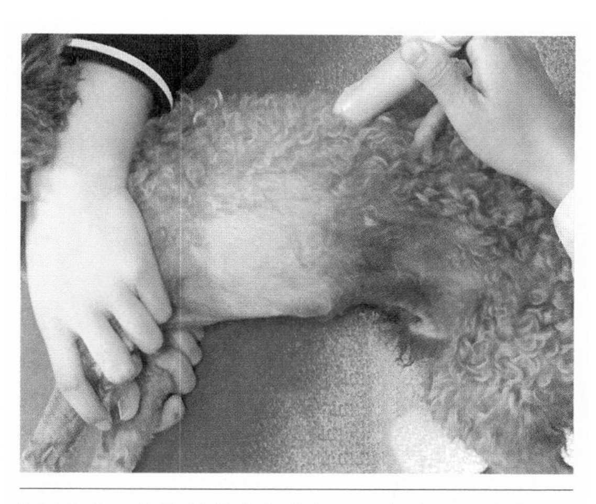

图 16–5 肺点声窗（左右各一个）

如果患病犬猫出现呼吸困难的现象，并且是由肺水肿所导致，应先适当给予利尿剂，并建议给予吸氧。

右侧或左侧卧位可用于非呼吸困难犬猫；对于呼吸困难的犬猫，应采用胸骨平卧；针对需做心电图的犬猫，以右侧卧位最好，因为这是进行心电图和心脏彩超检查的标准定位姿势，最好不要仰卧。

4. 气胸及肺部病变检查

如果出现下列一种或多种现象，则可能提示被检犬猫存在异常病变情况：

（1）A 线消失

如果在肺与胸膜界面延伸的远端产生等距离混响伪影，这个伪影就叫作“A 线”（空气混响伪影）。A 线产生的原理是声波从探头发射后穿过皮肤、胸壁到达胸膜，又从该界面反射回到探头，然后又被探头反射回来，声波在探头和胸膜之间来回往返数次，就会在屏幕上显示出若干等距离的平行线，从而形成 A 线。正常状态下的犬猫都能看到 A 线（如图 16–6），如果 A 线消失，则意味着存在病变。

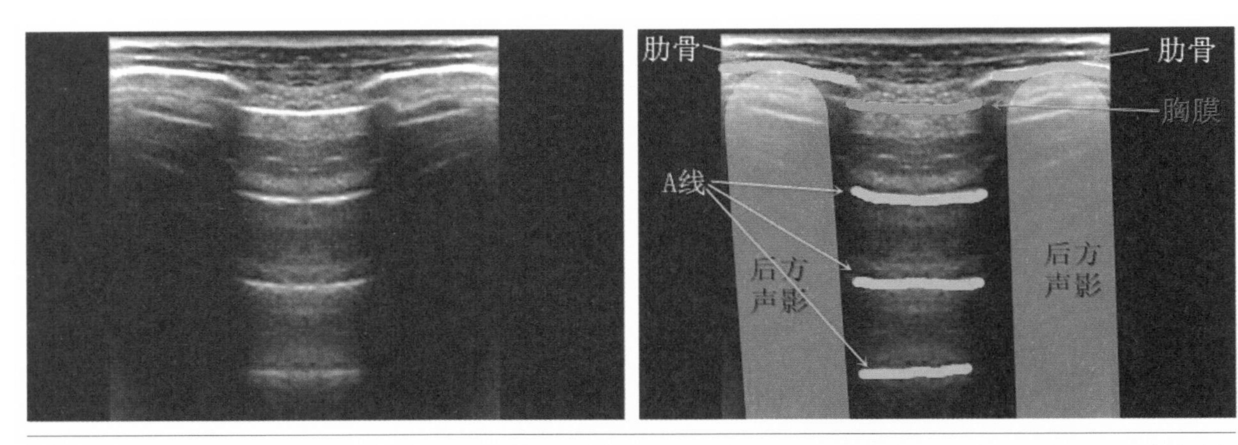

图 16–6　上下两图相同，均为某犬同一帧正常超声 A 线图，其区别是作者在下图上用绿色实线标明了肋骨（绿色箭头指向），肋骨下方用黄色色块覆盖的黑色区域，是肋骨产生的后方声影，紫色实线是胸膜，粉色实线是 A 线

（2）滑动征消失

正常情况下，在动态视频中很容易看到滑动征，如果该滑动征消失，则提示可能存在身体病变，且多为气胸所致。

（3）肺点消失

11 胸椎与 12 胸椎位置是膈与胸椎的交界处，在这个位置能看到肺尖部的运动情况，即肺点，如果在这个位置看不到肺点，通常考虑存在气胸症状。

（4）弥散性混响伪影（彗星尾伪影）

如果在犬猫的胸腔内存在大量气体，声波到达胸壁接触到气体后，反射回来就会形成混响伪影（如图 16–7）。

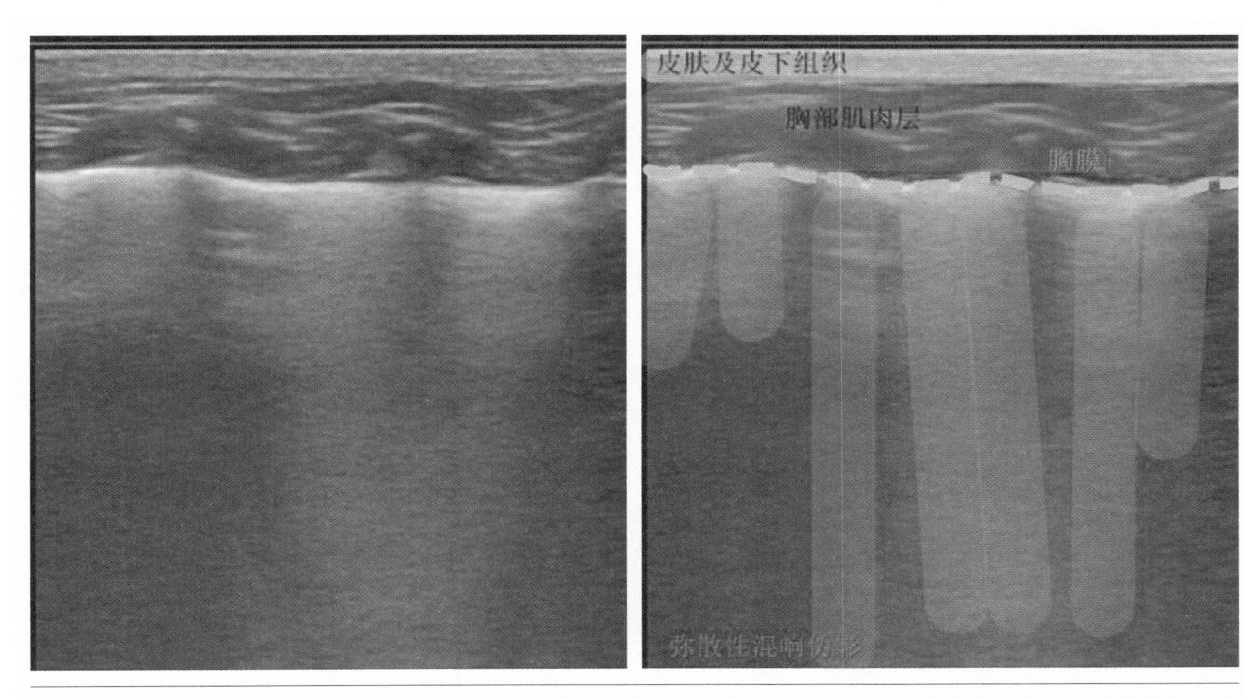

图 16–7　左右两图相同，均为某猫同一帧胸部超声弥散性混响伪影图，其区别是作者在右图上用黄色线条标注了皮肤及皮下组织，用紫色色块标注了胸部肌肉层，用绿色虚线勾勒出了胸膜。从图上可看到胸膜下出现了大量弥散性混响伪影（橘色），从而提示该猫存在气胸症状

（5）出现 B 线

与 A 线通常平行于探头相反，B 线是从近场延伸到远场，其修长的高回声伪影带，被比作手电筒的光束。B线起源于胸膜线，垂直穿过整个超声仪器的屏幕到达底部（如图 16–8）。在正常情况下，肺部超声看不到B线，导致 B 线出现的原因，包括肺炎、肺水肿和肺挫伤。

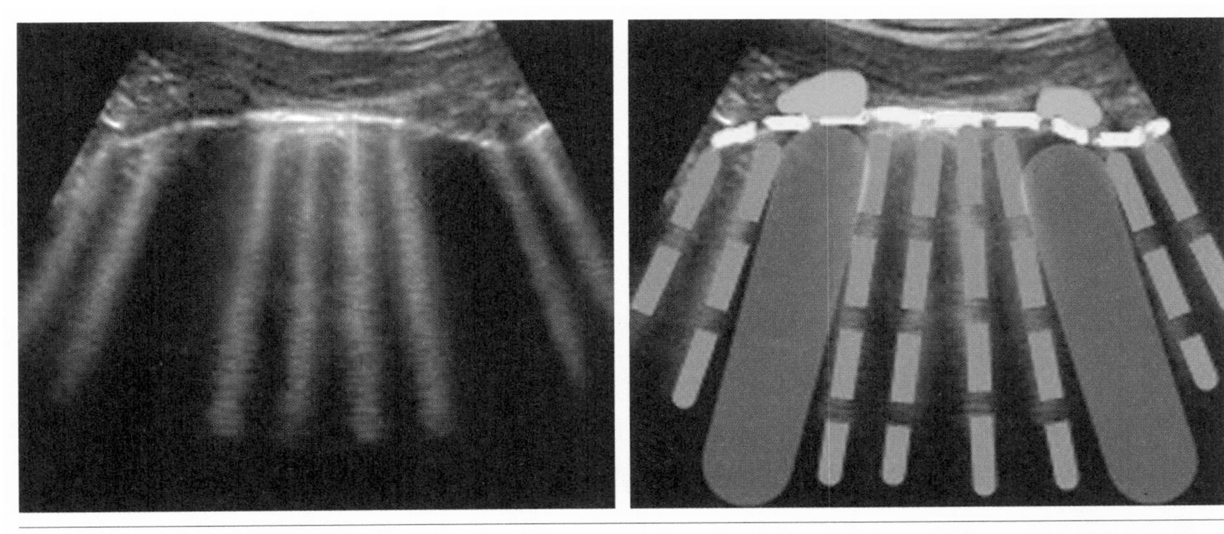

图 16–8　左右两图相同，均为某犬同一帧聚焦胸部创伤超声图，其区别是作者在右图上用黄色虚线勾勒出了胸膜线，用紫色虚线勾勒出了 B 线，两个橘色点是肋骨，绿色色块为肋骨下方声影

5. 胸壁病变的阶梯征提示

正常的胸壁回声应该为连续的一条线，如果呈现为不连贯的阶梯样图像，那就意味着出现了临床上所说的阶段征（如图 16–9）。导致阶梯征的情况主要包括肋间撕裂、肋骨骨折、肋下血管瘤，也可能意味着存在胸腔积液、肺实变或肺肿块等情况。

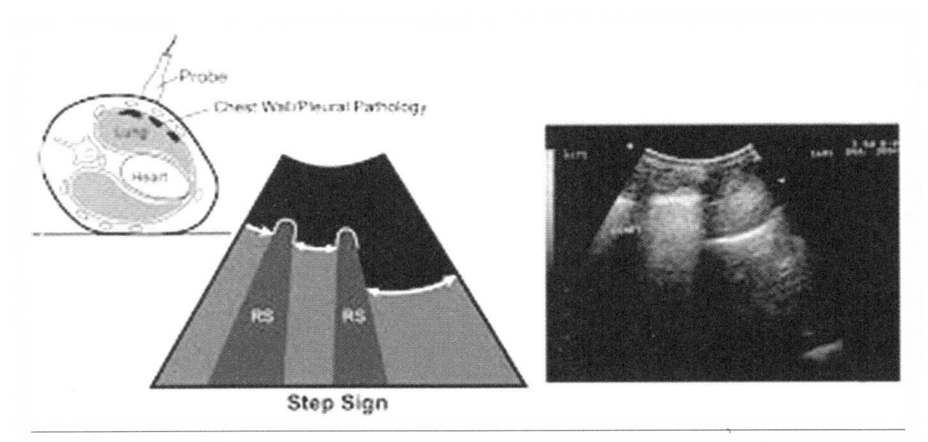

图 16–9　左图为阶梯征示意图，右图为阶梯征超声图像。从胸壁导管点声窗位置检查，箭头指向的肺胸膜界面应该呈连续状态，但图中却出现了台阶样不连贯状态。在透明区，阶梯征可提示胸部创伤，如部分气胸、血胸、肋骨骨折、肋间肌撕裂、肺挫伤和膈疝等病症；在非透明区，阶梯征可提示肺实变或肺肿块等情况。图中的 a 线为空气混响伪像，RS 为肋骨影

6. 胸膜和心包积液的诊断

聚焦创伤超声技术在检查胸膜和心包间隙中的游离液体方面，明显优于常规体检和其他影像手段，可说是诊断心包积液的金标准，这一优势已得到业界公认。心包声窗（PCS）和膈肝声窗（DH）都是比较好的检测位点。

7. 心脏压塞的诊断

一旦心包内的压力超过右心房和心室压力，则会导致心脏自由壁在心动周期内向内移动，从而出现心脏自由壁塌陷等症状（如图 16–10），最终形成心脏压塞。一般来说，在临床检查中，这种危及生命的情况，很容易被聚焦胸部创伤超声技术诊断出来。

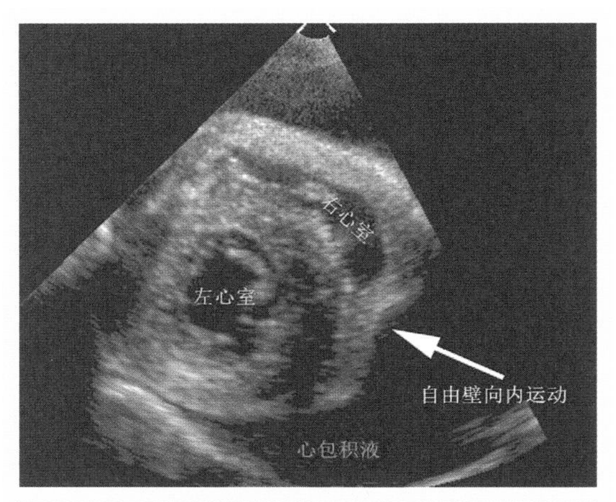

图 16–10　某犬因受到心包积液外周压力的挤压而造成心脏自由壁塌陷

熟练掌握聚焦创伤超声技术，除了有利于找到造成心包积液的原因和寻求最佳的治疗方案外，还有利于发现继发于犬类二尖瓣疾病的左心房撕裂、右心房瘤导致

的出血、心脏基底肿瘤、特发性心包积液和因抗凝剂灭鼠剂毒性所引起的出血症状等。不仅如此，聚焦胸部创伤超声技术对间质性肺水肿的识别也非常敏感，有利于更快地进行治疗干预，从而限制肺衰竭的进展。

第二节丨犬猫腹部聚焦创伤超声检查

1. 简介

腹部聚焦创伤超声技术（英文为 Abdominal Focused Assessmentof Traumawith Sonography，简称 AFATS）是初始筛查腹膜液体状况的有效方法，具有快速、无创、安全、便捷及重复进行的优点。

腹部聚焦创伤超声技术可快速识别犬猫腹膜间隙中的游离液体，尤其是那些病情不太稳定的患病犬猫。腹部聚焦创伤超声检查技术在检测由钝性创伤所引起的损伤情况方面，具有非常高的敏感性和特异性，可与诊断性腹腔灌洗和计算机断层扫描等更具侵入性或更昂贵的检查手段相媲美。

2. 腹部聚焦创伤超声检查——钝性创伤

（1）检查血腹或尿腹

血腹和尿腹是犬类腹内损伤中最为常见的情况。这两种损伤通常都容易导致自由液体的积聚，采用腹部聚焦创伤超声技术，均能比较容易地检测到。由于该技术不能具体区分出血液、尿液或其他液体类型，所以，针对腹部聚焦创伤超声技术检测结果为阳性的犬猫，还需进行细针抽吸和液体分析。

（2）检查腹腔实体器官损伤

脾脏和肝脏损伤是犬猫腹膜内出血最为常见的原因。在临床上，腹部聚焦创伤超声技术对诊断犬猫腹部实质器官出血的敏感性很高，但对实质器官功能评估的诊断还需结合实验室检查。

（3）腹膜后腔损伤的检查

腹部聚焦创伤超声技术虽然可以提高实体器官和腹膜后腔损伤的检出率，但仍然存在漏诊的可能性，因此，还需借助计算机断层扫描技术进行后续诊断。

3. 腹部聚焦创伤超声——穿透性创伤

在有穿透性创伤存在的情况下，腹部聚焦创伤超声技术在检测腹内损伤方面有一定敏感性，尤其是肠损伤在犬猫穿透性损伤中比较常见，在通常的超声评估中却不易检测到，如果借助腹部创伤超声技术发现自由气体的方法，可以提高犬猫穿透性创伤的检出率。与人类病例中的穿透性创伤相比，咬伤、摔伤或撞伤是犬猫常见的穿透创伤，对于这些病例，如果采用腹部聚焦创伤超声技术，持续监控受伤犬猫，有助于宠物医生对就诊犬猫是否存在腹腔、胸腔穿孔等情况做出正确诊断。

4. 腹部聚焦创伤超声的常用标准声窗及检查要点

（1）检查目的

腹部聚焦创伤超声的检查目的，是为了检测因损伤而出现的游离液体，其范围包括膈肌、肝脏、胆囊、脾脏、小肠、肠袢和膀胱。游离液体是无回声的（在超声图像上呈现为黑色），并且多在最依赖的区域聚集成被器官包围的三角形（如图 16–11）。如果在剑突下位置扫描，虽然可在膈肌至心脏的区域检测到胸膜和心包空间中的游离液体（如图 16–12），但在犬猫中，通过剑突下位置检测胸膜和胸膜周围间隙中游离液体的敏感性和特异性尚未得到有效评估，其结果还取决于被检犬猫的肥胖程度及探头的固有频率。

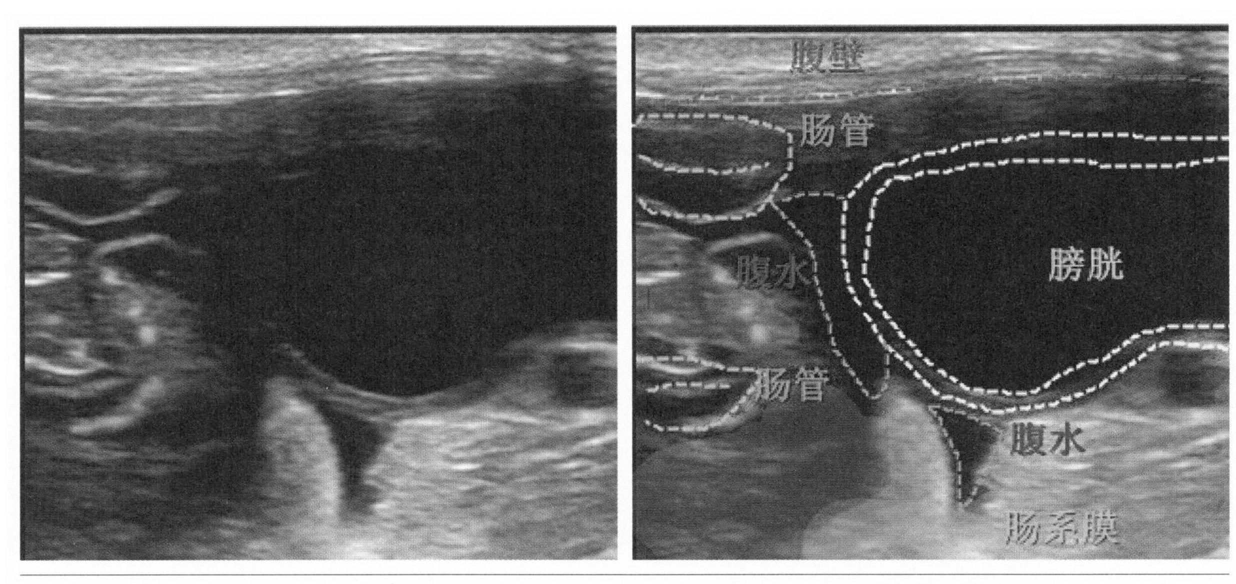

图 16–11　左右两图相同，均为某犬同一帧膀胱颅侧声窗发现的黑色液性暗区，其区别是作者在右图上用蓝色虚线勾勒出了腹部轮廓，用黄色虚线勾勒出了膀胱壁，膀胱里的黑色区域是尿液，紫色虚线区域内的黑色暗区是腹水，绿色虚线区域是肠管的横切面，橘色区域是肠系膜

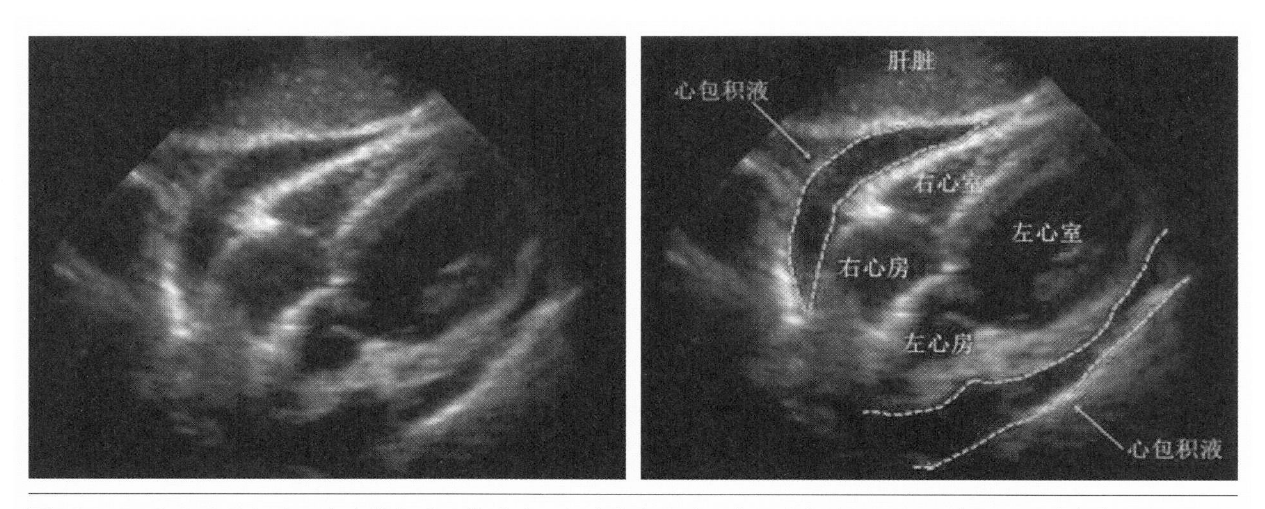

图 16–12　左右两图相同，均为某犬同一帧通过膈肝声窗发现的心包积液超声切面图，其区别是作者在右图上用天蓝色虚线勾勒出了心包积液的具体位置

（2）常用标准声窗

腹部聚焦创伤超声检查有如下五个主要常用标准声窗（如图 16–13），其一是用于评估膈肝界面、胆囊区、心包囊和胸膜间隙（如图 16–14）的“膈肝声窗”，此声窗与胸部聚焦创伤超声的位点类似，可在此位点发现心包积液；其二是评估脾肾界面和脾与体壁之间区域的“脾脏—左肾声窗”（如图 16–15）；其三是评估膀胱顶点的“膀胱颅侧声窗”（如图 16–16）；其四是用于评估肝肾界面和肠袢、右肾和体壁之间的区域“右侧肾脏声窗”（如图 16–17）；其五是评估骨盆骨折导致尿道断裂的“尿道声窗”（如图 16–18）。

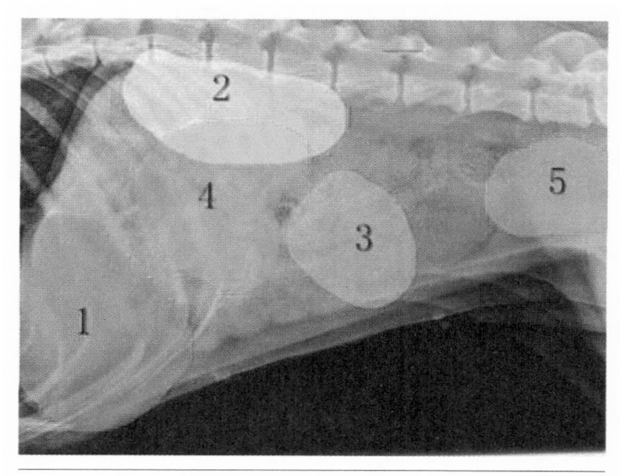

图 16–13 腹部聚焦创伤超声检查的五个主要常用标准声窗：1 是膈肝声窗；2 是脾脏—左肾声窗；3 是膀胱颅侧声窗；4 右侧肾脏声窗；5 是尿道声窗

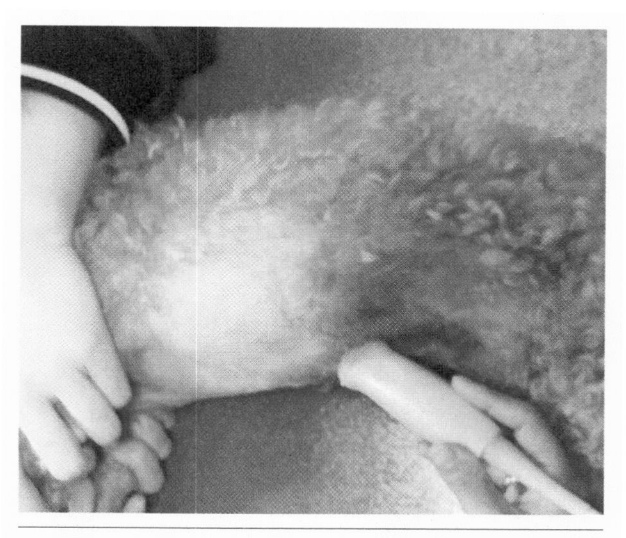

图 16–14 膈肝声窗（腹部聚焦创伤超声）

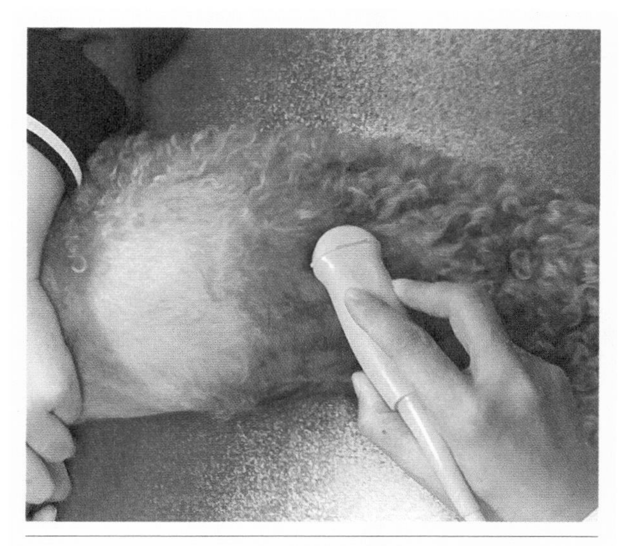

图 16–15 脾脏—左肾声窗（腹部聚焦创伤超声）

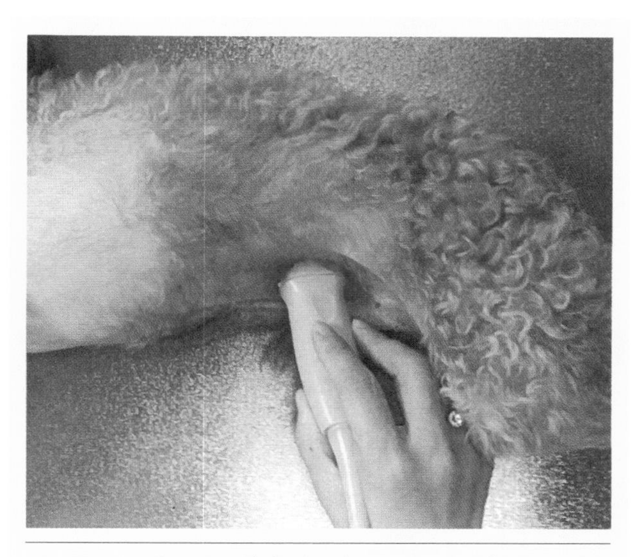

图 16–16 膀胱颅侧声窗（腹部聚焦创伤超声）

图 16–17　右侧肾脏声窗（腹部聚焦创伤超声）

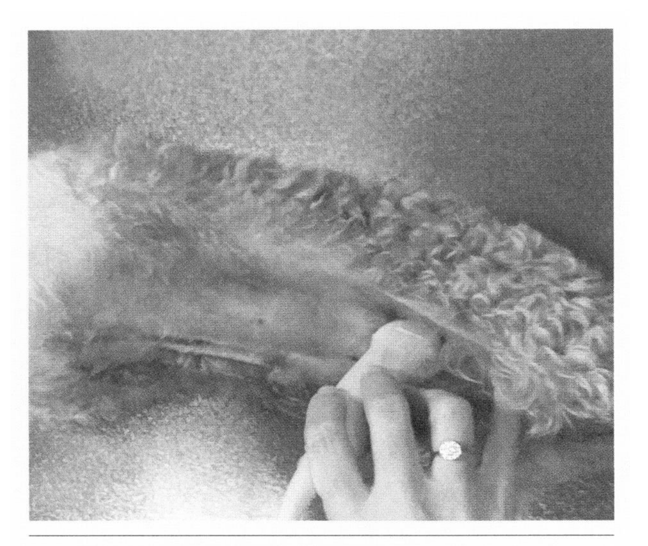

图 16–18　尿道声窗（腹部聚焦创伤超声）

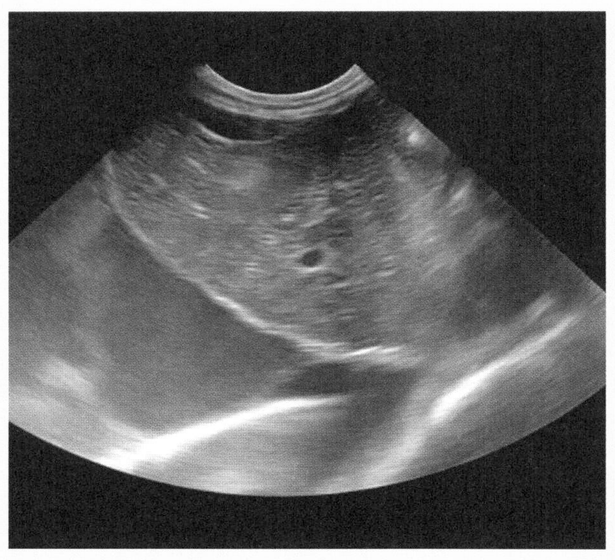

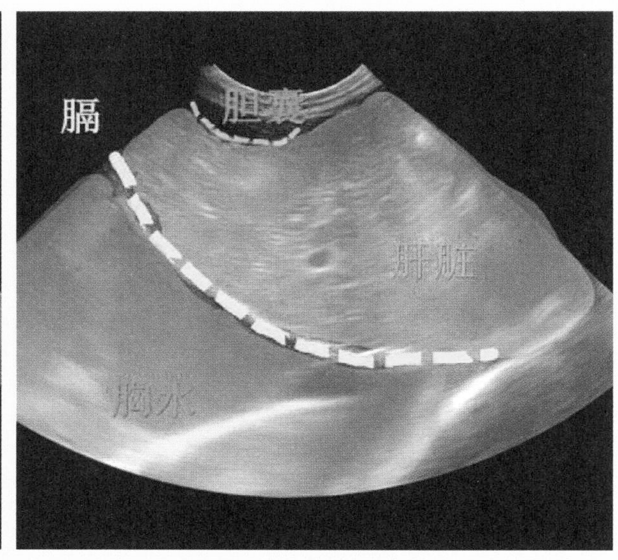

图 16–19　某猫因突然出现呼吸困难的症状，结果在腹部膈肝区域发现胸水。左右两图相同，其区别是作者在右图上作了明确标注，绿色虚线为胆囊壁，黄色区域为肝脏，黄色虚线为膈，绿色区域为胸水

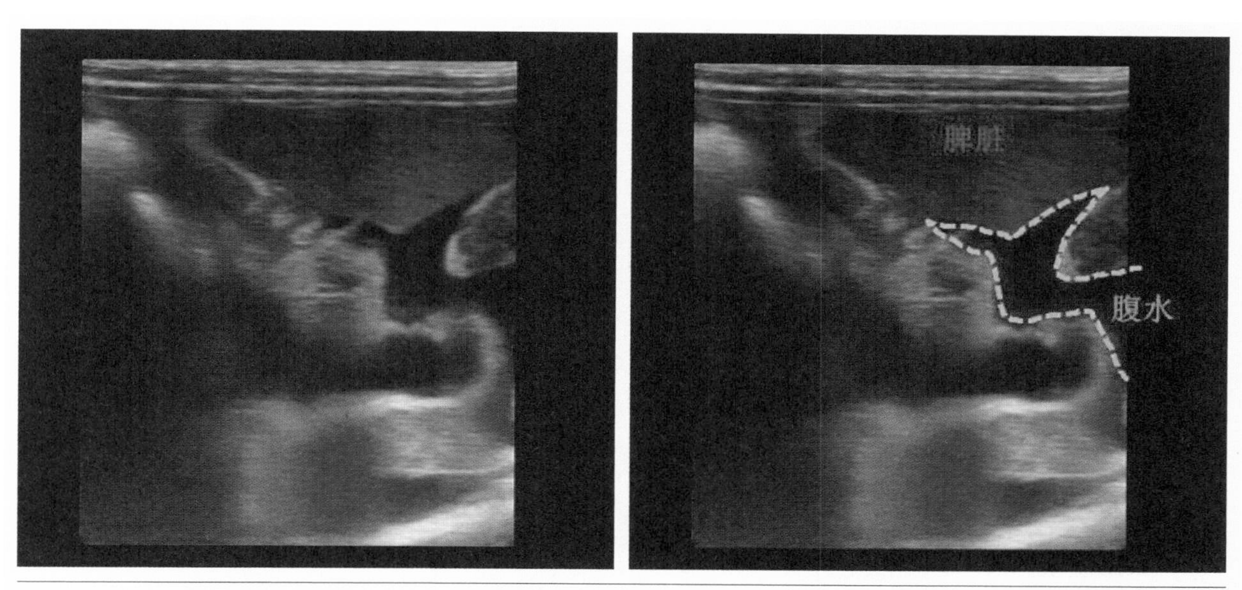

图 16–20　左右两图相同，均为某犬同一帧脾脏—左肾声窗超声切面图，其区别是作者在右图上用绿色虚线勾勒出了在脾头旁发现的液性暗区，考虑为腹水

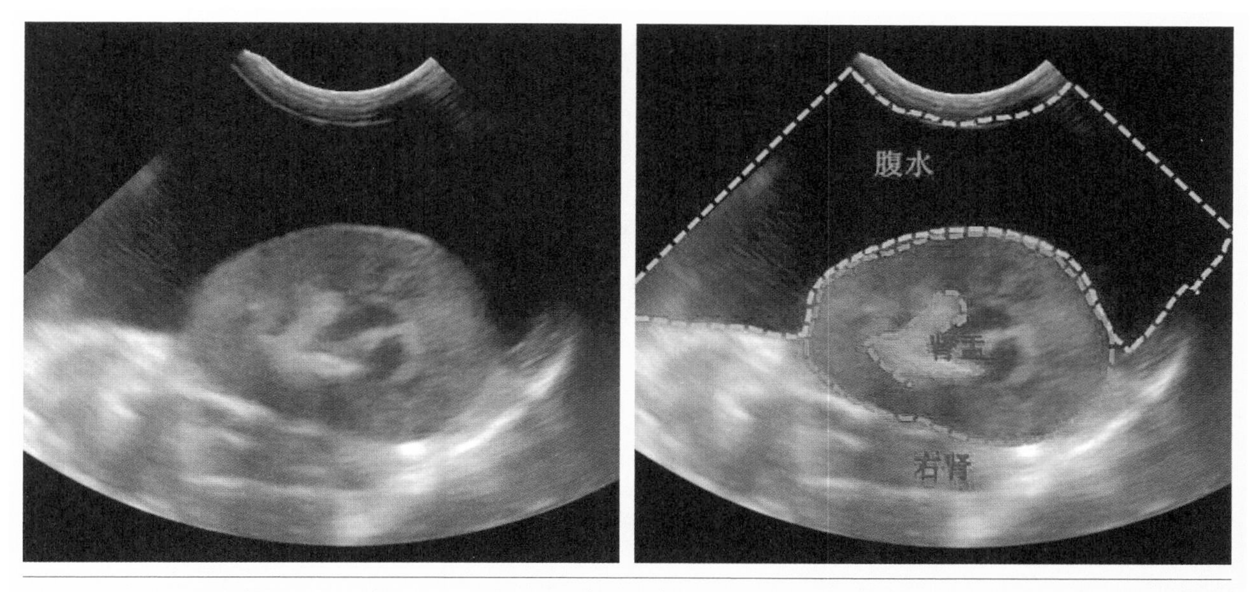

图 16–21　左右两图相同，均为某猫同一帧右侧肾脏声窗超声切面图，其区别是作者在右图上用绿色虚线勾勒出了腹水部位，用紫色虚线勾勒出了右侧肾脏

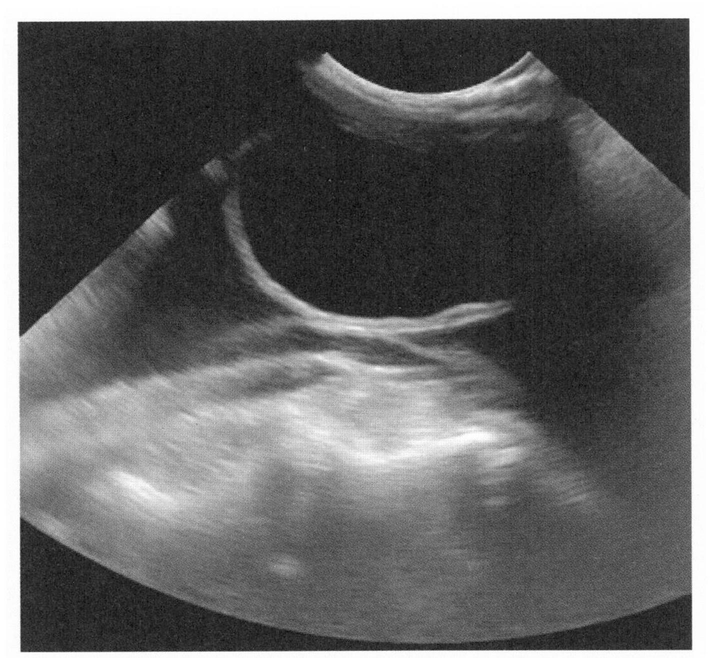

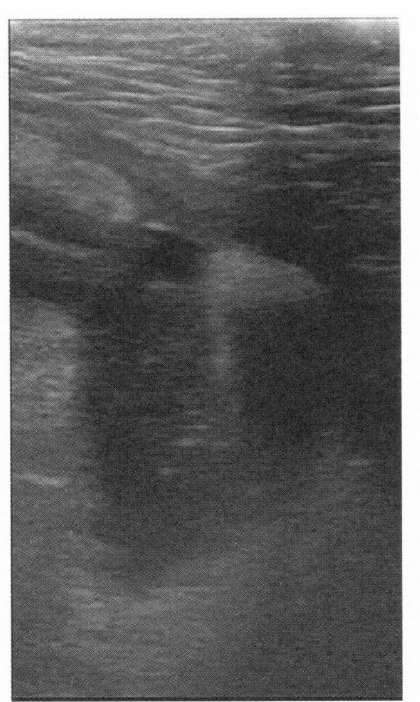

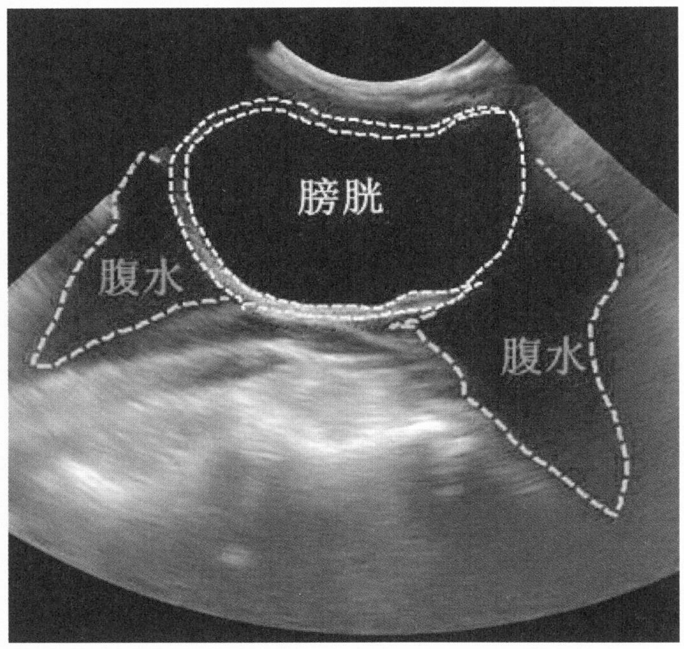

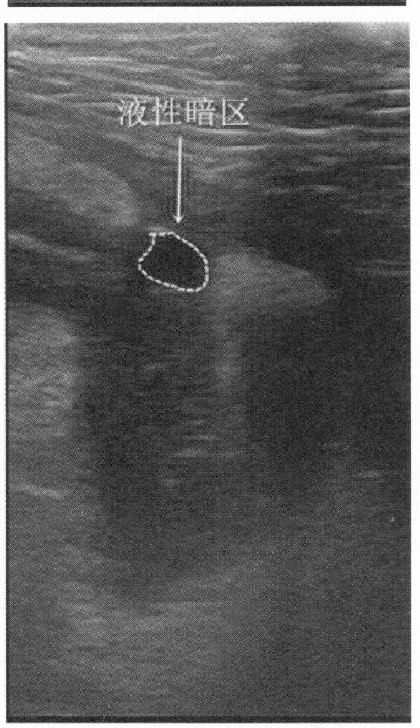

图 16-22　左右两图相同，均为某猫同一帧膀胱颅侧声窗超声切面图，其区别是作者在右图上用黄色虚线勾勒出了膀胱壁，黄色虚线内的膀胱颅侧及尾侧的液性暗区是腹水，绿色虚线内的黑色暗区是尿液

图 16-23　上下两图相同，均为某犬同一帧膀胱尾侧声窗的超声切面图，其区别是作者在下图上用黄色虚线标出了液性暗区的位置。从图上可看到膀胱颈后方尿道存在异常液体，考虑为尿道破裂或出血

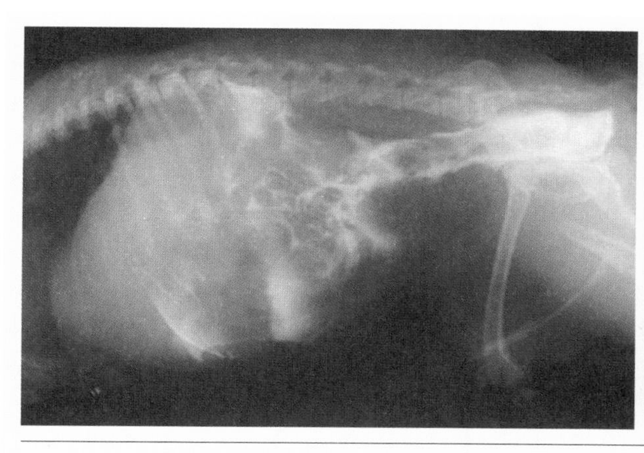

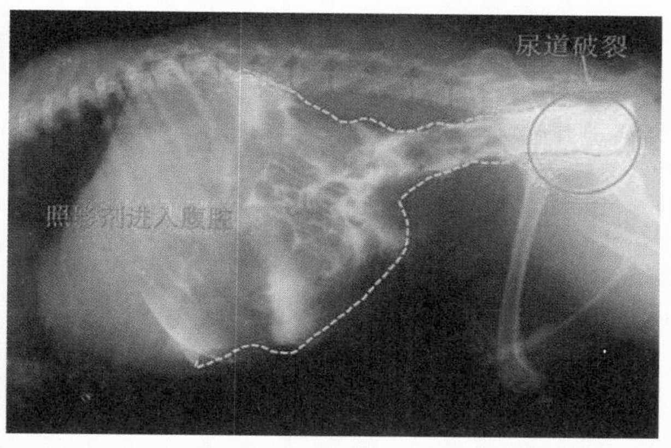

图 16–24　该图是基于图 16–23 的判断，决定对该受伤犬只进行尿道膀胱造影，在推入造影剂后，经 X 光片检查，发现造影剂顺利通过会阴部的尿道泄入骨盆，并散入腹部，由此确诊为尿道破裂，后经手术修复

在做腹部聚焦创伤检查的时候，建议采用系统检查法，就是每次都按一定的先后顺序检查目标器官，这样做会加快检查进程并可防止漏诊。如果按顺时针方向进行，可从剑突下到脾脏侧面，再到膀胱、膀胱后方，最后到右侧肾脏侧面。在每个位置上，都可将超声波探头按几个不同的方向移动几厘米，并呈 45 度角摆动，直到识别出腹腔内的异常液体或气体。剑突下或膈肝位点是一个很好的起点，因为它可识别胆囊，比如将探头倾斜到中线右侧，调整增益，直到充满液体的胆囊显示为无回声，即可观察到胆囊。

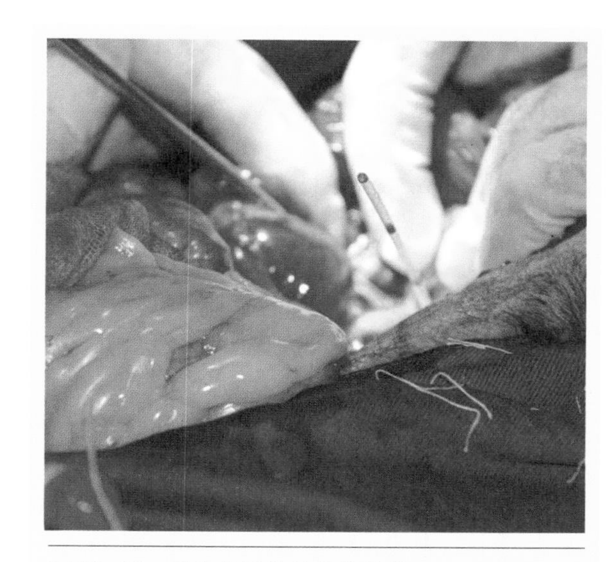

图 16–25　用手术修补断裂的尿道

腹部聚焦创伤超声的检查目的，是为了判断是否存在游离液体，而不是对所涉及的器官进行全面检查。对于比较模糊的结果，通过多个平面的检测和评估，将有助于确认是否存在游离液体。如果需要评估实体器官或腹膜后损伤，可通过对每个部位的多平面检测，但必须强调的是，检测实体器官和腹膜后损伤不是腹部聚焦创伤超声最重要的目标，发现游离液体才是重点。

5. 犬猫腹部聚焦创伤超声检查的要点总结

由于许多腹部损伤在常规体检中不易发现，哪怕有些损伤已严重到足以导致灌注不足和休克，尤其是在潜在原因不明的情况下，对于隐性或潜在致命损伤的检查，腹部聚焦创伤超声检查技术比其他检查方法更具明显优势。

可以说，腹部聚焦创伤超声检查在评判犬猫腹部及胸腔出血，以及胸膜和心包损伤方面均有突出表现。此外，在检查非创伤性损伤（如继发于肿瘤的血腹）方面也有一定的实用价值。必须强调的是，腹部聚焦创伤超声检查，并不是针对所有内脏器官进行广泛检查，而是对腹部特定部位的重点检查，并以检查结果验证是否存在由内伤导致的自由液体？有多少液体？这种液体意味着什么？随着时间的推移，流体总量有无变化？是增加还是减少？

第三节｜犬猫胸腹部聚焦创伤超声的检查要点

胸腹部聚焦创伤超声检查技术简单而实用，对于临床急诊犬猫可能出现的血胸、气胸、血腹、尿腹、器官出血、心衰等症状，都可通过该技术得以快速了解，也便于据此迅速制订出正确的抢救方案。其超声检查要点，应着重关注以下几个方面：

①掌握聚焦胸部创伤超声检查的五个常用声窗。

②对于临床症状比较稳定的犬猫，聚焦腹部创伤超声检查和腹水评估要 4 小时左右重复评估一次；对于情况不稳定的犬猫，要尽快进行再次评估。

③如果腹水不断增加，可能意味着腹腔存在继续出血的迹象。

④对于腹水减少的病例，如果情况稳定，可在 48 小时左右再次进行评估。

⑤聚焦胸部创伤超声检查对于气胸的评估很敏感。

⑥对于存在少量气胸的犬猫，可通过检查肺点来排查是否存在气胸。

⑦对于钝性损伤或胸部穿孔的犬猫，采用聚焦胸部创伤超声检查非常有帮助。

⑧聚焦胸部创伤超声对于检查胸水和心包积液也很有帮助。